Andrea Oeffner

CADdy
Architektur

Andrea Oeffner

CADdy Architektur

Lehr- und Arbeitsbuch

Mit 214 Abbildungen

Herausgegeben von CDI

http://www.vieweg.de

Technische Redaktion und Layout: Hartmut Kühn von Burgsdorff
Umschlaggestaltung: Klaus Birk, Wiesbaden

Gedruckt auf säurefreiem Papier

ISBN-13: 978-3-528-07716-7   e-ISBN-13: 978-3-322-85038-6
DOI: 10.1007/978-3-322-85038-6

Inhaltsverzeichnis

Einführung 1

   Zur Verwendung des Buchs und der beiliegenden CD-ROM 6

1 Grundlagen der Arbeit mit CADdy 11

   1.1 Konfiguration des CADdy-Arbeitsplatzes 12
      1.1.1 Hardwarevoraussetzungen 12
      1.1.2 CADdy installieren 13
      1.1.3 CADdy unter Windows 16
   1.2 Hinweise zur Benutzung von CADdy 18
      1.2.1 Starten und Beenden von CADdy 19
      1.2.2 Der CADdy-Bildschirm 20
      1.2.3 Die Menüführung in CADdy-Architektur 21
      1.2.4 Die Online-Hilfe 23
   1.3 Anpassung der Benutzeroberfläche 25
      1.3.1 MEIN MENÜ 25
      1.3.2 Pulldown-Menü 25
      1.3.3 Icons 26
      1.3.4 Funktionstastenbelegung 29
      1.3.5 Displaylist-Voreinstellungen 30
      1.3.6 Symboltabletts 31
   1.4 Voreinstellungen 32
      1.4.1 Allgemeine Parameter 32
      1.4.2 Architekturparameter 36
   1.5 Arbeitstechniken mit CADdy 38
      1.5.1 Raster 39
      1.5.2 Folien 40
      1.5.3 Folgen 42
      1.5.4 Displaylist-Funktionen 43
      1.5.5 Cursor-Zusatzfunktionen 45
   1.6 Vorbereitung von Architekturprojekten 47
      1.6.1 Arbeit mit der CADdy-Projektverwaltung 47
      1.6.2 Parameterdateien 49
   1.7 Die 2D-3D-Kopplung 52
      1.7.1 Der Übergang ins 3D-Programm 53
      1.7.2 3D-Ansichten 54
      1.7.3 3D-Darstellung 55
   1.8 Praxisfall: Vorbereitung des Beispielprojekts 56
      1.8.1 Projekt einrichten 57
      1.8.2 Eigene Parameterdateien 57

1.8.3   Eigene Icons definieren 58
1.8.4   Voreinstellungen 59
1.9   Aufgaben 59
1.9.1   Lösungen 59

2   Konstruieren mit dem Architekturmodul 61
2.1   Wände 62
2.1.1   Wandkonstruktionen vorbereiten 63
2.1.2   Wände zeichnen 65
2.1.3   Wände bearbeiten 68
2.1.4   Praxisfall: Konstruktion der Wände im EG 75
2.1.4.1   Wandkonstruktionen vorbereiten 75
2.1.4.2   Außenwände zeichnen 76
2.1.4.3   Innenwände zeichnen 78
2.1.4.4   Speichern / Projektverwaltung 80
2.1.4.5   Weitere Wandkonstruktionen im EG 80
2.1.4.6   Die Erkerkonstruktion 84
2.1.4.7   Wände bearbeiten 85
2.1.4.8   Überprüfen des Bildes mit Funktionen aus dem
           Grundpaket 89
2.2   Öffnungen 91
2.2.1   Öffnungen vorbereiten 92
2.2.1.1   Durchbruch 92
2.2.1.2   Tür 94
2.2.1.3   Fenster 97
2.2.2   Öffnungen zeichnen 99
2.2.3   Öffnungen bearbeiten 101
2.2.4   Besondere Öffnungskonstruktionen 102
2.2.4.1   Öffnungselement 102
2.2.4.2   Rücksprung 103
2.2.4.3   Öffnungen definieren 104
2.2.4.4   Öffnungen übereinander zeichnen 104
2.2.4.5   Form-Editor 105
2.2.5   Praxisfall: Konstruktion der Öffnungen im EG 107
2.2.5.1   Öffnungen zeichnen 108
2.2.5.2   Öffnungen bearbeiten 111
2.2.5.3   Öffnungselement 113
2.3   Treppen 115
2.3.1   Standardtreppen konstruieren 116
2.3.2   Konturtreppen konstruieren 120
2.3.3   Praxisfall: Konstruktion der Treppe 125
2.3.3.1   Standardtreppe 125
2.3.3.2   Konturtreppe 126
2.4   Decken 127
2.4.1   Decken erzeugen 128

2.4.2 Durchbrüche erzeugen 129
2.4.3 Praxisfall: Fundamentplatte und Geschoßdecke...................... 130
    2.4.3.1 Decken 130
    2.4.3.2 Durchbrüche 132
2.5 Architektursymbole.. 133
  2.5.1 Symbole erzeugen 133
  2.5.2 Symbole aufrufen und plazieren.. 134
  2.5.3 Symbole ändern.. 136
  2.5.4 Zusatz-Info für die 2D-3D-Kopplung.................................. 138
  2.5.5 Praxisfall: Sanitärobjekte im EG 140
2.6 Praxisfall: Entwicklung des DG aus dem EG................................ 143
2.7 Aufgaben.. 146
  2.7.1 Lösungen.. 146

3 Dachkonstruktion mit dem Modul A3 147
3.1 Grundlagen 148
  3.1.1 Programmstart 148
  3.1.2 Projektverwaltung 149
  3.1.3 Parameter 150
  3.1.4 Darstellung.. 150
  3.1.5 Dreidimensionale Punktdefinition....................................... 152
  3.1.6 Speichern.. 152
  3.1.7 Übergang ins 3D-Programm 153
3.2 Ausmittlung 154
  3.2.1 Grundlinie erzeugen.. 155
  3.2.2 Flächenneigungen zuweisen 156
  3.2.3 Trauflinie definieren 157
  3.2.4 Berechnen der Dachausmittlung.. 157
  3.2.5 Praxisfall: Grundlinie und Dachausmittlung........................... 158
3.3 Bibliotheken... 160
  3.3.1 Dach-Bibliothek 160
  3.3.2 Gauben-Bibliothek... 161
  3.3.3 Praxisfall: Schornsteindurchbruch und Dachflächenfenster 163
3.4 Der Gittermodell-Editor 164
  3.4.1 Geometrien erzeugen 165
  3.4.2 Geometrien ändern / löschen 166
  3.4.3 Praxisfall: Entfernen der Dachflächen in den Giebelwänden ... 168
3.5 Hölzer.. 169
  3.5.1 Hölzer definieren / löschen... 169
  3.5.2 Querschnitte zuweisen 171
  3.5.3 Praxisfall: Konstruktion der Sparren und Pfetten 172
3.6 Listen 175
  3.6.1 Informationen anzeigen.. 176
  3.6.2 Listen anzeigen und ausgeben... 176
  3.6.3 Sparrenplan anzeigen und ausgeben................................... 179

3.7   Aufgaben 180
      3.7.1   Lösungen 180

4   3D-Konstruktion mit dem Modul 3DF 181
   4.1   Grundlagen 182
         4.1.1   3D-Datenmodelle 182
         4.1.2   Programmstart und Handhabung 184
         4.1.3   3D-Parameter 185
         4.1.4   Folien 186
         4.1.5   Bildelemente im 3D-Flächenmodul 187
         4.1.6   Identifizieren von 3D-Objekten 188
         4.1.7   Punktdefinition im 3D-Programm 190
   4.2   Darstellungsmöglichkeiten im 3D-Programm 191
         4.2.1   Bildmaße 191
         4.2.2   Standardansichten 192
         4.2.3   Blickpunktmenü 193
         4.2.4   Kamera-Funktion 193
         4.2.5   Darstellung des 3D-Bildes 196
         4.2.6   Darstellung in mehreren Fenstern 197
         4.2.7   Praxisfall: 3D-Darstellung der Küche im EG 198
   4.3   Konstruieren im 3D-Flächenmodul 200
         4.3.1   Übernahme beliebiger Konturen aus dem 2D-Programm 201
         4.3.2   Übernahme von Architekturobjekten aus dem 2D-Programm .. 203
         4.3.3   Die Geschoßverwaltung 206
         4.3.4   Erzeugen von 3D-Objekten 209
         4.3.5   Ändern von 3D-Objekten 211
         4.3.6   Schnitte erzeugen 213
         4.3.7   Speichern der 3D-Daten 215
         4.3.8   Datenübergabe an das 2D-Programm 216
         4.3.9   Praxisfall: Erweiterung der Dachkonstruktion 218
   4.4   2D-3D-Kopplung 222
         4.4.1   Parameter für die Kopplung 222
         4.4.2   Wände und Öffnungen erzeugen und bearbeiten 223
         4.4.3   Wände mit der Dachhaut verschneiden 224
         4.4.4   Speichern aus der 2D-3D-Kopplung 225
         4.4.5   Praxisfall: Verschneiden der DG-Wände mit der Dachhaut 226
   4.5   Praxisfall: Erzeugen von 3D-Baukörper und 2D-Plänen 229
   4.6   Aufgaben 235
         4.6.1   Lösungen 235

5   Plangestaltung und Ausgabe 237
   5.1   Vorbereitung der Pläne 238
         5.1.1   Maßstab und Blattgröße 238
         5.1.2   Plazieren mehrerer Zeichnungen auf einem Blatt 239
   5.2   Bemaßung 240

5.2.1	Bemaßungsparameter	240
5.2.2	Bemaßungsfunktionen	242
5.2.3	Koten-Bemaßung	245
5.2.4	Flächendefinition	246
5.3	Beschriftung	247
5.3.1	Beschriftungsparameter	247
5.3.2	Schriftsatz-Zuordnung	248
5.3.3	Schriftsätze	249
5.3.4	Texteingabe	250
5.3.5	Textänderung	251
5.4	Zeichnungsausgabe: Plotten, Drucken	252
5.4.1	Geräteauswahl	252
5.4.2	CADdy-Plottertreiber	254
5.4.3	Vorbereitung zum Plotten	255
5.4.4	Erstellen einer Plot-Datei	257
5.4.5	Zusammenstellen mehrerer Plots auf einem Blatt	259
5.4.6	Drucken aus WinCADdy	260
5.5	Datenaustausch	261
5.5.1	Das HPGL-Format	262
5.5.2	Das ASCII-Format	263
5.5.3	Das DXF-Format	264
5.5.4	Pixel-Formate	265
5.5.5	Die WinCADdy-Zwischenablage	267
5.6	Praxisfall: Gestaltung und Ausgabe der Pläne	267
5.6.1	Grundrisse und Sparrenlage	267
5.6.2	Ansichten	270
5.6.3	Schnitte	271
5.6.4	Explosionszeichnung	272
5.7	Aufgaben	273
5.7.1	Lösungen	273
6	**Anhang**	275
6.1	Funktionstastenbelegung	275
6.2	Symbol-Bibliothek Architektur	277
6.3	3D-Objekt-Bibliothek Architektur	281
6.4	Konstruktions-Masken für das Beispielprojekt: Wände	282
6.5	Konstruktions-Masken für das Beispielprojekt: Öffnungen	290
6.5.1	Durchbrüche	290
6.5.2	Türen	292
6.5.3	Fenster	293
6.6	Beispielprojekt / Pläne	299
Sachwortverzeichnis		307

Einführung

In der täglichen Praxis der Architekturbüros · gewinnt das computerunterstützte Konstruieren – CAD (Computer Aided Design) – zunehmend an Bedeutung. Man spricht auch von CAAD (Computer Aided Architectural Design).

In großen Büros ist die Arbeit mit CAD inzwischen weitgehend selbstverständlich; viele Fachingenieure, Baufirmen und Behörden arbeiten mit CAD-Systemen. Auch diejenigen Architekten, die dieser (gar nicht mehr ganz so neuen) Technologie kritisch gegenüberstehen, weil sie die Individualität ihrer Entwürfe nur durch konventionell von Hand erstellte Pläne gewährleistet sehen, müssen feststellen, daß sie um den Computer nicht mehr umhinkommen, da von den Firmen und Behörden, mit denen sie zusammenarbeiten, CAD-Pläne gefordert werden. Natürlich hat sich auch auf diesem Sektor längst ein Dienstleistungs-Angebot etabliert, doch die Vergabe von CAD-Plänen bedeutet einen erheblichen Mehraufwand an Arbeit und Kosten: Zunächst wird von Hand konstruiert, dann müssen die Pläne dem Dienstleistungs-Unternehmen erläutert und schließlich dort komplett neu gezeichnet werden. Bei der in der Branche üblichen Vielzahl von Änderungen ein zeitaufwendiges Unterfangen!

In vielen Büros fällt also zur Zeit die Entscheidung für CAD. Dies bedeutet: Man muß sich grundsätzlich über die Methode, die Möglichkeiten und Grenzen von CAD informieren und schließlich (mindestens) einen CAD-Arbeitsplatz und die dazu passende Software anschaffen. Wenn diese Hürden genommen sind, beginnt aber erst die eigentliche Problematik: die Einarbeitung in das Programm. Dazu ist in der Regel eine intensive Firmenschulung der zukünftig mit CAD betrauten Mitarbeiter (Bauzeichner und/oder Architekten) erforderlich. Diese wird meistens in mehrere Abschnitte unterteilt: Nach einer Anfängerschulung sollte den Mitarbeitern zunächst Gelegenheit gegeben werden, ausführlich mit dem System zu üben, um eigene Erfahrungen zu gewinnen. Anschließend können dann weiterführende Schulungen in bestimmten Zeitabständen erfolgen.

Es dauert erfahrungsgemäß einige Monate intensivsten Arbeitens, bis man mit den Feinheiten eines CAD-Systems einigermaßen vertraut ist und wirklich sicher und geschickt damit arbeiten kann. Trotzdem werden viele Möglichkeiten oft nicht genutzt, weil nicht die Zeit zur Verfügung steht, um sie zu entdecken oder hinreichend auszuprobieren.

Die Zeit ist überhaupt das größte Problem, gerade in kleinen oder mittleren Architekturbüros. Wer zahlt denn für den durch die Einarbeitung in ein CAD-System entstandenen Zeitausfall? In der HOAI (Honorarordnung für Architekten und Ingenieure) ist dafür keine Position vorgesehen. Im Gegenteil, die Tatsache, daß später alles viel einfacher und schneller geht, könnte dazu führen, daß Honorare gekürzt werden, „weil das doch alles auf Knopfdruck zu erledigen ist".

In der Praxis sieht es also so aus: Ein Architekturbüro richtet einen CAD-Arbeitsplatz ein und stellt entweder Bauzeichner/Architekten ein, in deren Bewerbungsunterlagen irgendwo das Wörtchen „CAD" auftaucht, oder es verlangt von den vorhandenen Mitarbeitern, sich schnellstmöglich und ohne irgendwelche Zusatzkosten einzuarbeiten, ohne daß es sich im Büroalltag in irgendeiner Weise bemerkbar macht!

Dies wird natürlich umso besser gelingen, je anwenderfreundlicher das ausgewählte Programm ist. Dazu gehören eine leicht verständliche Bedieneroberfläche, eine gute Online-Hilfe, ausführliche und übersichtliche Handbücher und eine kompetente und gut erreichbare „Hotline". Trotzdem ist der Einstieg oft schwierig: Die Handbücher listen alle Befehle alphabetisch oder nach Funktionsgruppen auf, die enthaltenen Beispiele sind nicht sehr ausführlich, weiterführende Literatur oft nicht vorhanden.

Diese Lücke soll das vorliegende Buch schließen. Es soll gleichzeitig ein praxisorientierter Leitfaden für den Einstieg in eine architekturbezogene CAD-Software sein wie auch ein Nachschlagewerk für die fortgeschrittene Arbeit mit dem Programm CADdy der Firma *Ziegler Informatics GmbH*, Mönchengladbach.

Die Firma *Ziegler* existiert seit 1971 und ist seit 1984 mit dem Programm CADdy im CAD-Sektor tätig. Zur Zeit gibt es weltweit 39.000 CADdy-Installationen, davon 6.790 im Bereich Architektur (Angaben für 1995). Die Firma hat es sich zur Philosophie gemacht, jedes Jahr eine erweiterte und verbesserte Version von CADdy (update) auf den Markt zu bringen, im Jahre 1997 die Version CADdy *14.0*, auf die sich dieses Buch bezieht. Ein weiteres, relativ neues Produkt der Fa. Ziegler ist das Programm CADdy ++ für Windows, das jedoch noch keine umfassenden architekturspezifischen Funktionen enthält und daher nicht in diesem Buch behandelt wird.

Anwender schätzen an CADdy vor allen Dingen, daß es sich um ein modular aufgebautes Programm handelt. Das heißt, daß es für die verschiedensten Bereiche Module gibt, die den speziellen Anforderungen der einzelnen Branchen gerecht werden, die aber alle unter der gleichen Oberfläche arbeiten. Damit ist ein Austausch zwischen den einzelnen Ingenieurbereichen problemlos möglich. Zusätzlich bietet CADdy eine offene Programmierschnittstelle (CADdy *Plus*), mit der es möglich ist, spezielle Anpassungen an die Bedürfnisse der Anwender (entweder durch den Anwender selbst oder ein beauftragtes Fachunternehmen) vorzunehmen.

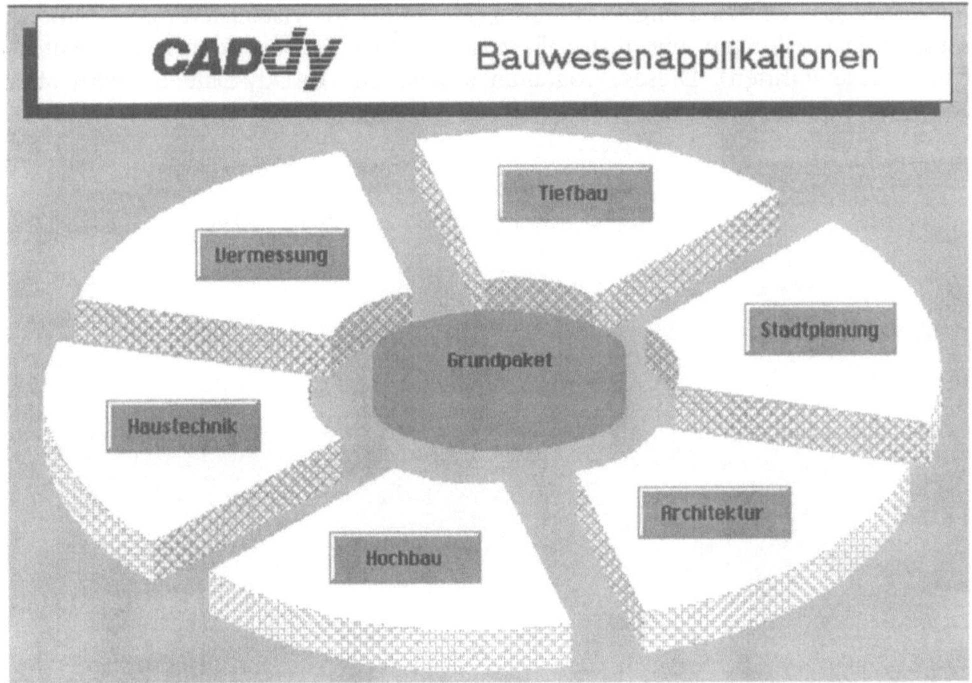

Bild 1 CADdy - Bauwesenapplikationen

CADdy besteht aus einem Grundpaket, das die gängigen Funktionen zum Konstruieren, Ändern und Gestalten von Konstruktionsplänen jeglicher Ausrichtung bereitstellt, und einer Reihe branchenspezifischer Module, die besondere Funktionen für die speziellen Anforderungen der einzelnen Ingenieuranwendungen enthalten. Die zwei großen Bereiche sind hierbei die *industriellen Anwendungen* mit Maschinenbau, Elektrotechnik, Elektronik u.a. und das *Bauwesen* mit Architektur, Hochbau (Statik, Bewehrung und Stahlbau), Haustechnik, Stadtplanung, Vermessung und Tiefbau.

Für die Architektur bietet CADdy ein ganzes Paket von Modulen, die dem Planer die Arbeit erleichtern sollen. Einige dieser Module werden Sie beim Durcharbeiten dieses Buches kennenlernen. Im einzelnen sind das

- das *Architekturmodul* (A1),

- das Modul *Dachausmittlung* (A3),

- das *3D-Flächenmodul* (3DF; neuerdings im Grundpaket enthalten).

Alle diese Module sind eigene Programme, die sowohl direkt gestartet wie auch über das *Architekturmodul* („Zusatzprogramme") aufgerufen werden können.

Außerdem gibt es neuerdings das Modul *3D-Render* für Visualisierungen (fotorealistische Darstellungen mit materialbezogenen Oberflächenstrukturen, Schattenwurf, Kamerafahrten). Dieses Programm arbeitet mit CADdy-Dateien, wird aber gesondert von der Windows-Oberfläche aus gestartet.

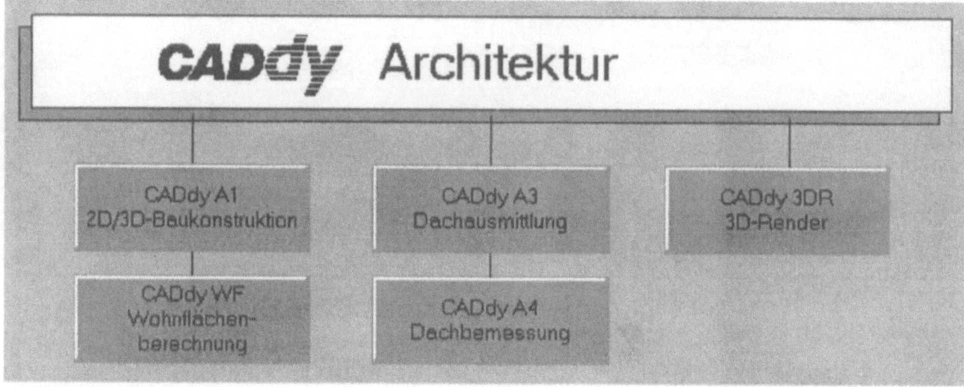

Bild 2 Modulübersicht Architektur

Die Grundlagen für die Arbeitsweise mit CAD im allgemeinen und mit CADdy im besonderen sind bereits im dem Buch *CADdy Grundkurs*, das ebenfalls im Vieweg-Verlag erschienen ist, behandelt worden. Sie finden dort u. a. ausführliche Erläuterungen zu den Hard- und Software-Voraussetzungen, zur Punktdefinition, zum Konstruieren und Ändern von beliebigen Geometrien, zur Gestaltung der Pläne und zu speziellen Techniken (Folien, Symbole).

Das vorliegende Buch baut darauf auf, indem es die wichtigsten Funktionen behandelt, die im Architekturbüro bei der Arbeit mit CAD benötigt werden. Da es ein praxisorientierter Leitfaden sein soll, werden Sie anhand eines kleinen Entwurfes, den Sie selbst bearbeiten können, durch die einzelnen Kapitel geführt. Dabei werden Sie nicht nur lernen, Grundrisse zu zeichnen, sondern gleichzeitig ein 3D-Modell zu konstruieren und aus diesem wiederum beliebige Ansichts- und Schnittdarstellungen zu erzeugen, die auch zur Visualisierung bzw. Präsentation dienen können.

Damit Sie gezielt die für Sie relevanten Funktionen anhand des Beispielprojektes ausprobieren können, ohne den Entwurf komplett bearbeiten zu müssen, sind die einzelnen Bearbeitungsschritte kapitelweise auf der beiliegenden CD gespeichert!

Natürlich können Sie die erlernten Funktionen auch anhand eines eigenen konkreten Projektes nachvollziehen. Die einzelnen Kapitel dieses Buches sind in sich abgeschlossen und können somit auch einzeln bearbeitet werden. Die folgende Liste gibt Ihnen einen Überblick über den Inhalt des Buches:

Kapitel 1   Grundlagen der Arbeit mit CADdy

Kapitel 2   Konstruieren mit dem Architektur-Modul

Kapitel 3   Dachkonstruktion mit dem Modul A3

Kapitel 4   3D-Konstruktion mit dem Modul 3DF

Kapitel 5   Plangestaltung und -ausgabe

Im Anhang finden Sie die Pläne und Konstruktionsmasken zu dem buchbegleiten-den Beispielprojekt, die Architektur-Symbolbibliothek und die 3D-Objekt-bibliothek sowie eine Übersicht über die Funktionstastenbelegung (2D/3D).

Dieses Buch soll Ihnen

- den Umstieg von anderen Programmen auf CADdy-Architektur,

- den Einstieg vom CADdy-Grundpaket in das Architekturmodul,

- eine Vertiefung in CADdy-Architektur durch die enthaltenen Hinweise und Verfahren ermöglichen oder erleichtern.

Zur Verwendung des Buchs und der beiliegenden CD-ROM

Falls Sie schon ein bißchen Erfahrung mit CADdy haben und nicht alle Arbeitsschritte, die in diesem Buch beschrieben sind, nachvollziehen wollen, lesen Sie
diesen Text sorgfältig durch. Drucken Sie ihn gegebenenfalls aus.

Auf der beiliegenden CD-ROM finden Sie im Verzeichnis \PRAXFALL\ außer diesem Text fünf Dateien und fünf Unterverzeichnisse.

Die Dateien

BSP-WAND.PWL

BSP-DUBR.PDR,

BSP-FENS.PWN

BSP-TUER.PDR und

BSP-TREP

Enthalten die Parameter für alle Wände, Öffnungen und die Treppen im Beispielprojekt. Diese sollten Sie eigentlich nach den Anleitungen im Buch selbst erstellen.
Dies ist vor allem bei der großen Anzahl der verschiedenen Wand- und Öffnungskonstruktionen (die im Anhang abgedruckt sind) sehr mühselig.

Sie ersparen sich also viel Arbeit (aber auch einen gewissen Lerneffekt), wenn Sie
diese Dateien in das Verzeichnis /A1/ unter Ihrem CADdy-Stammverzeichnis kopieren. Dabei werden die schon vorhandenen Parameter-Dateien nicht überschrieben, weil diese anders heißen. Kopieren können Sie – je nach der von Ihnen verwendeten Software- mit dem Windows-Dateimanager bzw. dem Windows-
Explorer oder mit den CADdy-DOS-Befehlen.

Wenn Sie bereits auf fertige Bilder des Beispielprojekts zurückgreifen wollen,
gehen Sie am einfachsten wie folgt vor:

Anstatt das Projekt PRAXFALL selbst einzurichten, kopieren Sie es aus dem Verzeichnis \ARCHIV\ von dieser CD. Dazu aktivieren Sie in CADdy die Projektverwaltung und tippen auf [REINSTALLIEREN]. Im Dialogfenster [VON ARCHIV] geben Sie ein: D:\PRAXFALL\ARCHIV\PRAXFALL.JRP (wenn Ihr CD-ROM-Laufwerk
mit D:\ angesprochen wird; ansonsten ersetzen Sie D durch den zutreffenden
Buchstaben) und bestätigen die folgenden Fragen mit <ENTER>.

Damit ist das Projekt eingerichtet, und unter Ihrem Architektur-Verzeichnis \A1\
befindet sich ein Unterverzeichnis \PRAXFALL\ mit den weiteren Unterverzeichnissen \A1\, \A3\ und \3DF\. In diesen Verzeichnissen sind alle für das Projekt
wichtigen Dateien gespeichert. Sie können die jeweils gewünschte Datei beim
Einlesen aus der angebotenen Modul-Liste auuswählen. Das aktuelle Bild wir automatisch geladen. Dies ist der Erdgeschoß-Grundriß nach Kapitel 2.1.4.3, der nur
die Außen- und Innenwänd enthält.

Falls Sie das Projekt PRAXFALL schon eingerichtet haben und nicht überschreiben wollen, können Sie auch einzelne Dateien in Ihr Projektverzeichnis kopieren oder von der CD-ROM direkt laden. Diese finden Sie in den Unterverzeichnissen \A1\, \A3\ und \3DF\.

Folgende Dateien sind dort gespeichert:

Unterverzeichnis \A1\:

A.INF	die Original-Info-Datei von CADdy-Architektur, die den Beispielen zugrunde liegt (möglicherweise arbeiten Sie sonst mit einer anderen Info-Datei)
EG-2143.PIC EG-2145.PIC EG-2146.PIC EG-2152.PIC EG-2153.PIC EG-2154.PIC EG-2331.PIC EG-2332.PIC EG-2431.PIC EG-255.PIC	Erdgeschoß-Grundriß; die Ziffernfolge im Dateinamen entspricht dem Kapitel, in dessen Verlauf diese Datei entsteht (z. B. die Datei EG-2143.PIC für Kapitel 2.1.4.3; diese sollten Sie einlesen, wenn Sie mit dem Kapitel 2.1.4.4 beginnen). Jeder Zwischenschritt wurde bewußt gespeichert, damit Sie individuell entscheiden können, wo Sie einsetzen wollen.
EG.PIC	Die Datei mit dem kompletten Erdgeschoß-Grundriß
DG-243.PIC	Decke über EG (als Grundlage für die Entwicklung des Dachgeschoß-Grundrisses)
DG-26.PIC	Dachgeschoß-Grundriß, noch nicht mit dem Dach verschnitten
DG-445.PIC	Dachgeshoß-Grundriß, mit dem Dach verschnitten, fehlerhaft
DG.PIC	Die Datei mit dem kompletten Dachgeschoß-Grundriß
GESAMT.PIC 4ANSI.PIC SCHNITTE.PIC EXPLO.PIC	Fertige Pläne nach den Beschreibungen in den Kapiteln 4.5 und 5.6
ARCHI.GES	Datei mit den Parametern für die Geschoß-Verwaltung

Unterverzeichnis \A3

DACH.DGL	Dachgrundlinie einschließlich Flächenneigungen und Dachvorsprung: kann im Modul Dachausmittlung über [PROJEKT NEU] / [AUSMITTLUNG] / [[GRUNDLINIE ERZEUGEN] AUS *.DGL eingelesen werden.
DACH.D3D	Projekt-Datei der kompletten Dachkonstruktion nach Kapitel 3.5.3
DACH.ASC DACH_A.ASC DACH_R.ASC DACH_S.ASC	ASCII-Dateien zur Übergabe der Dachkonstruktion an das 3D-Programm, die zusammen mit der Projekt-Datei im Kapitel 3.5.3 gespichert wurden.

Unterverzeichnis \3DF

DACHHOLZ.3DF	Modifizierte 3D-Holzkonstruktion nach Kapitel 4.3.9
KÜCHE.3DI	Blickwinkel (Szene) für die Darstellung der Küche nach Kapitel 4.2.7 (einlesen über [ANSICHTEN] / [PARAMETER] / [DATEI...] im 3D-Programm.
EXPLO.3DI	Blickwinkel (Szene) für die Explosionszeichnung nach Kapitel 4.5
NORDPF.3DF	Ein 3D-Nordpfeil, der der 3D-Explosionszeichnung hinzugefügt werden kann

Unterverzeichnis \DEMO

Das Unterverzeichnis \DEMO\ enthält zusätzlich eine Auswahl von Außen- und Innenansichten des Beispielprojekts (zum Teil Arbeiten von Studenten), die mit dem Programm CADdy 3DRender fotorealistisch bearbeitet wurden. Diese Bilder sind als TIF-Dateien gespeichert (allerdings in reduzierter Qualität, um Speicherplatz zu sparen). Sie können mit den meisten Grafikprogrammen – und natürlich mit CADdy 3DRender eingelesen werden.

Wenn Sie CADdy 3DRender installiert haben, könne Sie die Bilder auch als fortlaufende Folgen (Animation) laden. Aktivieren Sie dazu das Symbol mit dem Filmprojektor, und laden Sie aus dem Verzeichnis \PRAXFALL\DEMO\ die Datei DEMO-D.ANI (wenn Ihr CD-ROM-Laufwerk mit dem Buchstaben D angesprochen wird, ansonsten je nach Laufwerksbuchstaben DEMO-E.ANI oder DEMO-F.ANI). Die Bilder werden dann nacheinander in den Arbeitsspeicher geladen und anschließend dargestellt.

Außerdem befindet sich im Verzeichnis \DEMO\ die Datei HAUS.RAY, ein „Szene-Datei" für das Programm 3DRender, die das komplett möblierte Haus enthält. Mit dieser Datei können Sie selbst das Rendering ausprobieren.

1 Grundlagen der Arbeit mit CADdy

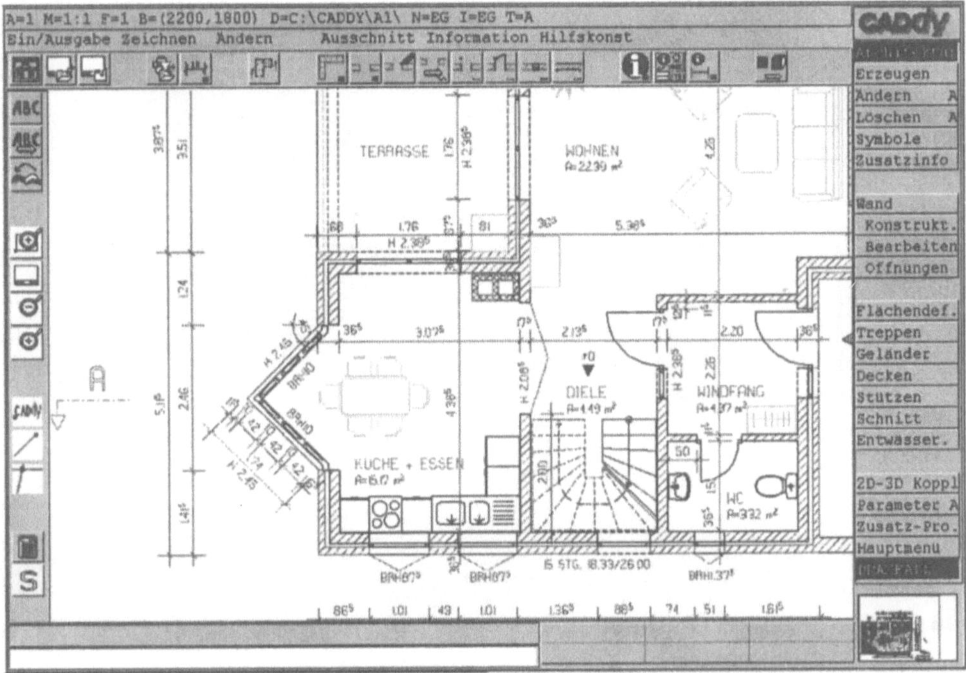

Bild 1-1 Ausschnitt aus einem Architekturgrundriß

Ich gehe davon aus, daß Sie bereits über grundlegende Erfahrung mit CADdy verfügen, zumindest mit dem CADdy-Grundpaket. Falls Sie jedoch Neuling oder „Umsteiger" von einem anderen CAD-Programm sind, empfiehlt es sich, einen Blick in das Buch *CADdy Grundkurs* aus dem Vieweg-Verlag zu werfen, das Sie mit den grundlegenden Funktionen von CADdy vertraut macht. Grundkenntnisse über die verschiedenen Möglichkeiten der Punktdefinition und über die Folien- und Symboltechnik in CAD im allgemeinen und in CADdy im besonderen werden Sie für die weitere Arbeit auf jeden Fall benötigen.

Für die eine oder andere Konstruktion werden Sie auch in Architektenplänen Funktionen aus dem Grundpaket benötigen, z.B. zur Erstellung von eigenen Symbolen für Ausstattungsgegenstände (Heizkessel, Sauna, spezielle Möbel).

Die im *CADdy Grundkurs* vermittelten Grundlagen sollen hier prinzipiell nicht wiederholt werden, manches ist aber so wichtig, daß es nicht schaden kann, es hier noch einmal zu erwähnen, manches muß im Bereich der Architektur auch von einer anderen Seite beleuchtet werden. Und schließlich treten mit jeder CADdy-Version einige erwähnenswerte Änderungen auf!

1.1 Konfiguration des CADdy-Arbeitsplatzes

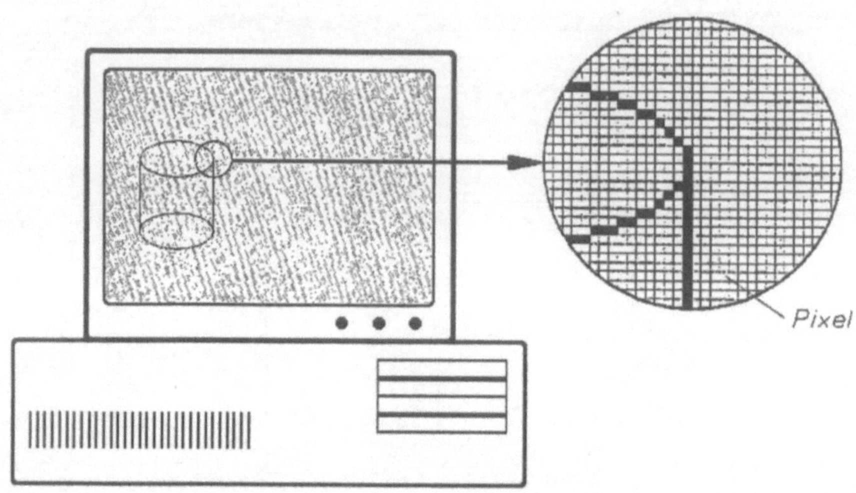

Bild 1-2 Darstellung der Grafik auf dem Monitor durch einzelne Bildpunkte („Pixel")

Dieses Kapitel enthält ein paar Tips für Anwender, die bereits mit CADdy oder einem anderen CAD-System gearbeitet haben und denen die verwendete Terminologie vertraut ist. Wenn Sie nicht dazugehören, lassen Sie sich Ihren CADdy-Arbeitsplatz von einem Fachmann konfigurieren!

1.1.1 Hardwarevoraussetzungen

Falls Sie von einem anderen Programm auf CADdy umsteigen wollen oder bisher nur mit dem Grundpaket oder einer älteren CADdy-Version gearbeitet haben, sollten Sie einiges über die wichtigsten Hardwarevoraussetzungen für eine zufriedenstellende Arbeit mit dem Architekturmodul wissen.

Neue, anspruchsvollere Funktionen und eine anwenderfreundliche grafische Benutzeroberfläche erfordern mehr Arbeitsspeicher. CADdy benötigt mindestens 12 MB RAM; wenn Sie aber mit dem Architektur- und mehreren anderen Modulen gleichzeitig arbeiten wollen, sollte Ihr Rechner mindestens über 16 MB verfügen. Wenn Sie zur Zeit noch mit 8 MB arbeiten, sollten Sie sich folgendes überlegen: Da Ihr Rechner wahrscheinlich je zwei gleich große Speicherchips verlangt, andererseits mit größter Wahrscheinlichkeit aber nur noch zwei Steckplätze dafür zur Verfügung stehen, kaufen Sie lieber gleich 2x8=16 MB dazu. Es wird sicher nicht lange dauern, und Sie benötigen ohnehin mehr Speicher.

Die Geschwindigkeit des Prozessors spielt ebenfalls eine große Rolle. Die Erfahrung hat gezeigt, daß man zur Zeit noch ganz annehmbar mit einem 486er Rechner mit einer Taktfrequenz von 100 MHz arbeiten kann; besser ist natürlich ein Pentium-Prozessor mit möglichst hoher Taktfrequenz.

Unumgänglich für CAD-Anwendungen ist grundsätzlich ein großer Monitor. 17" Bilddiagonale sollte das absolute Minimum sein, 20" sind allemal besser. Damit können Sie mit einer höheren Bildschirmauflösung arbeiten und vermeiden die unschönen „abgetreppten" Linien (siehe Bild 1-2).

Der beste Monitor nützt jedoch nicht viel, wenn er nicht durch eine entsprechend hochwertige Grafikkarte angesteuert wird. Gerade in der Architektur, wo es auch um Präsentation geht, also um farbig schattierte 3D-Darstellungen oder sogar um Rendering (Fotorealismus), ist die Qualität der Grafikkarte von entscheidender Bedeutung; über 2 MB schnelles Video-RAM sollte sie mindestens verfügen. Umgekehrt nützt jedoch die beste Grafikkarte nichts, wenn der Monitor deren Möglichkeiten nicht ausschöpfen kann. Garantiert z.B. die Grafikkarte bei einer Auflösung von 1280x1024 Bildpunkten eine Bildwiederholrate von 80 Hz, was aus ergonomischer Sicht anzuraten ist, so können Sie diese nur verwenden, wenn Sie sicher sind, daß Ihr Monitor auch für eine derartige Wiederholfrequenz ausgelegt ist, anderenfalls riskieren Sie über kurz oder lang Schäden am Gerät!

Ihr Rechner sollte ebenfalls über ein CD-ROM-Laufwerk verfügen. Heutzutage gibt es kaum ein Programm, das nicht auf CD geliefert wird, selbst die Treiber für Ihre Grafikkarte und die Dateien für die CADdy-Installation. Wenn Sie das CD-ROM-Laufwerk nur zum Installieren von Software benötigen (und nicht für Multimedia-Anwendungen), brauchen Sie bei der Anschaffung nichts besonderes zu beachten.

1.1.2 CADdy installieren

Das Programm CADdy wird auf CD-ROM geliefert. Dies hat entscheidende Vorteile gegenüber der Diskettenversion (die Sie auf Wunsch aber auch bekommen können).

Auf der CD sind alle Module gespeichert, die es für CADdy gibt. Außerdem enthält sie eine verschlüsselte Datenbank, in der alle CADdy-Lizenznehmer mit ihrer Lizenznummer und den von ihnen lizenzierten Modulen verzeichnet sind.

Das Installationsprogramm auf der CD wird vom DOS-Systemprompt aus gestartet mit der Eingabe D:\SETUP (wenn der Laufwerksbuchstabe für Ihr CD-ROM-Laufwerk D: ist). Danach fragt das Installationsprogramm zunächst nach der gewünschten Sprache (deutsch oder englisch) und dann nach der Lizenznummer, die mit dem Datenbankeintrag verglichen wird.

Nachdem Sie „Neuinstallation" gewählt haben, läuft die Installation ab wie bei der Disketten-Version, nur sehr viel schneller und ohne lästige Diskettenwechsel. Bei einer Update-Installation müssen Sie überhaupt nicht mehr eingreifen, da alle Angaben aus Ihrer bisherigen Installation direkt übernommen werden.

Bevor die Installation abläuft, müssen Sie den Laufwerks-Buchstaben Ihres CD-ROM-Laufwerks angeben (Quellaufwerk). Außerdem können Sie das Verzeichnis für Ihre CADdy-Installation festlegen. Standardmäßig schlägt das Installationsprogramm C:\CADDY\ vor; Sie können aber auch einen anderen Pfad wählen, beispielsweise wenn Sie Ihre alte Installation nicht überschreiben wollen.

Durch die Angabe des CADdy-Verzeichnisses werden alle Verzeichnispfade in den zu CADdy gehörenden Programmen und Voreinstellungsdateien automatisch angepaßt. Sie dürfen dieses Verzeichnis deshalb keinesfalls nachträglich umbenennen oder die fertige CADdy-Installation in ein anderes Verzeichnis verschieben!

In der diesem Buch zugrundeliegenden CADdy-Installation heißt das CADdy-Verzeichnis C:\CADDY\. Um Sie nicht zu verwirren, ersetze ich diese Angabe in vielen Beispielen durch den Begriff „CADdy-Stammverzeichnis" und meine damit das CADdy-Verzeichnis Ihrer Installation!

Nach der Installation befindet sich in Ihrem CADdy-Verzeichnis das Installationsprogramm CADDYINS.EXE, das bis auf die Datenbankabfrage mit dem Setup-Programm auf der CD identisch ist. Dieses Programm können Sie verwenden, um neue Module oder andere Treiber nachträglich zu installieren.

In großen Firmen oder Schulen wird die Installations-CD vielleicht nicht immer verfügbar sein. Dies ist ärgerlich, wenn beispielsweise ein anderer Grafik- oder ein zusätzlicher Drucker- oder Plottertreiber installiert werden soll. In diesem Falle sollten Sie sich das CADdy-Treiber-Verzeichnis \CADDYDRV\ von der CD auf die Festplatte kopieren (falls Sie den Platz von ca. 4 MB erübrigen können). Im Installationsprogramm CADDYINS müssen Sie als Quellaufwerk statt des CD-Laufwerks den Laufwerksbuchstaben der Festplatte eingeben (also z.B. C:\, aber nicht, wie angeboten, C:\CADDY\), und können nun beliebig nachinstallieren!

Wenn Sie wissen, was bei der Installation geschieht, müssen Sie nicht unbedingt das Installationsprogramm aufrufen, um zusätzliche Treiber in Ihrem CADdy-Verzeichnis unterzubringen. Alle verfügbaren Treiber befinden sich im Verzeichnis \CADDYDRV\ in „gepackter" Form. Das Installationsprogramm sucht dort die von Ihnen ausgewählten Treiber, „packt" sie aus und kopiert sie ins CADdy-Stammverzeichnis auf der Festplatte. Wenn Sie z.B. eine neuere Version des Norton Commander besitzen, können Sie den Inhalt der „gezipten" Dateien durch einfaches Anklicken sichtbar machen und selbst die gewünschten Treiber kopieren.

Die Drucker- und Plottertreiber (mit der Extension .PLN) finden Sie beispielsweise in der Datei DRVCPI1.ZIP. Wenn Sie die gewünschten Treiber in

Ihr CADdy-Stammverzeichnis kopieren, können Sie diese vor dem Plot-Vorgang von dort laden. Der Plottertreiber, der in der Plot-Maske standardmäßig angeboten wird, muß in der Datei A.DEF eingetragen sein (siehe hierzu 1.4.1 Allgemeine Parameter).

Auch alternative Grafiktreiber (z.B. den VGA-Standard-Treiber) können Sie selbst ins CADdy-Stammverzeichnis kopieren. Die Treiber der neueren Generation haben den Typ .DLL und befinden sich in der Datei DRVCPI2.ZIP. Damit CADdy den gewünschten Treiber lädt, müssen Sie ihn allerdings noch in der Konfigurationsdatei CADDY.CNF in der Zeile GD ... (Graphic Driver) eintragen.

Mit dem Programm CADDYINS haben Sie die Möglichkeit, die Grafikeinstellungen nachträglich zu ändern. Dies geschieht über das Befehlsfeld [DPL-KONFIGURA-TION ÄNDERN] im CADdy-Installationsmenü. Die Maske [DISPLAY-LISTEN-KONFIGURATION] gibt Auskunft über die aktuellen Einstellungen des installierten Grafiktreibers (siehe Bild 1-3). Mit ihr können Sie das Aussehen Ihres CADdy-Bildschirms beeinflussen: die Bildschirmauflösung, soweit Ihr Grafiktreiber mehrere Auflösungen zuläßt, und die Größe und Anzahl der Icon-Leisten. Diese Angaben werden in der Konfigurationsdatei CADDY.CNF gespeichert, die CADdy bei jedem Programmstart neu einliest.

```
┌──────────────────────────────────────────────────────────────────────────┐
│ CADdy Installation       Display-Listen-Konfiguration         Version 14.0 │
└──────────────────────────────────────────────────────────────────────────┘
┌────────────────────────────────────────────────────────────────────────────┐
│                                                                            │
│                      Treibername: GD_S3ACC.DLL                             │
│  ┌ Speicherkonfiguration ───────────────────────────────────────────────┐ │
│  │ Zusatzspeicher für DPL-Treiber:       1024 KB (maximal  10984 KB)      │ │
│  │                 für CADdy:           15360 KB (minimal   5400 KB)      │ │
│  │                                                                        │ │
│  │ Laufwerk für Display-Liste:           C                                │ │
│  │ Laufwerk für DOS-Extender Swap-Datei: C                                │ │
│  └────────────────────────────────────────────────────────────────────────┘ │
│                                                                            │
│  ┌ Darstellungsart ─────────────────────────────────────────────────────┐ │
│  │ Auflösung:    1024x768, 256 Farben      Mit Icons: j                   │ │
│  │                                                                        │ │
│  │ Ein- oder Zweibildschirmlösung: 1       Icon-Größe in Pixel:        32 │ │
│  │ Zweiter Grafikschirm:           n       Anzahl Icon-Leisten oben:    1 │ │
│  │                                         Anzahl Icon-Leisten links:   1 │ │
│  └────────────────────────────────────────────────────────────────────────┘ │
└────────────────────────────────────────────────────────────────────────────┘
┌──────────────────────┬──────────────┬───────────────┬──────────────────────┐
│                      │    Hilfe     │    Abbruch    │        Ende          │
└──────────────────────┴──────────────┴───────────────┴──────────────────────┘
```

Bild 1-3 Display-Listen-Konfiguration

Die Datei CADDY.CNF können Sie auch mit dem Programm SETCAD (es befindet sich in Ihrem CADdy-Verzeichnis) verändern oder direkt mit einem Editor bearbeiten. Folgende Zeilen der Datei CADDY.CNF enthalten z.B. die Einträge für die Bildschirmauflösung (1024 x 768 Bildpunkte, aber, da bei Null beginnend, sind die

Zahlen 1023 und 767 eingetragen) und die Icon-Größe (standardmäßig 32 x 32 Bildpunkte; wenn Sie diese Zahlen verkleinern, können mehr Icons dargestellt werden, ihnen wird aber der Rand „abgeschnitten"):

GRAFIC 1000 1023

GRAFIC 1001 767

GRAFIC 1079 32

GRAFIC 1080 32

Außer den Grafikeinstellungen können Sie in CADDY.CNF u.a. auch Geschwindigkeit und Tastenbelegung der Maus (Digitizer) beeinflussen. Einzelheiten dieser Befehle und viele weitere Möglichkeiten der Systemanpassung von CADdy sind in der Datei CADDYCNF.DOK (im CADdy-Stammverzeichnis) dokumentiert.

1.1.3 CADdy unter Windows

Neuerdings gibt es für CADdy auch Windows-Treiber (für Windows 3.x, Windows 95 und NT). Die Installation ist ganz einfach: In der Auswahlmaske [INSTALLA-TIONSUMFANG] (siehe Bild 1-4) wählen Sie zusätzlich oder alternativ zu den bisher verwendeten DOS-Treibern (Grafik-, Alfa- und Maustreiber) die [TREIBER FÜR CADDY UNTER WINDOWS]. Wenn Sie beides ankreuzen, können Sie CADdy wahlweise unter DOS oder unter Windows betreiben. Dann wird automatisch unter Ihrem CADdy-Stammverzeichnis ein Unterverzeichnis \WINCADDY\ angelegt, in das alle nötigen Dateien (einschließlich des speziellen Windows-Grafiktreibers GD_WIN00.EXE) kopiert werden. Darunter wird ein weiteres Verzeichnis \WINCADDY\SETUP\ angelegt.

```
┌─────────────────────────────────────────────────────────────────────────────┐
│ CADdy Installation      Installationsumfang               Version 14.0       │
├─────────────────────────────────────────────────────────────────────────────┤
│                                                                               │
│            [ ' ] Treiber für CADdy unter Windows                              │
│                                                                               │
│            [ ' ] Treiber für CADdy unter DOS                                  │
│                    [ ' ] Grafiktreiber                                        │
│                    [ ' ] Alfatreiber                                          │
│                    [ ' ] Maus- / Digitizertreiber                            │
│                                                                               │
│            [   ] Alternativer Digitizer                                       │
│                                                                               │
│            [ ' ] Programmpaket                                                │
│                                                                               │
│            [   ] Symbolbibliotheken                                           │
│                                                                               │
│            [ ' ] Plotter-Auswahl                                              │
│                                                                               │
├──────────────────────────────┬──────────┬──────────┬─────────────────────────┤
│                              │  Hilfe   │  Abbruch │      weiter             │
└──────────────────────────────┴──────────┴──────────┴─────────────────────────┘
```

Bild 1-4 CADdy-Installation – Wahl des Installationsumfangs

Die übrige Installation läuft ab wie bisher. Sie können die Windows-Treiber übrigens jederzeit nachinstallieren, ohne an Ihrem DOS-CADdy etwas zu ändern! Der Windows-Grafiktreiber wird zusätzlich zu dem für DOS gewählten Treiber installiert. Die Konfiguration von WinCADdy erfolgt über die Datei WINCADDY.CNF (im CADdy-Stammverzeichnis).

Am Ende der CADdy-Installation wird Windows automatisch gestartet, und nach Auswahl der gewünschten Menüsprache (deutsch oder englisch) wird die Installation der Windows-Treiber durchgeführt. 

Danach müssen Sie Windows verlassen, zu DOS zurückkehren und das CADdy-Setup-Programm ordnungsgemäß beenden. Nach erneutem Windows-Start sehen Sie in einem neuen Gruppenfenster das WinCADdy-Icon und können das Programm mit Doppelklick starten.

 **Achtung: Windows 95-Anwender:** Damit die Installation der Windows-Treiber reibungslos klappt, sollten Sie die CADdy-Installation grundsätzlich im DOS-Modus ausführen (Computer im MS-DOS-Modus starten) und nicht in einer DOS-Box! Vergewissern Sie sich zuvor, daß die notwendigen Treiber für das CD-ROM-Laufwerk in den Dateien AUTOEXEC.BAT und CONFIG.SYS eingetragen sind, damit Sie dieses unter DOS ansprechen können!

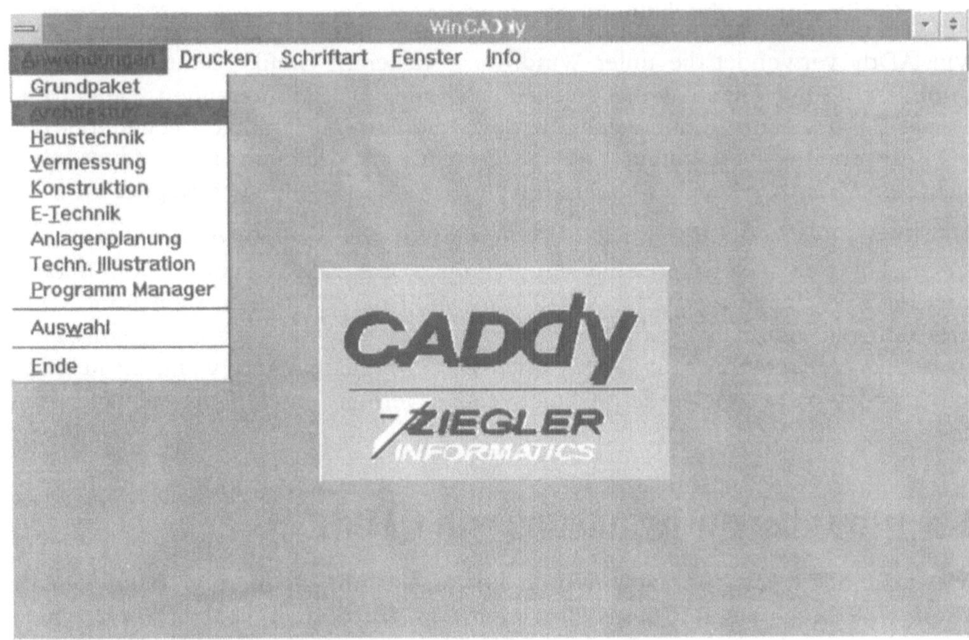

Bild 1-5 WinCADdy – Programmfenster

Nach dem Start von WinCADdy sehen Sie zunächst das Programmfenster Win-CADdy mit der CADdy-Startgrafik. Am oberen Bildschirmrand wird, wie unter Windows üblich, eine Menüleiste eingeblendet. Von hier aus starten Sie über das Menü [ANWENDUNGEN] das gewünschte CADdy-Modul, also in unserem Falle das Modul ARCHITEKTUR, das als DOS-Anwendung in WinCADdy eingebettet wird. Wenn Sie das WinCADdy-Fenster schließen wollen (mit Doppelklick auf den Systembalken oben links), müssen Sie erst die DOS-Anwendung CADdy wie gewohnt mit [ENDE ???] beenden.

Bevor Sie die Anwendung starten, können Sie unter [SCHRIFTART] die Schriftart und -größe der Masken und Menüs wählen. Art und Größe der Schrift sind nicht unwichtig, denn sie sind verantwortlich dafür, wieviel Platz für die Pulldown-Menüs, Icons und die Zeichenfläche übrigbleibt. Eine praktikable Einstellung (bei 1024 x 768 Bildpunkten) ist z.B. die Schriftart Courier mit der Größe 10 Punkt.

☞ Durch das Ändern der Schrift ändert sich meistens auch die Größe des WinCADdy-Fensters. Dieses sollten Sie gleich mit Hilfe der Ziehpunkte in den Ecken (oder des Symbols für die maximale Fenstergröße) in die gewünschte Größe bringen, denn nach dem Starten der eigentlichen Anwendung läßt sich die Fenstergröße nicht mehr ändern.
Das Pfeilfeld oben rechts (bei Windows 95 das Fenstersymbol) dient üblicherweise dazu, ein Windows-Fenster bildschirmfüllend darzustellen. Nach dem Start einer CADdy-Anwendung ist diese Funktion deaktiviert, dafür dient dieses Feld zum Auffrischen des WinCADdy-Bildschirms, falls die Grafik einmal „durcheinandergeraten" ist.

WinCADdy verwendet die unter Windows installierten Grafik-, Maus- und Drukkertreiber. Damit entfallen die gelegentlich unter DOS auftretenden Treiberprobleme. Bei der Maus können sich allerdings die Tastenbelegungen gegenüber der DOS-Anwendung geringfügig ändern. Zum Drucken/Plotten kann (muß aber nicht) ein Windows-Druckertreiber verwendet werden (siehe auch Kapitel 5).

Falls Sie es gewohnt sind, nur unter Windows zu arbeiten und den problemlosen Wechsel zwischen verschiedenen Programmen oder den Austausch von Bildern über die Zwischenablage (auch als Vektorgrafik!) nutzen wollen, stellt WinCADdy eine sinnvolle Alternative dar. Allerdings ist die Geschwindigkeit etwas langsamer als bei der Verwendung von CADdy unter DOS, vor allem dann, wenn Ihr Rechner nur über knapp ausreichenden Arbeitsspeicher verfügt (empfehlenswert sind mindestens 32 MB).

1.2 Hinweise zur Benutzung von CADdy

Wie man mit CADdy arbeitet, wurde bereits ausführlich in dem Buch *CADdy Grundkurs* beschrieben. Dieses Kapitel macht Sie deshalb lediglich auf einige Besonderheiten im äußeren Erscheinungsbild und in der Bedienung des CADdy-Architektur-Moduls aufmerksam. Die einzelnen Befehle des Architekturmoduls werden im Kapitel 2 ausführlicher beschrieben.

1.2.1 Starten und Beenden von CADdy

Das Programm CADdy wird mit der Datei CADDY.BAT gestartet. Diese Stapeldatei bewirkt, daß alle notwendigen Umgebungsvariablen für CADdy gesetzt, die notwendigen Treiber geladen (und später wieder entfernt) werden und schließlich die eigentliche Programmdatei CADdyR gestartet wird. Die Datei CADDY.BAT befindet sich nach der Installation grundsätzlich im CADdy-Stammverzeichnis und kann dort mit dem Aufruf [CADDY] das Programm starten. Zusätzlich kann als Parameter ein Buchstabe mitangegeben werden, der die gewünschte Anwendung kennzeichnet und das entsprechende CADdy-Modul startet. Die Stapeldatei kann auch in einem anderen Laufwerk oder Verzeichnis untergebracht werden. Es ist nur darauf zu achten, daß die Pfadangaben entsprechend angepaßt werden.

Die Anwendung CADdy Architektur wird aus dem CADdy-Verzeichnis mit Eingabe von [CADDY A] gestartet. Dies veranlaßt CADdy, die Architektur-Definitions-Datei mit dem Namen A.DEF zu laden, die Angaben über die Bildmaße und Verzeichnispfade enthält (wo Dateien gesucht werden sollen). Außerdem sind dort die Namen und Verzeichnisse einiger wichtiger Dateien angegeben, die ebenfalls beim CADdy-Start geladen werden sollen. Dies sind z.B. der Standard-Plottertreiber, die Info-Datei mit den wichtigsten Voreinstellungen und die Dateien für die Darstellung der Icon-Leisten und Pulldown-Menüs.

Um sich den Programmaufruf zu erleichtern, können Sie mit einem beliebigen Editor eine Batch-Datei mit folgendem Inhalt erstellen:

```
@echo off
c:
cd \caddy
call caddy a
cd\
```

Anstelle von *cd \caddy* müssen Sie natürlich den Namen Ihres CADdy-Stammverzeichnisses einsetzen. Speichern Sie Ihre Datei z. B unter dem Namen CC.BAT. Sie sollte sich in einem Verzeichnis befinden, das von Ihrem Betriebssystem automatisch durchsucht wird (z.B. das DOS-Verzeichnis) oder in einem von Ihnen eingerichteten Batch-Verzeichnis (z.B. \BAT\), für das Sie in der Datei AUTOEXEC.BAT einen Pfad (mit dem DOS-Befehl PATH) gesetzt haben. Jetzt können Sie CADdy-Architektur jederzeit durch Eingabe des Befehls [CC] starten.

Nach dem Programmaufruf werden die CADdy-Treiber geladen. Wenn der Rechner an dieser Stelle „hängt", liegt das meist am falschen Grafiktreiber. Im Zweifelsfalle installieren Sie den Standard-VGA-Treiber (GD_VGA00.DLL), um festzustellen, ob hier wirklich der Fehler lag. Hinweise zur Installation verschiedener Treiber finden Sie im Kapitel 1.1.2. Falls es keinen geeigneten Grafiktreiber für Ihre Grafikkarte gibt, probieren Sie es mit dem Windows-Treiber unter WinCADdy.

 Während die einzelnen Treiber geladen werden, sollten Sie die Maus nicht bewegen; dies kann dazu führen, daß der Digitizer-Treiber nicht geladen wird!

Meldet sich CADdy mit der Fehlermeldung „GP kann nicht abgemeldet werden" oder „Fehler beim Netzwerkdongle!" und der anschließenden Aufforderung: „Achtung: CADdy Kopierschutz anbringen!", so ist entweder kein Dongle (Kopierschutz) vorhanden,

- oder der Dongle ist defekt bzw. nicht richtig festgeschraubt,
- oder der angeschlossene Drucker ist nicht eingeschaltet.

In diesem Falle müssen Sie nach Behebung des Fehlers CADdy erneut starten.

Klappt alles, so meldet sich CADdy nach kurzer Einblendung einer Startmaske mit dem CADdy-Bildschirm und dem Architektur-Startmenü.

Zum Beenden des Programms drücken Sie so lange <ESC> oder die rechte Maustaste, bis das Hauptmenü erscheint. Dieses müssen Sie mit dem Menübefehl [-ENDE-] verlassen; dann erscheint die Menüabfrage [ENDE ???] oder [WEITER]. Klicken Sie jetzt mit der linken Maustaste auf [ENDE ???], dann wird normalerweise (es sei denn, Sie haben die entsprechende Voreinstellung geändert) das aktuell geladene Bild in eine Datei mit dem Namen @@END.PIC „gerettet". Je nach Bildgröße verlängert sich dadurch die für das Schließen des Programms benötigte Zeit.

☞ Wenn es einmal schnell gehen soll, können Sie mit <ALT X> den „Notausgang" aktivieren. Danach erscheint sofort die Abfrage [ENDE ???] oder [WEITER].

1.2.2 Der CADdy-Bildschirm

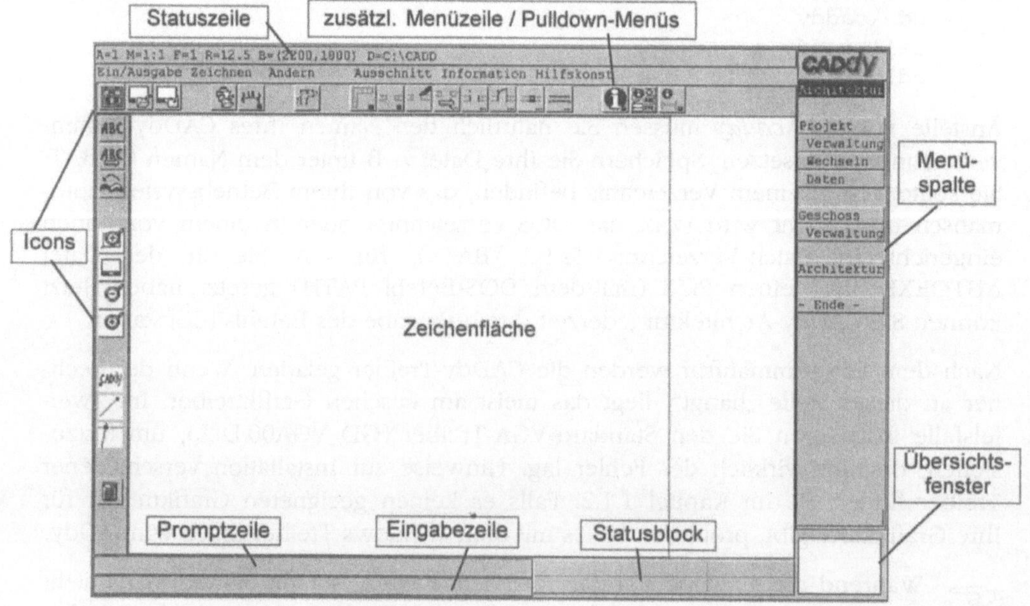

Bild 1-6 Der CADdy-Bildschirm

Der CADdy-Bildschirm des Architekturmoduls unterscheidet sich von dem des Grundmoduls im wesentlichen durch andere Icon- und Menüleisten.

Anders sind auch die voreingestellten Bildmaße, die in der Statuszeile am oberen Bildschirmrand angegeben sind (B=...). Im Gegensatz zum Grundpaket nämlich, wo mit der Einheit [mm] gearbeitet wurde, gilt in der Architektur die Maßeinheit [cm]. Damit ein durchschnittlicher Grundriß ins Bild paßt, sind die Bildmaße 2200 x 1800 [cm] voreingestellt; dies entspricht 22 x 18 [m]. Die Architektur-Bemaßung ist auf [m] und [cm] abgestimmt. Näheres über die Bemaßung erfahren Sie im Kapitel 5.

Die Bildmaße könnten theoretisch auch als [m] oder [mm] interpretiert werden; dann müssen die Eingaben ebenfalls in der entsprechenden Einheit vorgenommen werden.

1.2.3 Die Menüführung in CADdy-Architektur

Auf der rechten Seite des Bildschirms erscheint das Architektur-Startmenü (siehe Bild 1-6), das Ihnen auch die Verwaltung von Projekten ermöglicht. Die Arbeit mit Projekten ist im Büroalltag sehr nützlich; im Lehrbetrieb mit wechselnden Benutzern ist sie allerdings weniger zu empfehlen.

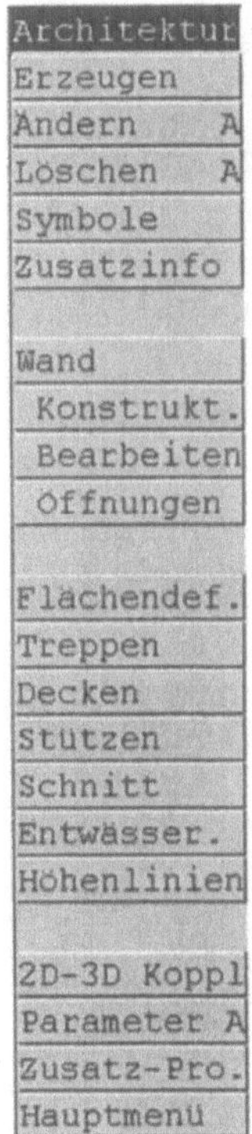

Bild 1-7
Architektur-Menü

 Wenn Sie grundsätzlich nicht mit Projekten arbeiten wollen, können Sie dieses Startmenü unterdrücken, indem Sie im CADdy-Architektur-Verzeichnis \A1\ eine Datei mit dem Namen NOSTART.SYS und beliebigem Inhalt abspeichern. Zu diesem Zweck können Sie beispielsweise eine Datei, die wenig Text enthält (wie die Datei A.DEF), umkopieren in die Datei NOSTART.SYS (aber nicht umbenennen, sie wird ja noch gebraucht!) und anschließend mit dem Editor deren Inhalt löschen.

Vom Startmenü aus gelangen Sie mit dem Befehl [ARCHITEKTUR] in das eigentliche Architekturmenü. In oberen Teil dieses Menüs finden Sie die bereits vom CADdy-Grundpaket bekannten Befehle [ERZEUGEN] und [SYMBOLE]. Diese sind tatsächlich identisch mit den entsprechenden Befehlen des Hauptmenüs. [ÄNDERN A] und [LÖSCHEN A] verzweigen allerdings in speziell für Architekturanwendungen zusammengestellte Menüs. Neu ist das Menü [ZUSATZINFO], das sich auf Architektursymbole bezieht.

Des weiteren finden Sie in diesem Menü eine Reihe von speziellen Architekturfunktionen, wie [WAND], [TREPPEN], [DECKEN] usw. Außerdem enthält es noch besondere Architekturparameter [PARAMETER A] und den Befehl [ZUSATZ-PRO.], der in ein Menü verzweigt, aus dem Sie weitere Module (z.B. das 3D-Flächenmodul) aufrufen können.

Da sich das CADdy-Grundpaket grundsätzlich mit im Arbeitsspeicher befindet, können Sie selbstverständlich auch ins Hauptmenü wechseln und alle dort verfügbaren Funktionen benutzen.

Bevor Sie das Architekturmenü verlassen, erscheint, sofern ein Bild geladen ist, eine Warnung auf dem Bildschirm. Die mit dem Architekturmenü erzeugten logischen Strukturen könnten nämlich zerstört werden, wenn Sie sie mit den Änderungsfunktionen des Grundpakets bearbeiten. Deshalb bietet Ihnen CADdy an, den aktuellen Stand des Bildes vor dem Verlassen des Architekturmenüs sicherheitshalber zu speichern. Wenn Sie das Menü nicht verlassen wollen, können Sie auf [ABBRUCH] tippen, ansonsten gelangen Sie mit [WEITER] ins Hauptmenü.

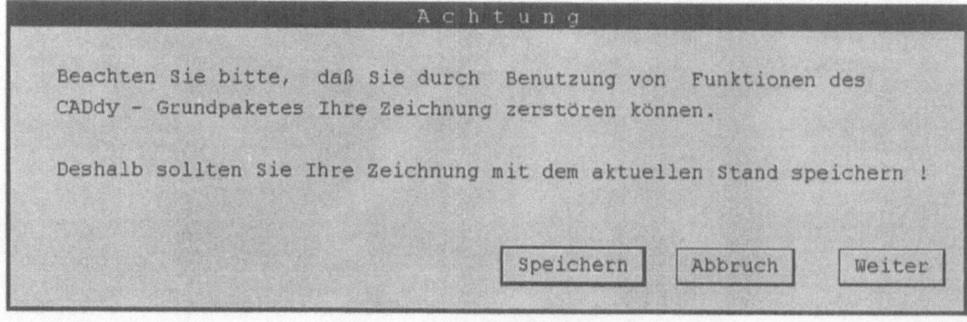

Bild 1-8 Warnung vor dem Verlassen des Architekturmenüs

1.2.4 Die Online-Hilfe

In den neueren Versionen von CADdy sind die mitgelieferten Handbücher nur noch sehr knapp gehalten. So beschränkt sich z.B. das Handbuch für das Architekturmodul (2D/3D-Baukonstruktion) auf folgende Kapitel:

- A Einführung (Installation, Methodik, Beispielprojekt)

- C Zusatzdateien

- D Anhang (Plus-Programme, Symbolbibliothek, Neuerungen)

Das bisher umfangreichste Kapitel B (Funktionsbeschreibung) wird komplett durch die im Programm integrierte Online-Hilfe ersetzt.

Die Online-Hilfe ist gegenüber früheren CADdy-Versionen stark erweitert und, wo erforderlich, mit Skizzen und Querverweisen versehen worden. Sie läßt sich aus den meisten Menüs (Ausnahmen sind z.B. die Menüs [DISPLAYLIST] und [MEIN MENÜ]) und Masken direkt aufrufen. Um die Online-Hilfe zu aktivieren, markieren Sie den gewünschten Menü- oder Maskenbefehl mit der Maus und drücken dann die Tastenkombination <⇑ F1>.

Daraufhin wird in der Mitte des Bildschirms eine Maske (siehe Bild 1-9) eingeblendet (Größe je nach Bildschirmauflösung), die eine Erläuterung zum markierten Befehl enthält. Ist die Beschreibung länger als eine Maskenseite, so kann mit der <BILD-NACH-UNTEN>-Taste weitergeblättert werden. Mit <ESC> (bzw. der rechten Maustaste) verlassen Sie die Maske wieder.

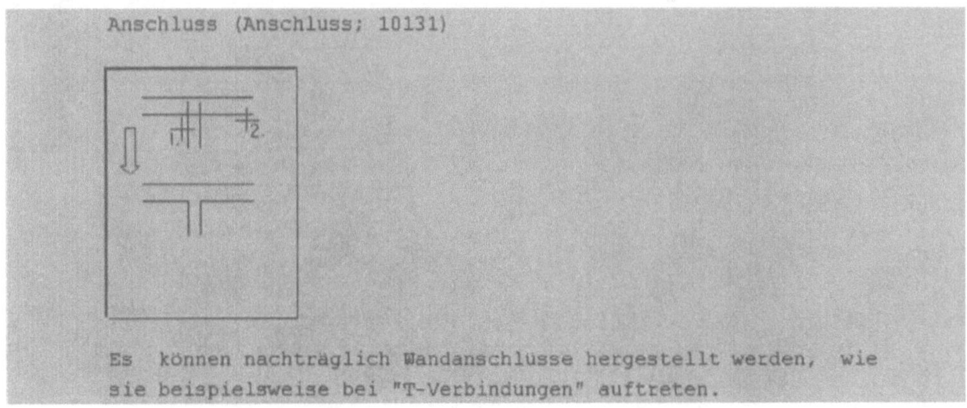

Bild 1-9 Online-Hilfe zum Thema Wandanschluß (Auszug)

In der Überschrift des Hilfe-Bildschirms wird der Name der gewählten Funktion sowie ihre Funktionsnummer angezeigt. Dies ist die Nummer, unter der die Funktion intern in CADdy gespeichert ist. Diese benötigen Sie, wenn Sie die Benutzeroberfläche an Ihre persönlichen Bedürfnisse anpassen wollen, wie im Kapitel 1.3 beschrieben.

Wenn Sie die Funktionsbeschreibungen doch lieber in Papierform vorziehen, so können Sie sich diese auch selbst ausdrucken. Dazu rufen Sie im Menü [INFOR-MATION] die Funktion [HILFE] auf. Dann erscheint die MASKE [FUNKTIONS-NUMMERN-HILFE] (siehe Bild 1-10). Hier wählen Sie ein CADdy-Modul (z.B. A1 für Architektur) und ein Menü aus diesem Modul. Sämtliche Befehle dieses Menüs werden dann mit ihren Funktionsnummern in der Reihenfolge ihres Erscheinens im Menü angezeigt. Die Befehle können Sie auch nach Nummern oder Namen sortieren lassen. Mit dem Maskenbefehl [HILFE] wird die Online-Hilfe zu diesem Befehl angezeigt. Mit dem Maskenbefehl [DRUCKEN] können Sie diese Hilfetexte ausdrucken.

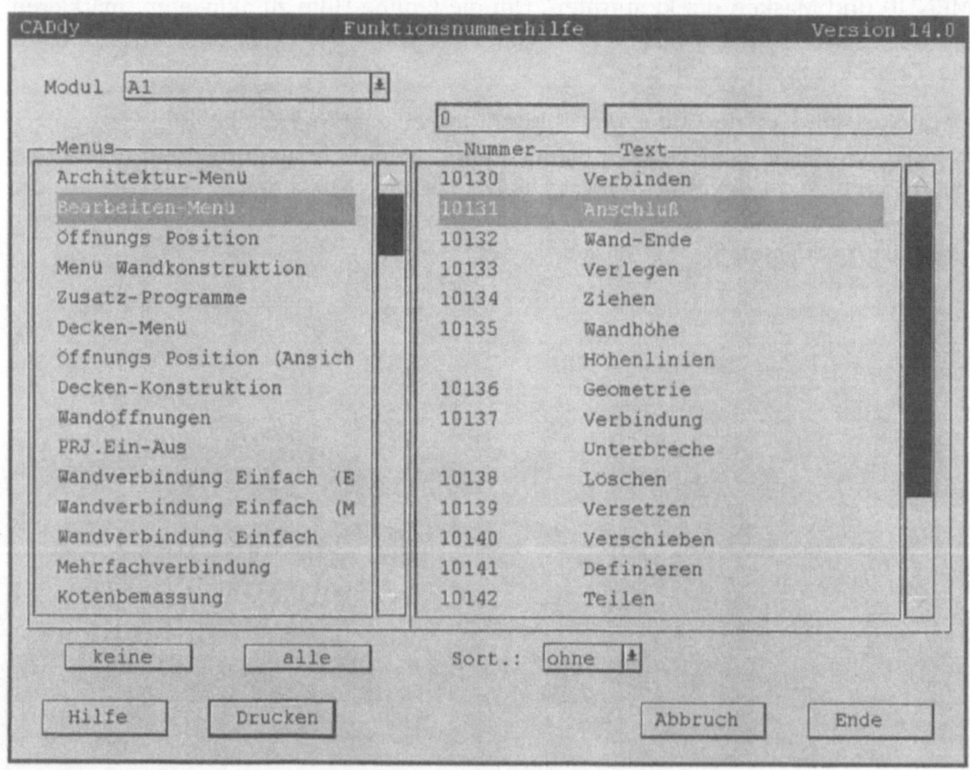

Bild 1-10 Funktionsnummern-Hilfe

1.3 Anpassung der Benutzeroberfläche

Mit Hilfe des Spaltenmenüs auf der rechten Seite des CADdy-Bildschirms können Sie Befehle in CADdy auch über Pulldown-Menüs, Icons, Tablett-Menüs und Funktionstasten auswählen. Diese Auswahlwerkzeuge können Sie als Anwender individuell gestalten und damit die Benutzeroberfläche an Ihre eigenen Bedürfnisse anpassen. Einige Möglichkeiten sollen im folgenden näher erläutert werden. Sie sind vor allem für Anwender nützlich, die permanent am gleichen CADdy-Arbeitsplatz arbeiten.

Die dazu benötigten Hilfsprogramme finden Sie in der Menüfolge [HAUPTMENÜ] / [ANWENDUNGEN] / [HILFSPROG.].

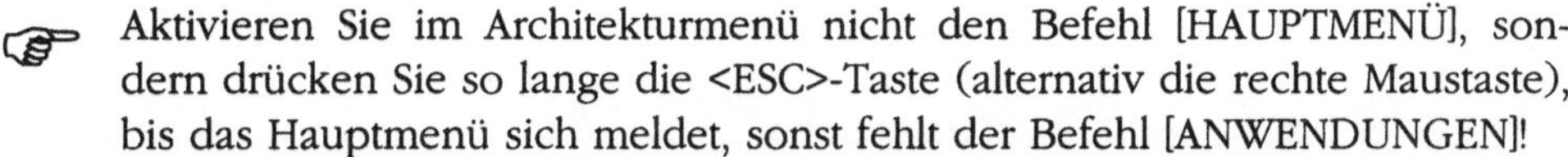

Aktivieren Sie im Architekturmenü nicht den Befehl [HAUPTMENÜ], sondern drücken Sie so lange die <ESC>-Taste (alternativ die rechte Maustaste), bis das Hauptmenü sich meldet, sonst fehlt der Befehl [ANWENDUNGEN]!

Das Menü [HILFSPROG.] sehen Sie in Bild 1-11. Von hier aus können Sie über das Menü [SCHRIFTS.ED]. auch eigene Schriftsätze erstellen bzw. die Farben des CADdy-Bildschirms (und die des Cursors) ändern.

1.3.1 MEIN MENÜ

Das MEIN MENÜ] ist ein benutzerdefiniertes Menü in der rechten Menüspalte, das Sie mit dem Befehl [MENÜ ERZEUG] selbst zusammenstellen können. Es wird vom Hauptmenü aus oder über die Funktionstaste <F10> aufgerufen. Die Erstellung eines eigenen Spaltenmenüs ist immer dann sinnvoll, wenn wegen fehlender Grafiktreiber keine Pulldown-Menüs oder Icons dargestellt werden können. Über die Vorgehensweise bei der Erstellung eines eigenen [MEIN MENÜ] können Sie sich in der Online-Hilfe (<⇧ F1>) informieren.

1.3.2 Pulldown-Menü

Der Befehl [PULLDWN ERZ] bringt Sie in eine Maske (Bild 1-11), die die zur Zeit am Bildschirm befindlichen Pulldown-Menüs in der Reihenfolge ihrer Überschriften auflistet. In die leeren Felder können weitere Menüüberschriften eingefügt werden. Allerdings hängt die Anzahl der darstellbaren Menüs von der Bildschirmauflösung und der Größe des Menüschriftsatzes ab. Es wird in der Maske immer nur die Anzahl an Feldern angeboten, die als Menüs in der Menüleiste dargestellt werden können. Wie viele Menüs bei der aktuellen Konfiguration darstellbar sind, wird in der Maske unten angezeigt; bei der im Beispiel vorliegenden Bildschirmauflösung von 1024 x 768 Bildpunkten sind es 8 Menüs.

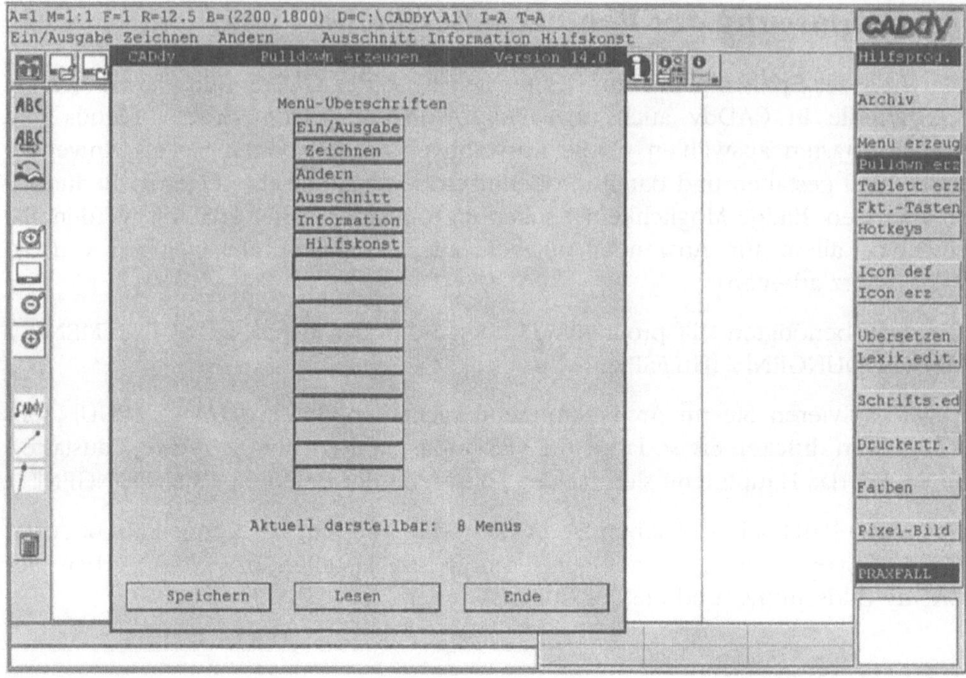

Bild 1-11 Hilfsprogramme – Pulldown-Menüs erzeugen

Es erscheint eine leere Maske. Tragen Sie die Menü-Überschrift ein sowie die
Menübefehle, die das neue Pulldown-Menü enthalten soll. Damit mit diesen
Begriffen auch tatsächlich eine CADdy-Funktion nach Anklicken des jeweiligen
Namens aktiviert wird, muß daneben die zu diesem Befehl gehörige Funktions-
nummer angegeben werden. Diese entnehmen Sie der Online-Hilfe (<⇑ F1>) zu
diesem Befehl oder der Funktionsnummern-Hilfe (siehe Bild 1-10), die mit
<ENTER> automatisch eingeblendet wird.

Sind alle gewünschten Befehle eingetragen, so verlassen Sie die Maske mit [ENDE].
Jetzt muß die veränderte Pulldown-Menü-Anordnung noch als Datei vom Typ
.PDM im CADdy-Startverzeichnis unter dem Namen A1.PDM gespeichert werden,
da das Architekturmodul von CADdy diese Datei beim nächsten Programmstart in
diesem Verzeichnis sucht. Die Veränderungen werden sofort nach dem Verlassen
der Maske wirksam.

1.3.3 Icons

Bei der Installation des Grafiktreibers für CADdy wird bereits festgelegt, ob Icons
erwünscht sind, und wenn ja, ob je eine oder zwei Reihen am oberen bzw. linken
Bildschirmrand erscheinen sollen. Auch die Größe der Icons wird hier definiert

(sie beträgt im allgemeinen 32x32 Pixel; die Größe am Bildschirm hängt von der Auflösung ab!).

Wie viele und welche Icons angezeigt werden, also die Anordnung, ist in einer Datei vom Typ .ICN gespeichert, die sich im ICON-Verzeichnis befindet. Diese wird beim CADdy-Start automatisch geladen. Für das Architekturmodul ist dies die Datei A1.ICN. Während der Arbeit können Sie jederzeit eine andere ICN-Datei laden, indem Sie die Menüfolge [ICON DEF] / [DATEI] / [LESEN] (siehe Bild 1-12) wählen, zum Beispiel die Datei STANDARD.ICN. Dann ändert sich sofort die Anordnung der Icons am Bildschirmrand, aber natürlich nur bis zum nächsten CADdy-Start!

 Auch die ICN-Datei für das 3D-Programm CADDY3DF.ICN läßt sich mit dem Befehl [ICON DEF] / [DATEI] / [LESEN] aufrufen und kann nur hier, also im 2D-Programm, modifiziert werden!

Mit der Befehlsfolge [DATEI] / [SPEICHERN] kann man eine eigene Icon-Anordnung als ICN-Datei speichern.

Um eigene Icons in die Icon-Auswahl einbinden zu können, wählen Sie im Menü [ICON] den Befehl [NEU]. Es erscheint eine Maske (siehe Bild 1-12), in der Sie zunächst festlegen können, ob sich hinter dem Icon ein Menübefehl, ein Hotkey, eine DPL-Funktion (Displaylist-Menü) oder ein CADdy-Plus-Programm (CADdy Plus ist die Programmierschnittstelle von CADdy) verbirgt. Zu diesem Zweck muß natürlich, wie beim Pulldown-Menü, die entsprechende Funktionsnummer (bei Plus-Programmen der Programmname) eingetragen werden. Außerdem können Sie dem Icon eine kurze Beschreibung zuordnen, die - wie bei Windows-Programmen üblich - eingeblendet wird, sobald sich der Cursor auf dem Icon befindet.

Das Icon selbst ist in einer Datei gespeichert, die sich im Icon-Verzeichnis befinden muß. Diese Dateien können vom Typ .ICO oder .PCX sein. CADdy verfügt bereits über eine ganze Reihe von ICO-Dateien. Um sich eine Übersicht zu verschaffen, rufen Sie am einfachsten mit dem Maskenbefehl [ICONAUSWAHL] die grafische Anzeige aller Icons (Voreinstellung PCX oder ICO) auf.

Es wird eine Seite eingeblendet, die, je nach Bildschirmauflösung, eine bestimmte Anzahl Icons enthält (siehe Bild 1-13). [WEITER] oder [ZURÜCK] zeigen weitere Seiten an. Um ein Icon auszuwählen, müssen Sie zunächst im Menü auf [AUSWAHL] tippen. Markieren Sie jetzt ein Icon mit dem Cursor, so wird am unteren Bildschirmrand der Dateiname eingeblendet, hier: 118.ICO.

Hinter diesen Dateinamen verbergen sich die Funktionsnummern der Funktionen, für die die Icons eigentlich erstellt worden sind; im Beispiel hier die Funktionsnummer 118 für den Befehl [BESCHRIFTEN] / [EDITIEREN] (z.B. Buchstabenverdreher wie ACB statt ABC). Daran müssen Sie sich aber nicht unbedingt halten. Sollte für einen gewünschten CADdy-Befehl kein Icon mit der entsprechenden Funktionsnummer verfügbar sein, können Sie selbstverständlich auch ein beliebiges anderes Icon auswählen!

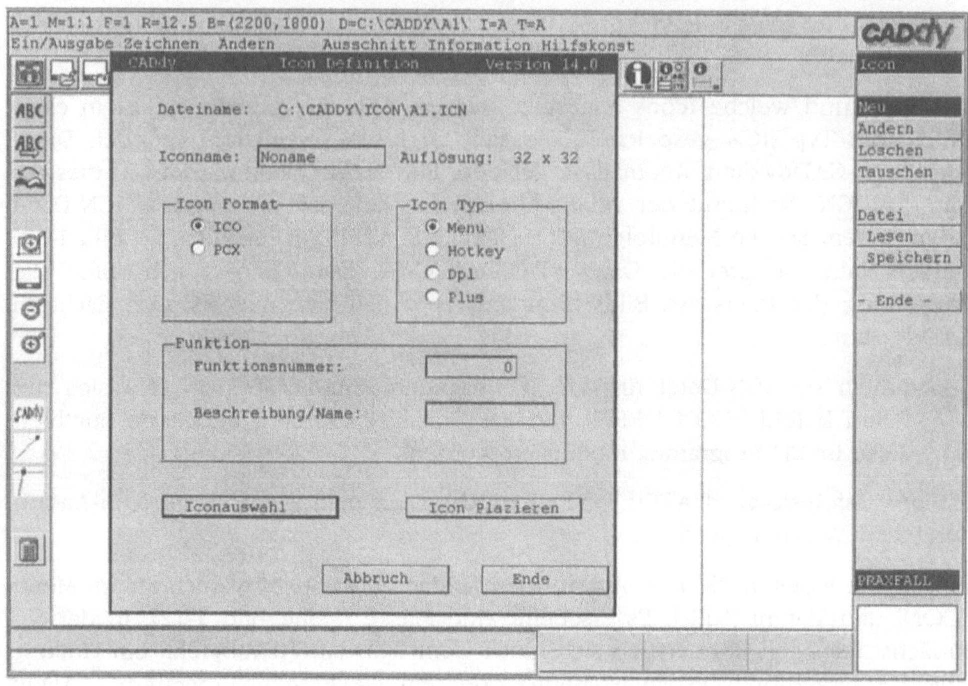

Bild 1-12 Neue Icons definieren

Sie können sich aber auch selbst solche Icon-Bilder erstellen. Dazu gibt es mehrere Möglichkeiten:

- Man kann über den Befehl [ICON ERZ] einen beliebigen (möglichst quadratischen) Ausschnitt eines CADdy-Bildes als Icon definieren. Dabei wird der gewählte Ausschnitt in 32 x 32 Pixeln untergebracht. Das Icon wird, nachdem man einen Namen eingegeben hat, als PCX-Datei im ICON-Verzeichnis gespeichert.

- Sie können aber auch mit einem beliebigen Grafikprogramm ein 32 x 32 Pixel großes Bildchen malen und dieses als PCX-Datei im ICON-Verzeichnis speichern (das Paintbrush- oder PCX-Format kennen fast alle Grafikprogramme). Im ICON-Verzeichnis gespeicherte PCX-Dateien werden in der grafischen Auswahl angezeigt. Dazu ist in der Maske [ICON DEFINITION] / [ICON FORMAT] das Format [PCX] anzukreuzen.

Sind alle gewünschten Icons auf diese Art definiert, so muß die neue Anordnung nur noch mit [DATEI] / [SPEICHERN] (im Menü [ICON]) als ICN-Datei gespeichert werden.

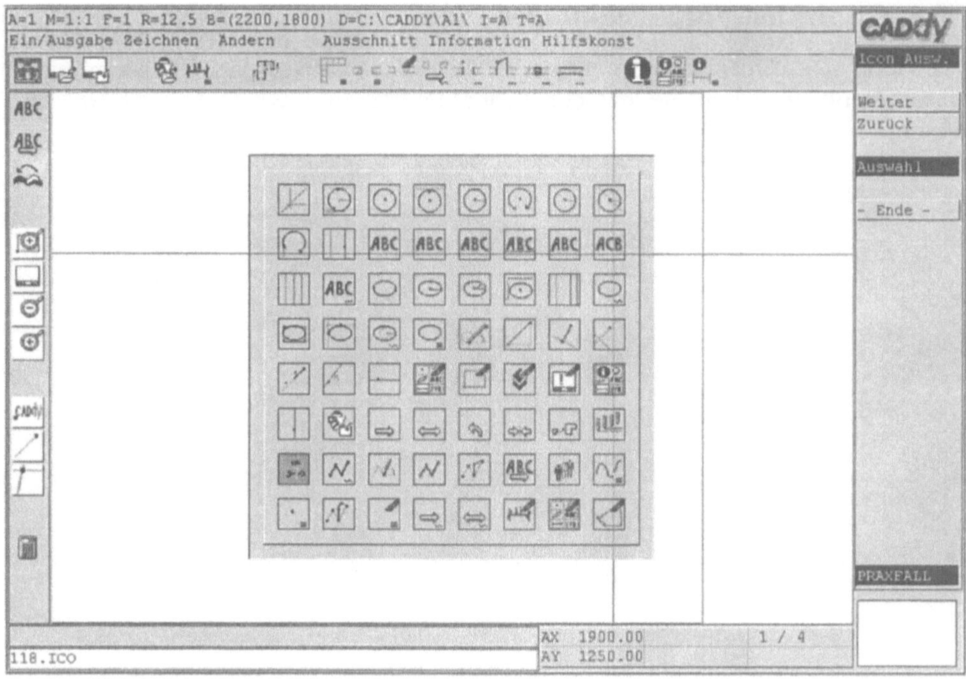

Bild 1-13 Icon-Auswahl

 Nutzen Sie die Möglichkeit, häufig benötige Funktionen als Icons am Bildschirm „einzubauen"! In den Abbildungen dieses Buches werden Sie einige Beispiele dafür sehen: außer dem eben beschriebenen Icon [EDITIEREN] z.B. ein Icon zum schnellen [SICHERN], zum Aufrufen des DOS-Fensters, zum Übergang ins 3D-Flächen-Modul. Der besseren Übersichtlichkeit halber wurden einige Icons mit dem Befehl [TAUSCHEN] an anderen Stellen plaziert.

1.3.4 Funktionstastenbelegung

Mit dem Menüpunkt [FKT.-TASTEN] in [HILFSPROG.] kann man in einer Maske eine eigene Funktionstastenbelegung erstellen, wobei die Tasten <F1> bis <F12> nicht nur mit der SHIFT-Taste, sondern, auch mit der STRG- und der ALT-Taste kombiniert werden können. Auf diese Weise können bis zu 48 Funktionen abgerufen werden. Die Nummern der einzelnen Funktionen können Sie der Online-Hilfe (<⇧ F1>) entnehmen.

1.3.5 Displaylist-Voreinstellungen

Das Menü [DISPLAYLIST] ermöglicht es, mit Bildschirmausschnitten zu arbeiten. Dieses Menü erreichen Sie mit der Tastenkombination <STRG L> oder mit der mittleren Maustaste.

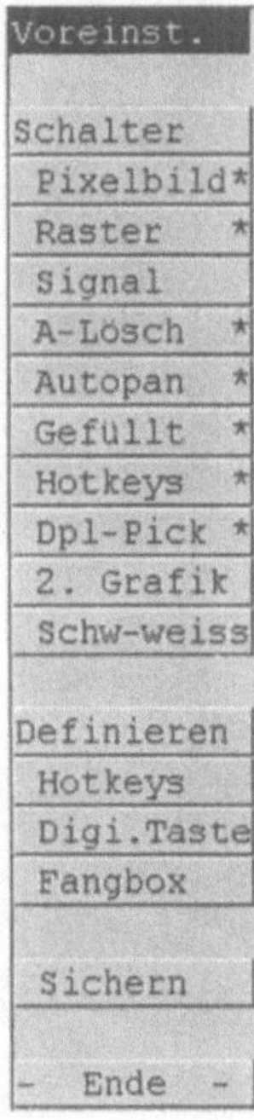

Bild 1-14
Displaylist-Voreinstellungen

Mit dem Befehl [VOREINST.] (oder durch nochmaliges Drücken der mittleren Maustaste) gelangt man in das Menü [VOREINST.]

Hier ist vor allem die Voreinstellung [AUTOPAN] wichtig. Ist diese aktiviert (was an der Kennzeichnung mit einem Stern * ersichtlich ist), so kann man einen im Menü [DISPLAYLIST] aktivierten [AUSSCHNITT] auch nach Verlassen des Menüs mit dem Cursor verschieben, sobald das Cursorkreuz an den Bildschirmrand geführt wird. Auch die [FANGBOX], das kleine rote Rechteck um das Cursorkreuz, kann im Untermenü [VOREINST.] ein- und ausgeschaltet [DPL-PICK] oder verändert werden. Ist die Fangbox eingeschaltet, werden nur die Bildelemente identifiziert, die sich im Fangbereich des Quadrats befinden. Die Größe des Quadrats kann mit [FANGBOX] verändert werden.

Eine weitere nützliche Voreinstellung ist die neue Funktion [SCHW-WEISS], mit der Sie den Bildschirmhintergrund von schwarz in weiß ändern können. Alle Bildelemente, die vorher weiß angezeigt wurden, erscheinen dann automatisch schwarz. Viele CAD-Programme, vor allem die Windows-fähigen, arbeiten grundsätzlich mit hellem Hintergrund. Welche Einstellung man als angenehmer oder übersichtlicher empfindet, bleibt dem persönlichen Geschmack überlassen.

 Konsequenzen hat eine Änderung dieser Voreinstellung besonders in Win-CADdy, wenn Grafiken mit Hilfe der Zwischenablage an andere Programme übergeben werden sollen; nach einer Umstellung des Bildschirmhintergrundes auf weiß sind nach einer Übernahme einer Grafik in andere Programme die vorher weißen Bildelemente nicht mehr sichtbar. Ein Nachteil des weißen Bildschirmhintergrundes ist die erhöhte Strahlung, die der Monitor abgibt, da viel mehr Bildpunkte aufleuchten, woraus eine höhere Belastung für die Augen resultiert.

Um die Displaylist-Funktion zu beschleunigen, kann man, falls der Rechner über ausreichend RAM-Speicher verfügt, bereits bei der Installation von CADdy eine bestimmte Menge an Arbeitsspeicher für die „Displayliste" reservieren.

1.3.6 Symboltabletts

Mit [TABLETT ERZ] im Menü [ANWENDUNGEN] / [HILFSPROG.] können Sie eine Tablettbelegung erzeugen, über die Sie z.B. CADdy-Symbole, -Befehle, -Plus-Programme oder -Makros (Befehlsabfolgen) direkt aufrufen können. Diese Tabelle kann maximal 26 x 30 Felder mit symbolischen Darstellungen von Funktionen enthalten, die mit den einzelnen Feldern verknüpft sind. Das fertige sogenannte Tablett-Menü kann entweder am Bildschirm eingeblendet oder als Bild geplottet und auf einem Digitalisiertablett befestigt werden. Die Befehlsauswahl erfolgt in diesem Fall mit dem Eingabegerät (Maus, Lupe, Digitalisierstift).

Das Aussehen des Tablett-Menüs, also die Anzahl der Felder, die Feldgröße, die Farbgestaltung, Beschriftung usw., können Sie als Anwender individuell gestalten. Es ist auch möglich, von einem Tablett-Feld aus ein anderes Tablett aufzurufen, um so zwischen den vorhandenen Tabletts hin- und herzuschalten. Die Vorgehensweise für die Erstellung solcher Tabletts entnehmen Sie bitte der Online-Hilfe (<⇧ F1>).

Das Tablett-Menü, welches im CADdy-Architekturmodul standardmäßig erscheinen soll, muß in der Definitionsdatei A.DEF eingetragen sein. In der Regel ist dies die Datei MENUE.TBL im Verzeichnis \A1\. Sie enthält das „Hauptmenü" der CADdy-Symbolbibliothek Architektur, von dem aus die einzelnen bereits vorbereiteten Symboltabletts abgerufen werden können. Mit dem Befehl [SYMBOLE] / [TBL LADEN] kann während einer CADdy-Sitzung ein anderes (z.B. ein eigenes) Tablett-Menü aktiviert werden.

Das jeweils aktive Tablett-Menü wird am Bildschirm sichtbar gemacht mit

- [HAUPTMENÜ] / [SYMBOLE] / [AUFRUF TABL.], wenn es sich um ein reines Symboltablett handelt,

- dem CADdy-Plus-Programm \VAB\TABLETT.VAB ([ANWENDUNGEN] / [CADDY PLUS] / [AUFRUF NAME] oder Pulldown-Menü [INFO] / [PLUS-AUFRUF]), wenn es CADdy-Funktionen enthält (siehe das Beispiel in Bild 1-15).

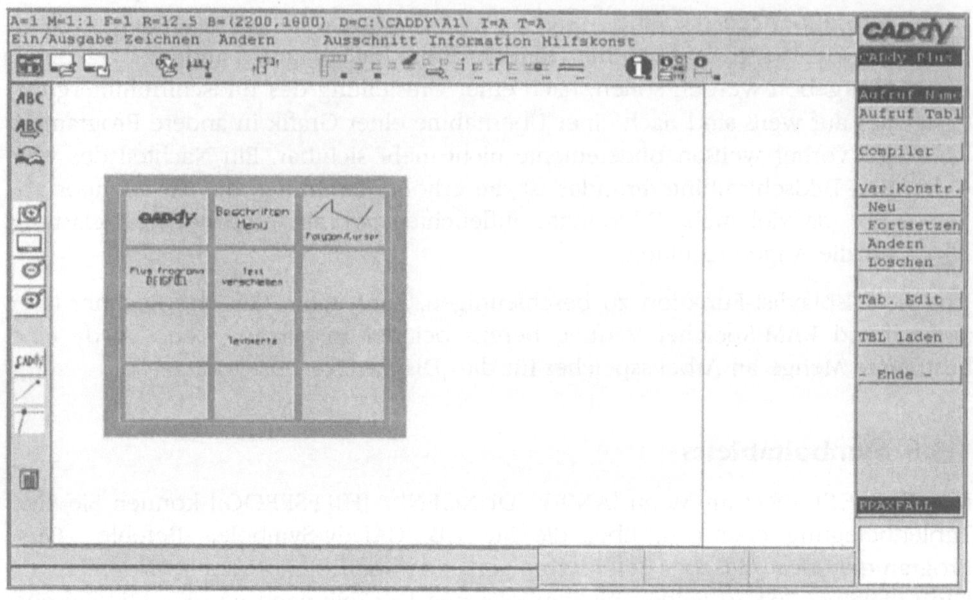

Bild 1-15 Beispiel-Tablett \ARB\SYMTBL.TBL

☞ Das Tablett-Menü läßt sich am Bildschirm verschieben, indem man mit der linken Maustaste auf den Tablettrand klickt (die Taste darf dabei nicht festgehalten werden). Daraufhin erscheint ein Rechteck, das als Tablett-Umriß mit dem Cursor plaziert werden kann.

1.4 Voreinstellungen

Wie bereits im *CADdy-Grundkurs* beschrieben, können Sie als CADdy-Anwender über das Menü [PARAMETER] Einfluß auf die Darstellung und die Handhabung des Programms nehmen. Im Architekturprogramm kommen zu den nach wie vor wichtigen allgemeinen Parametern noch die Architekturparameter hinzu.

1.4.1 Allgemeine Parameter

Über [HAUPTMENÜ] / [PARAMETER] bzw. mit der Funktionstaste <F9> oder durch Anklicken des nebenstehenden Icons erreichen Sie die [MASKENAUSWAHL] (Bild 1-16), in der die einzelnen Masken für die Definition der Parameter zusammengefaßt sind. 

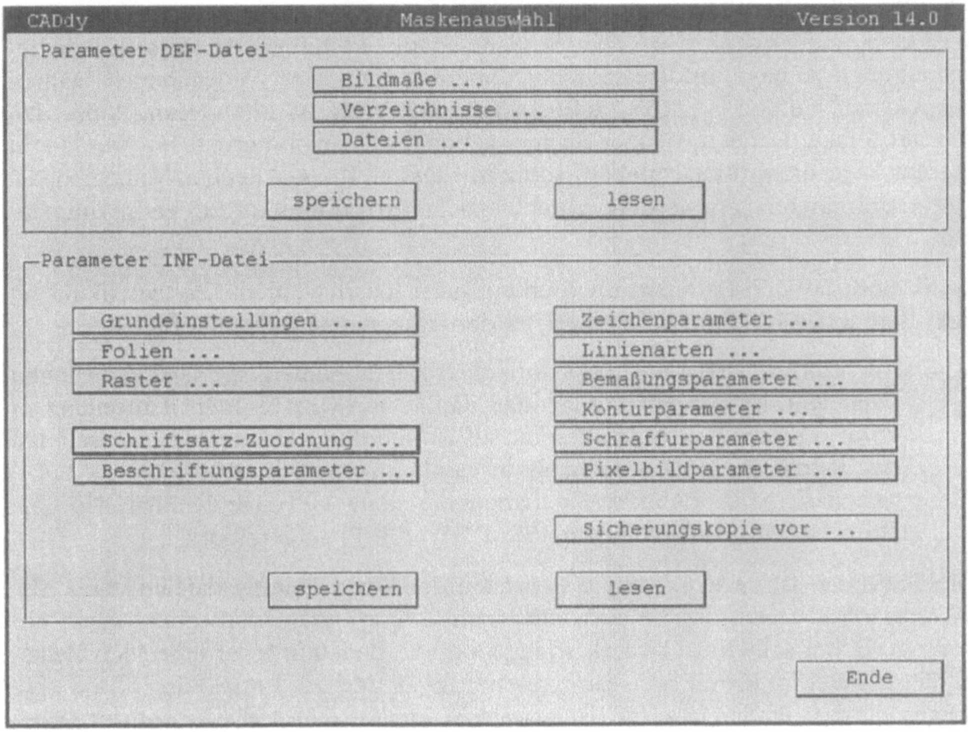

Bild 1-16 CADdy-Parameter / Maskenauswahl

Dabei wird, wie die Abbildung zeigt, unterschieden zwischen Parametern, die in der Definitionsdatei (DEF) und Parametern, die in der Info-Datei (INF) gespeichert sind. In der Definitionsdatei werden die branchenspezifischen Parameter definiert. Die Branche ergibt sich aus dem Modul, das beim Start von CADdy geladen wird, also z.B. Architektur. In der Info-Datei dagegen werden projektübergreifende Voreinstellungen vorgenommen.

Im oberen Teil der Maskenauswahl im Feld [PARAMETER DEF-DATEI] sind die Parameter zusammengefaßt, die in der Definitionsdatei gespeichert werden. Die DEF-Datei für das Architekturmodul enthält Angaben über die standardmäßig vorgegebenen Bildmaße, die Verzeichnisse, in denen CADdy bestimmte Dateien (Bilder, Symbole, Plus-Programme, Sicherungskopien) suchen oder ablegen soll, und die Namen und Suchpfade einiger wichtiger Dateien wie z.B.

- der Drucker- oder Plottertreiber (.PLN)
- der Info-Datei (.INF)
- der Dateien, die die Informationen über die individuelle Anpassung der CADdy-Oberfläche enthalten, wie z.B. Informationen über MEIN MENÜ (.MEN), Tablett-Menü (.TBL), Pulldown-Menü (.PDM) und Icon-Anordnung (.ICN).

Alle diese Angaben können in eigenen Masken (Aufruf über die Maskenauswahl) verändert und angepaßt werden. So müssen die in Kapitel 1.3 ausführlich beschriebenen Anpassungsdateien nicht unbedingt mit dem vorgegebenen Namen gespeichert werden (A.MEN, MENUE.TBL, A1.PDM, A1.ICN). Man kann den selbsterstellten Dateien eigene Namen geben. Die Ursprungsdateien werden in diesem Falle nicht überschrieben, sondern müssen nur mit neuem Namen in die DEF-Datei eingetragen werden, damit sie beim Programmstart zur Verfügung stehen.

Dazu muß die DEF-Datei natürlich erneut gespeichert werden. Das geschieht mit dem Befehl [SPEICHERN] im oberen Teil der Maskenauswahl (siehe Bild 1-16).

☞ Auch diese Datei muß nicht unbedingt A.DEF heißen, sondern kann einen beliebigen Namen erhalten, so daß die Datei A.DEF in ihrer ursprünglichen Form erhalten bleibt. In diesem Fall ist allerdings zu berücksichtigen, daß der Aufruf des CADdy-Architekturmoduls nicht mehr mit [CADDY] A erfolgen darf. Angenommen, Sie haben die neue DEF-Datei MEINE.DEF genannt, so wird CADdy jetzt mit [CADDY MEINE] aufgerufen!

Die DEF-Datei ist übrigens, wie die meisten der Voreinstellungsdateien von CADdy, eine ASCII-Datei, die Sie auch mit einem Editor ändern und erneut speichern können. Dabei sollten Sie sich allerdings über die Bedeutung der einzelnen Zeilen in dieser Datei im klaren sein. Ein typischer Inhalt der Datei A.DEF ist in Bild 1-17 dargestellt (die Pfadangabe für das Stammverzeichnis C:\CADDY\ und der Druckertreiber HP_DJ55C.PLN sind bei der Installation gewählt und dann automatisch vom Installationsprogramm in diese Datei eingetragen worden).

```
A.DEF Version 14.0
2200.000000
1800.000000
0
0
3000
A
C:\CADDY\A1\
C:\CADDY\A1\SYB\;C:\CADDY\SYB\
C:\CADDY\A1\BSY\;C:\CADDY\BSY\
C:\CADDY\A1\VAB\
C:\CADDY\A1\
```

```
FALSE

C:\CADDY\HP_DJ55C.PLN
PRN


C:\CADDY\A1\A.INF
C:\CADDY\A1\A.MEN
C:\CADDY\A1\MENUE.TBL




C:\CADDY\A1.PDM
C:\CADDY\ICON\A1.ICN
C:\CADDY\ICON\
C:\CADDY\ARB\
```

Bild 1-17 Die Definitionsdatei A.DEF (Beispiel)

Im unteren Teil der Maskenauswahl im Feld [PARAMETER INF-DATEI] sind die Parameter zusammengefaßt, die in der Info-Datei gespeichert werden:

Die Info-Datei für das Architekturmodul heißt A.INF und ist im CADdy-Architekturverzeichnis \A1\ gespeichert. Die Info-Datei enthält eine Fülle von Voreinstellungen, die sowohl die Darstellung als auch die Handhabung des Programms beeinflussen. Auch diese Datei ist eine ASCII-Datei; es empfiehlt sich aber nicht, sie mit einem Editor zu ändern, da sie sehr umfangreich und wenig übersichtlich ist. Die gewünschten Änderungen können bequemer mit Hilfe der einzelnen Masken vorgenommen werden, die über die [MASKENAUSWAHL] angewählt werden können. Diese einzelnen themenbezogenen Masken können auch mit dem Befehl [PARAMETER] aus den entsprechenden Menüs heraus gerufen werden (z.B. gelangt man über [BESCHRIFTEN] / [PARAMETER] direkt in die Maske [BESCHRIFTUNGSPARAMETER]).

In den folgenden Kapiteln werden diverse Parametereinstellungen themenbezogen erläutert.

Ansonsten sei auch hier auf die Online-Hilfe verwiesen: Richtet man den Mauszeiger auf ein Befehlsfeld, so wird dies umrandet angezeigt. Drückt man jetzt die Tastenkombination <⇧ F1>, so wird ein Hilfefenster zu diesem Thema eingeblendet.

 Änderungen in den Parametern bewirken natürlich nicht automatisch Änderungen in den Bilddaten. Parameter sind Voreinstellungen und gelten daher für alle Aktionen, die nach der Änderung ausgeführt werden. In Einzelfällen, z.B. bei den Textgrößen (Beschriftungsparameter), gibt es Menübefehle, die die Bilddaten mit den aktuellen Parametern verknüpfen.

Sollen die geänderten Parameter auch in späteren CADdy-Sitzungen verfügbar bleiben, so müssen sie als Info-Datei erneut gespeichert werden. Dies geschieht über den Befehl [SPEICHERN] im unteren Teil der Maskenauswahl (siehe Bild 1-16) oder über die Menüfolge [EIN/AUSGABE] / [INFO SPEICHERN] (im Hauptmenü oder im Pulldown-Menü). Für die Wahl des Dateinamens gibt es drei Möglichkeiten:

- Wählen Sie die Dateibezeichnung A.INF, wird die ursprüngliche Info-Datei überschrieben. Die vorgenommenen Änderungen werden in jeder folgenden CADdy-Sitzung wirksam.

- Es kann auch ein beliebiger Name gewählt werden. Dieser muß dann entweder in die DEF-Datei eingetragen werden (statt A.INF), oder die entsprechende Datei wird bei Bedarf mit dem Befehl [INFO LESEN] eingelesen.

- Wird ein Name vergeben, der exakt dem Namen eines Bildes entspricht (z.B. EG.INF zu EG.PIC), so wird die Info-Datei automatisch mit dem Bild eingelesen, sofern sich beide im gleichen Verzeichnis befinden.

1.4.2 Architekturparameter

Die für das Architekturmodul erforderlichen speziellen Voreinstellungen sind in den Architekturparametern (Bild 1-18) zusammengefaßt. Diese können ausschließlich mit dem Befehl [PARAMETER A] im Architekturmenü aufgerufen werden.

Unter [FOLIEN] wird festgelegt, auf welche Folien die besonderen Architekturelemente (Wände, Stützen, Öffnungen, Decken und Treppen) gespeichert werden sollen.

Unter [VORSCHLAGSWERTE] befinden sich u.a. Voreinstellungen für

- die Wandhöhen,

- den Abstand der automatischen Öffnungsbemaßung,

- den Umgang mit vom Programm erkannten Konstruktionsfehlern,

- den Umfang der Wandkorrektur (Befehl [WAND] / [BEARBEITEN] / [KORREKTUR]).

Unter [PFADE] erscheint eine Maske, in der festgelegt wird, in welchen Verzeichnissen und unter welchen Namen CADdy die Dateien suchen soll, die die Konstruktionslisten der Architekturobjekte enthalten (siehe Bild 1-19).

```
 CADdy A1              Architektur Parameter              Version 14.0

 ┌Folien (Vorschlag)──────────────────────────────────────────────────┐
 │   Vorsatzschale         [  3 ]      Vorsatzschale Unterzug      4   │
 │   Wand                  [  1 ]      Wand Unterzug               2   │
 │   [ Öffnung... ]                    [ Treppe... ]                   │
 │   Decke                 [ 20 ]      Deckendurchbruch            21  │
 │   Stütze                [ 40 ]      Stützeninnenkante           41  │
 │   Texte für Öffnungen   [ 14 ]      [ Ausführungsfolien... ]        │
 └────────────────────────────────────────────────────────────────────┘
 ┌Vorschlagswerte───────────────┐  ┌Zahlenformate──────────────────────┐
 │  Wandhöhe        [  275.00 ]  │  │ Umrechnungsfaktor   [     1.00 ]  │
 │  Abstand Bemaßung[  160.00 ]  │  │ Belichtungsfaktor  1  /  [   8 ]  │
 │  [ Zusatzgrafik... ]          │  │                                   │
 │  Konstruktionsfehler [Melden↓]│  │ Dezimalstellen Masken MAS-Datei   │
 │  Korrektur           [Normal↓]│  │                                   │
 └───────────────────────────────┘  │ Längen        [ 2 ]      [ 2 ]    │
 ┌Vortexte──────────────────────┐  │ Flächen       [ 2 ]      [ 2 ]    │
 │  [ Abstände... ]              │  │ Volumina      [ 2 ]      [ 2 ]    │
 │  Durchbruch [H=]  Tür   [H=]  │  └───────────────────────────────────┘
 │  Brüstung   [BRH] Fenster[H=] │   [X] Hinweis
 └───────────────────────────────┘   [ ] Schraffurwinkel zur Wandachse

 [ Pfade... ]                          [ Abbruch ]      [ Ende ]
```

Bild 1-18 Maske [ARCHITEKTUR-PARAMETER]

```
 CADdy A1           Parameter-Dateien / Pfade           Version 14.0

 Wände            (*.PWL)   [ C:\CADDY\A1\WAND.PWL              ]
 Durchbrüche      (*.PBR)   [ C:\CADDY\A1\DUBRU.PBR             ]
 Türen            (*.PDR)   [ C:\CADDY\A1\TUER.PDR              ]
 Fenster          (*.PWN)   [ C:\CADDY\A1\FENSTER.PWN           ]
 Schnitte         (*.PCT)   [ C:\CADDY\A1\CUT.PCT               ]
 Treppe           (*.PST)   [ C:\CADDY\A1\TREPPE.PST            ]
 Stützen          (*.PWS)   [ C:\CADDY\A1\ST-ECK.PWS            ]
 AVA-Bauelement-Verz.       [ C:\CADDY\AVA\STAMM\               ]
 AVA-Ein/Ausgabe            [ C:\CADDY\AVA\STAMM\               ]
 Prj. unabhäng. DBF         [                                   ]

                                                        [ Ende ]
```

Bild 1-19 Architektur-Parameter / Pfade

Schließlich kann festgelegt werden, ob die Aufforderung, das aktuelle Bild vor dem Verlassen des Architekturmenüs zu speichern (siehe Bild 1-8), erscheinen soll.

Die Voreinstellungsdaten des Menüs [PARAMETER A] sind in den beiden Dateien ARCHIALL.SYS und ARCHI.SYS (im CADdy-Stammverzeichnis) gespeichert. Alle Änderungen werden beim Verlassen der Maske automatisch in die entsprechende Datei gespeichert.

 Möchten Sie dies unterbinden, so sollten Sie diese beiden Dateien auf Betriebssystemebene mit einem Schreibschutz („read only") versehen. Beim Verlassen der Maske erscheinen dann zwar Fehlermeldungen, weil das Schreiben der Dateien nicht möglich ist; diese Fehlermeldungen haben jedoch keine weiteren Konsequenzen.

1.5 Arbeitstechniken mit CADdy

Architektenpläne sind im allgemeinen sehr komplex; bei größeren Projekten sind Pläne im DIN-A0-Format keine Seltenheit.

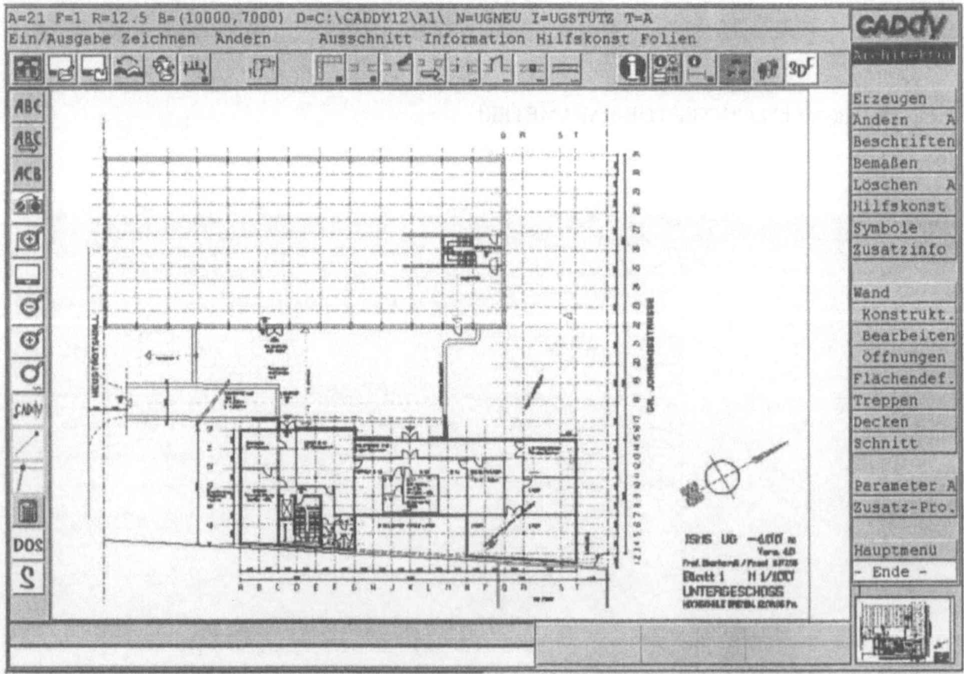

Bild 1-20 Grundriß eines größeren Objekts

Mit einem CAD-Programm arbeitet man im allgemeinen im Maßstab 1:1. Das heißt, alle Koordinaten der für die Zeichnung relevanten Punkte, alle Längen und Winkel werden in tatsächlicher Größe eingegeben und gespeichert. Nur so kann das Programm die Zeichnung auch korrekt bemaßen. Die Entscheidung, in welchem Maßstab der Plan später zu Papier gebracht wird, erfolgt erst bei der Ausgabe. Hier zeigt sich der große Vorteil von CAD, gerade in der Architektur, wo in unterschiedlichen Stadien der Arbeit ja verschiedene Maßstäbe benötigt werden.

Um diese Fülle von Informationen zu erzeugen, zu bearbeiten und gleichzeitig auf dem relativ kleinen Monitor anzuzeigen, ohne dabei den Überblick zu verlieren, bedarf es einiger besonderer Techniken. Davon soll in den folgenden Abschnitten die Rede sein. Da die Grundlagen bereits im Buch *CADdy Grundkurs* ausführlich behandelt wurden, werden hier nur die Funktionen besprochen, die für die Arbeit mit dem Architekturmodul und die Bearbeitung des Beispielprojekts in diesem Buch benötigt werden.

1.5.1 Raster

In CADdy gibt es im wesentlichen zwei Arten von Raster: das Orientierungsraster und das Fangraster. Beide werden als Punktmatrix am Bildschirm dargestellt und können vom Anwender mit ihrem Abstand in x- und y-Richtung vordefiniert und ein- und ausgeschaltet werden. Die Rasterpunkte werden selbstverständlich nicht im Bild gespeichert.

Das Orientierungsraster kann, z.B. im 1m-Abstand, hilfreich sein, wenn man Größenverhältnisse auf einfache Weise abschätzen will.

Das Fangraster vereinfacht die Erzeugung von relevanten Konstruktionspunkten einer Zeichnung. Bewegt man den Cursor mit der Maus über den Bildschirm, werden nur Rasterpunkte eingefangen. Allerdings ist das Raster nur im Cursormodus relevant; bei anderen Formen der Punktdefinition (Koordinaten-Eingabe, Fangfunktionen) werden nach wie vor alle gewünschten Punkte im Bild erreicht.

Zur Plazierung von Maßketten und Texten oder zur vereinfachten Erstellung eigener Symbole sollte man sich verschiedene Raster zunutze machen. Die Rastermaske zur Definition der Raster ist am einfachsten über die Funktiontasten-Kombination <⇧ F7> zu erreichen. Es genügt, ein einmal definiertes Raster mit der Funktionstaste <F7> bei Bedarf ein- und auszuschalten. Bei eingeschaltetem Raster wird dessen Größe in der Statuszeile am oberen Bildschirmrand (R=...) eingeblendet.

Da man es in der Architektur im allgemeinen mit der Erzeugung von Wänden zu tun hat, die sich in kein einheitliches Raster einfügen lassen (z.B. Mauermaße), hat das Raster hier nicht so große Bedeutung. Das CADdy-Architekturmodul bietet andere vereinfachte Konstruktionsmöglichkeiten an.

 Sie können sich allerdings ein Raster im Abstand 0,5 cm definieren. Dies wird wegen des engen Maschenabstands zwar nicht am Bildschirm angezeigt, kann aber trotzdem aktiv geschaltet werden. Damit erreichen Sie auch mit dem Cursor nur „glatte" Koordinatenwerte.

1.5.2 Folien

Folien (in vielen Programmen auch „Layer", manchmal Ebenen" genannt) sind wesentlicher Bestandteil eines jeden CAD-Programms.

Verschiedene zusammengehörige Teile einer Zeichnung, z.B. die Bemaßung oder die Möblierung, werden auf unterschiedlichen Folien abgelegt, die einzeln geändert oder ausgetauscht werden können.

CADdy verwaltet bis zu 512 verschiedene Folien. Für die Darstellung am Bildschirm kann den Folien eine Farbe zugeordnet werden (die allerdings nichts mit der endgültigen Ausgabe auf Papier zu tun hat). Dafür stehen, je nach verwendetem Grafiktreiber, maximal 256 Farben zur Verfügung. Falls einer Folie keine Farbe zugeordnet wurde, wird die Standardfarbe grün verwendet.

Sämtliche Einstellungen, die für Folien getroffen werden können, werden in der Parameter-Maske [FOLIEN] (Bild 1-21) angezeigt (Menüfolge [HAUPTMENÜ] / [FOLIEN] / [PARAMETER] und können dort unmittelbar geändert werden. Dazu kreuzen Sie entweder die zu ändernde Folie in der linken Spalte an oder markieren mehrere Folien, die Sie dann gemeinsam mit dem Befehl [EINSTELLUNGEN...] in der Maske [FOLIENEINSTELLUNGEN] ändern können.

☞ Die Nummern der einzelnen Farben erfahren Sie, wenn Sie in der Maske [FOLIENEINSTELLUNGEN] auf [FARBE] tippen. Dann erscheint am Bildschirm eine Farbpalette mit den 256 möglichen Farbtönen. Im Statusblock rechts unten wird die Nummer der Farbe, auf die der Cursor gerade zeigt, eingeblendet.

☞ **Achtung:** Bei markierten Folien muß alles, was geändert werden soll, angekreuzt werden!

Um einen besseren Überblick über die im Bild aktuell verwendeten Folien zu erhalten, sollten Sie nur die *belegten* Folien anzeigen lassen!

Viele Konstruktionselemente werden von CADdy automatisch auf vordefinierte Folien gespeichert. Im Grundpaket sind dies z.B. Hilfslinien, Bemaßung, Beschriftung, Schraffur (in der Parameter-Maske [FOLIEN] unter [SPEZ. FOLIEN] aufzurufen und zu ändern). Darüber hinaus sind im Architekturmodul für Wände, Wandschraffuren, Öffnungen, Decken, Treppen u.v.m. jeweils eigene Folien vorgesehen (siehe Kapitel 1.4.2 Architekturparameter). Diese voreingestellten Folien können selbstverständlich neu definiert und zusätzlich mit aussagekräftigen Namen versehen werden. Sollen geänderte Folienzuweisungen dauerhaft gelten, so müssen sie in den Dateien A.INF (allgemeine Parameter) bzw. ARCHIALL.SYS (Architekturparameter) gespeichert werden.

Alle Zeichnungsteile, für die eine solche Voreinstellung nicht besteht, werden auf die jeweils aktuelle Arbeitsfolie gespeichert. Diese läßt sich am einfachsten mit der Funktionstaste <F2> ändern. Die jeweilige Nummer (oder, wenn vorhanden, der Name der Folie) wird ganz links in der Statuszeile (A=...) angezeigt.

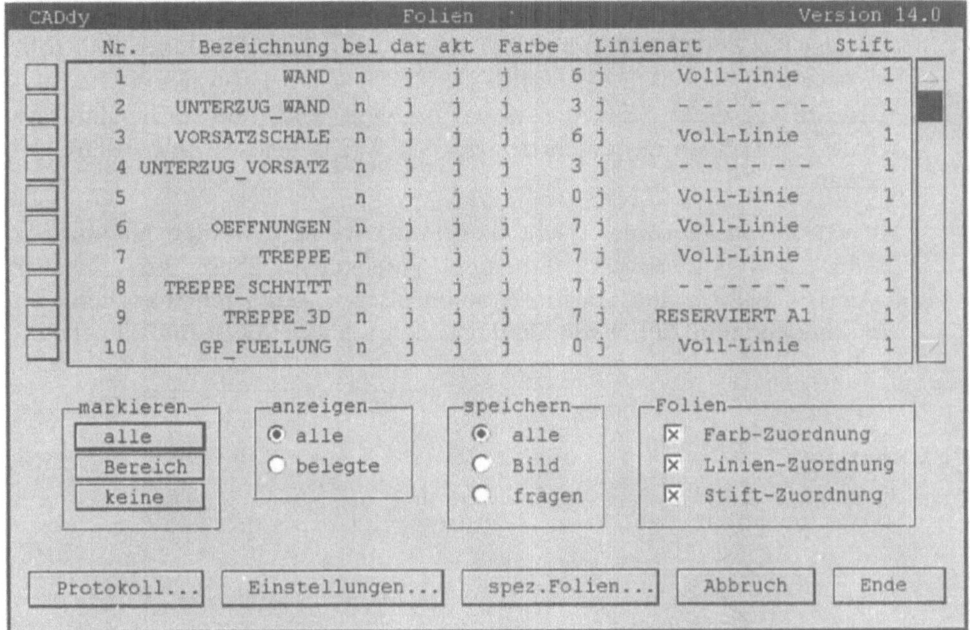

Nr.	Bezeichnung	bel	dar	akt	Farbe		Linienart	Stift
1	WAND	n	j	j	j	6 j	Voll-Linie	1
2	UNTERZUG_WAND	n	j	j	j	3 j	- - - - - -	1
3	VORSATZSCHALE	n	j	j	j	6 j	Voll-Linie	1
4	UNTERZUG_VORSATZ	n	j	j	j	3 j	- - - - - -	1
5		n	j	j	j	0 j	Voll-Linie	1
6	OEFFNUNGEN	n	j	j	j	7 j	Voll-Linie	1
7	TREPPE	n	j	j	j	7 j	Voll-Linie	1
8	TREPPE_SCHNITT	n	j	j	j	7 j	- - - - - -	1
9	TREPPE_3D	n	j	j	j	7 j	RESERVIERT A1	1
10	GP_FUELLUNG	n	j	j	j	0 j	Voll-Linie	1

Bild 1-21 Parameter-Maske [FOLIEN]

Der Inhalt einer Folie kann auf eine andere Folie verschoben oder kopiert und auf
vielfache Weise „angesprochen", z.B. gelöscht oder in seiner Lage verändert werden. Folien können am Bildschirm ein- und ausgeblendet und in beliebigen Zu-
sammenstellungen gespeichert oder geplottet werden. Da der Maßstab erst beim
Plotten festgelegt wird, ist es beispielsweise möglich, die Bemaßung für einen
Bauantrag auf einer Folie und die ausführlichere für den Werkplan auf einer anderen zu speichern. Anschließend kann der Plan dann mit der einen Bemaßung
1:100, mit der anderen 1:50 ausgegeben werden. Dies betrifft auch Beschriftungen,
Schraffuren, unterschiedliche Darstellungen von Öffnungen oder Möblierung.

 Beachten Sie vor dem Plotten (Ausgabe der Zeichnung auf Papier), daß
CADdy alles, was sich auf einer Folie befindet, nur mit dem gleichen Stift
plotten kann. Gerade in der Architektur kommt es aber auf die grafische
Wirkung einer Zeichnung an; diese drückt sich nicht zuletzt in der Verwen-
dung unterschiedlicher Strichstärken aus. Dies erfordert vor allem bei
Schnittdarstellungen einiges „Folien-Schieben"!

Änderungen in den Folien-Einstellungen können auch mit dem Befehl [BLÄTTERN] vorgenommen werden, den man am schnellsten
durch Anklicken des nebenstehend abgebildeten Icons erreicht. Im 
Menü [BLÄTTERN] kann man auch direkt die Zuordnung von Farbe,
Linienart und Stift zu einer Folie vornehmen!

 Im [BLÄTTERN]-Menü können Folien nicht nur ein- und ausgeblendet (Schalter [DARSTELLEN] und [NICHT DARS.]), sondern auch aktiv und inaktiv (Schalter [AKTIVIEREN] und [NICHT AKT.]) geschaltet werden. Die Bildelemente auf einer Folie, die zwar dargestellt wird, aber nicht aktiv geschaltet ist, können nicht mehr angesprochen (z.B. gelöscht oder verändert) werden.

Folien, die ausgeblendet (nicht dargestellt) werden, werden automatisch „nicht aktiv" geschaltet. Erneutes Einblenden über den Schalter [DARSTELLEN] bewirkt aber kein automatisches Aktivieren; hier kommen Sie schneller zum Ziel, wenn Sie direkt den Schalter [AKTIVIEREN] verwenden.

1.5.3 Folgen

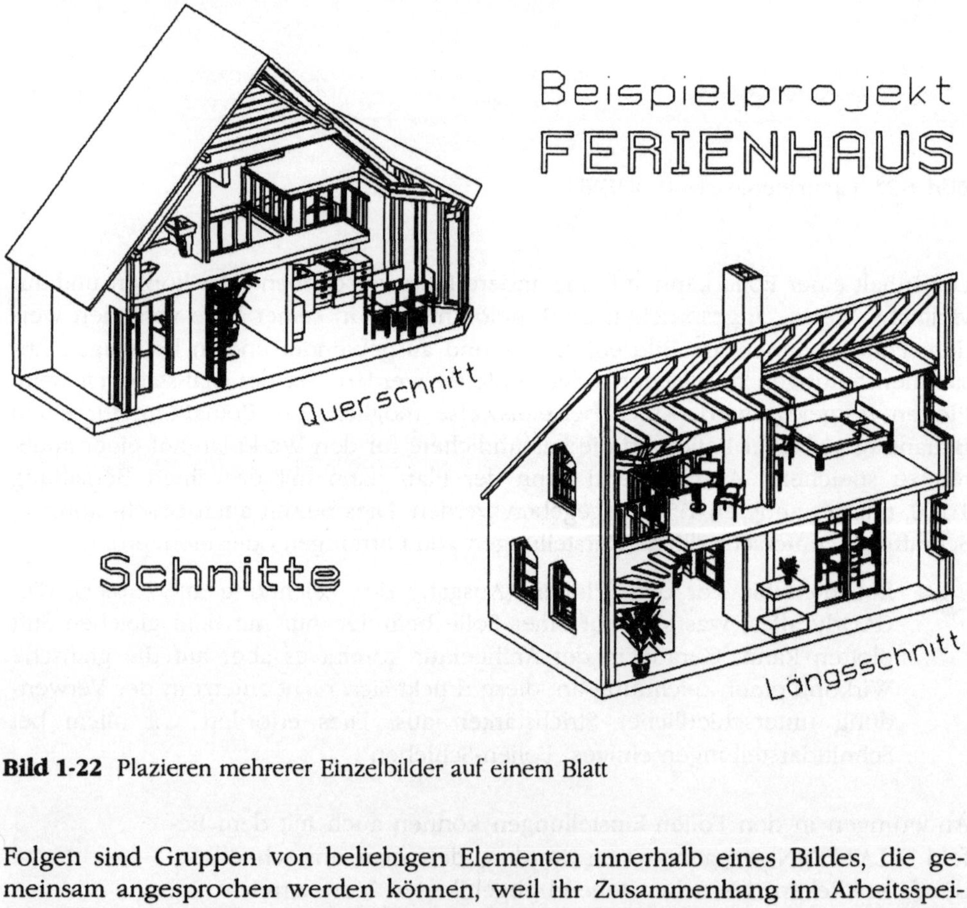

Bild 1-22 Plazieren mehrerer Einzelbilder auf einem Blatt

Folgen sind Gruppen von beliebigen Elementen innerhalb eines Bildes, die gemeinsam angesprochen werden können, weil ihr Zusammenhang im Arbeitsspeicher durch eine Folgennummer (Record Identifier, RID) gekennzeichnet ist. Dabei spielt es keine Rolle, ob Symbole enthalten sind oder auf welchen Folien sich die einzelnen Elemente befinden. Viele Geometrien sind in CADdy automatisch Folgen, z.B. Rechtecke und Polygone (wenn sie nicht aus Einzelstrecken, sondern mit den entsprechenden Befehlen erzeugt wurden) oder Schraffuren.

Sie können aber auch selbst beliebige Teile Ihres Bildes zu Folgen erklären (Befehl [FOLGEN] / [ERZEUGEN]). Wichtig ist dabei nur, daß die Folgennummer (RID), die Sie angeben, durch vier teilbar ist, z.B. 100. Im Speicher erhalten alle für diese Folge identifizierten Elemente dann die Nummer 100, das erste allerdings die 99 und das letzte die 101. Damit ist die Folge eindeutig bestimmt.

Hilfreich ist die Arbeit mit Folgen vor allem dann, wenn z.B. für Präsentationszwecke mehrere Bilder auf einem Plan grafisch ansprechend angeordnet werden sollen, wobei der Maßstab keine Rolle spielt (siehe Bild 1-22). Handelt es sich um einzelne Folgen, so können sie mit dem Befehl [DYN. VERSCH.] im Menü [HAUPTMENÜ] / [ÄNDERN] oder mit der Funktionstaste <F8> beliebig über den Bildschirm gezogen werden. Dabei können die Cursor-Zusatzfunktionen (Hotkeys) zum Drehen, Zoomen usw. verwendet werden (siehe Kapitel 1.5.5).

 **Achtung:** Wird aus Bildelementen, die schon zu einer Folge gehören, eine neue Folge erzeugt, so ist der „alte" Folgenzusammenhang für diese Elemente aufgehoben. Eine Schachtelung mehrerer Folgen ist nicht möglich, da mit jedem Element nur eine Folgennummer gespeichert werden kann.

1.5.4 Displaylist-Funktionen

Das Displaylist-Menü (siehe Bild 1-23) erreichen Sie mit der Tastenkombination <STRG L> oder durch Klick mit der mittleren Maustaste (in WinCADdy mit <STRG> und der mittleren Maustaste).

- Über den Befehl [AUSSCHNITT] kann man mit dem Cursor einen rechteckigen Ausschnitt definieren.

- Mit [DYNAMISCH] läßt sich der Ausschnitt mit dem Cursor frei verschieben.

- Mit [GRÖSSER] und [KLEINER] wird er um einen fest voreingestellten Faktor vergrößert bzw. verkleinert.

- [ORIGINAL] stellt den vor dem Aufruf der Displayliste definierten Bildausschnitt wieder her.

- [BILD NEU] führt einen Bildaufbau durch, wenn z.B. durch Löschen einiger Elemente Lücken im Bild entstanden sind.

Der sonst übliche Bildaufbau mit <F1> bricht die Displaylist-Funktion ab und bewirkt eine Rückkehr zum Originalbild.

- Der einmal in seiner Größe festgelegte Ausschnitt kann mit dem Menü [DISPLAYLIST] über den Bildschirm verschoben werden mit [VERSCHIEBEN] / [AUSSCHNITT]. An welcher Stelle im Bild er sich gerade befindet, wird im Übersichtsfenster durch ein Rechteck angezeigt.

 Für umfangreiche Projekte, die auf dem Bildschirm nur noch sehr stark verkleinert angezeigt werden, empfiehlt sich folgende Vorgehensweise: Zunächst wird der Bereich des Bildes, in dem gearbeitet werden soll, über das Menü [AUSSCHNITT] / [ZOOM] bzw. die Funktionstaste <F4> als „fester" Ausschnitt definiert, der im Übersichtsfenster angezeigt wird. Für die Feinarbeit zoomen Sie dann mit Hilfe der Displaylist-Funktionen den Ausschnitt in eine passende Größe.

In Bild 1-23 sehen Sie ein Beispiel für diese Vorgehensweise: Aus dem Erdgeschoßgrundriß des Beispielprojekts wurde der Bereich Küche+Essen mit <F4> als „fester" Ausschnitt vergrößert. Dieser wird im Übersichtsfenster angezeigt. Mit dem Menü [DISPLAYLIST] / [AUSSCHNITT] / [DYNAMISCH] wurde der Bereich der Einbauküche noch größer herangezoomt. Dieser erscheint im Übersichtsfenster als schwarzes (bei schwarzem Bildschirmhintergrund als weißes) Rechteck.

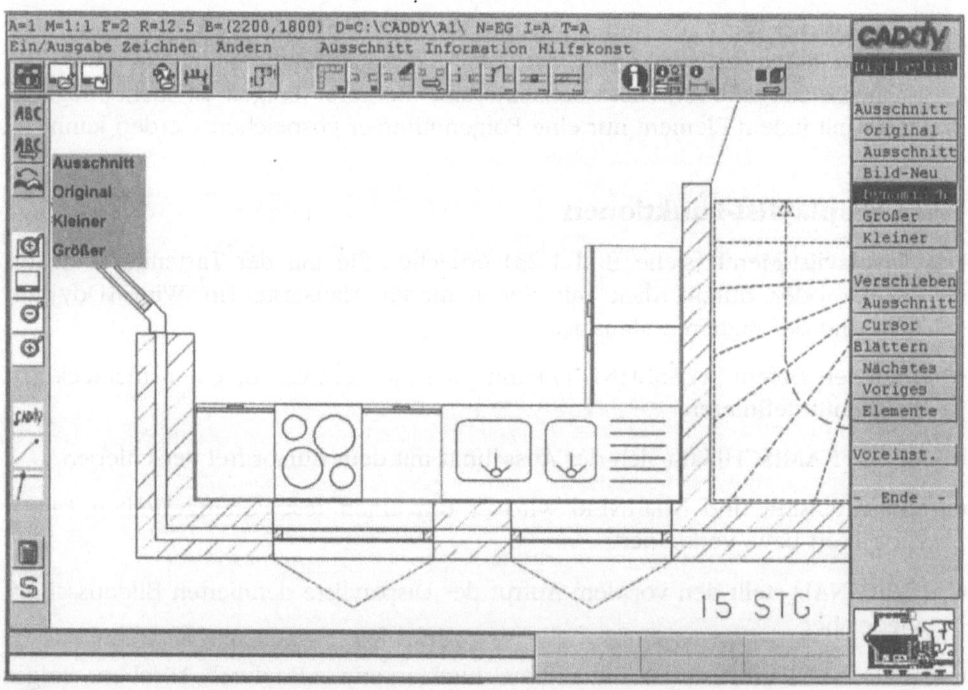

Bild 1-23 Ausschnitt mit den DPL-Funktionen: Displaylist-Menü, Icons

- Mit [BLÄTTERN] / [NÄCHSTES] oder [VORIGES] im Menü [DISPLAYLIST] können Sie zwischen den verschiedenen Ausschnitten wechseln, die Sie über die Displayliste bereits definierten haben.

- Sie können auch die [ELEMENTE] durchblättern, sich also nur alle Linien, Kreise, Texte usw., die das aktuelle Bild enthält, anzeigen lassen.

 Einige der vorgenannten Displaylist-Funktionen sind in der CADdy-Standardinstallation als Icons in der Icon-Spalte am linken Bildschirmrand untergebracht. Dies ermöglicht Ihnen einen besonders schnellen Zugriff auf diese komfortablen Funktionen. Es ist empfehlenswert, sich an dieser Stelle noch einige zusätzliche Icons zu definieren (siehe Kapitel 1.3.3), z.B. die zuvor erläuterten Funktionen DYNAMISCH und BILD NEU (siehe Bild 1-23)!

1.5.5 Cursor-Zusatzfunktionen

Im Cursor-Modus erreichen Sie eine Reihe von Zusatzfunktionen durch Eingabe bestimmter Tasten (Hotkeys).

Cursor-Fangfunktionen

Die Punktkonstruktion ist in [PARAMETER] / [GRUNDEINSTELLUNGEN...] standardmäßig auf [FRAGEN] eingestellt. Auf diese Weise wird in vielen Fällen zu Beginn einer Funktion von CADdy abgefragt, ob mit dem Punkt-Definitionsmenü oder mit dem Cursor gearbeitet werden soll. Um im schnellen Cursor-Modus präzise konstruieren zu können, gibt es außer der Definition eines Fangrasters die Möglichkeit, zusätzliche Fangfunktionen zu aktivieren.

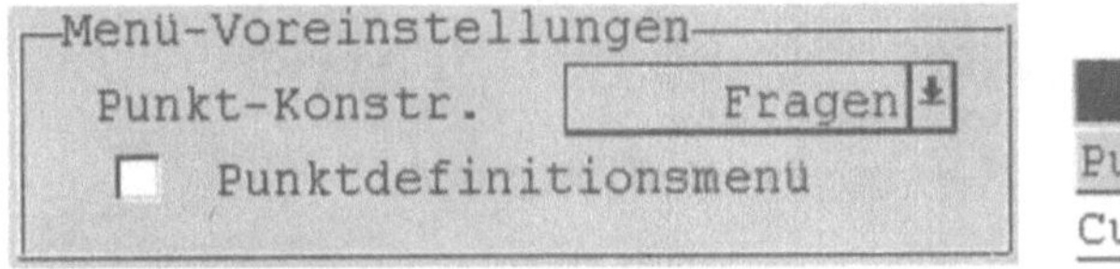
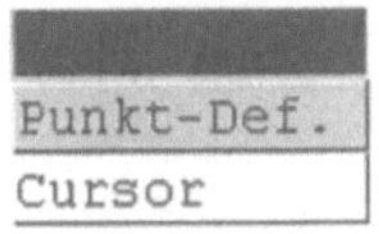

Bild 1-24 [PARAMETER] / [GRUNDEINSTELLUNGEN...]: Menü-Voreinstellung [FRAGEN]

Während der Cursor aktiv ist, werden durch zusätzliche Eingabe eines Buchstabens definierte Punkte im Bild „eingefangen" (siehe die unten angeführte Liste). Die jeweils aktive Funktion wird in der Menüspalte angezeigt. Durch erneutes Drücken der entsprechenden Taste wird die Funktion wieder deaktiviert.

 Die Buchstaben können groß oder klein geschrieben werden. Längeres Drücken der Taste bewirkt ein An- und Abschalten der Funktion. Überzeugen Sie sich, daß die Funktion wirklich aktiv ist. Sie erkennen dies an der eingeblendeten Fangbox!

Eine Auswahl nützlicher Hotkeys ist im folgenden aufgeführt. Die komplette Liste der in CADdy verfügbaren Hotkeys finden Sie im [HAUPTMENÜ] / [ANWENDUNGEN] / [HILFSPROG.] / [HOTKEYS].

E   (Endpunkt)   fängt den nächsten Endpunkt.

M   (Mitte)   fängt die Mitte einer Strecke.

S   (Schnittpunkt)   fängt den nächsten Schnittpunkt. Es genügt, den Cursor in
                          der Nähe des gewünschten Schnittpunktes zu plazieren.

H   (horizontal)   läßt nur horizontale Cursor-Bewegungen zu.

V   (vertikal)   läßt nur vertikale Cursor-Bewegungen zu.

F   (Fangpunkt)   fängt den nächstgelegenen Punkt auf dem nächsten Geo-
                          metrieelement (Strecke oder Kreisbogen).

R   (Referenzpunkt)   fängt den Referenzpunkt des nächstgelegenen Symbols
                          oder Textes sowie die Mittelpunkte von Kreisen oder Ellip-
                          sen.

O   (Objektpunkt)   fängt Endpunkte, Schnittpunkte oder Referenzpunkte.

                          Zudem gibt es zwei weitere Funktionen, die das Aussehen
                          des Cursors beeinflussen:

P   schaltet um zwischen dem großen Fadenkreuz-Cursor und
                          dem kleinen Punkt-Cursor.

C   schaltet die Darstellung des Cursors aus bzw. ein.

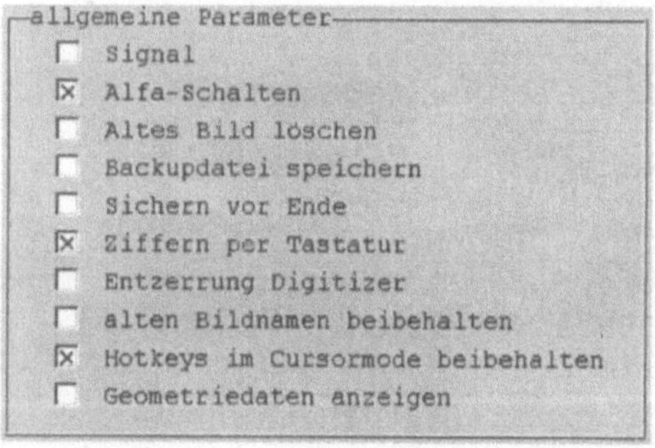

Bild 1-25
[PARAMETER] / [GRUNDEINSTELLUNGEN
Hotkeys im Cursormode beibehalten

Im Standardfall wird die Fangfunktion nach dem Setzen eines Punktes automatisch
deaktiviert, d.h., Sie müssen den Hotkey immer wieder neu eingeben. Damit das
Konstruieren von Punkt zu Punkt noch schneller geht, können Sie in
[PARAMETER] / [GRUNDEINSTELLUNGEN] die Zeile „Hotkeys im Cursormode beibehalten" ankreuzen (siehe Bild 1-25). In diesem Falle „merkt" sich das Programm
die zuletzt aktivierte Funktion. Diese Voreinstellung eignet sich vor allem in Verbindung mit der Funktion <O> für OBJEKTPUNKT, da diese mehrere Fangfunktionen in sich vereinigt. Durch Eingabe des entsprechenden Buchstabens kann
jederzeit eine andere Fangfunktion aktiviert bzw. der Fangmodus wieder ausgeschaltet werden.

Funktionen zum Dynamischen Plazieren

Beim DYNAMISCHEN VERSCHIEBEN (auch mit der Funktionstaste <F8> erreichbar) oder DYNAMISCHEN KOPIEREN sowie beim Aufrufen eines Symbols mit der Voreinstellung Cursor „hängt" ein Element oder eine Folge von Elementen am Cursor. Dabei können mit Hilfe der nachfolgend genannten Hotkeys Manipulationen vorgenommen werden:

b   Box Mode: statt des Elements oder der Folge wird nur ein umschließendes Rechteck gezeichnet. Dies erhöht die Geschwindigkeit beim Plazieren.

d   Dynamisches Drehen: der Winkel wird im Menü angezeigt.

z   Dynamisches Zoomen: in der Menüspalte wird der Zoomfaktor prozentual angezeigt.

Befindet man sich in einem dieser Modi, gelangt man durch nochmaliges Drücken der entsprechenden Taste wieder zum Bewegungsmodus.

Weitere verfügbare Hotkeys sind:

x   Spiegeln über die X-Achse

y   Spiegeln über die Y-Achse

+   Drehen um 90 Grad entgegen dem Uhrzeigersinn

-        Drehen um 90 Grad im Uhrzeigersinn

Ziffer, . oder t   Es wird ein Drehwinkel erfragt.

*   Es werden Zoomfaktoren für X und Y getrennt erfragt.

1.6 Vorbereitung von Architekturprojekten

1.6.1 Arbeit mit der CADdy-Projektverwaltung

Wenn Sie das Architekturmodul gestartet haben, meldet sich CADdy mit dem Architektur-Startmenü, in dem Sie auch Projekte verwalten können. Diese Projektverwaltung können Sie im Bedarfsfall auch unterdrücken, wie in Kapitel 1.2.3 beschrieben wurde. Sie ermöglicht es Ihnen, alle Daten, die zu einem Projekt gehören, gemeinsam zu verwalten. Sie können damit Projekte anlegen, kopieren, verschieben, archivieren, reinstallieren und löschen. Wenn die Projektverwaltung aktiv ist, ist am rechten unteren Bildschirmrand über dem kleinen Übersichtsfenster den Name des aktuellen Projekts eingeblendet; ansonsten steht dort <Kein Prj.>.

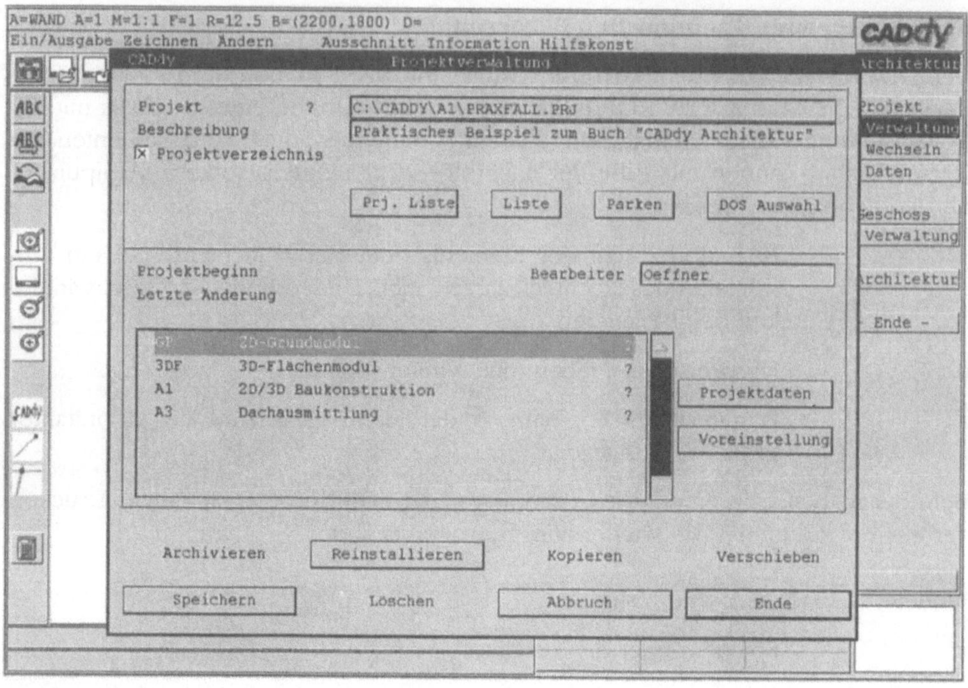

Bild 1-26 Maske [PROJEKTVERWALTUNG]

- Um ein neues Projekt anzulegen, wählen Sie das Menü [PROJEKT] / [VERWAL-TUNG].

- In der Maske [PROJEKTVERWALTUNG] tragen Sie eine Projektbezeichnung ein (sie darf als Dateiname, wie unter MS-DOS üblich, max. 8 Zeichen lang sein), außerdem in die dafür vorgesehenen Felder eine Projektbeschreibung und den Namen des Bearbeiters.

- Das Datum des [PROJEKTBEGINN]s und das der [LETZTEN ÄNDERUNG] (zu Beginn identisch) werden automatisch von der Projektverwaltung in die Maske eingetragen.

- Durch Ankreuzen des Kästchens in der Maske oben links können Sie veranlassen, daß ein spezielles Projektverzeichnis angelegt wird, in dem alle zum Projekt gehörenden Daten gespeichert werden. Dies hat den Vorteil einer besseren Übersichtlichkeit. Allerdings werden auf diese Weise auch Daten, die in mehreren Projekten verwendet werden, mehrfach gespeichert.

Für das Projekt wird im CADdy-Architekturverzeichnis \A1\ eine Projektdatei vom Typ .PRJ erzeugt, in der die Angaben der Projektverwaltung gespeichert werden. Im Verlaufe der Arbeit an dem Projekt werden außerdem alle dazugehörigen Dateien und Verzeichnisse in der Projektdatei zusammengestellt, und zwar unterteilt nach den einzelnen Branchenmodulen, mit denen die Dateien erzeugt wurden. Diese können in der Maske [PROJEKTVERWALTUNG] unter [PROJEKTDATEN] oder direkt über den Menübefehl [PROJEKT] / [DATEN] abgerufen werden.

Das zuletzt bearbeitete Bild ist das aktuelle Bild. Dieses wird beim Verlassen des Programms oder beim Deaktivieren des Projekts automatisch zum Speichern und bei einem späteren Programm-Neustart oder einem erneutem Aktivieren des Projekts zum Laden angeboten.

Falls zum Bild eine Info-Datei gespeichert wurde (siehe Kapitel 1.4.1), so wird auch diese mit dem Bild als aktuelles Info zum Laden angeboten.

Das aktuelle Bild und das aktuelle Info können jederzeit über die [PROJEKT-DATEN] gewechselt werden.

Selbstverständlich können Sie auch mehrere Projekte anlegen. Alle bearbeiteten Projekte werden in der Datei PROJECT.SYS im CADdy-Stammverzeichnis verwaltet. Wenn Sie ein anderes bereits angelegtes Projekt bearbeiten wollen, wählen Sie im Architektur-Startmenü den Befehl [WECHSELN]. In der Maske [PROJEKTAUSWAHL] werden dann die in der Datei PROJECT.SYS gespeicherten Projekte angezeigt. Mit dem Schalter [KEIN PROJEKT] können Sie die Projektverwaltung auch wieder ausschalten.

Mit [ARCHIVIEREN] in der Maske [PROJEKTVERWALTUNG] können Sie das komplette Projekt mit allen dazugehörigen Dateien (auf Wunsch auch mit allen verwendeten Symbolen) auf Diskette oder einen anderen Datenträger kopieren. Dies kann auch in komprimierter Form geschehen, so daß relativ wenig Speicherplatz benötigt wird. Mit [REINSTALLIEREN] veranlassen Sie, daß das archivierte Projekt komplett wieder in das CADdy-Verzeichnis zurückkopiert wird (evtl. auch auf einem anderen Rechner).

Abschließend soll noch erwähnt werden, daß es auch möglich ist, Projekte in einem lokalen Netz zu verwalten, so daß mehrere Benutzer darauf zugreifen können. Es kann dabei festgelegt werden, ob das Projekt nur von einem Benutzer oder von mehreren Benutzern gleichzeitig bearbeitet werden darf. Die Verwaltung und Steuerung erfolgt über ein Hilfsprogramm (im [HAUPTMENÜ] / [ANWENDUNGEN] / [ZUSATZPROGRAMME]), das nur zu Verfügung steht, wenn eine Netzinstallation durchgeführt wurde.

1.6.2 Parameterdateien

Für die Konstruktion von Wänden und Öffnungen bietet das Architekturmodul eine Reihe von vordefinierten Konstruktionen an, deren Parameter in Konstruktionslisten zusammengefaßt und in Parameterdateien gespeichert sind.

Diese Dateien werden standardmäßig im Architekturverzeichnis \A1\ gesucht (entsprechend der in den Architekturparametern getroffenen Voreinstellungen, siehe Bild 1-19) und von dort aus beim Aufruf der entsprechenden Funktion automatisch geladen. Für jede Konstruktionsart, also Wände, Durchbrüche, Fenster und Türen, gibt es mehrere Parameterdateien. Tabelle 1-1 zeigt, welche Datei jeweils standardmäßig geladen wird.

Funktion im Architekturmenü	Parameterdatei	
Wand Konstruktion	WAND.PWL	(**wall**)
Wand Öffnungen / Durchbruch	DUBRU.PBR	(**break**)
Wand Öffnungen / Tür	FENSTER.PWN	(**win**dow)
Wand Öffnungen / Fenster	TUER.PDR	(**door**)

Tabelle 1-1 Konstruktionslisten

Nach Aufruf der Funktion (z.B. [WAND] / [KONSTRUKTION] im Architekturmenü) wird Ihnen am Bildschirm eine Auswahlmaske angeboten, die die vordefinierten Konstruktionen bereitstellt (siehe Bild 1-27). In der Listbox auf der linken Seite der Maske werden die vorhandenen Parameterdateien aufgelistet; die aktuell geladene Datei ist markiert. Ihr Inhalt, also die Liste der vordefinierten Konstruktionen, wird auf der rechten Seite der Maske eingeblendet. In einer solchen Liste sind bis zu 99 Einträge möglich. Enthält die Liste mehr Einträge als auf dem Bildschirm darstellbar sind, so kann man das Bild „weiterrollen". Das geschieht mit den Cursor- bzw. Bildlauftasten, oder indem Sie die Maus über den Rollbalken am rechten Rand der Maske bewegen.

- Mit dem Befehlsfeld [LÖSCHEN] können nicht benötigte Konstruktionen gelöscht werden.

- Mit dem Befehl [KONSTRUKTION...] können die Konstruktionsparameter für eine zuvor markierte Konstruktion angezeigt und verändert werden. Markiert man eine leere Zeile am Ende der Liste, so wird mit [KONSTRUKTION...] eine eingabebereite leere Maske eingeblendet.

- Um zusätzliche Konstruktionen einzutragen, kann man eine Zeile markieren und an das Ende der Liste kopieren (Befehlsfeld [KOPIE]), um sie dann über [KONSTRUKTION...] zu verändern.

Die veränderte Liste wird beim Verlassen der Auswahlmaske automatisch gespeichert. Um die ursprüngliche Liste nicht beim Speichern zu überschreiben (und damit zu verlieren), besteht die Möglichkeit, die Datei unter einem neuen Namen zu speichern.

Dazu tippen Sie auf den Namen im Feld [DATEI]. In dem daraufhin eingeblendeten Fenster [PARAMETER-DATEI] geben Sie den neuen Dateinamen ein und tippen auf [SPEICHERN] (siehe Bild 1-28). Damit wird die eventuell veränderte Liste unter dem neuen Namen im aktuellen CADdy-Architekturverzeichnis gespeichert und künftig in der Auswahlmaske angeboten.

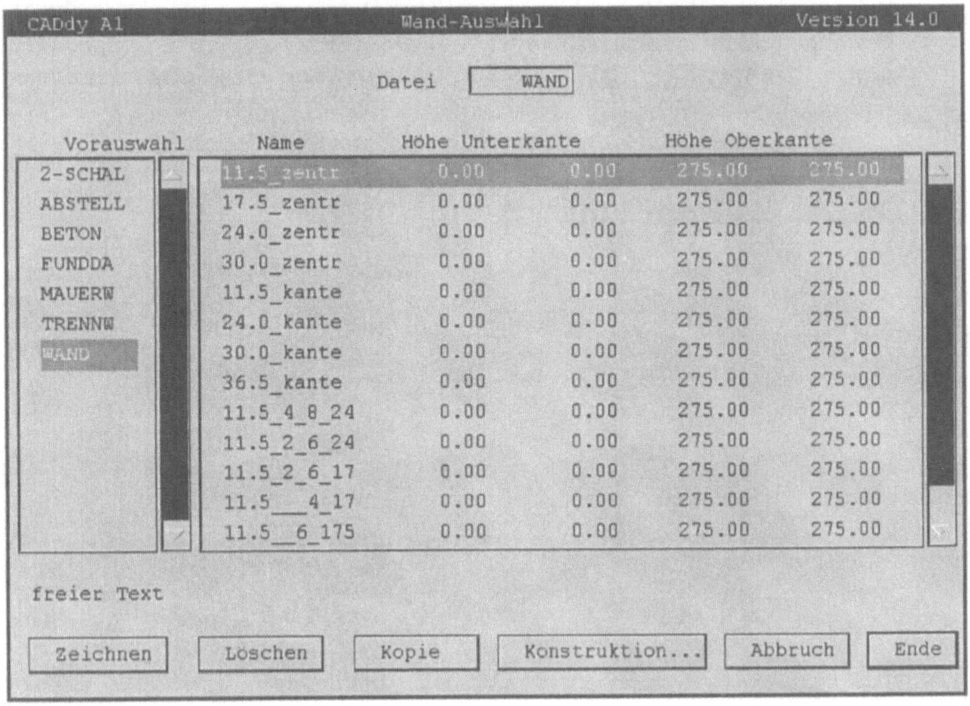

Bild 1-27 Maske [WAND-AUSWAHL]

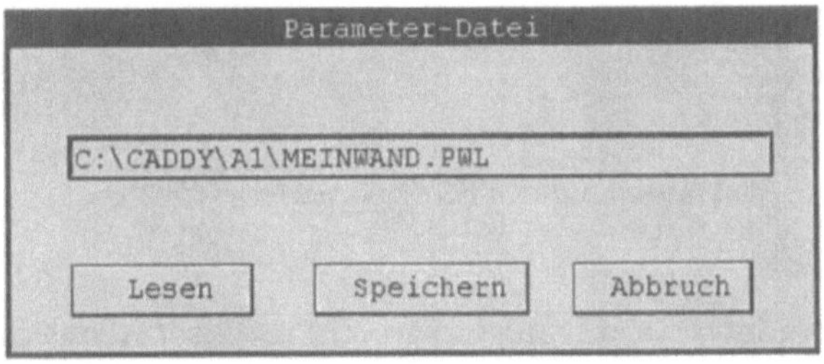

Bild 1-28 Eigene Parameterdatei speichern

Durch diese Vorgehensweise kann im Laufe der Zeit eine Reihe von Parameterdateien entstehen. Diese werden in der Listbox im linken Teil der Auswahlmaske
angezeigt. Wählen Sie einen der angebotenen Dateinamen aus, wenn Sie mit einer
anderen Liste arbeiten wollen!

 Beim Verlassen der Auswahlmaske werden Dateiname und Pfad der aktuell gewählten Liste automatisch unter [PARAMETER A] / [PFADE] eingetragen und in der Datei ARCHIALL.SYS gespeichert (wenn diese nicht schreibgeschützt ist).

1.7 Die 2D-3D-Kopplung

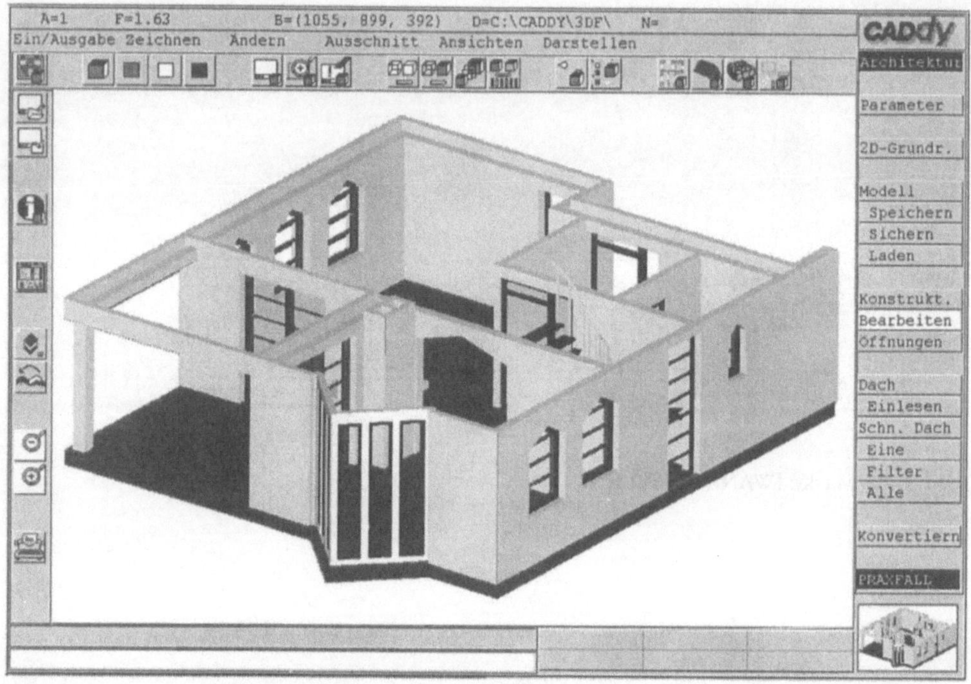

Bild 1-29 Schattierte 3D-Darstellung des EG (Beispielprojekt)

Das 3D-Flächenmodul gehört zum Lieferumfang des CADdy-Grundpakets, stellt aber auch eine spezielle Anbindung an das Architekturmodul bereit.

Bei der Bearbeitung eines Grundrisses mit dem Architekturmodul werden die Daten für die dritte Dimension, also die Konstruktionshöhen, bereits definiert. Wenn Sie nur zweidimensionale Pläne erstellen wollen, wie Sie es von der Arbeit am Zeichenbrett her gewohnt sind, brauchen Sie sich mit diesen Daten nicht zu befassen.

Da aber letztlich bei der Gebäudeplanung ein dreidimensionales Objekt entstehen soll, lohnt es sich, den Verbund zwischen 2D- und 3D-Programm zu nutzen und das Projekt während der Bearbeitung immer wieder auf seine dreidimensionale

Wirkung zu überprüfen. Dies setzt allerdings voraus, daß Sie bei der Grundriß-
bearbeitung genau auf korrekte Wandanschlüsse und Höhen achten. Gerade hierbei ist Ihnen das 3D-Programm eine große Hilfe, wenn Sie Ihre Ergebnisse regelmäßig damit kontrollieren.

Bei der Bearbeitung des Beispielprojekts in diesem Buch werden Sie immer wieder aufgefordert, Ihren Grundriß in die dritte Dimension zu „heben". Dazu benötigen Sie noch keine speziellen Kenntnisse der 3D-Konstruktion. Die wichtigsten
Grundlagen für den Übergang in die dritte Dimension und die „Visualisierung" des
Projekts finden Sie auf den folgenden Seiten.

1.7.1 Der Übergang ins 3D-Programm

Für den Übergang ins 3D-Programm wählen Sie den Befehl
[ZUSATZ-PRO.] / [2D-3D-KOPPLUNG], oder klicken Sie auf das nebenstehend abgebildete Icon.

Damit wird zusätzlich zum Architekturmodul das 3D-Programm in den Arbeitsspeicher geladen; 2D- und 3D-Programm sind miteinander „verkoppelt". Der 2D-
Grundriß wird „in die Höhe gezogen" und als 3D-Bild dargestellt.

Die 3D-Darstellung wird dabei nicht nur von den im 2D-Programm festgelegten
Konstruktionsdaten beeinflußt, sondern auch von einer Reihe von Parametern, die
bei der Übernahme ins 3D-Programm definiert werden können.

☞ Um den Grundriß von Zeit zu Zeit dreidimensional zu überprüfen, genügen
zunächst die standardmäßigen Voreinstellungen.

Bei der 2D-3D-Kopplung bilden der 2D-Grundriß und die dazugehörige 3D-
Darstellung ein gemeinsames „Modell". Man kann beliebig zwischen 2D- und 3D-
Programm hin- und herspringen und in beiden Programmen Änderungen an die-
sem Modell vornehmen.

Im Menü [3D-FLÄCHEN] (dem „Hauptmenü" des 3D-Flächenmoduls) finden Sie
unter anderem das Menü [ARCHI-3D]. Das ist allerdings nur dann aktiv, wenn Sie
über die 2D-3D-Kopplung ins 3D-Programm gewechselt haben. Das Menü [ARCHI-
3D] verzweigt in das Menü [ARCHITEKTUR], das alle notwendigen Befehle für die
2D-3D-Kopplung enthält.

Der Befehl [PARAMETER] führt in die Maske [GRUNDRIß LESEN] (siehe Bild 1-30),
in der die Voreinstellungen für die 3D-Darstellung des Grundrisses zusammengefaßt sind. Alle Änderungen, die in dieser Maske vorgenommen werden, bleiben
während einer CADdy-Sitzung bestehen.

Das Menü [ARCHITEKTUR] verfügt außerdem über Bearbeitungsbefehle, mit denen Sie unmittelbar am 3D-Bild Konstruktionsänderungen vornehmen und das 2D-
3D-Modell speichern können.

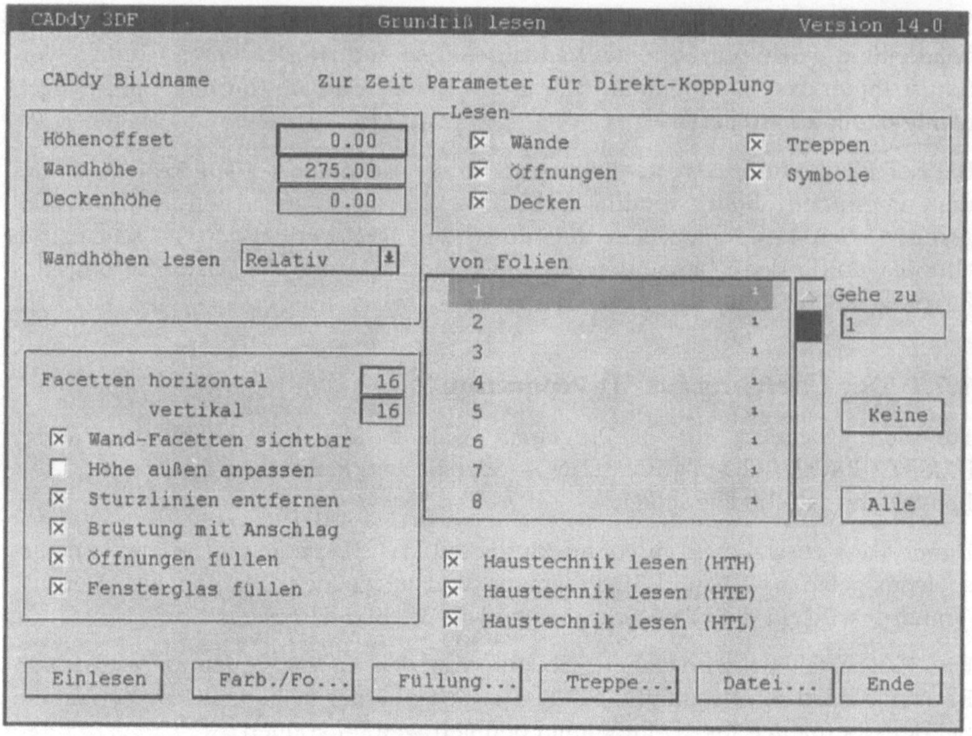

```
 CADdy 3DF                    Grundriß lesen                      Version 14.0

   CADdy Bildname        Zur Zeit Parameter für Direkt-Kopplung
  ┌─────────────────────────────┐  ┌─Lesen──────────────────────────────────┐
  │ Höhenoffset        0.00      │  │ [x] Wände              [x] Treppen      │
  │ Wandhöhe         275.00      │  │ [x] Öffnungen          [x] Symbole      │
  │ Deckenhöhe         0.00      │  │ [x] Decken                              │
  │                              │  └─────────────────────────────────────────┘
  │ Wandhöhen lesen [Relativ  ±] │     von Folien
  └─────────────────────────────┘     ┌──────────────────────┐  ┌─ Gehe zu ─┐
                                       │ 1                 1  │  │    1      │
                                       │ 2                 1  │
  ┌─────────────────────────────┐     │ 3                 1  │
  │ Facetten horizontal     16   │     │ 4                 1  │
  │          vertikal       16   │     │ 5                 1  │  │   Keine   │
  │ [x] Wand-Facetten sichtbar   │     │ 6                 1  │
  │ [ ] Höhe außen anpassen      │     │ 7                 1  │
  │ [x] Sturzlinien entfernen    │     │ 8                 1  │  │   Alle    │
  │ [x] Brüstung mit Anschlag    │     └──────────────────────┘
  │ [x] Öffnungen füllen         │  [x] Haustechnik lesen (HTH)
  │ [x] Fensterglas füllen       │  [x] Haustechnik lesen (HTE)
  └─────────────────────────────┘  [x] Haustechnik lesen (HTL)

  [ Einlesen ]  [ Farb./Fo... ]  [ Füllung... ]  [ Treppe... ]  [ Datei... ]  [ Ende ]
```

Bild 1.30 Parameter für die Übergabe des Grundrisses an das 3D-Programm

☞ Genaue Erläuterungen zu den Einlese-Parametern und den übrigen Befehlen des Menüs [ARCHI-3D] finden Sie im Kapitel 4. Solange Sie sich nicht intensiv mit diesen Anleitungen befaßt haben, sollten Sie im 3D-Programm nichts speichern. Verlassen Sie die Kopplung mit [ENDE] im Menü [3D-FLÄCHEN]. Sie können sie jederzeit wieder aktivieren!

1.7.2 3D-Ansichten

Wenn Sie Ihr Modell im 3D-Programm auf seine Richtigkeit und Vollständigkeit überprüfen wollen, muß die Möglichkeit bestehen, es zu drehen und von verschiedenen Seiten zu betrachten. Dazu gibt es eine Fülle von Funktionen, von denen nachfolgend nur die wichtigsten erläutert sind.

- Das 3D-Bild wird standardmäßig in einem bestimmten Blickwinkel (von vorne links) als Parallelperspektive dargestellt. Eine ähnliche Darstellung kann auch durch Klick auf das nebenstehende Icon oder mit der Funktionstaste <F4> aufgerufen werden. Weitere Standardansichten können über die drei daneben angeordneten Icons (bzw. <F1> bis <F3>) oder über die Befehle im Pulldown-Menü [ANSICHTEN] abgerufen werden. 

- Mit der Funktionstaste <F10> wechseln Sie von der Parallel- in die Zentralprojektion und zurück.

- Mit <F6> wird das Bild neu berechnet und wieder so dargestellt, daß es vollständig zu sehen ist.

- Mit <F5> gelangen Sie ins [BLICKPUNKT]-Menü. Dieses Menü ist nur über die <F5>-Taste zu erreichen. Solange es aktiv ist, gilt nicht die normale Funktionstastenbelegung (siehe Kapitel 1.3.4). Das Blickpunktmenü belegt die Funktionstasten mit Funktionen, die verschiedene 3D-Ansichten ermöglichen. Diese Belegung wird in der Statuszeile am oberen Bildschirmrand eingeblendet. Im Blickpunktmenü können Sie das Bild u.a. mit <F9> oder <F10> um einen voreingestellten Winkel in beiden Richtungen um die (vertikale) Z-Achse drehen. Mit den Tasten <+> und <-> können Sie es vergrößern und verkleinern.

 Das [BLICKPUNKT]-Menü (und damit die veränderte Bedeutung der Funktionstasten) ist solange aktiv, bis es mit <ESC> beendet wird. Achten Sie auf die Meldung am unteren Bildschirmrand „Ende mit <ESC>". Jetzt sind die Funktionstasten wieder mit den Standard-Funktionen belegt.

1.7.3 3D-Darstellung

Die im 3D-Programm übliche Darstellung aller Körperkanten ist etwas verwirrend. Ein räumlicher Eindruck entsteht erst durch die Berechnung und das Ausblenden der verdeckten Kanten in der jeweils gewählten Ansicht. Diese Berechnung können Sie mit <F8> oder dem nebenstehend abgebildeten Icon starten. 

Schneller und noch anschaulicher ist das farbige Schattieren des Bildes (siehe Bild 1-29). Dies erreichen Sie, wenn Sie auf nebenstehend abgebildetes Icon klicken. 

Im 3D-Programm haben alle Objekte eine bestimmte Kantenfarbe. Beim Schattieren werden die Flächen entsprechend ihrer Kantenfarbe gefüllt. Dabei erhalten die Farben, je nach Richtung einer Fläche im dreidimensionalen Raum, unterschiedliche Schattierungen. Diese Farbabstufungen sind in einer Farbpalette gespeichert, die nach Belieben verändert und neu gespeichert werden kann.

Mit der Tastenkombination <STRG F10> (die in WinCADdy nicht zur Verfügung steht) kann die Farbpalette auf einfache Weise verändert werden: Man identifiziert mit dem Cursor eine Farbe im Bild und ändert sie, indem man die „Schieber" in der eingeblendeten Palette verstellt.

1.8 Praxisfall: Vorbereitung des Beispielprojekts

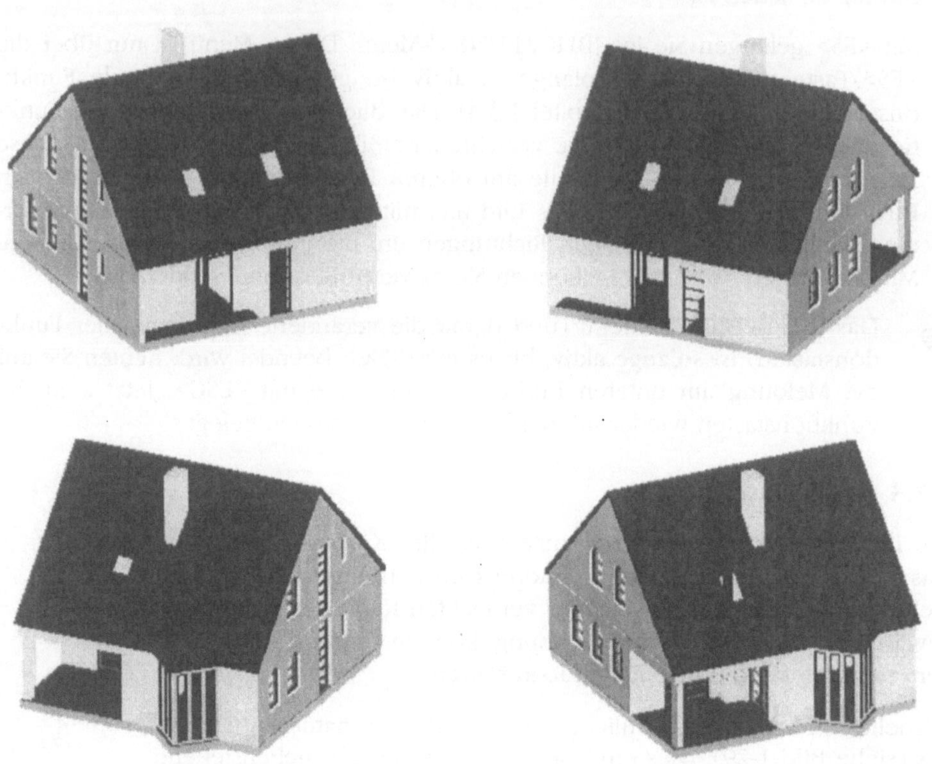

Bild 1-31 Praxisfall: Ferienhaus

Damit Sie die Ausführungen in diesem Buch besser nachvollziehen können, wird ein kleines Architekturprojekt als „Praxisfall" sämtliche Kapitel begleiten.

Es handelt sich hierbei um ein Häuschen, das nur zu Lehrzwecken entworfen wurde, um möglichst alle für die Architektur wichtigen Programmfunktionen am praktischen Beispiel darstellen zu können, ohne die Umsetzung allzu kompliziert werden zu lassen.

Das Haus ist nicht unterkellert und enthält außer zwei Kaminen auch keine Heizungsanlage. Daher soll es hier als „Ferienhaus" bezeichnet werden.

Dieses Projekt soll anhand der Anleitungen in diesem Buch nach und nach mit CADdy konstruiert werden, und zwar in folgenden Einzelschritten:

- Vorbereitung des Projekts (Kapitel 1)

- Konstruktion des Baukörpers / EG und DG (Kapitel 2)

- Dachausmittlung und Dachkonstruktion (Kapitel 3)

- 3D-Bearbeitung der Dachkonstruktion, 3D-Modell (Kapitel 4)

- Gestaltung und Ausgabe der Pläne (Kapitel 5)

Bild 1-31 zeigt das Häuschen im Überblick, damit Sie sich erst einmal eine Vorstellung davon machen können. In den einzelnen Kapiteln sind, entsprechend dem Arbeitsfortschritt, Skizzen abgebildet. Die für die Konstruktion notwendigen Angaben und Maße können Sie den im Anhang abgedruckten Plänen entnehmen. Ebenfalls im Anhang finden Sie eine Übersicht über alle im Laufe der Arbeit entstehenden Dateien und ihre gegenseitige Zuordnung.

1.8.1 Projekt einrichten

Richten Sie bitte mit der Projektverwaltung das Projekt „Praxisfall" ein. Tragen Sie dazu in der Maske [PROJEKTVERWALTUNG] folgendes ein (siehe auch Bild 1-26):

- in der Zeile [PROJEKT] den Projektnamen PRAXFALL,

- in der Zeile [BESCHREIBUNG] <Praktisches Beispiel zum Buch „CADdy Architektur">

- und in der Zeile [BEARBEITER] Ihren Namen.

- Kreuzen Sie außerdem bitte das Feld [PROJEKTVERZEICHNIS] an!

Verlassen Sie die Maske mit [ENDE] (damit erübrigt sich das Speichern des Projekts).

Der Schalter [PROJEKTVERZEICHNIS] erstellt automatisch ein Verzeichnis mit dem Namen des Projekts (hier PRAXFALL) unter dem CADdy-Architekturverzeichnis (\A1\), sobald Sie das erste zum aktuellen Projekt gehörende Bild speichern. Unter diesem Verzeichnis werden dann die weiteren branchenspezifischen Unterverzeichnisse angelegt. Der Pfad für 2D-Bilder lautet somit in unserem Falle: C:\CADDY\A1\PRAXFALL\A1\.

1.8.2 Eigene Parameterdateien

Sie benötigen für das Beispielprojekt einige spezielle Wand- und Öffnungskonstruktionen. Um die in der CADdy-Standardinstallation vorhandenen (oder von Ihnen bereits veränderten) Listen nicht zu überschreiben, sollten Sie sie zusätzlich in eigene Dateien speichern, die Sie dann im Verlaufe der Projektarbeit nach und nach abwandeln können (siehe Kapitel 1.6.2).

Dazu rufen Sie bitte über den Befehl [WAND] / [KONSTRUKTION] im Architekturmenü die Maske [WAND-AUSWAHL] auf (siehe Bild 1-27) und tippen in der oberen Zeile auf den Dateinamen WAND. In der eingeblendeten Maske [PARAMETER-DATEI] geben Sie den Namen BSP-WAND ein und tippen auf

[SPEICHERN]. Damit wird die zur Zeit noch unveränderte Wandliste zusätzlich als BSP-WAND.PWL im Architekturverzeichnis gespeichert und künftig zur Wandauswahl angeboten. Verlassen Sie die Maske mit [ENDE]!

Wechseln Sie über [WAND] / [ÖFFNUNGEN] in das Menü [WANDÖFFNUNGEN]. Speichern Sie wie in der eben beschriebenen Vorgehensweise die angebotenen Listen mit den Öffnungskonstruktionen (zusätzlich) in folgende Dateien:

- BSP-DUBR.PBR (Befehl [DURCHBRUCH], bisherige Datei DUBRU.PBR)

- BSP-TUER.PDR (Befehl [TÜR], bisherige Datei TUER.PDR)

- BSP-FENS.PWN (Befehl [FENSTER], bisherige Datei FENSTER.PWN)

1.8.3 Eigene Icons definieren

Das wichtigste bei der Arbeit am Computer ist eine Datensicherung in möglichst kurzen Zeitabständen. Da CADdy noch über keine Undo/Redo-Funktion (automatisches Rückgängigmachen und Wiederherstellen der letzten Arbeitsschritte) verfügt, kommt dem Befehl [SICHERN] eine besonders große Bedeutung zu, vor allem, wenn Sie gelegentlich ohne die Projektverwaltung arbeiten. Sie finden ihn unter anderem im Pulldown-Menü [EIN/AUSGABE]. Lesen Sie nach Eingabe von <⇑ F1> die Online-Hilfe zu diesem Befehl genau durch!

Um diese Funktion noch schneller zu erreichen, schlage ich vor, daß Sie sich ein entsprechendes Icon definieren. Wie Sie der Online-Hilfe entnehmen können, ist die Funktionsnummer dieses Befehls die 7.

Da unter dieser Nummer keine Datei im Icon-Verzeichnis gespeichert ist, gibt es zwei Möglichkeiten:

- Sie erstellen selbst ein Icon. Dazu erzeugen Sie ein CADdy-Bild (beliebiger Größe, aber möglichst quadratisch) mit dem Inhalt, der später auf dem Icon zu sehen sein soll (z.B. der Buchstabe S), und wählen unter [ANWENDUNGEN] / [HILFSPROGRAMME] den Befehl [ICON ERZ]. 

  Mit dem Cursor legen Sie einen Rahmen um das Bild. Dieses wird dann auf 32x32 Pixel reduziert und unter dem von Ihnen gewählten Namen (z.B. SICHERN.PCX) gespeichert.In der Maske [ICON-DEFINITION] (siehe Bild 1-12) müssen Sie als Icon-Format PCX wählen, den Icon-Namen eingeben oder diesen über [ICON-AUSWAHL] aus der Liste auswählen.

- Sie verwenden ein vorhandenes Icon aus der Auswahlliste. Zum Beispiel das nebenstehende Icon, das in der Datei 70.ICO gespeichert ist. Dazu müsse Sie als Icon-Format ICO wählen und den Icon-Namen eingeben oder über [ICON-AUSWAHL] aus der Liste auswählen. 

Jetzt geben Sie noch die Funktionsnummer ein, als Beschreibung SICHERN SCR1, und plazieren das Icon auf einem freien Platz (z.B. links unten). Wichtig ist, daß Sie die neue Icon-Anordnung in die Datei A1.ICN [SPEICHERN] (im Menü [ICON]).

Vielleicht erstellen Sie bei dieser Gelegenheit noch einige Icons? Denken Sie immer an diese Möglichkeit, wenn Sie beim Arbeiten das Gefühl haben, eine Funktion sei zu umständlich zu erreichen. Aber um sich unnötigen Aufwand zu ersparen, überzeugen Sie sich vorher, ob sie nicht schon auf einer Funktionstaste oder in einem Pulldown-Menü untergebracht ist!

1.8.4 Voreinstellungen

Eine wichtige Voreinstellung, die in der CADdy-Standardinstallation nicht enthalten ist, ist das „Auto-Panning„, also das automatische Verschieben des aktuellen Bildschirmausschnittes mit dem Cursor (siehe Kapitel 1.3.5). Zu diesem Zweck rufen Sie das Displaylist-Menü (mit Klicken der mittleren Maustaste oder <STRG L>) auf und wechseln in das Menü [VOREINSTELLUNG]. Dort aktivieren Sie die Funktion [AUTOPAN (*)] und tippen anschließend auf [SICHERN]. Die veränderten Displaylist-Einstellungen werden nun in der Datei DRVCFG.BIN gespeichert.

Interessant wäre es auch, einige sehr hilfreiche Funktionen aus dem Displaylist-Menü, wie [BILD NEU] oder [DYNAMISCH], als Icons am Bildschirm zu plazieren!

Des weiteren deaktivieren Sie bitte unter [PARAMETER] / [FOLIEN...] im Maskenteil [FOLIEN] die [LINIEN-ZUORDNUNG], und speichern Sie die Info-Datei A.INF neu ([PARAMETER] / [PARAMETER INF-DATEI] / [SPEICHERN])!

1.9 Aufgaben

1. Was ist der Unterschied zwischen „WinCADdy" und „DOS-CADdy", und worin liegen die Vorteile von WinCADdy?

2. Wie kann man erreichen, daß im Cursor-Modus grundsätzlich „glatte" Koordinatenwerte (z.B. auf 0,5 cm genau) angezeigt werden?

3. Welchen Vorteil bietet das Erzeugen einer Folge aus einer Anzahl von Bildelementen?

1.9.1 Lösungen

1. WinCADdy ist kein „anderes" CADdy, sondern ein „Programmrahmen" für CADdy unter Windows. Es nutzt die aktuellen Windows-Grafik- und Druckertreiber. Das aktuell geladene CADdy-Bild kann als Vektorgrafik in die Zwischenablage kopiert und damit anderen Windows-Anwendungen zur Verfügung gestellt werden. CADdy kann parallel zu anderen Windows-Anwendungen „offengehalten" werden (bei entsprechender Speicherkapazität).

2. Man definiert ein Raster mit den Abständen x = 0,5 und y = 0,5 und schaltet es aktiv. Die Rasterpunkte bleiben bei diesem engen Abstand im Verhältnis zur Bildschirmauflösung allerdings unsichtbar.

3. Eine Folge von Elementen kann insgesamt gelöscht oder verändert werden. Beim dynamischen Verschieben mit dem Cursor können durch Tastendruck diverse Cursor-Zusatzfunktionen wie Drehen, Zoomen, Skalieren, aktiviert werden.

2 Konstruieren mit dem Architekturmodul

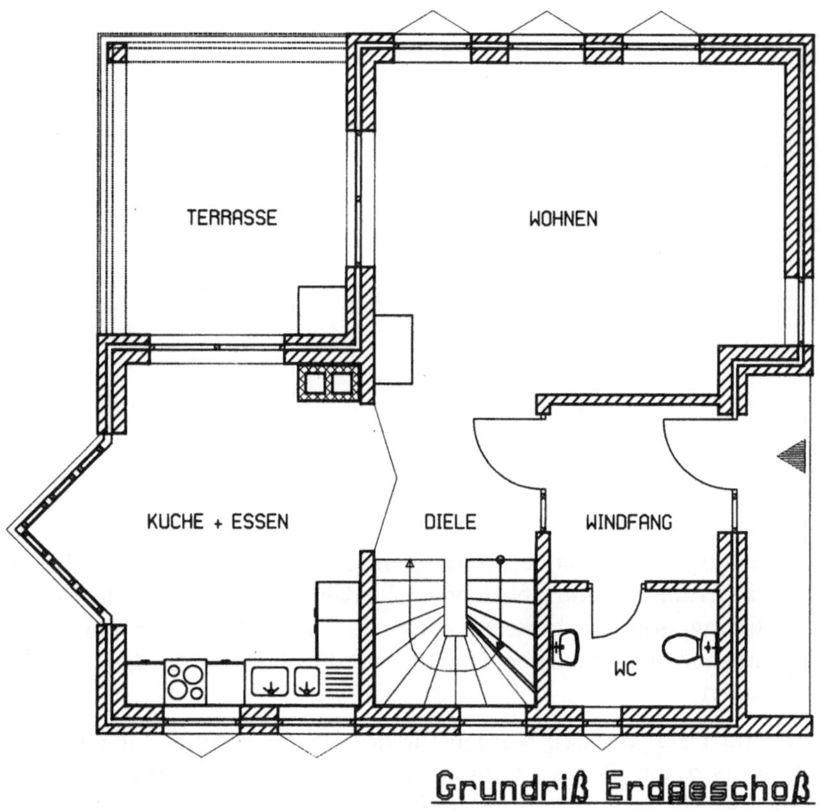

Bild 2-1 Architekturgrundriß (Beispielprojekt)

Das Architekturmodul (Modulbezeichnung A1) bietet die Möglichkeit, bestimmte vordefinierte Elemente wie Wände, Stützen, Fenster- und Türöffnungen, Decken und Treppen zu benutzen. Dabei kann man sowohl vorgegebene Konstruktionen aus einer Liste auswählen als auch eigene Abwandlungen vornehmen. Eine Wand beispielsweise muß nicht mehr aus einzelnen Strecken zusammengesetzt werden, sondern sie wird, entsprechend der vorgegebenen Wandstärke, als ein- oder mehrschalige Wand entlang einem Linienzug definiert. Öffnungen werden ebenfalls nach bestimmten Vorgaben „eingeschnitten" und können nachträglich als Objekt geändert oder innerhalb der Wand (bzw. mit der Wand) verschoben werden.

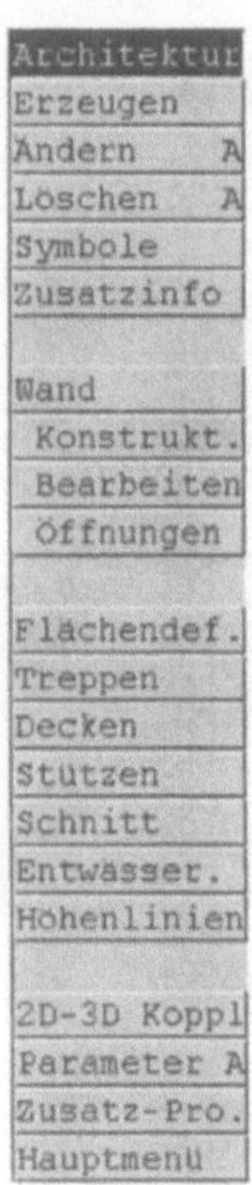

Bild 2-2
Architekturmenü

Die Voreinstellungen für Wände, Öffnungen, Treppen und Decken, die der Anwender selbst definieren kann, beziehen sich dabei nicht nur auf die zweidimensionale Zeichnung, sondern bereiten schon die dritte Dimension vor. Das heißt, alle Höhenangaben der einzelnen Objekte werden bereits bei der Grundrißkonstruktion definiert.

Die Wand- und Deckenhöhen werden für die 3D-Bearbeitung (und für die Massenermittlung) benötigt. Bei den Öffnungen können Höhe und Brüstungshöhe, bei Treppen die Anzahl der Steigungen und das Steigungsverhältnis automatisch als Texte im Grundriß eingesetzt werden.

2.1 Wände

Wände könnte man auch mit dem CADdy-Grundpaket aus mehreren parallelen Linien zeichnen (in vielen Programmen, z.B. CADdy++ light, auch als Poly-Linien bezeichnet). Im CADdy-Architekturmodul ist eine Wand jedoch ein Objekt, das zusätzlich zur sichtbaren Geometrie mit verschiedenen Eigenschaften definiert und gespeichert wird, z.B. Höhe, Schraffur, Lage der Wandachse, Anschlüsse und Anzahl der Öffnungen. Das Objekt Wand wird konstruiert, indem seine Achse als Polygonzug von Punkt zu Punkt gezeichnet wird und kann insgesamt verändert oder gelöscht werden. Dazu dürfen aber nur die dafür vorgesehenen Befehle im Architekturmenü verwendet werden.

2.1.1 Wandkonstruktionen vorbereiten

Der Befehl [WAND KONSTRUKT.] führt in die Maske [WAND-AUSWAHL] (siehe Kapitel 1.6.2). Um die Konstruktionswerte einer in der Liste aufgeführten Wand zu überprüfen und gegebenenfalls zu ändern, markiert man sie und gelangt über das Maskenfeld [KONSTRUKTION] in die Maske [WAND-KONSTRUKTION] (Bild 2-3).

In dieser Maske werden alle zur Wand gehörenden Konstruktionswerte angezeigt. Diejenigen Werte, die sich in einem umrandeten Kasten befinden, können verändert werden:

- Unter [BEZEICHNUNG] kann man einer neuen oder veränderten Konstruktion einen neuen Namen geben und sie mit [EINTRAG] in die Liste der [WAND-AUSWAHL] eintragen lassen. Soll die Wand nur einmal gezeichnet werden, so ist der hier eingetragene Name nicht weiter von Bedeutung. Soll aber eine eigene Wandliste gespeichert werden, so ist ein aussagekräftiger Name sinnvoll. Zur näheren Bezeichnung der Wandkonstruktion kann zusätzlich ein [FREIER TEXT] eingegeben werden.

- Der Eintrag [BAUELEMENT] wird benötigt, wenn die Daten später an ein AVA-Programm übergeben werden sollen, das mit der Bauelement-Methode arbeitet.

- Unter [ABMESSUNGEN] ist die Skizze einer mehrschaligen Wand abgebildet, bestehend aus Vorsatzschale, Luftschicht, Dämmung und Hintermauerung (letztere hier nur [WAND] genannt). Die Wandstärken der einzelnen Schichten werden zur Veränderung angeboten; die Gesamtdicke der Wand wird daraus automatisch errechnet. Ist die Wand einschalig, so enthält nur die Zeile [WAND] einen Wert.

- Wichtig für das spätere Zeichnen der Wand ist die Lage der Konstruktionsachse [WANDACHSE], denn diese wird stellvertretend für die Wand als Polygonzug im Bild definiert. Entsprechend der Skizze wird die Lage der Achse innerhalb der Wand durch die Abstände d1 und d2 festgelegt. Ist d1=0, so liegt die Achse auf der äußeren Wandkante, ist d2=0, so liegt sie auf der inneren Kante. Dementsprechend werden beim Zeichnen der Wand entweder die Außenmaße oder die Innenmaße benötigt. Die Achse kann natürlich auch irgendwo im Innern der Wand liegen, wenn die Konstruktion dies erfordert.

- Im Feld [HÖHEN] werden die Höhenkoordinaten von Ober- und Unterkante der Wand festgelegt. Diese Eintragung ist wichtig, wenn die Wand später für die dreidimensionale Darstellung in das 3D-Flächenprogramm übernommen werden soll (voreingestellt ist die Geschoßhöhe 2.75 m). Durch Eingabe verschiedener Höhenwerte für die beiden Endpunkte der Wand kann auch eine dreieckige oder trapezförmige Wand definiert werden.

- Auf der rechten Seite der Maske wird die [FÜLLUNG] der einzelnen Wandschichten festgelegt. Dazu wird die gewünschte Wandschicht zunächst unter [BEARBEITUNGSMODUS WAND] aktiviert ([VORSATZSCH.], [DÄMMUNG] oder [WAND]). Für eine Vorsatzschale oder Wand kann man wählen: keine Schraffur

[- NEIN -], eine Schraffur aus Linien mit [LINIEN-ART], oder eine Schraffur mit einem vorhandenen [SYMBOL] (siehe Bild 2-4), dessen Name eingetragen werden muß.

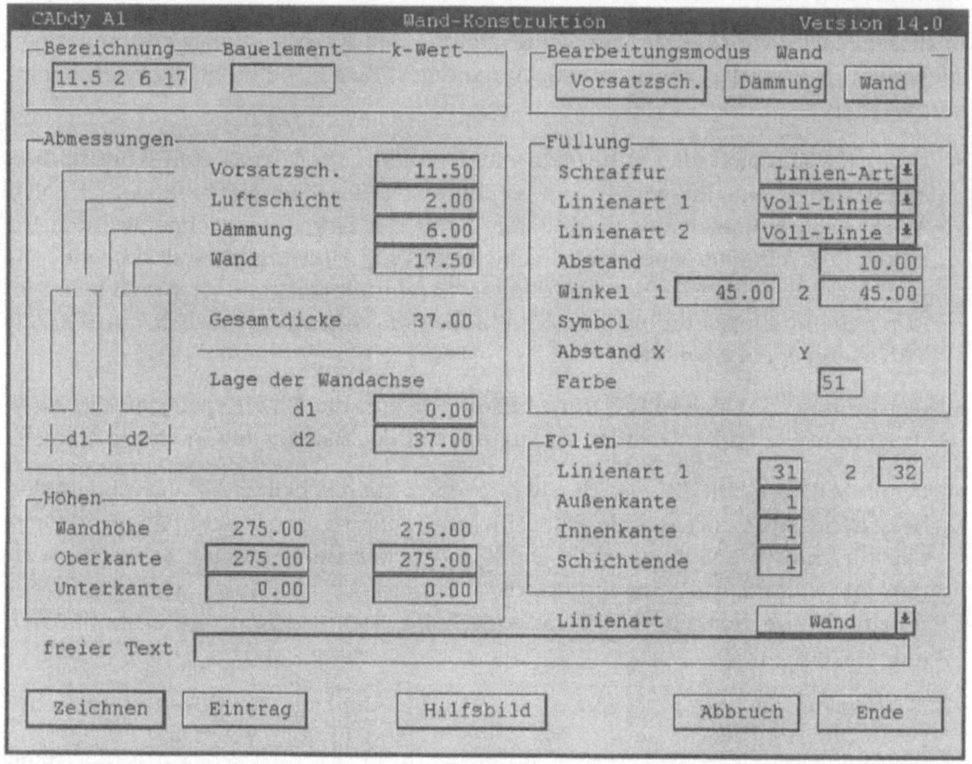

Bild 2-3 Maske *Wand-Konstruktion*

Bei [LINIEN-ART] können zwei verschiedene Linienarten bestimmt werden (z.B. für Beton-Schraffur). Außerdem werden Schraffurabstand und -Winkel festgelegt (wenn notwendig, zwei verschiedene Winkel [WINKEL 1], [WINKEL 2] für Kreuzschraffur).

Zusätzlich zur Schraffur kann eine Farbe definiert werden, mit der die Wand alternativ gefüllt wird.

Im Bearbeitungsmodus [DÄMMUNG] kann nur ein Symbol eingesetzt werden, z.B. das Symbol DAEMMUNG.SYB aus der Architektur-Symbolbibliothek (siehe Bild 2-4).

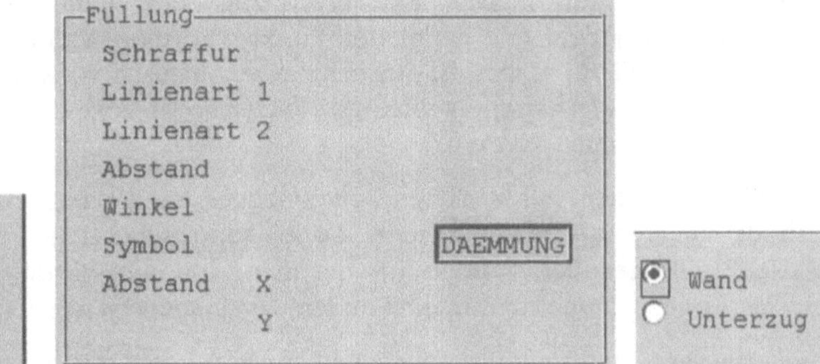

Bild 2-4 Untermasken *Schraffur, Dämmung, Linienart*

Die hier angegebene Schraffur bzw. Füllung wird, ebenso wie die Höhen und die anderen Geometrieparameter, dem Objekt *Wand* in einer im Speicher geführten Liste zugeordnet, aber noch nicht gezeichnet. Das eigentliche Füllen der Wand kann der Benutzer zum gewünschten Zeitpunkt mit [BEARBEITEN] / [WANDFÜLLEN] auslösen.

- Unter [FOLIEN] kann man bestimmen, auf welche Folien die Schraffurlinien und Wandkanten gespeichert werden sollen. Angeboten werden die in den Architektur-Parametern voreingestellten Folien (Datei ARCHIALL.SYS).

☞ Die Schraffur wird auf zwei verschiedene Folien gespeichert, damit unterschiedliche Linienarten oder Winkel möglich sind. Eine einheitliche Schraffur erzielen Sie, indem Sie gleiche Linienarten und Winkel eingeben. Diese werden aber nur korrekt gezeichnet, wenn in den Folien-Parametern die [LINIEN-ZUORDNUNG] ausgeschaltet ist.

- Im Feld [LINIENART] kann man zwischen Wand und Unterzug wählen (siehe Bild 2-4). Ein Unterzug ist im Prinzip das gleiche wie eine Wand, nur werden die Kanten gestrichelt und auf eine andere Folie gezeichnet, damit sie später mit einem anderen Stift geplottet werden können.

- Der Schalter [HILFSBILD] zeigt einen Ausschnitt der definierten Wandkonstruktion mit ihren Abmessungen und der eingestellten Schraffur (Beenden durch Drücken einer beliebigen Taste).

2.1.2 Wände zeichnen

Mit [ZEICHNEN] verlassen Sie die Maske [WAND-KONSTRUKTION] (oder [WAND-AUSWAHL]) und gelangen in das Menü [WANDKONSTRUKTION] (Bild 2-5), das es Ihnen ermöglicht, die vorbereitete Wand im Grundriß zu konstruieren und, falls erforderlich, gleich anschließend zu bearbeiten.

Wände werden grundsätzlich als Polygonzug (der Wandachsen) aneinander-
gereiht, d.h. mit jedem neu definierten Punkt wird eine Wand gezeichnet, die an
die vorige anschließt, wobei die Anschlüsse automatisch verschnitten werden. Für
die erste Wand des Wandpolygons muß die Lage (bezogen auf die vordefinierte
Wandachse) bestimmt werden.

Für jeden einzelnen Punkt dieses Polygonzuges kann eine neue Konstruktionsmethode im Menü gewählt werden. Dabei kann gleichzeitig die Voreinstellung
[WAND-ENDE] geändert werden, mit der man bestimmt, ob die Wand *offen* oder
geschlossen gezeichnet oder an eine andere *angeschlossen* werden soll.

☞ Mit der Voreinstellung [ANSCHL.] kann nur gearbeitet werden, wenn vorher
    mindestens eine Wand gezeichnet wurde.

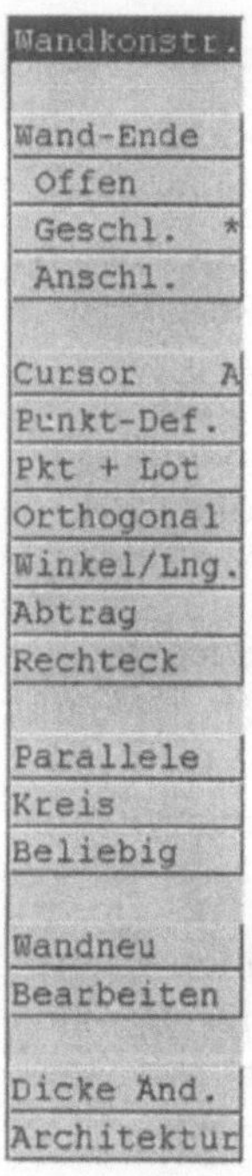

Bild 2-5
Menü *Wandkonstruktion*

Die verschiedenen Methoden zur Wandkonstruktion sind im folgenden aufgelistet:

* Der Befehl [CURSOR A] bietet Ihnen den Cursor zum Digitalisieren der Endpunkte des Wandpolygons an. Die Besonderheit dieses „Architektur-Cursors"
  liegt darin, daß die mit dem Cursor gefertigten Längen nochmals zur Korrektur
  („Editieren", Eingabe eines genauen Zahlenwertes) angeboten werden. Auf diese Art kann man mit dem Cursor eine maßgenaue Zeichnung erstellen.

* Das [PUNKT-DEFINITIONSMENÜ] kennen Sie ja bereits aus dem CADdy-
  Grundpaket. Es bietet Ihnen alle Möglichkeiten zur Punktkonstruktion, unter

anderem auch mit dem Cursor; die Konstruktion ist dann allerdings nicht editierbar.

Die meisten Wandkonstruktionen werden Sie zwar auf andere Art schneller erzeugen; gelegentlich jedoch sind die in diesem Menü angebotenen Befehle unentbehrlich. Eine exakte Punktdefinition ist zum Beispiel für den Startpunkt eines Wandpolygons wichtig. Daher wird auch bei den anderen Konstruktionsmethoden häufig zu Beginn das Punkt-Definitionsmenü eingeblendet.

- Mit [PUNKT + LOT] können Sie von dem zuletzt gezeichneten oder von einem neu definierten Punkt aus auf eine vorhandene Wand loten.

- Die Funktion [ORTHOGONAL] ist hilfreich, wenn Sie Wandzüge erzeugen wollen, deren Wände ausschließlich in rechtem Winkel („orthogonal") zueinander verlaufen. Nachdem der Ausgangspunkt bestimmt ist, werden nur noch die Längen für die einzelnen Wände abgefragt (die vorgegebene Richtung kann durch negatives Vorzeichen geändert werden). Die erste Wand verläuft entweder horizontal (Standard) oder gedreht (durch Eingabe des Winkels).

- Mit [WINKEL/LNG.] kann man Wandzüge von einem Ausgangspunkt, der mit dem Punktdefinitions-Menü bestimmt wird, durch Eingabe von Winkel und Länge konstruieren. Die Winkelangabe bezieht sich dabei immer auf die nach rechts gerichtete positive X-Achse (Winkel = 0). Winkel sind positiv, wenn sie gegen den Uhrzeigersinn gerichtet sind (im mathematisch positiven Drehsinn also).

- Mit [ABTRAG] wird ein Punkt vom nächsten Eckpunkt aus definiert; dieses Verfahren ist einfacher als mit Hilfe der Befehle [ORTHOGONAL] oder [RELATIV BELIEBIG] im [PUNKT-DEFINITIONSMENÜ]. Mit [ABTRAG] wird automatisch ein Wandanschluß hergestellt.

- Mit [RECHTECK] erzeugt man mit Hilfe von zwei diagonal gegenüberliegenden Eckpunkten ein Rechteck aus vier Wänden (und nicht eine rechteckige Platte). Die Voreinstellung für das Wandende spielt hier keine Rolle, da der Wandzug in sich immer geschlossen ist. Die untere horizontale Wand wird zuerst gezeichnet und kann in ihrer Lage korrigiert werden.

- [PARALLELE] zeichnet eine Wand parallel zu einer bereits bestehenden Wand, entweder in einem vorgegebenen Abstand oder durch einen zu bestimmenden Punkt. Die Konstruktion der Wand entspricht der, die Sie zuvor in der Auswahlliste gewählt haben. Die Lage und die Länge der Wand werden durch die Parallelkonstruktion bestimmt. Die Wand wird immer offen gezeichnet.

- Mit [KREIS] können Wände als Vollkreis oder Kreisbogen gezeichnet werden. Ein Vollkreis wird durch Eingabe von Mittelpunkt und Radius bestimmt, ein Kreisbogen durch Eingabe von drei Punkten: Der erste Punkt ist der Anfangspunkt des Kreisbogens (wird nur abgefragt, wenn ein neuer Wandzug begonnen wird), der zweite Punkt ist der Endpunkt des Kreisbogens und der dritte ein Punkt, der auf dem Kreisbogen liegen soll. Durch den dritten Punkt ist der Radius bestimmt, der anschließend zum Editieren angeboten wird.

- Mit [BELIEBIG] können Sie Wände zeichnen, deren Kanten nicht parallel zueinander verlaufen. Dabei müssen Sie sowohl die Achse der Wand als auch die beiden Wandkanten über Anfangs- und Endpunkt bestimmen. Die ursprüngliche Dicke der vorgewählten Wand hat hier keine Bedeutung mehr.

- Mit [DICKE ÄND.] können Sie eine neue Wand mit anderen Konstruktionsdaten aus der Auswahlliste wählen, ohne den Startpunkt neu definieren zu müssen.

- [WANDNEU] beginnt einen neuen Wandzug mit den gleichen Konstruktionsdaten, ohne das Menü [WANDKONSTRUKTION] zu beenden.

Verlassen Sie das Menü [WANDKONSTRUKTION] mit dem Menübefehl [-ENDE-] oder der Taste <ESC> (bzw. mit der rechten Maustaste), so wird automatisch die Maske [WANDAUSWAHL] (bzw. [WANDKONSTRUKTION]) wieder angeboten, so daß Sie weitere Wände konstruieren können. Dies können Sie unterdrücken, indem Sie mit dem Befehl [ARCHITEKTUR] direkt ins Architekturmenü zurückspringen.

Der Befehl [BEARBEITEN] verzweigt ins gleichnamige Menü, das im Kapitel 2.1.3 ausführlich beschrieben ist. Sie haben hier die Möglichkeit, Wände zu ändern oder zu löschen, ohne die Wandkonstruktion verlassen zu müssen.

☞ Zu den einzelnen Befehlen des Wandkonstruktions-Menüs finden Sie ausführliche Anleitungen (mit Skizzen, wo erforderlich) in der Online-Hilfe (<⇧ F1>).

2.1.3 Wände bearbeiten

Zum Bearbeiten, also dem Ändern oder Löschen von Wänden, bietet das Architekturmodul spezielle Funktionen an, die in den Menüs [WAND BEARBEITEN], [ÄNDERN A] und [LÖSCHEN A] zusammengefaßt sind. Alle Manipulationen an einem Architekturgrundriß sollten grundsätzlich nur mit Befehlen aus diesen Menüs vorgenommen werden. Damit sind die Menüs [ÄNDERN] und [LÖSCHEN] aus dem Grundpaket weitgehend tabu.

Wände bestehen zwar in der sichtbaren Zeichnung aus einzelnen Geometrie-Elementen (i.a. Strecken), die sich auch einzeln löschen oder verändern (z.B. trimmen) lassen. Sie sind aber gleichzeitig Objekte, denen bestimmte Eigenschaften („Attribute") zugeordnet sind. Dies sind beispielsweise die Höhen, die Lage der Wandachse, die verschiedenen Schraffuren, aber auch die Anzahl der Öffnungen, die sich auf der Wand befinden und die Anzahl der angeschlossenen Wände. Alle diese Attribute werden als zusätzliche Informationen zu den Geometrie-Daten einer Wand gespeichert.

Löscht man z.B. eine Wand mit Grundpaket-Befehlen, so wird die Geometrie zwar zunächst gelöscht (und erscheint auch nach Bildneuaufbau mit <F1> nicht wieder), nicht aber die zu der Wand gehörenden Informationen. Wird das Bild beispielsweise später ins 3D-Programm eingelesen, so werden diese Informationen wieder umgesetzt und lassen Wände wieder auftauchen, die vermeintlich längst gelöscht waren. Damit es gar nicht erst soweit kommt, gibt es im 2D-Programm eine Korrekturfunktion, die das Bild anhand seiner Informationen wiederherstellt.

Nicht nur im [ÄNDERN]- und [LÖSCHEN]-Menü des Grundpakets befinden sich Befehle, die Ihrem Architekturgrundriß „gefährlich" werden können. Sollten Sie z.B. feststellen, daß Teile Ihres Bildes oder der ganze Grundriß mehrfach übereinander gezeichnet sind, so seien Sie sehr vorsichtig mit dem Befehl [DOPPELTE LÖSCHEN] im Menü [INFORMATION]. Zum einen könnte damit eine Struktur zerstört werden, die bewußt doppelte Linien enthält (z.B. Treppen), zum anderen könnten logische Verbindungen zwischen den Elementen (Wandanschlüsse, Öffnungen in Wänden) durcheinandergebracht werden. Im übrigen werden die meisten Kanten nach dem Befehl [KORREKTUR] wieder auftauchen.

Vor dem Verlassen des Architekturmenüs gibt das Programm deshalb eine Warnung aus (siehe auch Kapitel 1.2.3) mit der Aufforderung, das Bild vor weiteren Manipulationen zumindest zu speichern, damit es bei Bedarf in seiner ursprünglichen Form wieder eingelesen werden kann. Diese Warnung erscheint allerdings nur, wenn in der Maske [ARCHITEKTUR-PARAMETER] (Befehl [PARAMETER A]) das Feld [HINWEIS] angekreuzt ist.

☞ Beachten Sie bitte folgendes: Solange Sie CADdy nur als Zeichenwerkzeug im zweidimensionalen Bereich nutzen wollen, um die herkömmliche Arbeit mit der Zeichenmaschine zu ersetzen, können Sie an der Zeichnung manipulieren, wie Sie wollen. Alles, was Sie sehen, wird später auch geplottet. Möchten Sie das Architekturprogramm aber als „intelligenteres" Werkzeug nutzen, um daraus 3D-Daten zu produzieren oder Massenermittlung und AVA anzuschließen oder auch auf komfortable Weise Änderungen vorzunehmen, so ist ein sorgfältiger Umgang mit den Daten unerläßlich.

Mit dem Menü [ÄNDERN A] (siehe Bild 2-6) können Sie Teile des Bildes [VERSCHIEBEN], [KOPIEREN], [SPIEGELN] und [DREHEN]. Die Vorgehensweise ist ähnlich wie bei den entsprechenden Grundpaket-Funktionen.

Das Programm erfragt, je nach gewählter Funktion, entweder Verschiebe-Vektor, Spiegelachse oder Drehpunkt und Drehwinkel (beim Spiegeln und Drehen wird vorher festgelegt, ob eine Kopie erzeugt werden soll [KOPIEREN]). Anschließend wird der zu verändernde Bereich als Ausschnitt oder beliebig umrandete Kontur bestimmt. Danach können Sie wählen, ob die Funktion nur für die Wände gelten soll, die sich komplett im Ausschnitt befinden [DRINNEN], oder auch für diejenigen, die über den Ausschnitt hinausragen [ALLE]. Im Unterschied zu den Grundpaket-Funktionen werden hierbei sämtliche Attribute angepaßt (weshalb die Ausführung dieser Befehle, je nach Rechnergeschwindigkeit, etwas Zeit in Anspruch nimmt).

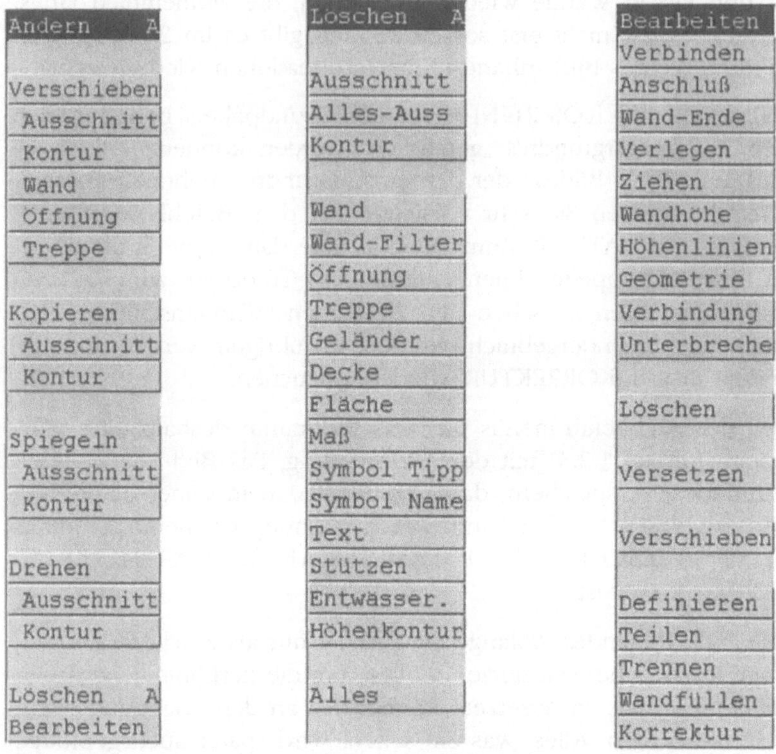

Bild 2-6 Spezielle Bearbeitungsmenüs [ÄNDERN A], [LÖSCHEN A], [BEARBEITEN]

Von [ÄNDERN A] aus gelangen Sie direkt in die Menüs [LÖSCHEN A] und [BEARBEITEN].

Mit dem Menü [LÖSCHEN A] (siehe Bild 2-6) können ebenfalls Bildausschnitte, aber auch einzelne Architekturobjekte gelöscht werden.

Mit dem Menü [WAND BEARBEITEN] (siehe Bild 2-6) können Wände (einschließlich der zugehörigen Öffnungen) nachträglich gelöscht oder verändert werden. Dieses Menü kann auch während der Wandkonstruktion aufgerufen werden, um falsch gezeichnete Wandzüge sofort zu korrigieren.

- Mit [Verbinden] werden zwei Wände, die irgendwo einen gemeinsamen Schnittpunkt haben, miteinander verbunden und dabei gegebenenfalls verkürzt oder verlängert. Dabei kann es sich sowohl um gerade als auch um kreisförmige Wände handeln. Es können auch gerade Wände miteinander verbunden werden, die hintereinander in einer Flucht verlaufen; es bleiben aber weiterhin zwei Wände.

- Mit [Anschluß] kann eine Wand an eine andere (im allgemeinen eine „durchlaufende" Wand) angeschlossen werden. Auch hier können sowohl gerade als auch kreisförmige Wände beteiligt sein. Wichtig ist, daß zuerst die Wand identifiziert wird, die angeschlossen werden soll.

☞ Um Probleme beim [Verbinden] oder [Anschluß] zu vermeiden, sollten Sie die beteiligten Wände vorher mit [Ziehen] soweit wegziehen, daß sie sich nicht berühren oder überschneiden.

Bei beiden Funktionen wird an der Nahtstelle eine „Verbindung" hergestellt, die mit dem Befehl [VERBINDUNG] geändert oder aufgelöst werden kann.

- [WANDENDE] gibt einer offen gezeichneten Wand ein „Wandende„ in Form einer Geraden von Endpunkt zu Endpunkt. Ist bereits ein Wandende vorhanden, so wird es mit diesem Befehl entfernt. Die Wand muß in der Nähe des gewünschten Wandendes identifiziert werden.

☞ Identifizieren Sie eine Wand immer über eine ihrer seitlichen Kanten und nicht über das „Wandende". Da dieses ja nicht unbedingt vorhanden sein muß, wird die Wand dort nicht als solche erkannt.

- Mit [VERLEGEN] kann man ein Wandende mit dem Cursor „anfassen" und an anderer Stelle wieder plazieren. Dabei wird die Wand gegebenenfalls gedreht oder verlängert bzw. verkürzt. Falls das Wandende an eine oder mehrere Wände angeschlossen war, werden diese Anschlüsse nach Bestätigung aufgehoben. Auch Öffnungen können beim Verkürzen der Wand entfallen. Die Funktion kann auch auf kreisförmige Wände angewendet werden; diese werden allerdings nur gedreht, aber nicht verlängert.

- Mit [Ziehen] kann man eine Wand verlängern oder verkürzen. Dies kann sowohl eine gerade als auch eine kreisförmige Wand sein. Die Wand wird in der Nähe des gewünschten Wandendes identifiziert und mit dem Cursor „gezogen". Die neue Länge zwischen dem angetippten Punkt und dem nächsten Wandanschluß bzw. der nächsten Öffnung wird über zwei Hilfspunkte angezeigt und zur Korrektur angeboten.

☞ Das [Ziehen] funktioniert nur, wenn die Wand nicht an eine andere angeschlossen bzw. mit einer anderen verbunden ist. Anderenfalls müssen Sie erst die [VERBINDUNG] auflösen.

- Mit dem Befehl [WANDHÖHE] können die vorhandenen Wandhöhen (Unter- und Oberkante) überprüft und verändert werden. Beachten Sie das Auswahlmenü [VORHANDEN], [NEU], [LÖSCHEN] am oberen Bildschirmrand (Auswahl mit der <LEERTASTE>). Mit [NEU] können weitere Höhenpunkte innerhalb einer Wand (z.B. für Giebelwände) gesetzt und mit [LÖSCHEN] wieder gelöscht werden.

 Die Wandhöhen werden immer nur für das nächstliegende Wandende der zuvor identifizierten Wand geändert. Schließt hier eine weitere Wand an, so ändert sich ihre Höhe zunächst nicht. Die identifizierte Wand wird durch eine kreisförmige Markierung angezeigt. Diese sitzt leider mitten auf dem Wandende und befindet sich daher meist auf der „um die Ecke liegenden" Wand (siehe Bild 2-7: nicht die Wand I wurde identifiziert, sondern H).

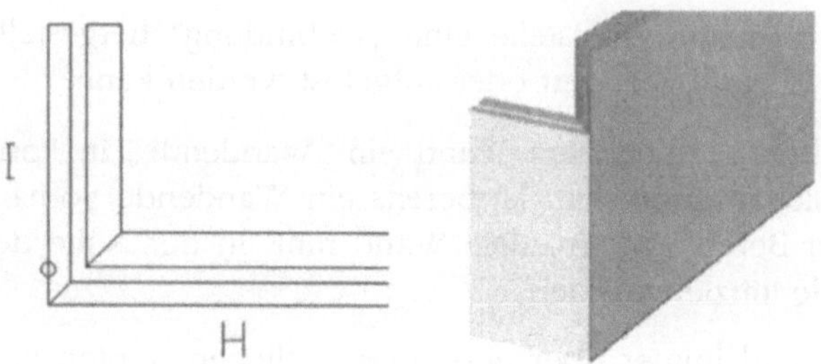

Bild 2-7
Höhenänderung einer
Wand an der Ecke

- Der Befehl [HÖHENLINIEN] verzweigt in ein Menü, mit dem Sie eine „Höhen-kontur„ erzeugen können. Diese kann beispielsweise dazu dienen, um die 1m- oder 2m-Linie im Dachgeschoß sichtbar zu machen (dies ist wichtig für die Wohnflächenberechnung). Sie können Höhenpunkte in einer oder mehreren Wänden setzen und löschen und diese zu einer Kontur verbinden.

- Mit dem Befehl [GEOMETRIE] können alle Konstruktionswerte einer zuvor identifizierten Wand nachträglich geändert werden. Die Maske [WAND-GEOMETRIE] ist fast identisch mit der Maske [WAND-KONSTRUKTION]. Allerdings befinden sich hier vor jedem editierbaren Feld Schalter zum Ankreuzen, und eine Änderung wird nur vorgenommen, wenn das entsprechende Feld auch tatsächlich angekreuzt wurde. Die Maske kann auch mit den Konstruktionswerten anderer bereits definierter Wände gefüllt werden: Mit [Übernehmen] aus einer im Bild identifizierten Wand oder mit [Auswählen] aus der Liste der Wandkonstruktionen. Mit <ENDE> oder <ESC> (rechte Maustaste) wird die Maske beendet und die Änderung der Wandgeometrie ausgelöst.

In der Maske [WAND-GEOMETRIE] lassen sich die Höhen für beide Wand-enden getrennt verändern, so daß aus einer Rechteckwand eine trapez- oder (wenn eine Höhe gleich Null ist) eine dreiecksförmige Wand wird. Dies kann allerdings leicht auch unbeabsichtigt herbeigeführt werden, und zwar dann, wenn nur eine Höhenangabe geändert wird. Im übrigen zeigt die Maske nicht, welches Wandende jeweils gemeint ist. Einfacher lassen sich die Wandhöhen mit dem zuvor beschriebenen Befehl [WANDHÖHE] ändern.

Die in der Maske [WAND-GEOMETRIE] eingetragenen Änderungen können auch für mehrere Wände gleichzeitig wirksam werden. Zu Beginn wird in der

Menüleiste am oberen Bildschirmrand wieder ein Auswahlmenü [einzeln], [beliebig], [Ausschnitt], [Filter] angeboten (die Auswahl erfolgt durch Drücken der <LEERTASTE>.). Wenn Sie beispielsweise mehreren Wänden mit unterschiedlichen Wandstärken die gleiche Höhe (Oberkante) zuteilen wollen, so wählen Sie [Filter], und sorgen Sie dafür, daß in der Maske [WAND-GEOMETRIE] nur das Feld [OBERKANTE] angekreuzt ist. Nach Beenden der Maske erscheint die Maske [FILTER]. Suchen Sie ein Kriterium aus, das für alle zu ändernden Wände gilt, und kreuzen Sie dieses (und nur dieses) an.

- Der Befehl [VERBINDUNG] gibt Aufschluß über die Art der Verbindung zwischen angeschlossenen Wänden. In den Ecken werden die Wände normalerweise „auf Gehrung" schräg aneinandergefügt. Bei Anschlüssen endet die anzuschließende Wand stumpf vor der durchlaufenden. Diese Begrenzungen, die z.B. für die korrekte Massenermittlung wichtig sind, werden durch sogenannte Wandgrenzlinien markiert, die auf einer separaten Folie gespeichert werden (diese müssen Sie vor dem Plotten evtl. ausblenden). Man kann die VERBINDUNG für einen identifizierten Wandanschluß ändern oder sie ganz auflösen. Dann kann man die „freigewordenen" Wände [wegziehen] und evtl. neu [Verbinden].

☞ Um eine Verbindung zu identifizieren, tippen Sie nicht die Wandgrenzlinien an, sondern eine der angeschlossenen Wände an einer ihrer seitlichen Kanten.

- Mit [UNTERBRECHEN] können Sie Wandkanten unterbrechen (beispielsweise für einen kreuzenden Text) und die Unterbrechung wieder schließen.

- Mit [LÖSCHEN] wird eine identifizierte Wand mitsamt ihren Öffnungen entfernt, und etwaige Anschlüsse werden bereinigt. Sie finden diesen Befehl auch unter [LÖSCHEN A] / [WAND].

- Mit [VERSETZEN] werden eine oder mehrere Wände unter Beibehaltung von Winkel und Länge verlegt. Dabei muß zuerst ein Verschiebe-Vektor bestimmt werden. Anschließend werden die Wände identifiziert, die um diesen Vektor verschoben werden sollen. Etwaige Verbindungen werden gelöst.

- Mit [VERSCHIEBEN] kann eine Wand „dynamisch" verschoben werden. Sie wird mit dem Cursor im rechten Winkel zu ihrer Ausrichtung versetzt. Der Abstand wird durch Hilfspunkte angezeigt und zur Korrektur angeboten. Angeschlossene Wände werden „mitgezogen".

- Sie können Wände definieren mit dem Menü [DEFINIEREN], indem Sie z.B. mit dem Grundpaket erzeugte parallele Strecken identifizieren und der so entstandenen Wand in der Maske [WANDKONSTRUKTION] die nötigen Informationen (Attribute) zuordnen.

- Es ist möglich, eine Wand in einem Punkt zu teilen ([TEILEN]), wobei man entscheiden kann, ob die beiden entstandenen Wände durch eine Wandgrenzlinie verbunden werden sollen oder nicht.

- Der Befehl [TRENNEN] trennt eine mehrschalige Wand in zwei einschalige. Alle Anschlüsse werden dabei aufgelöst.

- Mit dem Befehl [WANDFÜLLEN]schraffieren oder füllen Sie alle Wände im Bild. Die Schraffur oder Füllung erfolgt entsprechend den in der Maske [WAND-KONSTRUKTION] vorgenommenen Einstellungen, die über [GEOMETRIE] auch nachträglich verändert werden können. Die Schraffur benötigt einerseits viel Speicherplatz (und Zeit zum Speichern), andererseits können die Schraffurlinien beim Bemaßen stören. Daher sollte man diesen Befehl erst recht spät verwenden. Die Schraffur bzw. Füllung verschwindet nach dem Befehl [KORREKTUR] wieder; sie kann jederzeit mit dem Befehl [WANDFÜLLEN] wiederhergestellt werden.

- Mit [KORREKTUR] wird die Liste mit den Informationen über alle im Bild vorhandenen Wände neu eingelesen. Danach werden alle Wände entsprechend diesen Informationen entsprechend neu gezeichnet. Auf diese Art können einzelne Wandkanten oder Wandgrenzlinien, aber auch ganze Wände, die mit Grundpaket-Funktionen gelöscht oder geändert wurden, wiederhergestellt werden. Im Normalfalle geht das Korrigieren relativ schnell. Ist das Bild aber fehlerhaft, so werden am unteren Bildschirmrand Fehlermeldungen eingeblendet, die Sie zur Kenntnis nehmen und bestätigen müssen. Bei groben Fehlern, die meistens durch häufiges Manipulieren mit dafür ungeeigneten Funktionen entstehen, kann das Bild nach der Korrektur sehr verändert aussehen (z.B. „schießen" Wände über ihre eigentlichen Anschlüsse hinaus). Dann müssen Sie das Bild mit den in diesem Kapitel beschriebenen Bearbeitungsfunktionen wieder „in Ordnung" bringen.

Wenn das Bild trotz Korrektur noch fehlerhaft erscheint, können Sie die [KORREKTUR] in den Architekturparametern [PARAMETER A] von [NORMAL] auf [AUSFÜHRLICH] umstellen; dann werden mehrere Korrekturprogramme nacheinander gestartet. Während der Prozedur wird eine Maske eingeblendet, die die Fehlermeldungen auflistet.

☞ **Achtung:** Führt der Befehl [KORREKTUR] zu keinem Ergebnis (das Befehlsfeld ist nicht blau unterlegt), dann funktioniert mit Sicherheit auch keine der anderen Bearbeitungsfunktionen. Dies kann nur bedeuten, daß sämtliche Attribute gelöscht sind und damit die Wände nicht mehr als solche erkannt werden, sondern nur noch als geometrische Elemente. Sie lassen sich dann nicht mehr mit den hier beschriebenen komfortablen Funktionen bearbeiten und auch nicht ins 3D-Programm übernehmen.

Dies passiert gelegentlich durch einen Bedienungsfehler, den das Programm nicht mehr abfangen kann. Es ist schwer zu sagen, wann und wodurch es dazu kommt. Deshalb ist es besonders wichtig, das Bild regelmäßig mit [KORREKTUR] und dem 3D-Programm zu überprüfen und anschließend ein korrektes Bild zu speichern.

2.1.4 Praxisfall: Konstruktion der Wände im EG

2.1.4.1 Wandkonstruktionen vorbereiten

Zu Beginn des Kapitels 2 ist der Erdgeschoßgrundriß des Beispielprojekts „Ferienhaus" abgebildet (Bild 2-1).

In Kapitel 1.8.2 wurde beschrieben, wie Sie das Projekt PRAXFALL einrichten. Falls Sie es inzwischen deaktiviert haben, aktivieren Sie es wieder mit [PROJEKT WECHSELN] im Architektur-Startmenü.

Wechseln Sie ins Menü [ARCHITEKTUR] und mit [WAND KONSTRUKTION] in die Maske [WAND-AUSWAHL]. Wählen Sie aus der Liste die Datei BSP-WAND, wenn sie nicht ohnehin unter [DATEI] angeboten wird; dies ist die Datei, die Sie nach der Beschreibung im Kapitel 1.8.1 gespeichert haben.

Bereiten Sie die Wandkonstruktionen für die Außen- und Innenwände vor. Dazu löschen Sie in der Maske [WAND-AUSWAHL] alle Eintragungen (indem Sie sie nacheinander markieren und auf [LÖSCHEN] tippen) und tippen anschließend auf [KONSTRUKTION]. Eine leere Wand-Konstruktionsmaske erscheint. Füllen Sie sie entsprechend den Angaben in Bild 2-8 aus.

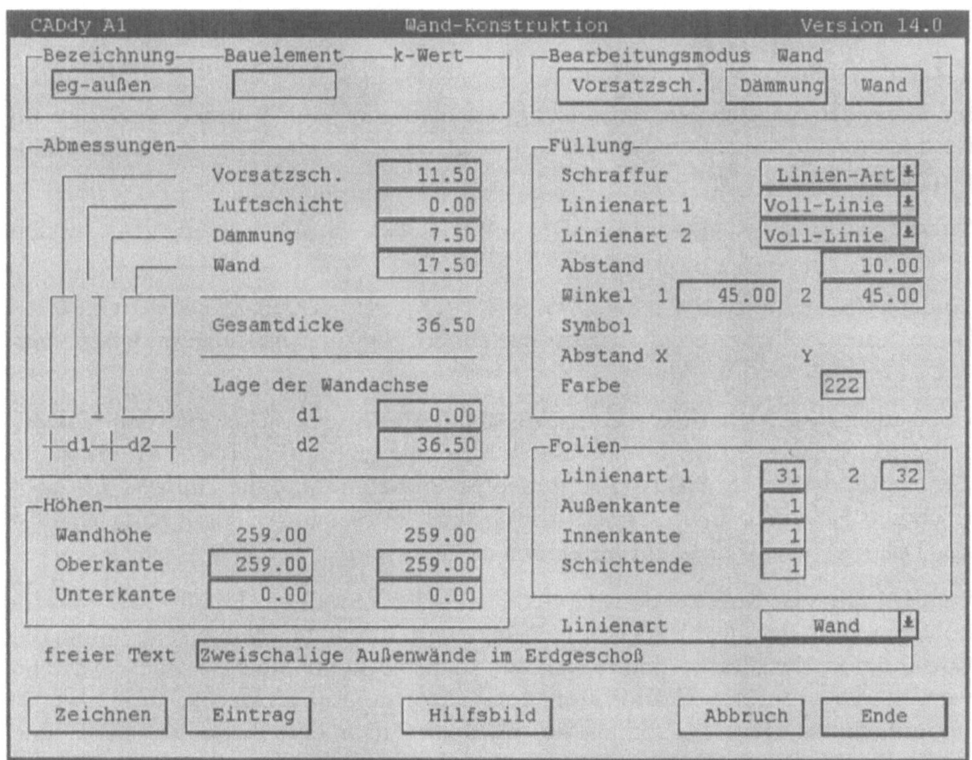

Bild 2-8 Beispielprojekt: Konstruktionswerte für die Außenwand

- Achten Sie darauf, daß Sie die Füllung (Schraffur) sowohl für den Bearbeitungsmodus [WAND] als auch für [VORSATZSCH.] definieren. Überprüfen Sie die Vollständigkeit der Schraffur über den Schalter [HILFSBILD].

☞ Wenn die SCHRAFFUR wie eine Beton-Schraffur erscheint, so ist unter [PARAMETER] / [FOLIEN...] die [LINIENZUORDNUNG] eingeschaltet.

- Die Vorsatzschale soll nicht auf Folie 1, sondern auf Folie 3 gespeichert werden. Die Eintragung unter [FREIER TEXT] ist nicht wichtig.

- Mit [ENDE] zurück in die Maske [WAND-AUSWAHL]. Dort muß die neue Wand EG-außen jetzt eingetragen sein.

Um die Innenwände EG-17.5 und EG-11.5 zu definieren, kopieren Sie die Wand EG-außen (Schalter [KOPIE]) und wandeln sie dann im Menü [KONSTRUKTION] ab. Es ändern sich nur der Eintrag im Feld [BEZEICHNUNG] (evtl. auch im Feld [FREIER TEXT]) und die Wandstärke (einschalig; in der Zeile [WAND] ist 17.5 bzw. 11.5 einzutragen, die Werte in der Zeile [VORSATZSCH.] und [DÄMMUNG] sind zu löschen). Die Masken sind im Anhang abgedruckt.

Die weiteren für das Beispielprojekt benötigten Wandkonstruktionen können Sie später nachtragen. Die vollständige Liste ist ebenfalls im Anhang abgedruckt.

2.1.4.2 Außenwände zeichnen

Im folgenden werden Sie die wichtigsten Methoden zur Wandkonstruktion am Beispielprojekt kennenlernen. Bild 2-9 zeigt das „Grundgerüst" der Erdgeschoßwände mit Bemaßung.

Markieren Sie in der Maske [WANDAUSWAHL] die Wand EG-AUßEN, und tippen Sie mit der linken Maustaste auf [ZEICHNEN].

Tippen Sie im Menü [WANDKONSTRUKTION] auf [WAND-ENDE] / [GESCHL.] Diese Voreinstellung (durch * gekennzeichnet) gilt zunächst nur für den Anfang der zu zeichnenden Wand.

Überzeugen Sie sich, daß ein Raster aktiv ist. In der Regel (in der CADdy-Standardinstallation) ist ein 12.5er Raster voreingestellt und aktiviert. Sie erkennen dies daran, daß in der Statuszeile am oberen Bildschirmrand der Hinweis „R=12.5" erscheint. Falls dies nicht der Fall ist, schalten Sie es mit der Funktionstaste <F7> ein. Das Raster muß nicht am Bildschirm sichtbar sein.

Wählen Sie als Konstruktionsmethode für die einzelnen Punkte des Wand-Polygons den Befehl [CURSOR A]. Damit wird Ihnen für den ersten Punkt der Konstruktion der Cursor angeboten. Im Statusblock am unteren Bildschirmrand werden die absoluten Koordinaten der Cursorposition angezeigt, und zwar in 12.5er-Schritten (Raster). Suchen Sie mit dem Cursor den Punkt 500/687.5, und setzen Sie ihn mit der linken Maustaste als Anfangspunkt.

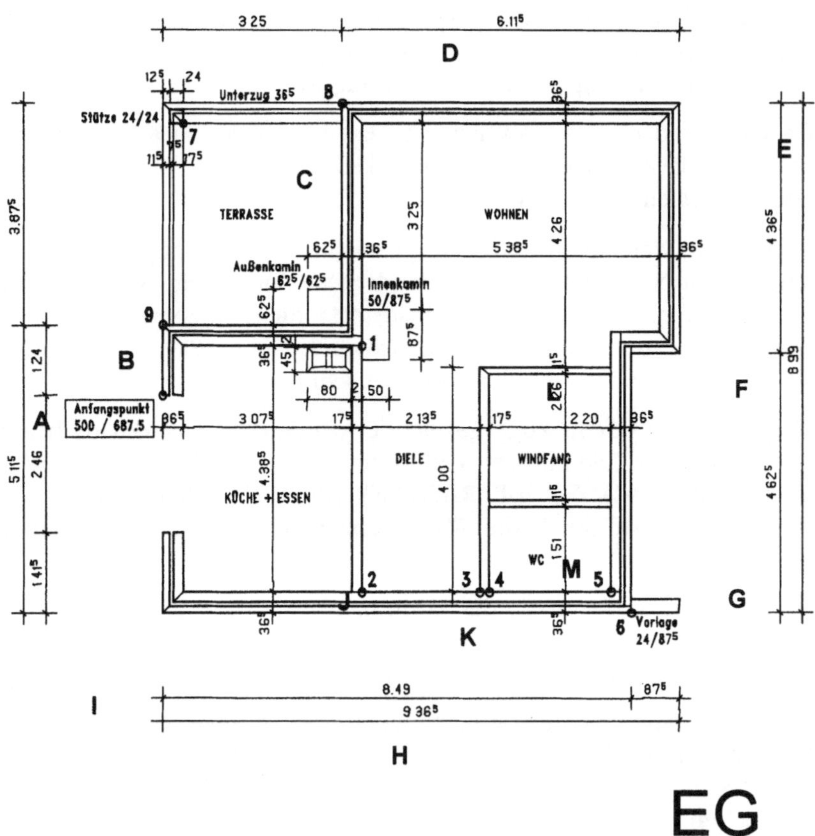

Bild 2-9 Beispielprojekt: Wände zeichnen

Der Cursor wird weiterhin angeboten. Der nächste Punkt der Konstruktion liegt genau über dem ersten; drücken Sie deshalb auf der Tastatur kurz die Taste (den Hotkey) <V>. Ganz unten in der Menüspalte erscheint jetzt die Anzeige „Vertikal", und der Cursor bewegt sich nur noch in vertikaler Richtung.

☞ <V> für „vertikal" ist eine der hilfreichen Cursor-Zusatzfunktionen. Die vollständige Liste dieser Zusatzfunktionen finden Sie in Kapitel 1.5.5.

Bewegen Sie den Cursor nach oben und tippen Sie irgendwo auf. Die Länge zwischen den getippten Punkten wird zum Editieren angeboten. Geben Sie über die Tastatur 124 ein, und bestätigen Sie mit <ENTER> oder durch Klick mit der linken Maustaste.

Die erste Wand (A) erscheint am Bildschirm. Die Achse der Wand wird durch zwei kleine Kreise an den beiden Wandenden symbolisiert (dies sind Hilfspunkte, die beim nächsten Bildaufbau verschwinden). Für dieses erste Wandstück muß jetzt

festgelegt werden, wie es auf der Achse sitzen soll. Daher erscheint am unteren
Bildschirmrand die Frage „Lage OK ?". Wird sie mit „nein" (Taste <n>) beantwortet,
so wird die Wand über ihre Achse gespiegelt dargestellt. In unserem Falle zeigt die
Außenschale nach links, die Wand ist also richtig dargestellt. Damit kann das <j>,
das bereits als Antwort angeboten wird, bestätigt werden.

☞ Da die Wandachse so definiert ist, daß sie an der Außenkante der Wand
     verläuft (Maske [WAND-KONSTRUKTION]), müssen die Außenmaße des
     Grundrisses eingegeben werden.

Jetzt ist das erste Wandstück endgültig gezeichnet, und zwar, der Voreinstellung
entsprechend, mit geschlossenem Wandende. Der Cursor wird weiterhin zur Konstruktion angeboten. Drücken Sie die Taste <H> für „Horizontal", ziehen Sie den
Cursor nach rechts, und tippen Sie irgendwo auf. Geben Sie 325 ein. Die zweite
Wand (B) wird automatisch mit der ersten verschnitten.

☞ Wände, die in einem Zuge gezeichnet werden, sind automatisch miteinan-
     der verbunden. Die Art der Verbindung (gerade oder schräg) kann nach-
     träglich über [WAND], [BEARBEITEN], [VERBINDUNG] verändert werden.
     Sie wird sichtbar durch die Wandgrenzlinien, die auf einer eigenen Folie
     gespeichert sind.

Fahren Sie fort, die Außenmaße des Grundrisses entsprechend Bild 2-9 einzugeben. Im Telegrammstil: <V> oben 387.5 / <H> rechts 611.5 / <V> unten 436.5 /
<H> links 87.5 / <V> unten 462.5 / <H> links 849 / <V> oben 141.5.

☞ Wenn Sie einen Fehler gemacht haben, so können Sie mit der rechten
     Maustaste abbrechen und mit dem Befehl [BEARBEITEN], [LÖSCHEN] eine
     identifizierte Wand komplett löschen. Allerdings ist der Wandzug dann un-
     terbrochen. Sie müssen dann den Startpunkt der Wand neu definieren (z.B.
     über den Hotkey <E> für [ENDPUNKT], Voreinstellung [ANSCHL.]). Eine
     weitere Bearbeitungsmöglichkeit besteht über die Tastenkombination
     <⇧ F5> (Menü [LÖSCHEN]), [ALLES] / [LÖSCHEN].

Hier soll der Wandzug zunächst einmal enden. Drücken Sie die rechte Maustaste,
um das Konstruieren mit dem Cursor abzubrechen. Jetzt könnten Sie eine andere
Konstruktionsmethode wählen oder die Voreinstellung für das Ende der Wand ändern. Die Konstruktion dieses Wand-Polygons wird erst beendet, wenn Sie ein
zweites Mal mit der rechten Maustaste abbrechen (bzw. im Menü den Befehl
[ENDE] wählen). Jetzt wird die Wand entsprechend der Voreinstellung geschlossen. Die Maske [WANDAUSWAHL] erscheint; eine neue Wand kann ausgewählt
und konstruiert werden.

2.1.4.3 Innenwände zeichnen

Wählen Sie jetzt in der Maske [WANDAUSWAHL] die Wand EG-17.5 [Zeichnen].
Zeichnen Sie zunächst die Trennwand J (Bezeichnungen siehe Bild 2-9) links von
der Diele. Wählen Sie die Voreinstellung [ANSCHL.] (*) und die Konstruktionsart
[CURSOR A]. Am unteren Bildschirmrand erscheint die Aufforderung „Wand antip-

pen". Tippen Sie die obere horizontale Außenwand B an, an die Sie anschließen wollen. Jetzt definieren Sie den [STARTPUNKT] der Wand, indem Sie die Taste <E> (Endpunkt) drücken. Um das Cursorkreuz erscheint jetzt die „Fangbox". Fangen Sie nun den Punkt 1, indem Sie das Cursorkreuz in seine Nähe bringen (der Punkt muß sich innerhalb der Fangbox befinden) und dann mit der linken Maustaste klicken.

 Sie erleichtern sich die Arbeit, wenn Sie das Bild etwas vergrößern (Zoom), z.B. indem Sie auf das nebenstehende Icon [ZOOM  AUSSCHN] klicken (Displaylist-Funktion).

Dies ist auch während der Ausführung eines Befehls möglich. Legen Sie einen Ausschnitt um den gewünschten Bereich, indem Sie mit der linken Maustaste zwei diagonal gegenüberliegende Punkte definieren.

Wenn Sie die Displaylist-Voreinstellung [AUTOPAN] aktiviert haben (siehe Kapitel 1.8.4), verschieben Sie den einmal definierten Ausschnitt, sobald Sie den Cursor an den Bildschirmrand bringen.

Vom Punkt 1 verläuft die Wand vertikal nach unten (Hotkey <V>. Dazu wird der Cursor nach unten gezogen und an einer beliebigen Stelle aufgetippt). Bestätigen Sie die angebotene [LÄNGE], denn die Wand wird ja ohnehin angeschlossen. Auch hier wird wieder die Lage der Wand abgefragt; in diesem Falle ist sie in Ordnung, bestätigen Sie dies durch Eingabe von <j>. Jetzt drücken Sie einmal die rechte Maustaste, um die Funktion [CURSOR A] zu beenden und dann (mit der linken Taste) auf [WANDNEU], um eine neue 17.5er Wand zu beginnen. Damit wird die Konstruktion der Trennwand J beendet. Zuvor wird aber noch die Voreinstellung unter [WAND-ENDE] berücksichtigt, in diesem Falle [ANSCHL.]. Daher wird die Meldung „Wand antippen" eingeblendet, und der Cursor erscheint. Identifizieren Sie die untere horizontale Außenwand H, und der Anschluß wird hergestellt.

Sie können jetzt sofort mit der nächsten 17.5er Wand (K) beginnen. Auch hier soll die Voreinstellung [ANSCHL.] gelten. Den Startpunkt der Wand definieren Sie am schnellsten über den Befehl [ABTRAG]. Dazu bringen Sie das Cursorkreuz in die Nähe von Punkt 2, und zwar von der rechten Seite. Geben Sie als Abtrag 213.5 ein (= Punkt 3).

Vom Punkt 3 aus verläuft die Wand vertikal nach oben. Beenden Sie den Befehl [ABTRAG] mit der rechten Maustaste, und wählen Sie statt dessen [CURSOR A] mit dem Hotkey <V>. Ziehen Sie den Cursor nach oben, und geben Sie als [LÄNGE] 400 ein. Die Lage der Wand ist wieder OK, also bestätigen und den Befehl [CURSOR A] beenden mit der rechten Maustaste.

Jetzt soll sich die 11.5er Wand L anschließen. Diese kann direkt gezeichnet werden mit dem Befehl [DICKE ÄNDERN]. Damit wird die [WAND-AUSWAHL] wieder angeboten, und Sie können die Wand EG-11.5 zeichnen. Wählen Sie wieder die Konstruktionsart [CURSOR A]. Sie sehen, daß die Wand direkt angeschlossen wird. Hotkey <H>, Cursor nach rechts ziehen, irgendwo auftippen, angebotene Länge bestätigen. Rechte Maustaste zum Beenden der Funktion, [WANDNEU], und die vertikale Außenwand G zum Anschließen identifizieren.

Für die letzte 11.5er Trennwand (M) wählen Sie wieder [ABTRAG], und zwar
diesmal für beide Enden der Wand. Tragen Sie von den Punkten 4 und 5 aus jeweils 151 ab. Ob die Lage der Wand OK ist oder nicht, hängt davon ab, mit welcher Seite Sie begonnen haben (das lichte Maß soll 151 cm betragen.).

Beenden Sie die Wandkonstruktion zunächst einmal mit dem Befehl
[ARCHITEKTUR].

☞   Die Konstruktion eines Wandzuges kann mit den Befehlen [WANDNEU]
    (neue Wand mit gleichen Konstruktionswerten), [ENDE] (erneute Wand-
    auswahl) oder [ARCHITEKTUR] (Rücksprung ins Architekturmenü) beendet
    werden. Hierbei wird die Wand automatisch geschlossen, wenn dies als
    [WAND-ENDE] voreingestellt ist. Ist die Voreinstellung [ANSCHL.], so wird
    der Cursor zum Herstellen des Anschlusses (Identifizieren einer Wand) an-
    geboten. Letzteres entfällt nach dem Befehl [ABTRAG].

2.1.4.4 Speichern / Projektverwaltung

Das bisher gezeichnete Bild sollten Sie zunächst einmal innerhalb Ihres 
Projekts speichern. Wählen Sie dazu den Befehl [EIN/AUSGABE] / [BILD
SPEICHERN] (Pulldown-Menü) bzw. das nebenstehende Icon.

In der Maske [SPEICHERN EINES BILDES] tragen Sie als Name des Bildes EG ein.

Die CADdy-Projektverwaltung legt jetzt unterhalb des CADdy-Architektur-Verzeich-
nisses \A1\ das Projektverzeichnis \PRAXFALL\ an. Dieses wird wiederum mit
weiteren Unterverzeichnissen strukturiert, und zwar entsprechend den CADdy-
Modulen, mit denen gerade gearbeitet wird. Da das Bild EG.PIC aus dem Modul
A1 gespeichert wurde, wird hierfür ein weiteres Verzeichnis \A1\ angelegt. Damit
ist der vollständige Pfad C:\CADDY\A1\PRAXFALL\A1.

☞   Das gespeicherte Bild EG.PIC wird automatisch in die Liste der „Modul-
    bilder" des Projekts aufgenommen. Über [PROJEKT] / [DATEN] können Sie
    dies überprüfen.

    Solange das Projekt PRAXFALL aktiv ist, bietet Ihnen CADdy beim Befehl
    [BILD LESEN] automatisch die Liste der Modulbilder zur Auswahl an. Beim
    Beenden von CADdy werden Sie gefragt, ob Sie das aktuelle Bild im Modul
    A1 speichern wollen. Entsprechend werden Sie beim erneuten CADdy-Start
    gefragt, ob Sie das aktuelle Bild im Modul A1 laden wollen.

2.1.4.5 Weitere Wandkonstruktionen im EG

Der Grundriß nach Bild enthält noch eine Mauervorlage (unten rechts), eine Stütze (oben links), zwei Unterzüge (ebenfalls oben links), den Schornstein und die
beiden Kamine (innen und außen), die hier vereinfacht mit einer oberen und unteren Platte dargestellt und ebenfalls als Wände konstruiert sind. Alle diese
Objekte können mit der Maske [WANDKONSTRUKTION] definiert werden. Die
exakten Konstruktionswerte finden Sie in den abgedruckten Masken im Anhang.
Erweitern Sie Ihre Wandliste mit diese Konstruktionen.

- **Mauervorlage:**

  Wählen Sie in der Maske [WAND-AUSWAHL] EG-VORLAGE, und tippen Sie auf [ZEICHNEN], als Voreinstellung gelten die Einstellungen [ANSCHL.] und Konstruktionsart [CURSOR A]. Identifizieren Sie die rechte vertikale Außenwand G für den Anschluß. Für das weitere Vorgehen verwenden Sie den Hotkey <E> (Endpunkt), als Startpunkt wählen Sie den Eckpunkt 6 der Wand. Dann nutzen Sie den Hotkey <H>, ziehen den Cursor nach rechts und tippen an einer beliebigen Stelle auf. Das Maß [LÄNGE] beträgt 87.5, die Abfrage [LAGE OK ?] ist erst mit <n>, dann mit <j> zu beantworten. Die Konstruktionsart [CURSOR A] wird mit der rechten Maustaste beendet und die Voreinstellung [WAND-ENDE] in [GESCHL.] geändert. Mit der rechten Maustaste wird die Konstruktion beendet (die Wand wird geschlossen) und man wieder in die Maske [WAND-AUSWAHL].

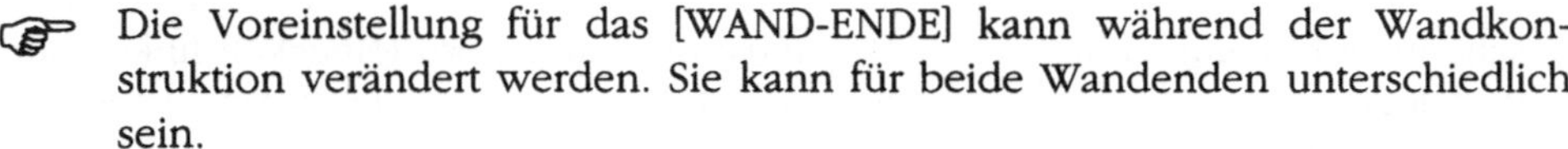 Die Voreinstellung für das [WAND-ENDE] kann während der Wandkonstruktion verändert werden. Sie kann für beide Wandenden unterschiedlich sein.

- **Stütze:**

  Konstruktion EG-STÜTZE: Voreinstellung [GESCHL.], zur Konstruktion wählen Sie diesmal das Punkt-Definitionsmenü. Der 1. Punkt der Stütze soll der Punkt 7 sein als SCHNITTPUNKT zwischen der Innenkante der Wand A und der Innenkante der Wand D (beide Kanten nacheinander identifizieren). Der 2. PUNKT wird von dort aus mit [RELATIV LETZTE] definiert. Die Koordinaten sind x = -24 und y = 0, die Abfrage der Lage wird mit OK bestätigt. Daraufhin wird die Konstruktionsart [PUNKT-DEFINITION] mit der rechten Maustaste beendet. Mit einem weiteren Drücken der rechten Maustaste wird die Stütze geschlossen und man kommt zurück in die Maske [WAND-AUSWAHL].

  Für Stützen gibt es in CADdy neuerdings eine spezielle Konstruktionsart mit eigenen Parameterdateien. Dies ist vor allem für kreisrunde oder beliebige Stützenformen sowie für Stützen mit „Loch" interessant. In unserem Falle genügt es, die Stütze als „Wand" zu definieren, um sie später automatisch ins 3D-Programm zu übernehmen.

- **Unterzug:**

  Die konstruktive Einbindung in die Außenwände lassen wir außer acht; es geht hier ja nur um die zeichnerische Umsetzung. Wählen Sie die Konstruktion Unterzug [ZEICHNEN] mit der Voreinstellung [GESCHL.], als Konstruktionsart wählen Sie wieder [CURSOR A]. Nach dem Drücken des Hotkey <E> (Endpunkt) wird der Punkt 8 angetippt, nach Eingabe des Hotkey <H> wird der Cursor nach links gezogen. Das Längenmaß [LÄNGE] beträgt 325, die Angabe [LAGE OK ?] wird erst mit <n>, dann mit <j> beantwortet. Nun wird mit Hilfe des Hotkey <E> der Punkt 9 antippt und das Längenmaß [LÄNGE] mit 387.5 bestätigt. Durch zweimaliges Drücken der rechten Maustaste gelangt man wieder zum Ausgangspunkt zurück.

 Die beiden Unterzüge werden korrekt gestrichelt gezeichnet und befinden sich auf anderen Folien als die Wände. Dies wurde durch den Schalter [UNTERZUG] in der Maske [WANDKONSTRUKTION] bewirkt.

- **Schornstein:**

Der Schornstein soll aus Fertigteilen mit einer Wandstärke von 10 cm bestehen und im Abstand von jeweils 2 cm zu den Außenwänden gezeichnet werden. Wählen Sie die Konstruktion schorn ([ZEICHNEN]), zum Zeichnen verwenden Sie diesmal das Rechteck und dann [PUNKT-DEF.] / [REL BELIEB] / [END-PUNKT]. Tippen Sie als Bezugspunkt den Punkt 1 an, für Delta X geben Sie über die Tastatur -19.5 (= -17.5 - 2) ein und für Delta Y -2. Der zweite Punkt des Rechtecks liegt diagonal gegenüber und wird mit [REL LETZTE] DELTA X = -80, DELTA Y = -45 eingegeben. Die Abfrage [LAGE OK ?] wird mit <j> bestätigt. Damit ist das äußere Schornsteinrechteck gezeichnet. Die vertikale Zwischenwand erzeugen Sie über [ABTRAG], von den Schornsteinecken links oben und links unten jeweils 25 entfernt, die Lage der Wand muß evtl. korrigiert werden, mit der rechten Maustaste gelangt man zurück in das Menü [WAND-AUSWAHL].

 Bei den Befehlen [RECHTECK] und [ABTRAG] spielt die Voreinstellung unter [WAND-ENDE] keine Rolle. Die Anschlüsse werden automatisch hergestellt.

- **Kamine:**

Sie bestehen aus je einer Grund- und einer Deckplatte. Diese sind der Einfachheit halber wie Wände konstruiert. Wählen Sie die für die untere Platte des Innenkamins die Konstruktion innkamin-un ([ZEICHNEN]), die Voreinstellung [GESCHL.] und Befehl [ABTRAG]. Bringen Sie das Cursorkreuz in die Nähe von Punkt 1, und zwar von unten (Trennwand J). Geben Sie als Abtrag 25 ein (der Wert kann aus der Vermaßung in Bild 2-9 errechnet werden). Von dort aus verläuft die „Wand" vertikal nach oben. Brechen Sie den Vorgang mit der rechten Maustaste ab, und wählen Sie die Konstruktionsart [CURSOR A]. Aktivieren Sie den Hotkey <V>, und ziehen Sie den Cursor nach oben, geben Sie als Länge [LÄNGE] 87.5 ein. Die Lage der Wand wird wieder mit OK bestätigt. Nach zweimaligem Betätigen der rechten Maustaste gelangen Sie wieder zum Ausgangspunkt zurück.

 Beachten Sie den Unterschied zwischen dem Schornsteinrechteck und der Kaminplatte. Die Kaminplatte ist eine „Wand", wenn auch eine relativ breite, und kein Rechteck im Sinne dieses Programms.

Für die obere Platte des Innenkamins wählen Sie innkamin-ob ([ZEICHNEN]) mit der Voreinstellung [Geschl.] und der Konstruktionsart [CURSOR A]. Aktivieren Sie den Hotkey <O> für Objektpunkt, und tippen Sie den linken unteren Eckpunkt der zuvor gezeichneten Platte an. Geben Sie nochmals <O> ein, und tippen Sie den linken oberen Eckpunkt der zuvor gezeichneten Platte an. Die ist mit 87.5 zu bestätigen, die Lage kann mit OK bestätigt werden. Nach zweimaligem Drücken der rechten Maustaste gelangen Sie zum Ausgangspunkt zurück. Den Außenkamin konstruieren Sie ebenso mit dem Cursor.

Die beiden Kaminplatten sitzen jetzt genau übereinander. Im Grundriß kann man das nicht ohne weiteres erkennen. Allerdings sollten sie sich auf unterschiedlichen Folien befinden, wenn Sie die Konstruktionsmasken richtig ausgefüllt haben. Dies können Sie mit dem Befehl [BLÄTTERN] überprüfen.

Zum Plotten des Bildes können Sie später eine dieser Folien ausblenden.  Sichtbar wird die überlagerte Konstruktion erst im 3D-Programm. Durch die unterschiedlichen Höhen erscheinen die Platten dort tatsächlich übereinander (siehe Bild 2-10).

Wechseln Sie zwischendurch über [2D-3D-KOPPL] in die 3D-Darstellung,  und überprüfen Sie Ihre Konstruktion.

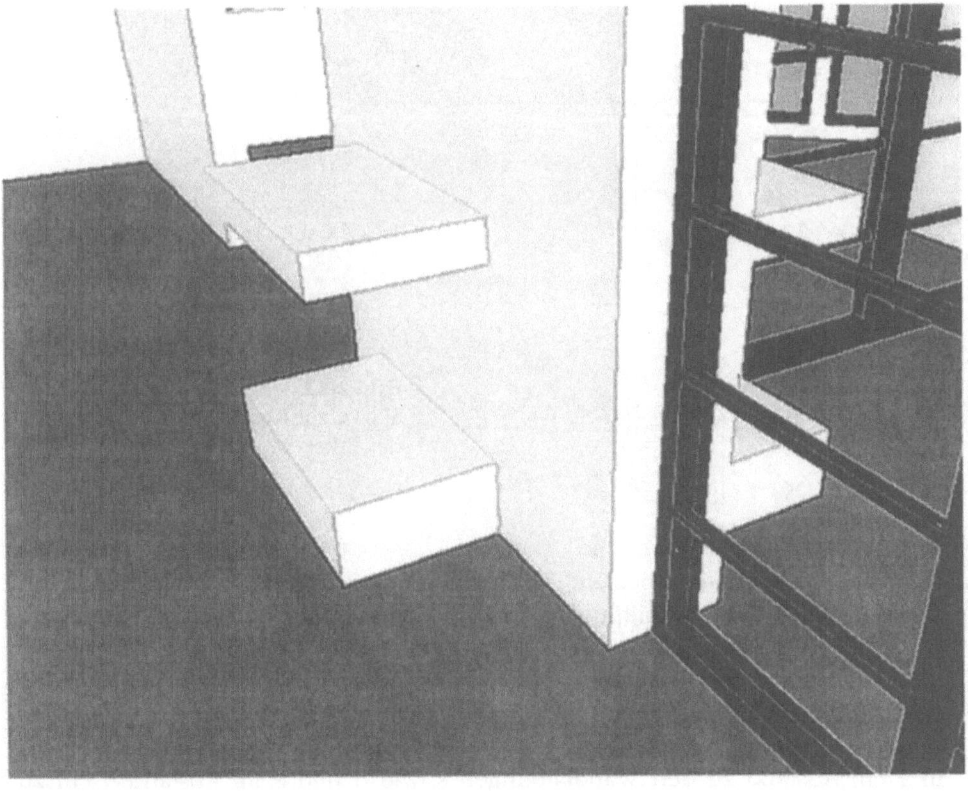

Bild 2-10 Innen- und Außenkamin als Wände erzeugt

2.1.4.6 Die Erkerkonstruktion

Auf der linken Seite des Grundrisses, im Bereich „Küche + Essen", haben wir eine
Lücke in der Außenwand gelassen. Der Erker soll nämlich aus einer Holzfenster-
Konstruktion bestehen. Es ist aber auch in diesem Falle praktisch, zunächst eine
„Wand" zu konstruieren und in diese dann die Fenster „einzuschneiden". Dazu
finden Sie im Anhang die Wandkonstruktions-Maske [ERKER]. Tragen Sie diese
Konstruktion in Ihrer Wandliste nach.

 Denken Sie daran, das Bild zwischendurch immer wieder zu sichern bzw.
zu speichern. Die Projektverwaltung erinnert Sie zwar vor dem Verlassen
des Programms automatisch ans Speichern, aber das Programm kann ja
auch einmal unvorhergesehen vorzeitig beendet werden (beispielsweise
durch Programmabsturz oder Stromausfall).

Für die Konstruktion der Erkerwand will ich Ihnen mehrere Alternativen
aufzeigen. Probieren Sie sie alle aus (und löschen Sie zwischendurch zu
diesem Zweck die Wände einfach wieder). Denken Sie daran, den Be-
reich um den Erker zu zoomen. 

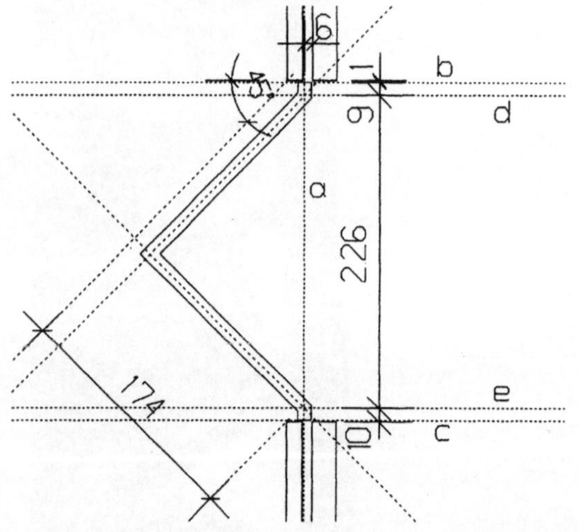

Bild 2-11
Skizze zur Konstruktion
der Erker-"Wand"

• Die erste Konstruktion bezieht sich, wie gehabt, auf den Architekturcursor.
  Diesmal sollen aber Schnittpunkte von Hilfslinien gefangen werden, die zuvor
  konstruiert werden müssen (siehe Bild 2-11). Dazu rufen Sie mit der Tastenkombination <⇑ F8> das Menü [HILFSKONSTRUKTION] auf. Wählen Sie den
  Befehl [PARALLELE] / [KONST.ABST], und erzeugen Sie die Vertikale a im Abstand von 6 cm zur Innenkante der Hintermauerung, die Horizontalen b und c
  in 1 cm Abstand zu den Wandlaibungen sowie d und e im Abstand 9 cm zu
  den letzteren. Legen Sie außerdem eine Winkelhalbierende [WINKELHALB.]
  durch die Schnittpunkte der Hilfslinien a und d bzw. a und e. Verlassen Sie danach das Hilfskonstruktions-Menü durch Klick auf die rechte Maustaste.

 Bevor Sie mit dem Zeichnen der Wand beginnen, kreuzen Sie in der Parametermaske [GRUNDEINSTELLUNGEN] die Zeile [HOTKEYS IM CURSOR-MODE BEIBEHALTEN] an. Dann merkt sich das Programm den letzten Hotkey.

Jetzt wählen Sie in der Maske [WAND-AUSWAHL] die Konstruktion erker ([ZEICHNEN]) mit den Voreinstellungen [GESCHL.] und [CURSOR A]. Aktivieren Sie den Hotkey <S> oder <O>, und klicken Sie den Cursor in der Nähe des Schnittpunktes zwischen den Hilfslinien a und b an. Der Hotkey wird wieder angeboten. Zeichnen Sie den Wandzug von Schnittpunkt zu Schnittpunkt, und bestätigen Sie dabei einfach die Längen. (Da die Wand mittig auf ihrer Achse liegt, ist die Frage nach der Lage der Wand eigentlich überflüssig, muß aber bestätigt werden). Zum Schluß die rechte Maustaste solange drücken, bis Sie wieder im Menü [ARCHITEKTUR] sind.

- Die zweite Konstruktionsart für die Erkerwand ist das Punkt-Definitionsmenü: Die Voreinstellung ist wieder [GESCHL.] / [PUNKT-DEF.] / [CURSOR A]. Identifizieren Sie den gleichen Anfangspunkt wie zuvor. Für den nächsten Punkt wählen Sie [REL LETZTE], tragen Delta X = 0, Delta Y = -9 ein und bestätigen die Lage mit OK. Nun wählen Sie wieder [REL LETZTE], geben -113 / -113 ein, wählen nochmals [Rel letzte], geben 113 / -113 ein und wählen ein weiteres Mal [REL LETZTE] mit den Eingaben 0 / -9. Drücken Sie die rechte Maustaste, bis Sie im Menü [ARCHITEKTUR] sind.

- Die dritte und letzte Konstruktionsart für die Erkerwand ist die Funktion [WINKEL/LÄNGE]. Die Voreinstellung ist auch hier wieder [GESCHL.] / [WINKEL/LNG.] / [CURSOR]. Identifizieren Sie den gleichen Anfangspunkt wie zuvor. Es gelten folgende Daten: Winkel 270 (nach unten), Länge 9, die Lage ist mit OK zu bestätigen, dann gilt der Winkel 225 (nach links unten), die Länge 159.8 (˜ 113·√2), der Winkel 315 (nach rechts unten), die Länge 159.8, der Winkel 270 (nach unten) und die Länge 9. Durch Betätigen der rechten Maustaste gelangen Sie in das Menü [ARCHITEKTUR].

Wie dieses kleine Beispiel zeigen sollte, gibt es viele Möglichkeiten, um das gleiche Ziel zu erreichen; welche Konstruktionsart in der gegebenen Situation die richtige ist, müssen Sie von Fall zu Fall entscheiden.

Vergessen Sie bitte nicht, das Bild noch einmal als EG zu speichern.

2.1.4.7 Wände bearbeiten

Auch einige der Wandbearbeitungs-Funktionen können Sie anhand des Beispielprojekts selbst ausprobieren. Da man hierbei (vor allem als unerfahrener Anwender) einiges durcheinanderbringen kann, ist es wichtig, das intakte Bild vorher zu speichern, so daß es jederzeit wieder abgerufen werden kann.

Zuerst wählen Sie bitte den Befehl [BEARBEITEN] / [WANDFÜLLEN] / [SCHRAFFUR]. Alle Wände, denen mit der Maske [WAND-KONSTRUKTION] eine Schraffur zugeordnet worden ist, werden schraffiert.

 Wenn in den Folienparametern die Linienzuordnung noch aktiviert ist, so
wird jede zweite Linie (auf Folie 32) gestrichelt dargestellt (siehe Kapitel
1.8.4).

Jetzt nehmen Sie einmal probehalber die Schraffur der Vorsatzschale des Außen-
mauerwerks heraus: Tippen Sie auf [GEOMETRIE], und wählen Sie im Auswahl-
menü am oberen Bildschirmrand mit der <LEERTASTE> die Voreinstellung
[FILTER]. Identifizieren Sie eine der Außenwände. In der Maske [WAND-
GEOMETRIE] tippen Sie unter [BEARBEITUNGSMODUS] auf [VORSATZSCHALE].
Um die zuvor definierte Wandfüllung anzuzeigen, tippen Sie anschließend in der
Zeile [SCHRAFFUR] auf [LINIENART], und wählen Sie statt dessen [-Nein-]. Deakti-
vieren Sie mit dem Schalter [ALLE AUS] sämtliche Felder, und kreuzen Sie nur die
[SCHRAFFUR] wieder an (siehe Bild 2-12). Drücken Sie die rechte Maustaste, um
die Maske zu beenden.

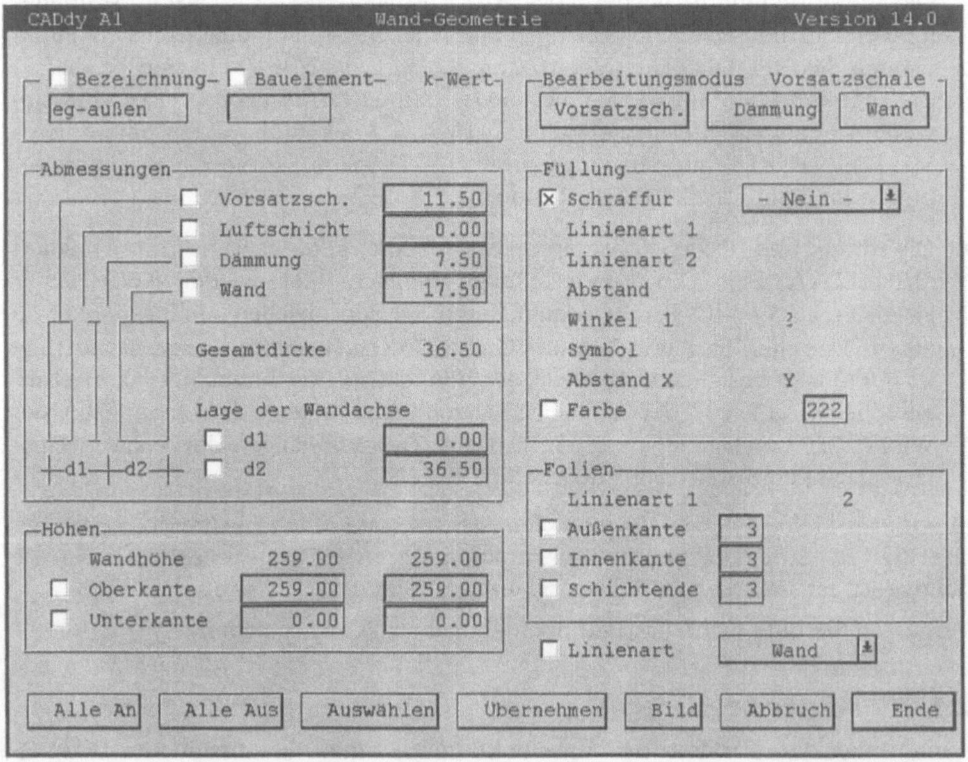

```
CADdy A1                    Wand-Geometrie                    Version 14.0

   ┌ Bezeichnung─ ┌ Bauelement─    k-Wert┐   ┌─Bearbeitungsmodus  Vorsatzschale ┐
   │ eg-außen     │              │         │   │ Vorsatzsch. │  Dämmung    Wand   │

   ┌Abmessungen───────────────────────────┐   ┌Füllung──────────────────────────┐
           ☐  Vorsatzsch.     11.50         ☒ Schraffur        - Nein -  ⬛
           ☐  Luftschicht      0.00           Linienart 1
           ☐  Dämmung          7.50           Linienart 2
           ☐  Wand            17.50           Abstand
                                              Winkel 1           ?
           Gesamtdicke        36.50           Symbol
                                              Abstand X          Y
           Lage der Wandachse              ☐ Farbe              222
           ☐  d1               0.00
  ─d1──d2─ ☐  d2              36.50
                                           ┌Folien───────────────────────────┐
                                              Linienart 1            2
   ┌Höhen─────────────────────────────────┐  ☐ Außenkante      3
      Wandhöhe      259.00      259.00        ☐ Innenkante      3
   ☐  Oberkante     259.00      259.00        ☐ Schichtende     3
   ☐  Unterkante      0.00        0.00
                                              ☐ Linienart        Wand    ⬛

   │ Alle An │  │ Alle Aus │  │ Auswählen │  │ Übernehmen │  │ Bild │  │ Abbruch │  │ Ende │
```

Bild 2-12 Maske *Wand-Geometrie*

Es erscheint eine Maske mit dem Namen [FILTER]. In dieser Maske bestimmen Sie,
für welche Wände die zuvor vorgenommene Änderung gelten soll. Es genügt, das
Kriterium [BEZEICHNUNG] anzukreuzen. Damit legen Sie fest, daß die neue

Wandfüllung der Vorsatzschale (nämlich keine) für alle Wände gelten soll, deren Bezeichnung EG-AUßEN ist. Beenden Sie die Maske mit der rechten Maustaste. Die Außenwände werden jetzt alle neu gezeichnet, und zwar standardmäßig ohne Schraffur.

Tippen Sie deshalb wieder auf [WANDFÜLLEN] / [SCHRAFFUR].

Lesen Sie jetzt das zuvor gespeicherte Bild wieder ein, oder versuchen Sie selbständig, die Schraffur der Vorsatzschale wiederherzustellen. Vielleicht hatten Sie sie ohnehin vergessen zu definieren? Dann nutzen Sie die Gelegenheit, das Bild in Ordnung zu bringen, und speichern Sie es erneut.

   Berücksichtigen Sie bitte, daß das nachträgliche Ändern einer oder mehrerer bereits gezeichneter Wände nicht automatisch eine Veränderung in der Maske [WAND-AUSWAHL] (und damit in Ihrer Datei BSP-WAND.PWL) bewirkt. Dies macht sich spätestens beim Konstruieren einer weiteren Außenwand und anschließendem [WANDFÜLLEN] bemerkbar. Wenn man also öfter auf bestimmte Wandkonstruktionen zurückgreifen will, sollte man die Liste entsprechend korrigieren.

Tippen Sie wieder auf [WANDFÜLLEN] / [SCHRAFFUR] und anschließend auf den Befehl [KORREKTUR]. Die Schraffur verschwindet wieder. Das Programm hat alle Wände noch einmal neu gezeichnet, und zwar entsprechend den aktuell im Arbeitsspeicher gespeicherten Informationen. Die eben vorgenommenen Änderungen sind also berücksichtigt worden, auch wenn sie noch nicht in einer Datei gespeichert sind.

Probieren Sie auch [WANDFÜLLEN] / [FARBE] aus. Alle Wände, denen eine Schraffur zugeordnet wurde, werden mit der in der Konstruktionsmaske angegebenen Farbe gefüllt. Entfernen Sie die Füllung wieder mit [KORREKTUR].

Aktivieren Sie jetzt den Befehl [ZIEHEN], und versuchen Sie, die 17.5er Trennwand (J) nach unten wegzuziehen (identifizieren Sie sie zuvor über eine ihrer seitlichen Kanten). Falls dies nicht möglich ist, so liegt das an der VERBINDUNG zu den beiden Außenwänden an dieser Ecke.

Lassen Sie sich den Bereich um den Punkt 1 stark vergrößert anzeigen. Verwenden Sie dazu z.B. das Icon [ZOOM AUSSCHNITT] oder eine Kombination aus [DYNAMISCH] und [AUSSCHNITT +] (siehe Kapitel 1.5.4, Displaylist-Funktionen), und beachten Sie dabei immer das Übersichtsfenster in der rechten unteren Bildschirmecke.   

Wählen Sie [VERBINDUNG], und identifizieren Sie eine der drei beteiligten Wände, indem Sie eine Kante antippen (aber nicht die Wandgrenzlinien): Die Eckverbindung wird durch eine quadratische Markierung eingerahmt. Da dies eine sogenannte „Mehrfachverbindung„ ist, bietet Ihnen das Menü [MEHRFACH] zunächst die Möglichkeit, die letzte aufzulösen [LETZTE AUF.]. Dadurch wird die Trennwand J „frei" und automatisch zum Ziehen angeboten. Ziehen Sie sie ein Stück nach unten, und bestätigen Sie die angebotene Länge. Sie ist jetzt offen (ohne

Wandende). Beenden Sie das Menü [MEHRFACH] mit [-ENDE-] (oder durch Klick mit der rechten Maustaste) und dann das Menü [VERBINDUNG] mit der rechten Maustaste.

Schließen Sie die Trennwand J einmal probehalber mit dem Befehl [WAND-ENDE], indem Sie auf eine ihrer Kanten tippen. Durch erneutes Antippen wird sie wieder geöffnet.

Probieren Sie den Befehl [VERSCHIEBEN] aus. Identifizieren Sie die vertikale Außenwand (C), bewegen Sie die Maus nach rechts, und tippen Sie an einer beliebigen Stelle auf. Der Betrag des mit dem Cursor digitalisierten Verschiebe-Vektors wird angezeigt. Merken Sie sich diese Länge, und bestätigen Sie sie. Sehen Sie sich das Bild in Originalgröße an. Die angeschlossenen Außenwände B und D sind automatisch mitgezogen worden; alle anderen Wände aber nicht, da sie nicht angeschlossen sind. Bei den Kaminplatten des Innenkamins ergibt sich sogar eine Durchdringung (siehe Bild 2-13).

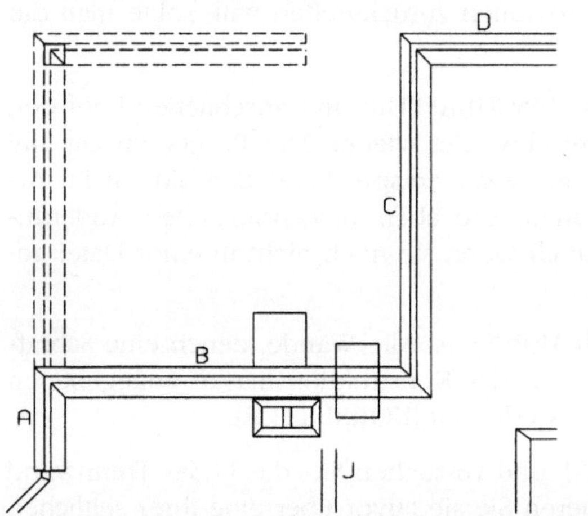

Bild 2-13
Wand-Bearbeitungsfunktionen

 Wäre eine solche Durchdringung zweier Körper erwünscht, so würden die Massen an dieser Stelle doppelt berechnet, da das CADdy-Architekturmodul keine „negativen Körper" kennt, also nicht automatisch ein Loch in der Wand herstellen kann.

Schieben Sie die Wand mit dem gleichen Befehl wieder nach links an ihre ursprüngliche Stelle zurück, indem Sie die Länge eingeben, die Sie sich eben gemerkt haben.

Lassen Sie sich die Verbindung zwischen den beiden Außenwänden anzeigen, und lösen Sie sie ebenfalls auf. Die beiden Außenwände bilden dann immer noch eine Ecke, sind aber nicht mehr miteinander verbunden. Sie erkennen dies daran, daß die schrägen Wandgrenzlinien „verschwunden" sind. Verschieben Sie die Wand C noch einmal nach rechts. Die Wand B wird nun nicht mehr „mitgezogen". Sie könnten auf diese Art z.B. zwei weitere Wände einfügen (mit [WAND

KONSTRUKTION]), die um den Kamin herumführen. Schieben Sie die Wand auch diesmal an ihre ursprüngliche Position zurück.

 Wählen Sie den Befehl [VERBINDEN] (nicht [VERBINDUNG]), und verbinden Sie die beiden Wände wieder miteinander, indem Sie sie nacheinander identifizieren. Die Verbindung wird automatisch mit schrägen Wandgrenzlinien hergestellt.

Lassen Sie sich die Art der Verbindung noch einmal anzeigen. Die Verbindungsart [SCHRÄG] ist mit einem * gekennzeichnet. Sie kann verändert werden in [GERADE 1] oder [GERADE 2]. Probieren Sie beides aus, und ändern Sie die Verbindung schließlich so, daß die Wandgrenzlinien horizontal verlaufen (die Bezeichnung [GERADE 1] oder [GERADE 2] hängt von der Reihenfolge der Wandkonstruktion ab).

Versuchen Sie, die Trennwand J mit dem Befehl [VERBINDEN] anzuschließen. Dies wird nicht funktionieren, in welcher Reihenfolge Sie auch tippen. Wählen Sie statt dessen [ANSCHLUß], und tippen Sie zuerst die Wand J an und dann die Wand B.

 Sollte das Bild bei diesen Aktionen etwas durcheinandergeraten sein, so lesen Sie im Zweifelsfalle das zuvor gespeicherte wieder ein. Die Art der Eckverbindung (schräg oder gerade) ist hier nicht so wichtig. Bedenken Sie aber, daß Sie das Bild mit den eben vorgestellten Funktionen immer wieder in Ordnung bringen können, nur bedarf es dazu einiger Übung. Zum Überprüfen einzelner Wandlängen verwenden Sie am besten den Befehl [INFORMATION] / [BELIEBIGES ELEMENT] (<⇧ F9>).

2.1.4.8 *Überprüfen des Bildes mit Funktionen aus dem Grundpaket*

Jetzt will ich Sie noch auf ein paar Funktionen aufmerksam machen, mit denen Sie Ihr Bild überprüfen können. Diese gehören zwar zum Grundpaket, können aber unbedenklich verwendet werden. Als Anschauungsbeispiel eignen sich die beiden Kamine.

 Vergrößern Sie sich den Bereich mit den Kaminen stark heraus. Benutzen Sie dazu die Funktionstaste <F4> ([AUSSCHNITT] / [ZOOMEN]), um einen „festen" Ausschnitt zu erzeugen. Dann können Sie die Funktion [BLÄTTERN] nutzen oder einen Bildaufbau mit der Funktionstaste <F1> auslösen, ohne daß das Bild wieder verkleinert wird. Die Originalgröße können Sie später mit <F3> wiederherstellen.

Blättern Sie durch Klick auf nebenstehend abgebildetes Icon durch die Folien (Sie sehen dabei auch Folien, die innerhalb des gewählten Ausschnitts keine Elemente enthalten). Die Kaminplatten befinden sich entsprechend der Definition in der Wandkonstruktions-Maske auf den Folien 17 und 18. 

Wählen Sie im Menü [INFORMATIONEN] den Befehl [KOMPLEMENTÄR 
ALLES] (der Befehl funktioniert nur bei schwarzem Bildschirmhintergrund).
Die Kanten der Kaminplatten sind immer noch sichtbar, also doppelt vorhanden. Tippen Sie erneut auf den Befehl, um alle Kanten wieder einzublenden. Wählen Sie [BELIEBIGES ELEMENT] (dieser Befehl ist auch jederzeit mit <⇧ F9> zu erreichen), und tippen Sie auf eine Kante des Innenkamins. In der Maske [ANZEIGEN] können Sie anhand der Folien-Information
sehen, ob die Kante zur unteren oder zur oberen Kaminplatte gehört.

Löschen Sie diese Kante mit <F5>, und bauen Sie das Bild mit <F1> neu auf. Die
darunterliegende zweite Kante wird wieder sichtbar. Lassen Sie sich für diese
Kante wieder die Informationmaske anzeigen: es wird natürlich die andere Foliennummer angezeigt. Beenden Sie das Menü [INFORMATION] mit Klick auf die
rechte Maustaste, und rufen Sie [WAND BEARBEITEN] / [KORREKTUR] auf. Jetzt
sind beide Kaminplatten wieder vollständig vorhanden. Überprüfen Sie dies mit
den zuvor beschriebenen Funktionen.

Löschen Sie jetzt eine Platte des Innenkamins mit [WAND] / [BEARBEITEN] /
[LÖSCHEN]. Tippen Sie dabei auf eine der vertikalen Kanten, denn es handelt sich
um eine WAND mit der Dicke 50 cm, und die horizontalen Kanten sind lediglich
die Wandenden. Überprüfen Sie wieder anhand der Foliennummer, welche Platte
Sie gelöscht haben. Sie werden sehen, daß es ziemlich unklar ist, welche Kante
vom Programm als erste (oder „oberste") erkannt wird. Nur durch die unterschiedlichen Folien haben Sie überhaupt die Möglichkeit, die oberen und unteren Platten
voneinander zu unterscheiden (es sei denn, Sie wechseln ins 3D-Programm).

Und daher will ich Ihnen noch eine Möglichkeit aufzeigen, wie Sie diese Unter-
scheidung von unterer und oberer Platte treffen können: Verlassen Sie ausnahms-
weise das Architekturmenü (ohne das Bild zu speichern), und wählen Sie den
Grundpaket-Befehl [ÄNDERN] / [VERLEGEN] / [ZIEHEN]. Identifizieren Sie mit dem
Cursor einen Punkt auf der linken vertikalen Kante des Außenkamins und „ziehen"
Sie ihn nach links. „Parken" Sie ihn mit der linken Maustaste, und drücken Sie
zweimal die rechte. Bauen Sie nun mit <F1> das Bild neu auf: Sie sehen jetzt sowohl die „weggezogene", geteilte Kante als auch die „darunterliegende". Überprüfen Sie, auf welcher Folie sie jeweils liegen.

Jetzt ist es ohne weiteres möglich, die „darunterliegende" Kante zu identifizieren,
um die andere Kaminplatte zu löschen. Anschließend müssen Sie nur noch die
„weggezogene" Kante zurückziehen. Dazu wählen Sie den Befehl [ÄNDERN] /
[VERLEGEN] / [ZUR. ZIEHEN] und tippen in die Nähe des gezogenen Punktes.

 Diese beiden praktischen Befehle im Menü [VERLEGEN] können Sie auch
für ein Architekturbild verwenden; allerdings ist deren Handhabung etwas
gewöhnungsbedürftig. Probieren Sie sie nur aus, wenn Sie, wie jetzt, zuvor
eine korrekte Version Ihres Bildes gespeichert haben.

2.2 Öffnungen

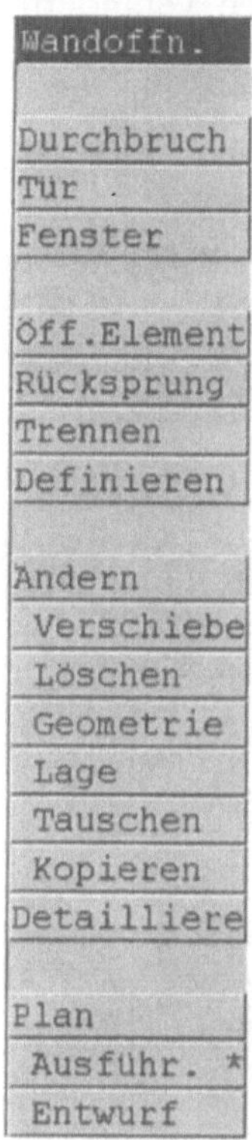

Bild 2-14
Menü *Wandöffnungen*

Ist eine Wand gezeichnet, so kann man Öffnungen „einschneiden". CADdy unterscheidet dabei Durchbrüche, Türen und Fenster. Eine Öffnung ist im Architekturmodul wieder ein Objekt, zu dem eine ganze Reihe von Informationen gespeichert wird: einerseits die Öffnungsgeometrie (die Form, lichte Weite, lichte Höhe, Brüstungs- und Sturzhöhe) und andererseits (bei Türen und Fenstern) die „Füllung", also die Konstruktion der Rahmen und Öffnungsflügel.

Die Öffnung ist also zunächst einmal kein „Loch", sondern ein „Körper". Sie hat einen logischen Zusammenhang zu der Wand, in der sie sitzt. Ohne Wand gibt es auch keine Öffnung, bzw. es darf keine geben. Bei der automatischen Massenermittlung werden die Abmessungen der Öffnung ermittelt und als „negative Massen" zu der dazugehörenden Wand gespeichert.

Als weitere Informationen zu einer Öffnung werden die Lage innerhalb der Wand und der Anschlag gespeichert; außerdem die Art der Darstellung: im Grundriß oder in der Ansicht, mit Schwelle (bei Türen) oder eingestrichelter Sturzkante.

2.2.1 Öffnungen vorbereiten

Mit dem Befehl [WAND] / [ÖFFNUNGEN] gelangen Sie in das Menü [WANDÖFFN.] (siehe Bild 2-14), mit dem Sie Öffnungen sowohl erzeugen als auch verändern können.

2.2.1.1 Durchbruch

Ein Durchbruch ist die einfachste Form einer Öffnung. Wenn Sie den Befehl [DURCHBRUCH] aktivieren, wird die Maske [DURCHBRUCH-AUSWAHL] eingeblendet.

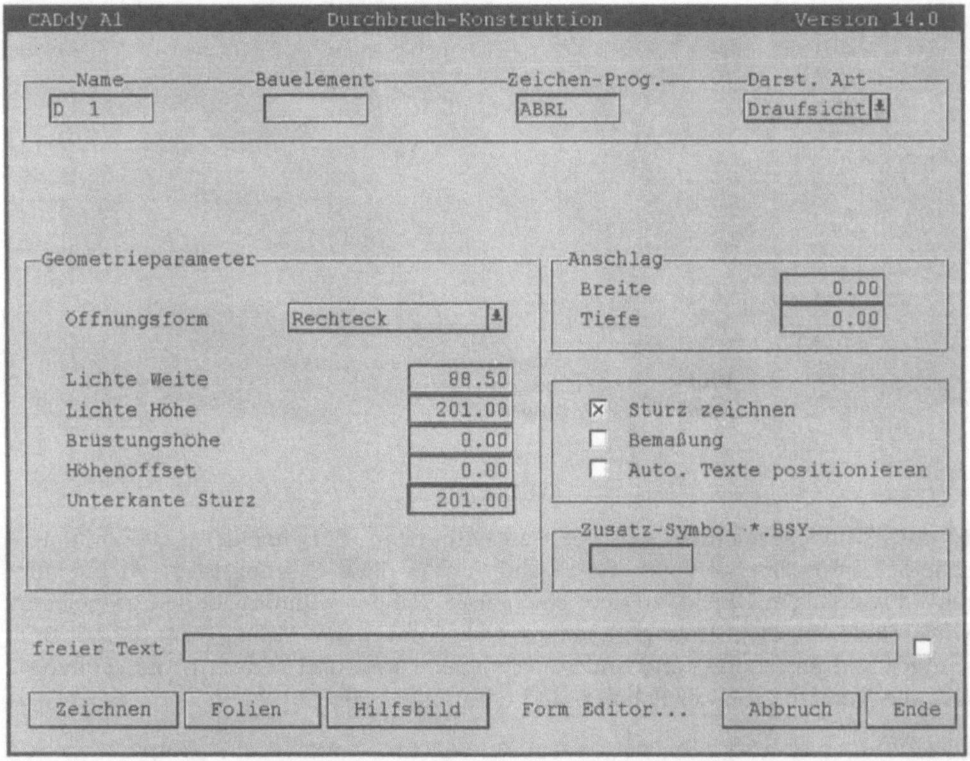

Bild 2-15 Maske *Durchbruch-Konstruktion*

Über [KONSTRUKTION] können die vorgegebenen Konstruktionen abgeändert werden. Die Maske [DURCHBRUCH-KONSTRUKTION] (siehe Bild 2-15) ist ähnlich aufgebaut wie die Wand-Konstruktionsmaske. Die Werte in den umrandeten Feldern können verändert werden.

- In dem Feld [NAME] die Konstruktion bezeichnet, so daß sie in der Auswahlliste eindeutig identifiziert werden kann.

- Der Eintrag [BAUELEMENT] wird benötigt, wenn die Daten später an ein AVA-Programm übergeben werden sollen, das mit der Bauelement-Methode arbeitet.

- In dem Feld [ZEICHEN-PROG.] ist der Name eines CADdy-PLUS-Programms eingetragen, welches bewirkt, daß die Öffnung korrekt gezeichnet wird.

  Standardmäßig ist dies das Programm ABRL. Es sorgt dafür, daß alle Informationen, die in der Konstruktionsmaske eingetragen sind, in die Darstellung umgesetzt werden, z.B. der Anschlag, Sturz oder Schwelle, die Höhenangaben, die Symbole für die Öffnungsart, die Füllung.

  Das PLUS-Programm ABRK erzeugt eine vereinfachte Darstellung ohne Füllung und ohne Öffnungssymbol, z.B. für eine Zeichnung in sehr kleinem Maßstab.

  Das Programm ABRU zeichnet die Öffnung gestrichelt. Diese Darstellungsart eignet sich für Öffnungen, die über der Schnittebene liegen.

  Mit dem Programm ABRS kann man eigene Öffnungssymbole verwenden, die zuvor als B-Symbole gespeichert wurden.

  Außerdem gibt es die Möglichkeit, eigene Konstruktionsprogramme zu schreiben, wenn man die Programmiersprache CADdy PLUS beherrscht.

  ☞ Ist in diesem Feld nichts eingetragen, so wird nur die „leere" Öffnung gezeichnet. Bei eigenen Konstruktionen sollten Sie daher immer daran denken, ABRL einzutragen.

- Bei der Darstellungsart [DARST. ART] kann man wählen zwischen [DRAUFSICHT] und [ANSICHT]. Draufsicht ist die Einstellung zum Zeichnen der Öffnung im Grundriß. Mit der Voreinstellung „Ansicht" kann man Öffnungen direkt in eine zweidimensional gezeichnete Ansicht einfügen.

- Weitere Einstellungen sind in dem Menüpunkt [GEOMETRIEPARAMETER] möglich. Zunächst kann die [ÖFFNUNGSFORM] (siehe Bild 2-16) festgelegt werden. Eine Öffnung, die nicht rechteckig ist, wird in der Draufsicht mit einem zur Öffnungsform passenden Symbol dargestellt.

  ☞ Lassen Sie sich die einzelnen Öffnungsformen im [HILFSBILD] zeigen, und zwar einmal mit der Darstellungsart [DRAUFSICHT] und einmal mit [ANSICHT].

  Darunter werden die Werte für die [LICHTE WEITE], [LICHTE HÖHE], [BRÜSTUNGSHÖHE], [HÖHENOFFSET] und [UNTERKANTE STURZ] eingetragen. Falls die Öffnung nicht rechteckig ist, kommen noch [STICHHÖHE] und [BOGENLÄNGE] bzw. [SCHENKELLÄNGE] für den kreisförmigen oder dreieckigen Aufsatz hinzu, die, je nach Öffnungsform, eingegeben oder automatisch berechnet werden.

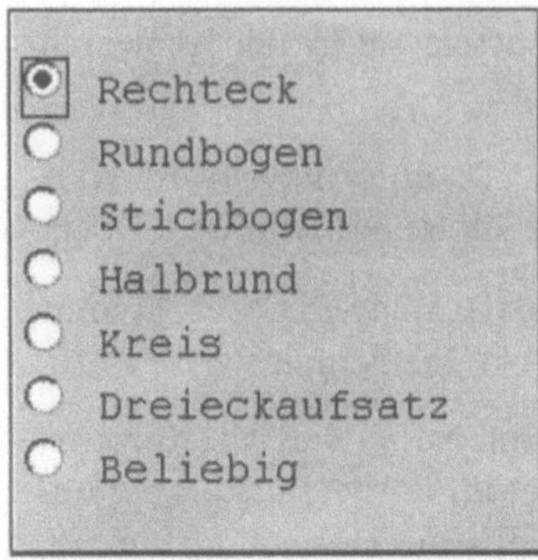

Bild 2-16
Öffnungsformen

- Unter [ANSCHLAG] werden die [BREITE] und die [TIEFE] des Wandanschlags definiert. Außerdem kann man ankreuzen, ob die Sturzkanten eingezeichnet werden sollen.

- Der Schalter [AUTO. TEXTE POSITIONIEREN] bewirkt, daß die Texte für Brüstungshöhe und Höhe der Öffnung automatisch in der Zeichnung positioniert werden. Ist das Feld nicht angekreuzt, so wird zum Positionieren der Texte jeweils der Cursor angeboten. Sie können dann mittig zur Öffnung an eine beliebige Stelle gesetzt werden.

- Der Schalter [BEMAßUNG] bewirkt eine automatische Bemaßung der Öffnung. Der Abstand der Bemaßung zur Öffnung wird durch die Architekturparameter [PARAMETER A] festgelegt. Ist der Schalter [AUTO. TEXTE POSITIONIEREN] aktiv, so kann auch die Bemaßung frei positioniert werden.

- Wie bei den Wänden kann auch den Öffnungen ein freier Text zugeordnet werden. Dieser kann ebenfalls in der Zeichnung positioniert werden, wenn das Feld rechts neben der Textzeile angekreuzt ist.

- Der Schalter [HILFSBILD] zeigt eine Voransicht der Öffnung, wie sie im Bild gezeichnet wird. Da dem Programm in diesem Moment nicht bekannt ist, in welcher Wand die Öffnung sitzen soll, wird in der DRAUFSICHT eine Standardwand dargestellt. Mit der Voreinstellung [ANSICHT] wird auch die Öffnungsform angezeigt.

2.2.1.2 Tür

Die Vorgehensweise bei der Konstruktion einer Tür ist die gleiche wie bei der Konstruktion eines Durchbruchs. Mit dem Befehl [TÜR] gelangt man in die Maske [TÜR-AUSWAHL] und von dort über [KONSTRUKTION] in die Konstruktionsmaske.

Bild 2-17 zeigt ein Beispiel für die Maske [TÜR-KONSTRUKTION]. Eine Tür unterscheidet sich von einem Durchbruch dadurch, daß sie eine „Füllung" hat: das Türblatt, ein- oder zweiflügelig, als Rahmen- oder Zargenkonstruktion, mit oder ohne Pfosten (vertikal), Kämpfer (horizontal) und Sprosseneinteilung.

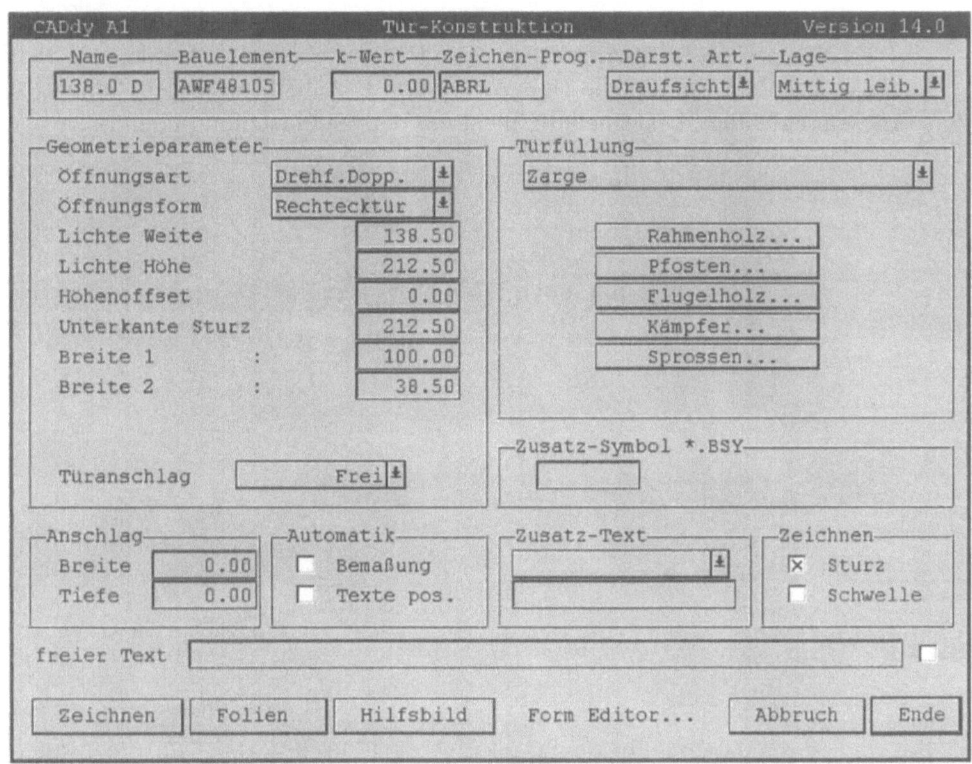

Bild 2-17 Maske [TÜR-KONSTRUKTION]

In der folgenden Zusammenstellung sind nur noch die Felder aufgeführt, die bei
der Durchbruchkonstruktion noch nicht beschrieben sind:

- Der [K-WERT] (die Wärmedurchgangszahl) wird für eine Wärmebedarfsberechnung benötigt. Hierfür gibt es spezielle Programme, an die die Daten des CAD-
  dy-Projekts über eine „Schnittstelle" übergeben werden können. Der k-Wert ist
  im Bauelement beschrieben und wird hier nur zur Kontrolle angezeigt, wenn
  ein solches existiert.

- In dem Feld [LAGE] wird bestimmt, wie die Tür innerhalb der Wand angeord-
  net ist (siehe Bild 2-18). Mit der Voreinstellung [BELIEBIG] können Sie über das
  Punkt-Definitionsmenü genau bestimmen, wo der Türrahmen liegen soll. Der
  Abstand von der Wandachse zur Mittelachse des Türrahmens wird als fester
  Wert mit der Türgeometrie gespeichert und bei späteren Änderungen berück-
  sichtigt. Sie können ihn auch vorab berechnen und über die Voreinstellung
  [FEST] als Zahlenwert eingeben.

 Die Voreinstellungen [AUßEN BÜNDIG], [MITTIG LEIB.] und [INNEN BÜNDIG] sollten für mehrschalige Wände nicht verwendet werden, da sich diese Angaben nur auf die Hintermauerung beziehen. Außerdem stimmt in diesem Falle die 3D-Darstellung nicht mit der 2D-Darstellung überein.

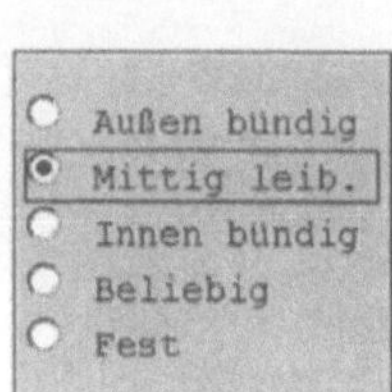
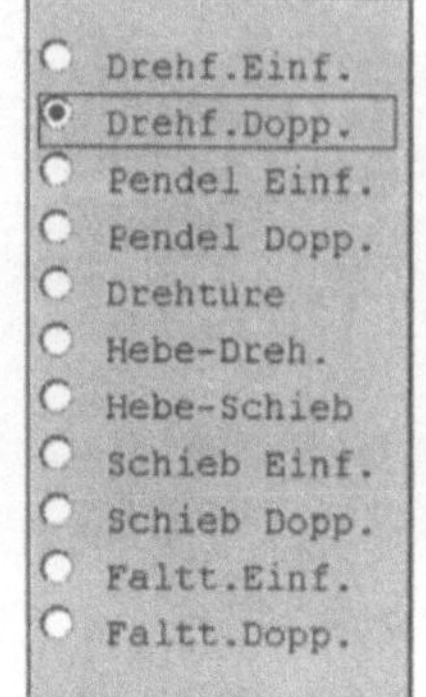
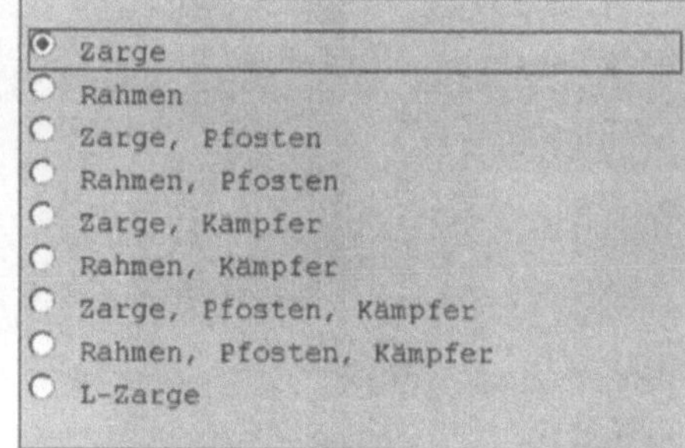

Bild 2-18 Untermasken *Lage, Öffnungsart, Türfüllung*

- Bei den Türen kommt im Menüpunkt [GEOMETRIEPARAMETER] die Einstellung [ÖFFNUNGSART] hinzu (siehe Bild 2-18). Diese bewirkt, daß die Türöffnung mit entsprechenden Symbolen in der Draufsicht bzw. in der Ansicht dargestellt wird.

Wählt man unter [ÖFFNUNGSART] eine doppelflügelige Tür, so kommen die Felder [BREITE 1] und [BREITE 2] hinzu, in denen auch unterschiedliche Breiten für die beiden Türflügel eingetragen werden können. In der Einstellung [HÖHENOFFSET] wird eine Art „Brüstungshöhe„ angegeben, falls die Tür aus irgendeinem Grunde nicht ab Unterkante Wand gezeichnet werden soll.

- Im Menüpunkt [TÜRFÜLLUNG] wird zunächst ein Auswahlfenster mit verschiedenen Füllungen angeboten (siehe Bild 2-18). Die Angabe im Feld [PFOSTEN] kann, muß aber nicht in der Mitte einer Doppeltür angeordnet werden, die Angabe im Feld [KÄMPFER] dient zur horizontalen Unterteilung (also für ein Oberlicht).

Darunter können für die einzelnen Hölzer (das Material kann natürlich auch Metall oder Kunststoff sein) Materialstärken angegeben werden. Ist für ein Holz keine Materialstärke angegeben, so wird es auch nicht gezeichnet. Wenn es einen Kämpfer gibt, muß seine Höhe angegeben werden. Zur weiteren Unterteilung der Felder können Sprossen (horizontal und/oder vertikal) definiert werden.

 Gelegentlich erscheint beim Ausfüllen der Maske eine Fehlermeldung, wenn in der Maske [ARCHITEKTUR-PARAMETER] / [PARAMETER A] / [KONSTRUKTIONSFEHLER MELDEN] eingetragen ist. Das Programm prüft dann die eingegebenen Werte auf Plausibilität: Die Höhe des Kämpfers kann z.B. nicht größer sein als die lichte Höhe der Öffnung. Manchmal muß man aber nur die Reihenfolge der Eingabe ändern, um die Fehlermeldung zu unterbinden.

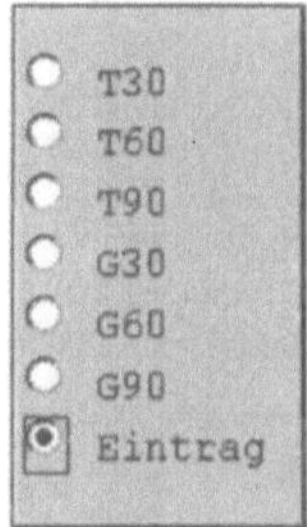

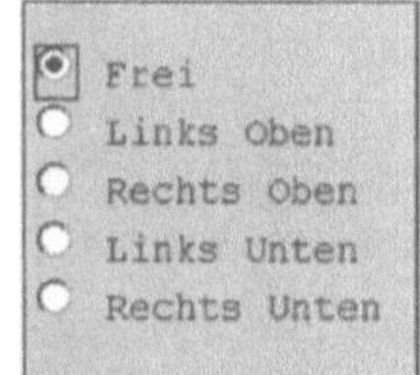

Bild 2-19
Untermasken *Zusatz-Text*, *Anschlag*

- Unter [ZUSATZ-TEXT] kann ein Text ausgewählt werden, der an der Tür positioniert werden kann. Auch ein eigener Eintrag ist hier möglich.

- Im Feld [TÜRANSCHLAG] wird festgelegt, an welcher Ecke der Wandöffnung die Tür angeschlagen werden soll. Dabei wird die Tür immer betrachtet, als sei sie horizontal gezeichnet, und zwar mit Blickrichtung von innen nach außen. [FREI] bedeutet, daß der Cursor zum Identifizieren der Ecke angeboten wird. Der so definierte Anschlag wird mit der Türgeometrie gespeichert und bei späteren Änderungen berücksichtigt.

2.2.1.3 Fenster

Die Konstruktion der Fenster erfolgt auf gleiche Weise wie bei Durchbruch und Tür. Mit dem Befehl [FENSTER] gelangt man in die Maske [FENSTER-AUSWAHL] und über [KONSTRUKTION] in die Konstruktionsmaske.

Bild 2-20 zeigt ein Beispiel für die Maske [FENSTER-KONSTRUKTION].

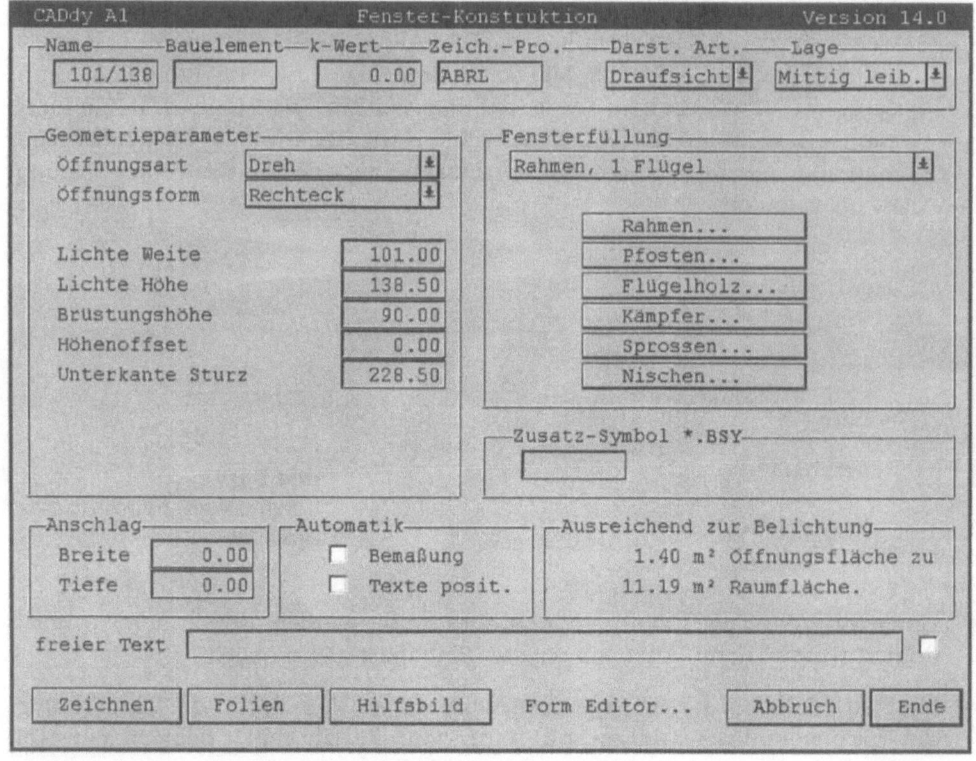

Bild 2-20 Maske *Fenster-Konstruktion*

Einige Felder in der Maske sind neu und werden im folgenden beschrieben:

• Die Auswahlliste für die Öffnungsart unter [GEOMETRIEPARAMETER] sieht etwas anders aus (siehe Bild 2-21).

• Die Liste unter [FENSTERFÜLLUNG] (siehe Bild 2-21) enthält Konstruktionen mit maximal vier Fensterflügeln, wobei maximal zwei nebeneinander angeordnet sein können. Bei Bedarf werden sie durch Pfosten und/oder Kämpfer unterteilt.

• Im Feld [NISCHEN] können Nischen (z.B. für Heizkörper) definiert werden. Dazu wird die [BREITE] der Nische, ihre [TIEFE] und die [DICKE DER FENSTERBANK] angegeben.

• Im Feld [AUSREICHEND ZUR BELICHTUNG] wird die Größe der Fensteröffnung und die Raumfläche, zu deren Belichtung sie ausreicht, angegeben (nach der Faustformel: Fensterfläche/Raumfläche = 1/8).

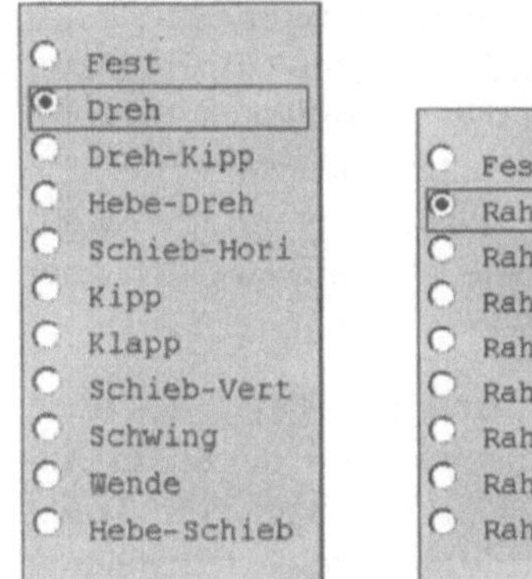 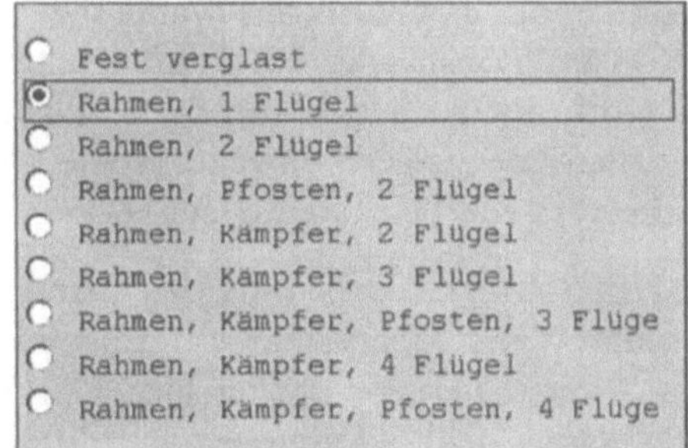

Bild 2-21 Untermasken [Öffnungsart], [Fensterfüllung]

2.2.2 Öffnungen zeichnen

Um eine vorbereitete Öffnung zu zeichnen, aktivieren Sie in der jeweiligen Konstruktions- oder Auswahlmaske (Durchbruch, Tür oder Fenster) den Befehl [ZEICHNEN]. Das weitere Vorgehen hängt davon ab, welche Voreinstellung Sie in der Konstruktions- bzw. in der Auswahlmaske für die Darstellungsart getroffen haben.

- Mit der Darstellungsart [ANSICHT] wird das Menü [POSITION] eingeblendet, das vier verschiedene Möglichkeiten zum Positionieren der Öffnung in der Ansicht bietet. Diese sind in der Online-Hilfe (<⇧ F1>) ausführlich mit erläuternden Skizzen dokumentiert.

☞ Die Voreinstellung [ANSICHT] ist hilfreich, wenn Sie die Ansichten zu Ihrem Projekt zweidimensional zeichnen wollen, wie Sie es vom Zeichenbrett her gewohnt sind. Arbeiten Sie aber mit der 2D-3D-Kopplung, so können Sie später aus dem 3D-Bild jede gewünschte Ansicht automatisch entwickeln.

- Haben Sie die Darstellungsart [DRAUFSICHT] gewählt, so erscheint in der Menüleiste am oberen Bildschirmrand ein Auswahlmenü, in dem Sie wählen können zwischen [NORMAL] oder [KOMBINATION] (die Auswahl erfolgt wieder mit der <LEERTASTE>). Standardmäßig wird die Voreinstellung [NORMAL] angeboten.

Anschließend erscheint am unteren Bildschirmrand die Aufforderung: „Wand antippen (Anschlagseite)".

☞ Der Begriff „Anschlagseite„ ist leider etwas mißverständlich: damit ist in der Regel die Außenseite der Wand gemeint, nämlich dort, wo der Wandanschlag (wenn vorhanden) im allgemeinen sitzt; obwohl das Fenster ja von innen „angeschlagen" wird.

Wenn also die Außenseite identifiziert wurde, wird bei einem Fenster der Blendrahmen ebenfalls (korrekt) auf der Außenseite dargestellt und der Flügelrahmen innen. Wo genau das Rahmenholz innerhalb der Wand sitzt, ist durch die Voreinstellung [LAGE] in der Konstruktionsmaske bestimmt. Ist beispielsweise [INNEN BÜNDIG] angegeben, so wird dies auch nur korrekt gezeichnet, wenn die Wand von außen identifiziert wurde. Eine „falsch" eingezeichnete Öffnung läßt sich aber nachträglich noch „umdrehen" (siehe Bearbeitungsfunktionen im Kapitel 2.2.3).

- Mit der Voreinstellung [KOMBINATION] wird die Öffnung sofort gezeichnet, nachdem die gewünschte Wand identifiziert wurde, und zwar direkt im Anschluß an die nächste Wandecke oder die nächste Öffnung (von dem Punkt aus gemessen, der mit dem Cursor identifiziert wurde). Diese Voreinstellung dient dazu, mehrere Öffnungen miteinander zu kombinieren oder Öffnungen „stumpf" (also ohne Anschlag) in eine Ecke zu setzen.

☞ Da man die Öffnungen mit [KOMBINATION] besonders schnell und ohne weitere Abfrage zeichnen kann, lohnt es sich, diese Voreinstellung zunächst zu benutzen und die Öffnung dann anschließend zu verschieben (siehe Kapitel 2.2.3).

- Mit der Voreinstellung [NORMAL] wird die Position der Öffnung abgefragt. Dazu muß ein Punkt definiert werden, der entweder in der Mitte oder auf einer der Kanten der Öffnung liegt. Hierzu kann das Punkt-Definitionsmenü benutzt werden oder der Cursor (evtl. in Verbindung mit einer Cursor-Zusatzfunktion).

☞ Auch mit der Voreinstellung [NORMAL] ist eine Öffnung schnell gezeichnet, wenn man erst einmal einen beliebigen Punkt mit dem Cursor setzt und die Öffnung anschließend verschiebt (siehe Kapitel 2.2.3).

Ist der Punkt gesetzt, so erscheint das Menü [ÖFFN.-POSITION]. Die Öffnung kann mittig oder mit einer ihrer Kanten auf dem zuvor definierten Punkt sitzen. Dementsprechend gibt es im Menü die Voreinstellungen [+], [MITTE] und [-]. Die aktuelle Voreinstellung ist mit einem * gekennzeichnet. Gleichzeitig werden der definierte Punkt und die derzeitig voreingestellte Position der Öffnung im Bild angezeigt. Über die MENÜ-VOREINSTELLUNGEN kann sie in Richtung der im Bild eingeblendeten Vorzeichen verschoben werden (siehe Bild 2-22).

Über [MEHRFACH] / [ANZAHL] kann man mehrere gleiche Öffnungen mit gleichen Abständen zueinander in eine Wand einsetzen lassen. Nach Eingabe der gewünschten Anzahl [N TEILE] zeigt das Programm die Öffnungen probehalber an. Sie werden automatisch so eingesetzt, daß alle verbleibenden Wandpfeiler die gleiche Breite haben. Mit [MEHRFACH] / [ABSTAND] können Sie gleich anschließend die Breite der Pfeiler zwischen den Fenstern verändern.

Mit [WEITER] werden die Öffnungen endgültig in die Zeichnung eingesetzt. Sie können jederzeit nachträglich verschoben werden (siehe Kapitel 2.2.3).

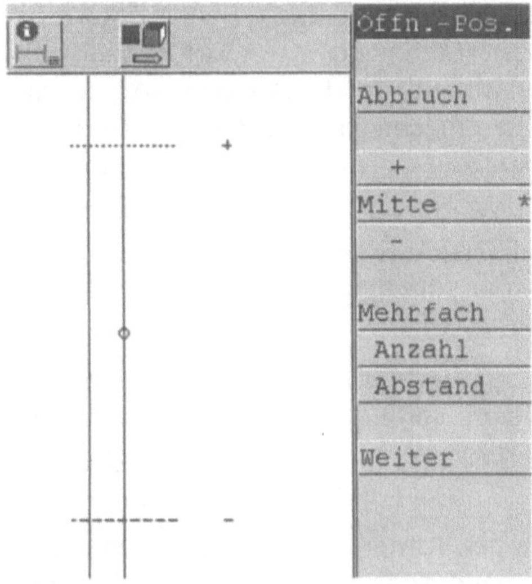

Bild 2-22
Positionieren einer Öffnung

2.2.3 Öffnungen bearbeiten

Die einmal erzeugten Öffnungen können nachträglich nach Belieben verändert oder wieder gelöscht werden. Das geschieht mit den Funktionen, die im Menü [WANDÖFFN.] (Bild 2-14) unter dem Menüpunkt [ÄNDERN] zusammengefaßt sind.

- Mit [VERSCHIEBEN] können Sie eine Öffnung „dynamisch" (mit dem Cursor) innerhalb der Wand verschieben. Dazu identifizieren Sie die Öffnung in der Nähe eines ihrer Eckpunkte.

  Da man auch mehrere Öffnungen übereinander zeichnen kann, wird gefragt, ob die Öffnung nur bis zur nächsten Ecke verschoben werden soll. Wenn Sie dies mit nein <n> beantworten, kann die Öffnung über eine andere geschoben werden (die Höhen werden hierbei nicht geprüft). Im Normalfall wird das vorgegebene <j> jedoch einfach mit <ENTER> (oder Klick mit der linken Maustaste) bestätigt.

  Anschließend „hängt" die Öffnung am Cursor und kann beliebig hin- und hergeschoben und schließlich mit dem Cursor positioniert werden. Jetzt wird mit [LÄNGE] der Abstand zur nächsten Ecke angezeigt und kann über Tastatureingabe verändert werden. Die Länge wird immer von dem Eckpunkt der Öffnung abgetragen, der zuvor identifiziert worden ist.

- Mit [LÖSCHEN] können Sie eine identifizierte Öffnung wieder schließen und den alten Zustand wiederherstellen.

- Mit [GEOMETRIE] wird für eine identifizierte Öffnung die Konstruktionsmaske eingeblendet. Hier können alle Werte beliebig verändert werden (es sei denn, die eingegebene Breite ist größer als der zur Verfügung stehende Platz).

Der Schalter [AUTO. TEXTE POSIT.] ist standardmäßig angekreuzt. Ist die Lage
der Öffnung innerhalb der Wand (bei Türen und Fenstern) vorher mit
[BELIEBIG] definiert worden, so ist der Abstand der Blendrahmen-Achse zur
Wandachse berechnet und als fester Wert eingetragen worden. Bei Türen ist
auch die Position des Anschlages fest eingetragen. Auch diese Werte können
wieder verändert werden.

Die Maske wird nicht mit [ZEICHNEN], sondern mit [ENDE] (bzw. rechte
Maustaste) beendet. Textposition, Lage und Anschlag müssen gegebenenfalls
neu definiert werden.

- Mit dem Befehl [LAGE] können Sie die Lage der Öffnung innerhalb der Wand
  (rechtwinklig zur Wandachse) neu definieren. Mit [LAGE] / [DREHEN] kann die
  Öffnung um 180• gedreht werden (bei Türen ist der Anschlag dann diagonal
  entgegengesetzt).

- Mit [TAUSCHEN] können Sie eine bereits gezeichnete Öffnung gegen eine andere austauschen. Dazu können Sie eine neue Konstruktion aus einer der Aus-
  wahllisten wählen oder eine bereits gezeichnete Öffnung im Bild antippen.

- Mit [KOPIEREN] können Sie eine bereits gezeichnete Öffnung an weitere beliebige Stellen (innerhalb von Wänden) im Bild kopieren.

2.2.4 Besondere Öffnungskonstruktionen

2.2.4.1 Öffnungselement

Mit dem Befehl [ÖFFNUNGSELEMENT] können Sie eine Wand mit einer Öffnung
verbinden. Man konstruiert in eine Öffnung eine weitere Wand hinein, die in
Höhe und Breite den Abmessungen der Öffnung entspricht, aber beispielsweise
eine geringere Dicke besitzt. Durch die Verbindung wird diese eingesetzte Wand
als „Füllung" der Öffnung betrachtet und kann mit ihr verschoben oder auch gelöscht werden.

Von Bedeutung ist diese Möglichkeit beispielsweise dann, wenn Sie Aussparungen
konstruieren wollen (vor allem, wenn sie nicht über die gesamte Wandhöhe
verlaufen). Da die eingesetzte Wand selbstverständlich ihrerseits mit Öffnungen
versehen werden kann, eignet sich diese Funktion auch für Glasfassaden mit verschiedenen miteinander kombinierten Öffnungen.

Bevor die Verbindung durchgeführt wird, kann man bestimmen, ob die „Durch-
bruchgeometrie„ gelöscht werden soll. Damit bleibt nur noch der „nackte" Durchbruch übrig: Die Texte für Höhe und Brüstungshöhe und eine etwaige Füllung
(bei Tür oder Fenster) werden nicht mehr gezeichnet.

Die Verbindung zwischen Öffnung und darin eingesetzter Wand kann mit dem
Befehl [TRENNEN] auch wieder aufgehoben werden.

 Durch das „Löschen" der Durchbruchgeometrie werden nicht die Konstruktionsdaten für die Füllung, sondern nur der Eintrag für das Zeichenprogramm ABRL gelöscht. Über [ÄNDERN] / [GEOMETRIE] (siehe Kapitel 2.2.3) kann es auch wieder eingetragen werden.

2.2.4.2 Rücksprung

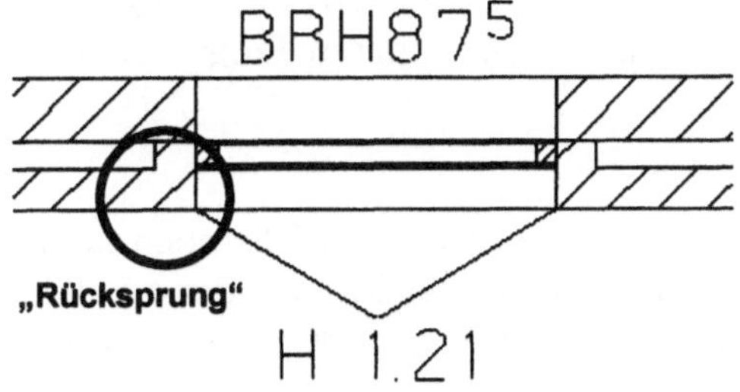

Bild 2-23
„Schließen" einer mehrschaligen Wand im Bereich der Öfnungf durch „Rücksprung"

Ein Rücksprung dient dazu, eine mehrschalige Wand im Bereich einer Öffnung zu „schließen", indem die Vormauerschale „um die Ecke gezogen" wird (siehe Bild 2-23).

- Nach Aktivieren des Befehls [RÜCKSPRUNG] wird zuerst die gewünschte Öffnung identifiziert. Anschließend wird gefragt, ob die Hintermauerung oder die Vorsatzschale „herumgezogen" werden sollen (Laibungen blinken; Frage *„Hier (j/n) ?"*)

- Mit [RÜCKSPRUNG LINKS] und [RÜCKSPRUNG RECHTS] wird die Wandstärke des „herumgezogenen" Wandstückes abgefragt (angeboten wird die Stärke der Vormauerschale).

- [OFFSET] ist im Prinzip das gleiche, aber nicht seitlich, sondern oben und unten in Sturz und Brüstung (für die 3D-Darstellung interessant).

- Mit [DICKE DER WAND] ist die Länge des „herumgezogenen" Wandstückes gemeint (angeboten wird die Dicke von Luftschicht und Dämmung).

- Anschließend können weitere Öffnungen identifiziert werden, die Rücksprünge mit den gleichen Parametern erhalten sollen.

Der Rücksprung ist in Wirklichkeit nichts anderes als ein automatisch erstelltes Öffnungselement, nämlich eine Wand, z.B. in der Stärke der Dämmschale, die in die Öffnung eingesetzt wird. Diese Wand enthält einen Durchbruch, so daß auf beiden Seiten je ein Wandstück übrigbleibt.

Mit dem Befehl [TRENNEN] kann auch hier die Verbindung zwischen Öffnung und darin eingesetzter Wand (also den beiden „Rücksprüngen") wieder aufgehoben werden.

2.2.4.3 Öffnungen definieren

Der Befehl [DEFINIEREN] dient dazu, schnell eine „logische" Öffnung zwischen zwei vorgegebene Punkte zu zeichnen, wenn die vorliegende Zeichnung beispielsweise nur Öffnungsgeometrien ohne logische Informationen enthält.

Dies trifft auf Zeichnungen zu, die

- nur mit Grundpaket-Funktionen erstellt wurden,

- über das Datenaustausch-Format DXF von einem anderen CAD-Programm übernommen wurden (auch wenn die Logik in dem anderen Programm vorhanden war),

- eingescannt und anschließend vektorisiert wurden.

Wenn die Wand, in die die Öffnung eingesetzt werden soll, ebenfalls noch keine logische Wand ist, so wird sie automatisch definiert, analog zu dem Befehl [DEFINIEREN] im Menü [WAND BEARBEITEN] (dazu müssen die Kanten der Wand selbstverständlich parallel verlaufen).

Nach Eingabe des Befehls [DEFINIEREN] erscheint in der Menüleiste am oberen Bildschirmrand ein Auswahlmenü, in dem Sie wählen können zwischen [DURCHBRUCH], [TÜR] oder [FENSTER] (die Auswahl erfolgt wieder mit der <LEERTASTE>). Standardmäßig wird [DURCHBRUCH] angeboten. Identifizieren Sie zuerst die Wand an der gewünschten Anschlagseite. Wenn sie noch keine „logische" Wand ist, muß die zweite Kante (bei mehrschaligen Wänden auch die dritte und vierte) angetippt werden. Hat das Programm die Kanten als parallel erkannt, so wird die Wand mit der gemessenen Stärke und der Standardhöhe definiert.

Anschließend geben Sie die Punkte ein, zwischen denen die Öffnung erzeugt werden soll. Dann wird eine Konstruktionsmaske eingeblendet, in der die errechnete Breite der Öffnung bereits eingetragen ist. Diese Maske kann beliebig verändert werden. Nach dem Verlassen der Maske wird die Öffnung gezeichnet.

2.2.4.4 Öffnungen übereinander zeichnen

CADdy erlaubt neuerdings auch, Öffnungen in einer Wand übereinander zu zeichnen. Dabei sollten Sie folgendes beachten:

- Sie können eine Öffnung direkt über eine andere setzen oder auch später dorthin verschieben (siehe Kapitel 2.2.3).

- Eine Öffnung, die über der Schnittebene liegt, sollte gestrichelt gezeichnet werden. Tragen Sie dazu in der Konstruktionsmaske das Zeichenprogramm ABRU ein.

- Verwenden Sie zum Zeichnen der Öffnung nicht die Voreinstellung [KOMBINATION], sondern [NORMAL].

- Identifizieren Sie die Außenkante der Wand, in die die Öffnung gesetzt werden soll, im Bereich eines Wandpfeilers und nicht im Bereich einer bereits vorhandenen Öffnung.

- Beim Festlegen der Position (z.B. mit dem Cursor) gibt es Probleme, wenn Sie in einen Pfeiler antippen, der schmaler ist als das definierte Fenster. In diesem Falle erscheint die Konstruktionsmaske erneut; die Öffnung wird nicht gezeichnet (das gleiche kann bei der Voreinstellung [KOMBINATION] passieren). Tippen Sie dann direkt in eine bereits vorhandene Öffnung, und verschieben Sie die neue Öffnung gegebenenfalls anschließend.

- Bei übereinander gezeichneten Öffnungen prüft das Programm nicht, ob die Öffnungen auch entsprechend definiert wurden, was Brüstungshöhe und Unterkante Sturz betrifft. Dies müssen Sie selbst beachten und eventuell nachträglich ändern.

Wenn Sie eine der Änderungsfunktionen auf Öffnungen anwenden wollen, die übereinander liegen, so können Sie die Voreinstellung für das Identifizieren der Öffnung von [NORMAL] auf [AUSFÜHRLICH] umschalten. Dazu wird direkt nach Anwahl der Funktion (z.B. [VERSCHIEBEN]) in der Menüleiste am oberen Bildschirmrand ein kleines Auswahlmenü eingeblendet (mit <LEERTASTE> umschalten). Die Voreinstellung [AUSFÜHRLICH] wirkt sich allerdings nur aus, wenn sich beim Identifizieren mehrere Öffnungen in der Fangbox befinden. Eine davon wird blinkend angezeigt und ihre Brüstungshöhe am unteren Bildschirmrand eingeblendet. Bestätigen Sie diese, so beziehen sich die Änderungen auf diese Öffnung, im andern Falle wird die nächste Öffnung angezeigt.

2.2.4.5 Form-Editor

Mit CADdy können Sie nicht nur vorgegebene Füllungen in die Öffnungen einsetzen, sondern auch beliebige Fenster- oder Türgeometrien mit Hilfe eines „Form-Editors" erzeugen. Dazu wählen Sie in der Maske *Fenster- oder Tür-Konstruktion* unter Öffnungsform [BELIEBIG] und tippen auf den jetzt aktivierten Schalter [FORM-EDITOR....]

Die Maske [ÖFFNUNGSFORM EDITOR] (siehe Bild 2-24) bietet die Möglichkeit, die Ecken der Öffnung einzeln abzuschrägen oder abzurunden. Über den Schalter [FÜLLUNG] kann man zusätzlich Flügelrahmen, Pfosten, Kämpfer und Sprossen an den gewünschten Stellen einfügen.

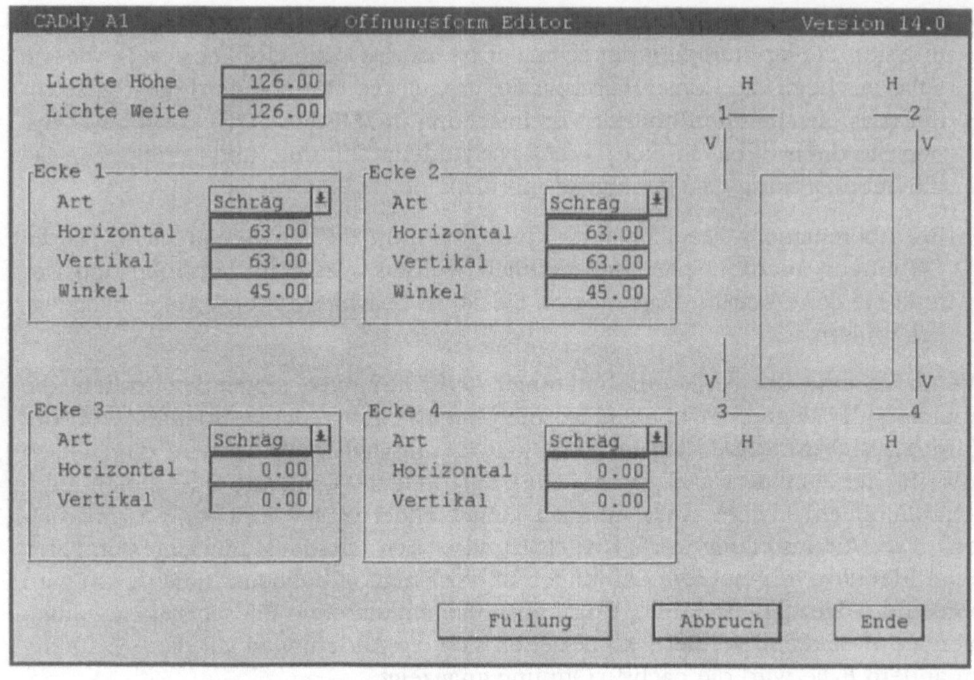

Bild 2-24 Maske *Öffnungsform-Editor*

Bild 2-25 zeigt das in der Maske definierte Fenster in der Ansicht.

Bild 2-25
Beliebige Fensterform, mit
dem *Form-Editor* erzeugt

2.2.5 Praxisfall: Konstruktion der Öffnungen im EG

a) Öffnungen vorbereiten

Durchbrüche:

Der Erdgeschoßgrundriß des Beispielprojekts „Ferienhaus" (siehe Bild 2-1) enthält einen Wanddurchbruch mit dreieckigem Aufsatz zwischen Diele und Eßzimmer. Außerdem sollen die Haustür und die Tür zwischen Windfang und Diele als sogenannte „Öffnungselemente" jeweils in einen Durchbruch eingesetzt werden.

Löschen Sie in der Maske [DURCHBRUCH-AUSWAHL] (Datei BSP-DUBR) alle Eintragungen (nacheinander markieren und auf [LÖSCHEN] tippen), aktivieren Sie [KONSTRUKTION], und füllen Sie die leere Maske aus. Die Masken für die Durchbruchkonstruktionen ESSEN und HAUSTÜR sind im Anhang aufgeführt.

Türen:

Der Erdgeschoßgrundriß (siehe Bild 2-1) enthält zwei verschiedene Türen, die Haustür („baugleich" mit der Tür zwischen Windfang und Diele) und die Tür zum WC.

Löschen Sie in der Maske [TÜR-AUSWAHL] (Datei BSP-TUER) alle Eintragungen, aktivieren Sie [KONSTRUKTION], und füllen Sie die leere Maske aus. Die Masken für die Türkonstruktionen HAUSTÜR und WC sind im Anhang aufgeführt. Denken Sie daran, auch die Holzstärken einzutragen (damit Sie alle Angaben im Überblick sehen, sind die alten Masken der CADdy-Version 12.0 abgedruckt).

Fenster:

Der Erdgeschoßgrundriß (siehe Bild 2-1) enthält sieben verschiedene Fensterformen.

Löschen Sie in der Maske [FENSTER-AUSWAHL] (Datei BSP-FENS) alle Eintragungen, aktivieren Sie [KONSTRUKTION], und füllen Sie die leere Maske aus. Die Masken für die Fensterkonstruktionen DREIECK, WC, EG-TREPP, EG-WOZI, HEBESCHI, ERKER und HAUSTÜR sind im Anhang abgedruckt. Denken Sie auch hier daran, die Holzstärken einzutragen. Nutzen Sie die Möglichkeit, eine ähnliche Konstruktion an das Ende der Liste zu kopieren und dann über [KONSTRUKTION] abzuwandeln.

2.2.5.1 Öffnungen zeichnen

Aktivieren Sie, wenn nötig, das Projekt PRAXFALL, und laden Sie das Bild EG.

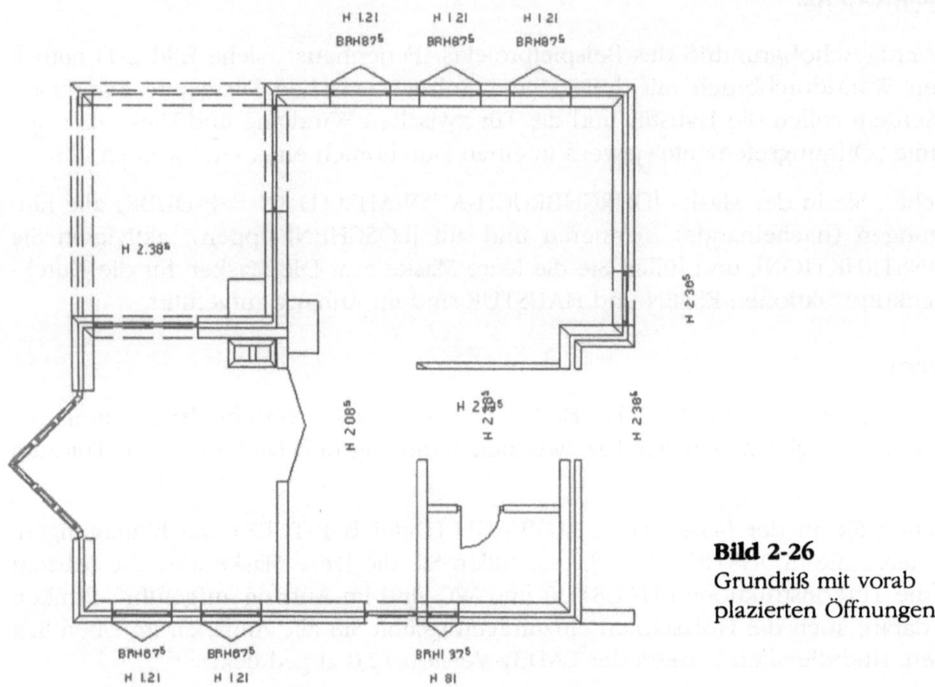

Bild 2-26
Grundriß mit vorab
plazierten Öffnungen

Durchbrüche:

* Wir beginnen mit dem Durchbruch ESSEN. Wählen Sie im [ARCHITEKTUR-MENÜ] den Befehl [ÖFFNUNGEN] / [DURCHBRUCH]. Die Maske [DURCHBRUCH-AUSWAHL] sollte die von Ihnen vorbereiteten Konstruktionen auflisten; ist dies nicht der Fall, so aktivieren Sie zunächst die Datei BSP-DUBR.

Wählen Sie den Durchbruch ESSEN. Wenn er richtig definiert wurde, tippen Sie direkt auf [ZEICHNEN], ansonsten lassen Sie sich über [KONSTRUKTION] die Maske mit den Konstruktionswerten anzeigen, korrigieren gegebenenfalls und aktivieren dort [ZEICHNEN]. Achten Sie auf die Voreinstellung in der Menüleiste am oberen Bildschirmrand und ändern Sie sie gegebenenfalls mit der <LEERTASTE> auf [NORMAL]. Identifizieren Sie die Trennwand J (Bezeichnungen nach Bild 2-26) von rechts, und wählen Sie zum Positionieren im [PUNKT-DEFINITIONSMENÜ] den Befehl [ORTHOGONAL]. Identifizieren Sie jetzt noch einmal die rechte Kante der Wand, aber in der unteren Hälfte. Damit wird der untere Endpunkt der Kante gefangen und angezeigt. Geben Sie als [FUßPUNKT] 200 ein, und bestätigen Sie die Vorgabe für das [LOT] (0). Der definierte Punkt wird angezeigt, und die Öffnung mittig darauf plaziert (wenn die

Voreinstellung [MITTE] im Menü mit * gekennzeichnet ist). Sie soll aber oberhalb des definierten Punktes angeordnet werden. Tippen Sie im Menü auf –
(wenn oben ein Minuszeichen angezeigt wird), um die Öffnung entsprechend
zu verschieben und anschließend auf [WEITER].

Der Durchbruch wird in die Wand „eingeschnitten". Da es sich um die Öffnungsform Dreiecksaufsatz handelt, wird ein dreieckiges Symbol gezeichnet,
und zwar rechts von der Wand, wenn sie von rechts identifiziert wurde. Der
Text für die Höhe (Durchgangshöhe 208.5 ohne Dreiecksaufsatz) wird automatisch positioniert, wenn dies in der Maske angekreuzt war. Er kann später verschoben werden.

- Kehren Sie durch Drücken der rechten Maustaste zurück in die
  [DURCHBRUCH-AUSWAHL], und aktivieren Sie den Durchbruch Haustür
  [ZEICHNEN]. Wählen Sie zur Abwechslung einmal die Voreinstellung
  [KOMBINATION] (<LEERTASTE>), und identifizieren Sie die Außenwand G
  sowie die Trennwand K jeweils im Bereich des Windfangs (da die Öffnung
  weder eine Füllung noch ein besonderes Symbol hat, ist es unwichtig, von
  welcher Seite die Wand angetippt wird). Die beiden Durchbrüche sitzen jetzt
  direkt in den Wandecken, je nachdem, wo Sie mit dem Cursor aufgetippt haben. Wir werden sie später noch ein wenig verschieben, ebenso die Texte.
  Verlassen Sie die Durchbruchkonstruktion durch mehrmaliges Drücken der
  rechten Maustaste.

Fenster:

Aktivieren Sie den Befehl [ÖFFNUNGEN] / [FENSTER], und aktivieren Sie, wenn
nötig, in der Maske [FENSTER-AUSWAHL] die Datei BSP-FENS.

- Die Fenster DREIECK (je drei im Wohnzimmer und zwei im Bereich KÜCHE +
  ESSEN) zeichnen Sie folgendermaßen: Aktivieren Sie [ZEICHNEN], ändern Sie
  gegebenenfalls die Voreinstellung mit der <LEERTASTE> auf [NORMAL], und
  identifizieren Sie die Wand H von außen. Wählen Sie [CURSOR], und tippen Sie
  irgendwo im Bereich der Küche auf die Wand. Das erste Fenster wird angezeigt. Tippen Sie im Menü auf [MEHRFACH] / [ANZAHL], und bestätigen Sie die
  Abfrage [BIS ZUR NÄCHSTEN WAND/ÖFFNUNG J] (dies ist nur bei übereinan-
  derliegenden Öffnungen von Bedeutung). Geben Sie für die Anzahl der Fenster
  [n TEILE] die Zahl 2 ein. Zwei gleiche Fenster erscheinen mit gleichen Abständen zu den seitlichen Wandecken und untereinander. Jetzt tippen Sie auf
  [ABSTAND] und geben die Ziffer 49 ein. Damit wird der mittlere Pfeiler vergrößert, aber die Fenster sitzen immer noch mittig in der Wand. Dies werden wir
  später ändern. Tippen Sie auf [WEITER], und setzen Sie analog hierzu gleich im
  Anschluß die drei Wohnzimmerfenster in die Wand D ein.

Für die weiteren Fenster gebe ich Ihnen nur noch teilweise Anleitungen. Für alle
Fenster gilt, daß die jeweilige Wand, in der sie sitzen, von außen identifiziert wird.

 Wenn ein Fenster nicht so sitzt, wie Sie es eigentlich wollten, bearbeiten Sie es auf keinen Fall mit den Funktionen des Grundpakets. Es gibt viele komfortable Änderungsfunktionen im Menü [WANDÖFFNUNGEN], die im nächsten Kapitel ausführlich beschrieben sind. Eine davon, so viel vorweg, ist der Befehl [LÖSCHEN]. Damit wird die identifizierte Öffnung entfernt und der alte Zustand wiederhergestellt.

- Das Fenster EG-WOZI (es sitzt im Wohnzimmer rechts in der Wand E) wird mit der Voreinstellung [KOMBINATION] (<LEERTASTE>) eingesetzt.

- Wie Sie die beiden Hebe-Schiebe-Fenster HEBESCHI (zur Terrasse), das Treppenhausfenster EG-TREPP und das WC-Fenster WC positionieren, ob mit [KOMBINATION] oder [NORMAL], mit [CURSOR] oder mit [PUNKTDEFINITION], sei Ihnen überlassen. Probieren Sie verschiedene Möglichkeiten aus, und denken Sie daran, daß alles nachträglich verändert werden kann.

- Die Erkerfenster werden am geschicktesten auf folgende Weise konstruiert: In der Maske [FENSTER-AUSWAHL] beachten Sie bitte die [LAGE]: Schalten Sie sie auf [MITTIG LEIB.] um.

Für die Lage einer Öffnung gilt die aktuelle Voreinstellung in der Auswahlmaske. Diese wird aber vom zuletzt gezeichneten Fenster übernommen.

Aktivieren Sie ERKER, und schalten Sie mit der <LEERTASTE> auf [KOMBINATION]. Lassen Sie sich den Bereich um den Erker vergrößert anzeigen (Zoom). Identifizieren Sie eine der beiden schrägen Erker-"Wände" in der Nähe der „Spitze". Das Fenster wird eingesetzt und, wenn in der Konstruktionsmaske der Schalter [AUTO TEXTE POSIT.] nicht aktiviert war, die Texte zum Positionieren angeboten. Drücken Sie sie mit der rechten Taste „weg", sie stören hier eher. Nun schalten Sie auf [NORMAL] um, identifizieren die gleiche Wand noch einmal und setzen mit dem [CURSOR] irgendwo auf der Wand einen Punkt. Jetzt wählen Sie [ANZAHL], bestätigen die eingeblendete Meldung und geben „2" ein. Weiter und mit der rechten Maustaste die Texte „wegdrücken". Gehen Sie für die andere „Erkerwand" ebenso vor.

Die Abstände sind auch hier gleich verteilt worden. Durch Bemaßen der Fenster kann man feststellen, daß die übriggebliebenen „Pfeiler", also die Stiele der Konstruktion, ca. 9 cm breit sind (siehe Bild 2-27). Wenn Sie wollen, können Sie die Fenster später verschieben, so daß die Stiele, wie im Grundriß angegeben, 10 cm breit sind. Dann wirkt der „abgeknickte" Stiel in der Ecke (wie auch immer die Konstruktion letztlich ausgeführt wird), nicht so breit.

Dieses Beispiel zeigt sehr gut, daß man auch kompliziertere Konstruktionen mit einigen Kniffen recht schnell zeichnen kann, wenn man bereit ist, dafür einige Abstriche bei der Exaktheit der Darstellung in Kauf zu nehmen.

 Der große Vorteil aber ist, daß der Erker, wie alles bisher Gezeichnete, alle notwendigen Daten für eine 3D-Darstellung enthält. Wechseln Sie zwischendurch einmal ins 3D-Programm, und schattieren Sie das Bild farbig, wie in Kapitel 1.7.3 beschrieben. Es lohnt sich.

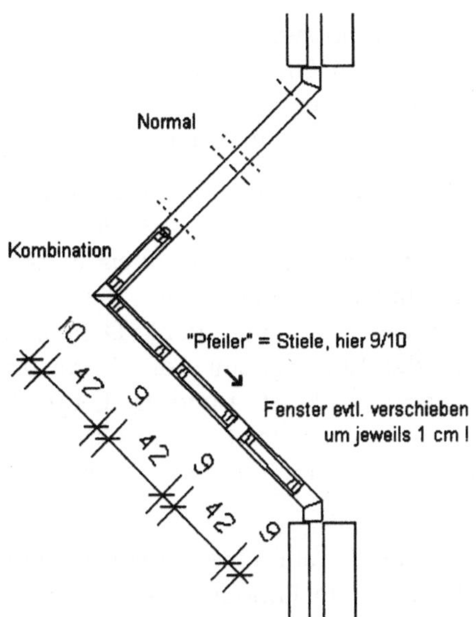

Bild 2-27
Konstruktion der Erker-
fenster

Türen:

- Wählen Sie den Befehl [ÖFFNUNGEN] / [TÜR], und aktivieren Sie WC, Voreinstellung [NORMAL]. Identifizieren Sie die Trennwand zum WC (M) an einem
  beliebigen Punkt, und wählen Sie [PUNKT-DEFINITION] / [ORTHOGONAL].
  Tippen Sie eine Kante der Wand auf der linken Seite an, und geben Sie als
  [FUßPUNKT] 50, Lot 0 ein. Die Tür soll rechts vom definierten Punkt sitzen, also tippen Sie im Menü auf das entsprechende Vorzeichen (+ oder -), [WEITER].
  Die Türöffnung wird gezeichnet; jetzt muß das Programm noch wissen, wo sie
  angeschlagen werden soll [POSITION ANSCHLAG]. Identifizieren Sie dazu die
  linke untere Ecke der Öffnung, und klicken Sie dann auf die rechte Maustaste.

Die Haustür soll innerhalb einer besonderen Konstruktion gezeichnet werden, die
man als Öffnungselement bezeichnet. Diese ist unter 2.2.5.3 beschrieben.

2.2.5.2 Öffnungen bearbeiten

Jetzt sollen Sie einige Bearbeitungsfunktionen ausprobieren. Bild 2-26 zeigt den
Grundriß EG mit den vorab auf möglichst einfache Weise ([KOMBINATION],
[MEHRFACH]) plazierten Öffnungen. Die Erkerfenster, das Fenster EG-WOZI, die
WC-Tür und der Durchbruch zum Eßbereich sind bereits korrekt plaziert; die übri-
gen müssen noch verschoben werden.

Wir beginnen mit den beiden Fenstern DREIECK im Bereich KÜCHE + ESSEN.
Vergrößern Sie diesen Bereich. Wählen Sie den Befehl [WAND] / [ÖFFNUNGEN] /
[ÄNDERN] / [VERSCHIEBEN], und tippen Sie das linke Fenster nahe der unteren
linken Ecke an. Bestätigen Sie die eingeblendete Meldung. Das Fenster läßt sich
jetzt zwischen der linken vertikalen Außenwand (I) und dem nächsten Fenster frei
verschieben. Tippen Sie irgendwo auf, und geben Sie für die Länge 86.5 ein.

Tippen Sie anschließend das Fenster daneben an (wieder Ecke unten links). Der Abstand zum linken Fenster ist 49. Die anderen Öffnungen werden analog verschoben. Achten Sie darauf, die Ecke zu identifizieren, deren Abstand zum nächsten Eckpunkt bekannt ist (siehe vermaßte Zeichnung im Anhang).

Probieren Sie auch den Befehl [GEOMETRIE] aus, indem Sie noch einmal das linke Fenster DREIECK im Bereich KÜCHE + ESSEN identifizieren. Ändern Sie in der Maske Fenster-Konstruktion die [LAGE] in [BELIEBIG], und beenden Sie die Maske mit der rechten Maustaste. Die Fensterfüllung verschwindet, und die Position des Rahmenholzes wird abgefragt. Aktivieren Sie im Punkt-Definitionsmenü [ORTHOGONAL], und identifizieren Sie die Laibungskante der Vormauerschale nahe der Innenecke (siehe Bild 2-28). Der Fußpunkt ist -4 und das Lot 0. Das Fenster wird wieder eingezeichnet. Tippen Sie noch einmal in die Öffnung: In der Konstruktionsmaske muß bei [LAGE] jetzt wieder 15.5 als fester Wert eingetragen sein.

 Mit [ORTHOGONAL] wird ein Fußpunkt auf einer zuvor identifizierten Strecke gesucht. Dieser wird entweder vom Endpunkt aus auf der Strecke abgetragen (positiver Wert) oder in ihrer gedachten Verlängerung (negativer Wert). Der Fußpunkt -4 bedeutet also, daß die Achse des Fensterrahmens 4 cm von der Innenkante der Vormauerschale entfernt liegt. Bei 6 cm Holzstärke bleibt 1 cm Abstand vom Rahmen zur Mauerschale.

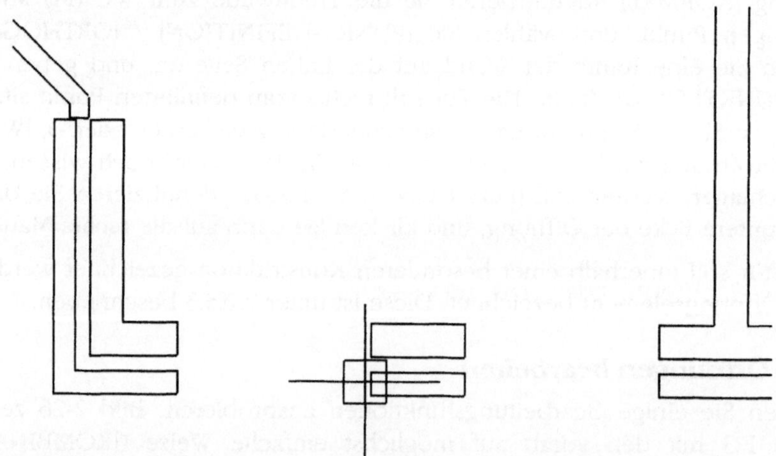

Bild 2-28 Position des Rahmenholzes mit *Orthogonal* definieren

Wenn Sie eine Öffnung über [GEOMETRIE] neu zeichnen lassen, werden auch die Texte für die Höhen neu positioniert (wenn nicht der Eintrag ABRL gelöscht ist). Dafür gibt es zwei Möglichkeiten: Entweder Sie verwenden die automatische Textposition [AUTOMATIK] / [TEXTE POS.], die in der Maske standardmäßig angekreuzt ist, oder Sie entfernen das Kreuzchen; dann können Sie die Texte beliebig positionieren oder durch Drücken der rechten Maustaste unterdrücken.

 Störend plazierte Texte können jederzeit verschoben oder gelöscht werden, auch mit Grundpaket-Funktionen (z.B. <F8> - [DYNAMISCH VERSCHIEBEN] oder <F5> - [LÖSCHEN BEL. ELEMENT]). Im Zweifelsfalle kann man sie jederzeit mit [GEOMETRIE] zurückholen.

2.2.5.3 Öffnungselement

Als Beispiel für ein Öffnungselement dient die Haustüranlage. Diese soll aus der Haustür mit Oberlicht und einem direkt daneben angeordneten Fenster bestehen. Diese beiden Öffnungen könnten natürlich auch in die Außenwand eingesetzt werden (mit der Voreinstellung [KOMBINATION]). Das Programm geht allerdings davon aus, daß zwischen den Öffnungen noch ein winziger Streifen Wand (von der Stärke 36.5) vorhanden ist. Dies führt zu einer verfälschten Darstellung, die vor allem im 3D-Bild auffällt.

Daher gehen wir zunächst vor wie beim Erker: Wir konstruieren eine „Wand" in Rahmenholzstärke, in die die beiden Öffnungen eingesetzt werden. Beim Erker hatten wir einfach eine Lücke in der Außenwand gelassen; hier ist aber schon ein Durchbruch vorgesehen worden, der in Breite und Höhe genau der Haustüranlage entspricht.

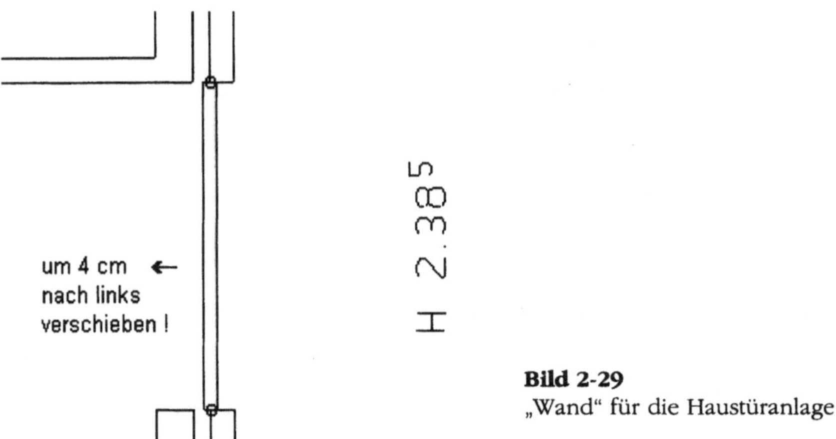

Bild 2-29
„Wand" für die Haustüranlage

Als erstes muß der Bereich um die Haustür stark vergrößert werden (Zoom). Dann verlassen Sie das Menü [WANDÖFFNUNGEN] und wählen [WAND] / [KONSTRUKTION]. Die Wand mit dem Namen HAUSTÜR können Sie leicht durch Kopie der Erkerwand und Ändern der Dicke (6) und Höhe (238.5) definieren (Maske siehe Anhang). Zeichnen Sie sie mit der Voreinstellung [GESCHL.] und [CURSOR A], und verwenden Sie den Hotkey <E> (Endpunkt), um von Eckpunkt zu Eckpunkt zu gelangen (siehe Bild 2-29). Die Länge bestätigen Sie ebenso wie die Lage. Mittels der rechten Maustaste wechseln Sie in das Menü [BEARBEITEN] / [VERSCHIEBEN] und verschieben die Wand um 4 cm nach links. Durch mehrmaliges Drücken der rechte Maustaste gelangen Sie zurück ins Menü [ARCHITEKTUR].

Diese Wand soll jetzt mit dem Durchbruch der Außenwand zu einem Öffnungselement verbunden werden. Wählen Sie dazu [WAND] / [ÖFFNUNGEN] /
[ÖFFNUNGSELEMENT], und identifizieren Sie erst die neue Wand, dann eine Ecke
des Durchbruchs und bestätigen Sie die anschließende Meldung. Mit der rechten
Maustaste beenden Sie den Befehl.

Jetzt setzen Sie die Haustür ein: Befehl [WAND ÖFFNUNGEN] / [TÜR], in der Maske [HAUSTÜR] aktivieren, Voreinstellung [KOMBINATION], die neue „Wand" im
oberen Teil von außen identifizieren, zweimal rechte Maustaste (zurück ins Menü
[WANDÖFFNUNGEN]).

Danach kommt das Fenster: Befehl [FENSTER], Haustür aktivieren (Lage: [MITTIG
LEIB.]), Voreinstellung [KOMBINATION], die neue „Wand" im unteren Teil antippen, zweimal rechte Maustaste (zurück ins Menü [WANDÖFFNUNGEN]).

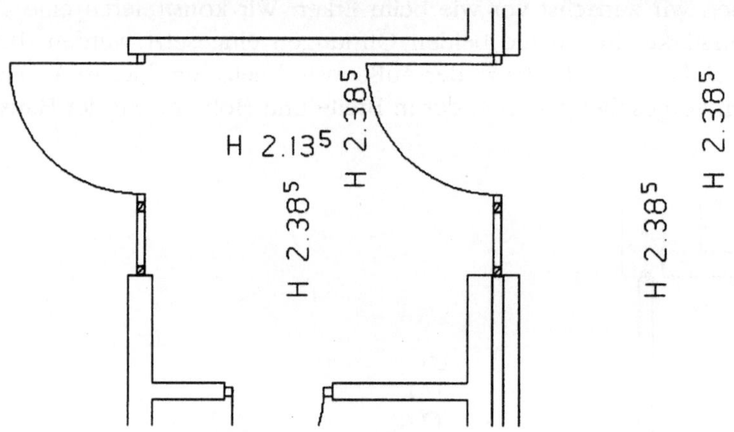

Bild 2-30 Der Windfang mit den beiden Öffnungselementen

☞ Der Durchbruch (und die hineinkonstruierte „Wand") ist 151 cm breit, die
   Tür 101 cm. Demnach bleiben für das Fenster 50 cm; wir haben aber in der
   Maske nur 49.9 eingetragen. Dies muß sein, weil das Programm, wie bereits
   erwähnt, rein rechnerisch ein ganz kleines Stück Wand zwischen den Öffnungen und an den Seiten übriglassen muß, sonst kann es das Fenster nicht
   zeichnen. Beim späteren Bemaßen fällt dieser „Trick" nicht auf, weil ohnehin gerundet wird.

   Allerdings wird man eine solche Wand kaum noch identifizieren können,
   da die verbliebenen „Wandpfeiler" kleiner als 1 cm breit sind. Das ist auch
   der Grund, warum wir das Öffnungselement definiert haben, bevor Tür und
   Fenster eingeschnitten wurden.

Konstruieren Sie das gleiche Öffnungselement in analoger Weise in der Trennwand zur Diele (K). Die neue 6 cm starke „Wand" soll mittig im Durchbruch liegen ([CURSOR A] /Hotkey <M>). Damit ist der Windfang komplett (siehe Bild 2-30).

Die beiden Öffnungselemente lassen sich jetzt nach Belieben komplett verschieben.

Wenn Sie wollen, können Sie auch den [RÜCKSPRUNG] an den Öffnungen des Beispiel-Grundrisses ausprobieren. Bei der Haustüranlage wird es allerdings nicht funktionieren, da nur ein Öffnungselement pro Öffnung möglich ist.

2.3 Treppen

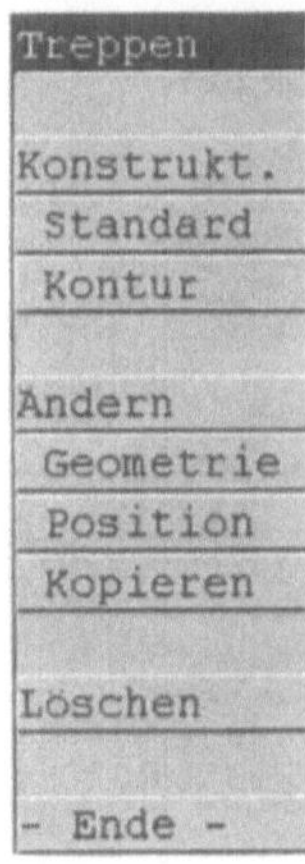

Bild 2-31
Menü *Treppen*

Im CADdy-Architekturmodul ist ein Treppen-Konstruktionsprogramm integriert. Damit können bestimmte Treppenformen („Standardtreppen") erzeugt werden, die aus einer Liste ausgewählt und dann mit Parametern für den speziellen Fall versehen werden.

Außerdem ist es möglich, freie Treppenformen entlang einer bestimmten Kontur zu definieren. Bei diesen „Konturtreppen" läßt sich nicht nur die äußere Form, sondern auch die Konstruktion sehr variabel gestalten.

Die einzelnen Konstruktionswerte werden schon bei der Eingabe auf Plausibilität und Einhaltung der einschlägigen Vorschriften überprüft.

Mit den logischen Informationen, die zu einer Treppe gespeichert werden, läßt sie sich nicht nur zweidimensional in Grundriß oder Ansicht darstellen, sondern auch direkt ins 3D-Programm übernehmen.

Der Befehl [TREPPEN] im Menü [ARCHITEKTUR] verzweigt ins Menü [TREPPEN] (siehe Bild 2-31) zum Konstruieren, Ändern und Löschen von Treppen.

2.3.1 Standardtreppen konstruieren

Der Befehl [KONSTRUKTION] / [STANDARD] führt in eine Auswahlmaske, die eine Liste mit vorbereiteten Treppenkonstruktionen enthält. Diese Liste wird standardmäßig aus einer Datei mit dem Namen TREPPE.PST eingelesen und kann auf maximal 20 Einträge erweitert werden. Es ist auch möglich, eigene Listendateien zu speichern (Schalter [DATEI]).

Nicht benötigte Treppenkonstruktionen können gelöscht oder verändert werden. Um eine zusätzliche Treppe einzutragen, kann man ein freies Feld am Ende der Liste markieren und dann mit [KONSTRUKTION] die Maske Treppenkonstruktion aufrufen (siehe Bild 2-32).

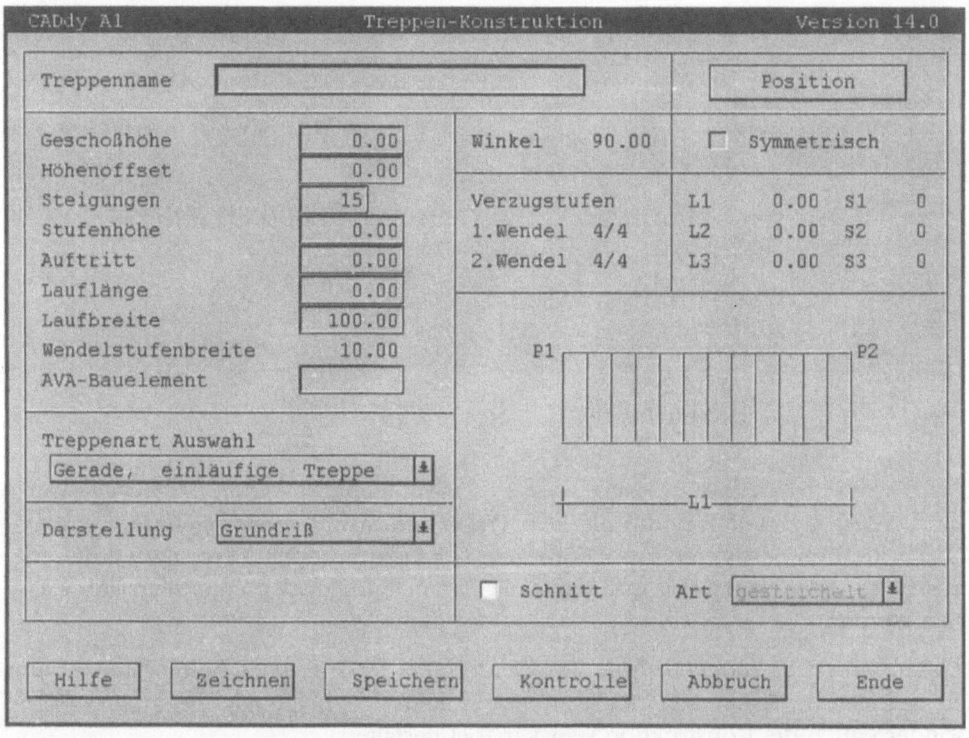

Bild 2-32 Maske *Treppen-Konstruktion*

Diese Maske enthält alle zur Konstruktion einer Treppe notwendigen Parameter. Einträge sind nur in Feldern möglich, die von einem Kasten umrandet sind. Welche das sind, hängt von der Art der zu konstruierenden Treppe ab.

- Im Feld [TREPPENART AUSWAHL] kann man ein Fenster aufklappen, das die
  möglichen Treppenarten auflistet (siehe Bild 2-33). Die gewählte Treppenart
  wird in einer Prinzipskizze mit den erforderlichen Längen und den zum Positionieren der Treppe notwendigen Punkten dargestellt.

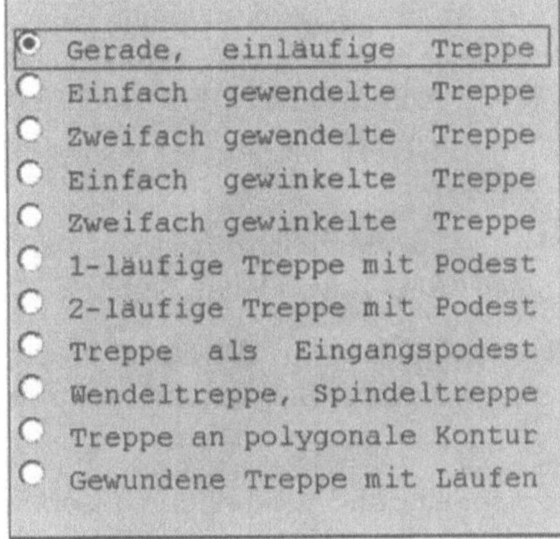

Bild 2-33
Treppenarten bei der Standardkonstruktion

- Mit [DARSTELLUNG] wird festgelegt, ob die Treppe im [GRUNDRIß], in der
  [VORDERANSICHT] oder in der [SEITENANSICHT] gezeichnet werden soll. Diese verschiedenen Darstellungsarten werden ebenfalls durch die Prinzipskizze
  verdeutlicht.

- Der Eintrag im Feld [TREPPENNAME] bewirkt nicht nur eine Eintragung in die
  Auswahlliste, sondern erzeugt eine Datei vom Typ .TRP, die standardmäßig im
  CADdy-Architekturverzeichnis \A1\ gespeichert wird. Vor dem Verlassen der
  Maske (auch mit dem Befehl [ZEICHNEN]) wird der Dateiname zum Speichern
  angeboten.

- Die Angaben zur Geometrie der Treppe im darunterliegenden Feld gelten (bis
  auf die Wendelstufenbreite) für alle Treppenarten.

  - Im Feld [HÖHENOFFSET] wird die Unterkante der Treppe für eine 3D-
    Darstellung festgelegt.

  - Die [LAUFBREITE] und die Anzahl der [STEIGUNGEN] sind bereits eingetra-
    gen, können aber verändert werden.

  - Gibt man eine [GESCHOßHÖHE] ein, so werden auch alle anderen Felder
    automatisch ausgefüllt:

  - Die [STUFENHÖHE] (S) ergibt sich zwangsläufig aus Geschoßhöhe / Stei-
    gungen. Daraus errechnet sich die Breite des [AUFTRITTS] (A) nach der be-
    kannten Regel 2S + A = 63. Die Auftrittsbreite kann beliebig verändert wer-
    den; das daraus ermittelte Schrittmaß wird unten in der Maske angezeigt.

- Die [LAUFLÄNGE] wird aus Auftritt x (Steigungen -1) errechnet; bei gewinkelten Treppen werden ein oder zwei Auftritte durch die Podestlänge ersetzt; ebenso bei Treppen mit Podest. Die Lauflänge kann bei gleicher Steigungszahl nicht verringert, aber erhöht werden. Dabei wird die Auftrittsbreite automatisch angepaßt.

☞ Bei Wendel- und Spindeltreppen wird die Lauflänge in Stufenmitte angesetzt. Da die Norm einen Ansatz der Lauflänge weiter außen zuläßt, kann
  die vom Programm in der Mitte errechnete Auftrittsbreite verringert und
  damit Platz gewonnen werden. Im automatisch erzeugten Text muß die
  Auftrittsbreite dann nachträglich editiert werden.

- Das Feld [WENDELSTUFENBREITE] ist nur bei gewendelten Treppen aktiv.
  Gemeint ist damit das Mindestmaß der Breite einer gewendelten Stufe.

- Ein [AVA-BAUELEMENT] kann eingetragen werden, wenn die Daten an ein
  AVA-Programm übergeben werden sollen, das mit der Bauelement-Methode
  arbeitet.

• Mit [WINKEL] ist der Öffnungswinkel für gewendelte und gewundene Treppen
  gemeint.

• Das Feld [VERZUGSSTUFEN] gilt ebenfalls nur für gewendelte Treppen. Hier
  wird angegeben, wie viele Stufen jeweils links und rechts von der Winkelhalbierenden der Wendelung verzogen werden sollen.

• Die Längen [L1], [L2] und [L3] sind, soweit notwendig, in den Skizzen zu den
  einzelnen Treppenarten dargestellt. Sie können direkt oder über die Anzahl der
  Stufen ([S1], [S2], [S3]) eingegeben oder mit dem Schalter [POSITION] aus dem
  Grundriß ermittelt werden.

  Das Programm überprüft, ob die zur Konstruktion notwendigen Mindest- oder
  Höchstlängen eingehalten werden und nimmt notfalls eine Korrektur vor.

  Mit dem Schalter [SYMMETRIE] können die Längen [L1] und [L3] (wenn vorhanden) gleichgesetzt werden.

• Der Schalter [SCHNITT] ermöglicht die im Grundriß übliche Schnittdarstellung
  mit einem durchgezogenen und einem gestrichelten Treppenteil.

• [KONTROLLE] prüft noch einmal alle eingegebenen Werte auf Plausibilität und
  nimmt gegebenenfalls Änderungen vor.

• Mit [SPEICHERN] werden die aktuellen Konstruktionswerte in eine Datei gespeichert. Als Dateiname wird der Treppenname angeboten.

• Mit dem Befehl [ZEICHNEN] wird die Treppe in die Zeichnung eingesetzt. Dazu wird das Punkt-Definitionsmenü angeboten. Die zum Zeichnen notwendigen Konstruktionspunkte sind in der jeweiligen Prinzipskizze einer Treppenart
  eingetragen. Die Treppe kann natürlich auch spiegelbildlich zur Skizze gezeichnet werden; der Punkt [P1] und die Länge [L1] befinden sich immer auf

der Seite des Treppenantritts. Bild 2-34 zeigt eine Abbildung der Treppenarten, für die in der Maske keine Skizze vorhanden ist.

Wenn der Schalter [SCHNITT] angekreuzt war, wird nach der Punkt-Definition eine mögliche Schnittdarstellung der Treppe angezeigt und kann bestätigt oder verändert werden.

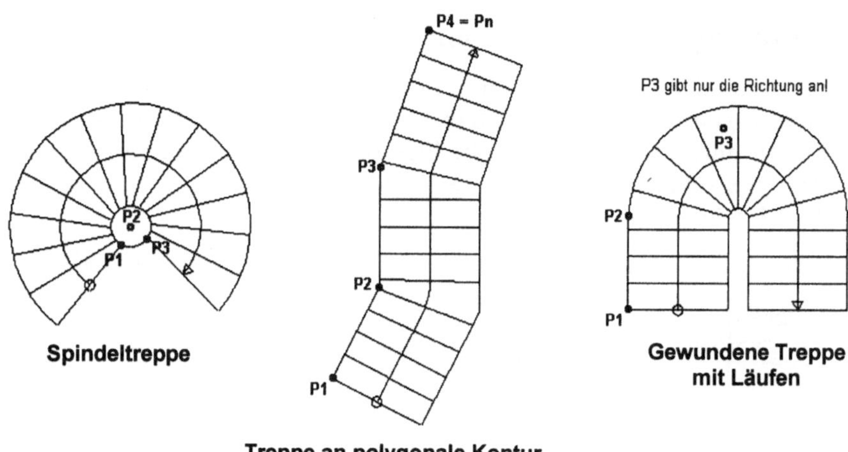

Bild 2-34 Besondere Treppenarten

Mit Ausnahme der „Treppe an polygonale Kontur" [TREPPENART AUSWAHL] können alle Treppen nachträglich verändert werden. Das geschieht mit den Befehlen, die im Menü [TREPPEN] unter der Überschrift [ÄNDERN] zusammengefaßt sind.

* Mit [GEOMETRIE] wird die Konstruktionsmaske der identifizierten Treppe eingeblendet. Nach Änderung der Werte wird sie mit [ENDE] (oder der rechten Maustaste) wieder verlassen. Nach dem Speichern der Datei und der (möglichen) Abfrage der Schnittdarstellung wird die veränderte Treppenkonstruktion gezeichnet.

☞ Beim Zeichnen der veränderten Treppe wird nicht geprüft, ob sie in den zur Verfügung stehenden Raum hineinpaßt oder etwa mit Wänden „kollidiert".

* Mit [POSITION] kann die Treppe verschoben und/oder gespiegelt werden. Dabei müssen die Konstruktionspunkte neu definiert werden; die Treppe wird also neu gezeichnet.

* Mit [KOPIE] wird die Treppe kopiert und/oder gespiegelt, auch hier wird die Treppe durch Definition der Konstruktionspunkte neu gezeichnet.

 Sie können die Treppe auch innerhalb eines definierten Ausschnitts mit den Funktionen des Menüs [ÄNDERN A] bearbeiten. Dann müssen die Konstruktionspunkte nicht neu definiert werden.

Mit dem Befehl [LÖSCHEN] im [TREPPEN]-Menü wird die identifizierte Treppe gelöscht.

2.3.2 Konturtreppen konstruieren

Konturtreppen sind Treppen, die sich in eine vom Benutzer definierte geschlossene Kontur einfügen. Diese kann aus Strecken und Kreisbögen bestehen. Die Ränder der Kontur müssen dabei nicht unbedingt parallel zueinander verlaufen. Damit können Treppen optimal an die Gegebenheiten eines Grundrisses angepaßt werden (Bild 2-35 zeigt einige Beispiele).

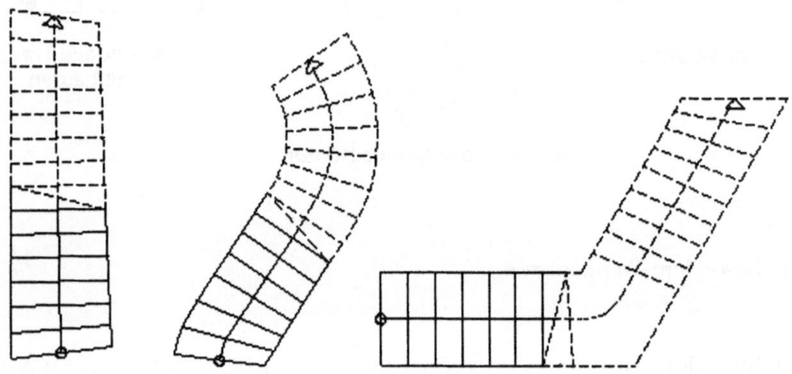

Bild 2-35 Beispiele für Konturtreppen

Nicht nur der äußere Umriß, sondern auch die Lauflinie der Konturtreppe kann frei definiert werden, Podeste können beliebig angeordnet und Stufen einzeln verzogen werden. Zusätzlich können einzelne Konstruktionselemente für die 3D-Darstellung beeinflußt werden: die Größe und Form des Handlaufs, der Geländerstäbe und, wenn gewünscht, einer Treppenwange.

Die logischen Informationen der Konturtreppe werden gespeichert und können jederzeit über [GEOMETRIE] wieder abgerufen und verändert werden (was bei einer standardmäßigen „Treppe an polygonale Kontur" nicht möglich ist).

Da die Treppe ein logisches Objekt bildet, kann sie mit [VERSCHIEBEN] und [KOPIEREN] nach Eingabe eines Vektors insgesamt verändert werden.

- Nach Eingabe des Befehls [KONSTRUKT. KONTUR] im [TREPPEN]-Menü werden Sie aufgefordert, die Kontur zu bestimmen. Sie kann direkt aus dem

Grundriß übernommen werden. Ist noch keine passende Kontur vorhanden, können Sie sie entweder vorher erzeugen (z.B. mit [ERZEUGEN] / [POLYGON] / [POLY+KREIS]) oder aus vorhandenen Bildelementen „ertippen".

☞ Beachten Sie die Einstellungen in der Maske [KONTURPARAMETER] (<F9>). Die standardmäßige Voreinstellung zum Bestimmen einer Kontur ist [KONTURVERFOLGUNG]. Findet das Programm dabei keine geschlossene Kontur, so gibt es eine Fehlermeldung aus. Eine Kontur kann aber auch erzeugt werden durch Konstruieren von Punkt zu Punkt (Polygon zeichnen), durch Identifizieren der einzelnen Elemente eines Polygons (Polygon antippen) oder durch Identifizieren einer bestehenden Folge (Folge antippen).

- Ist die Kontur identifiziert, so müssen Antritt, Austritt und Lauflinie der Treppe bestimmt werden, und zwar in dieser Reihenfolge. Für [ANTRITT] und [AUSTRITT] muß je eine Kante angetippt werden. Der genaue Punkt kann in der [MITTE], als [ABTRAG] von einer Ecke oder mit dem Punkt-Definitionsmenü [PUNKT-DEF.] definiert werden (siehe Bild 2-36).

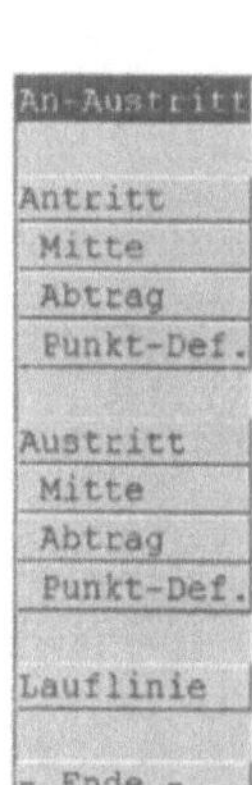

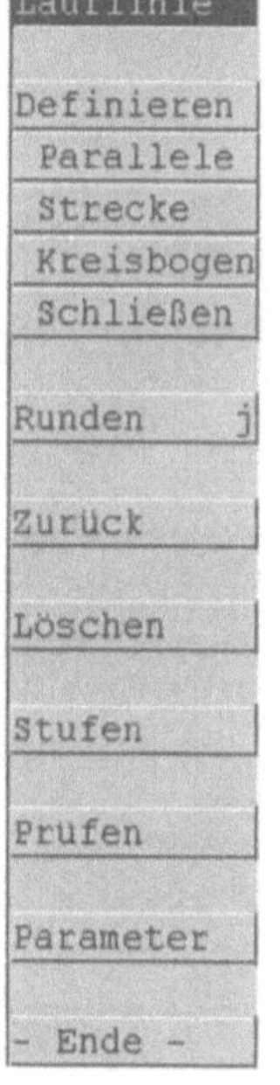

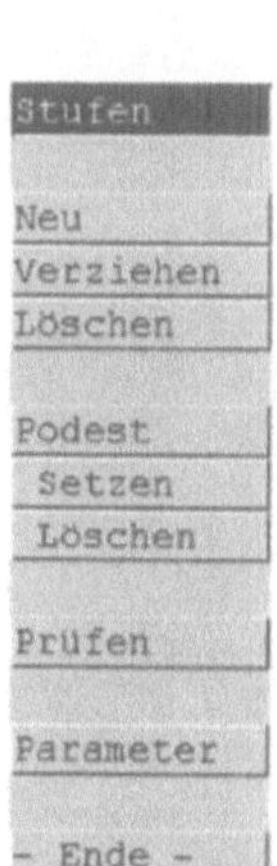

Bild 2-36
Definition von *An-* und *Austritt*,
Untermenüs *Lauflinie* und *Stufen*

- Der Befehl [LAUFLINIE] verzweigt in das Menü [LAUFLINIE] (siehe Bild 2-36).

Die Lauflinie kann aus Parallelen [PARALLELE] zu den Seitenkanten der Kontur zusammengesetzt werden. Vorgeschlagen wird der Abstand zum Antrittspunkt bzw. der Abstand der zuletzt gezeichneten Parallele. Ist der Schalter [RUNDEN] aktiv, so wird zwischen den Strecken ein Kreisbogen eingefügt, dessen Radius definiert werden muß.

Die Lauflinie kann auch aus [STRECKE] und [KREISBOGEN] zusammengesetzt werden. Anfangspunkt ist dabei immer der Antrittspunkt.

Mit [SCHLIEßEN] wird die Lauflinie mit dem Austrittspunkt verbunden.

[ZURÜCK] löscht das letzte Teilstück der Lauflinie, mit [LÖSCHEN] wird sie komplett gelöscht.

- Mit dem Befehl [STUFEN] werden die Stufen eingezeichnet, und zwar entsprechend der Voreinstellung in den Parametern. Gleichzeitig wird in das Menü [STUFEN] verzweigt (siehe Bild 2-36).

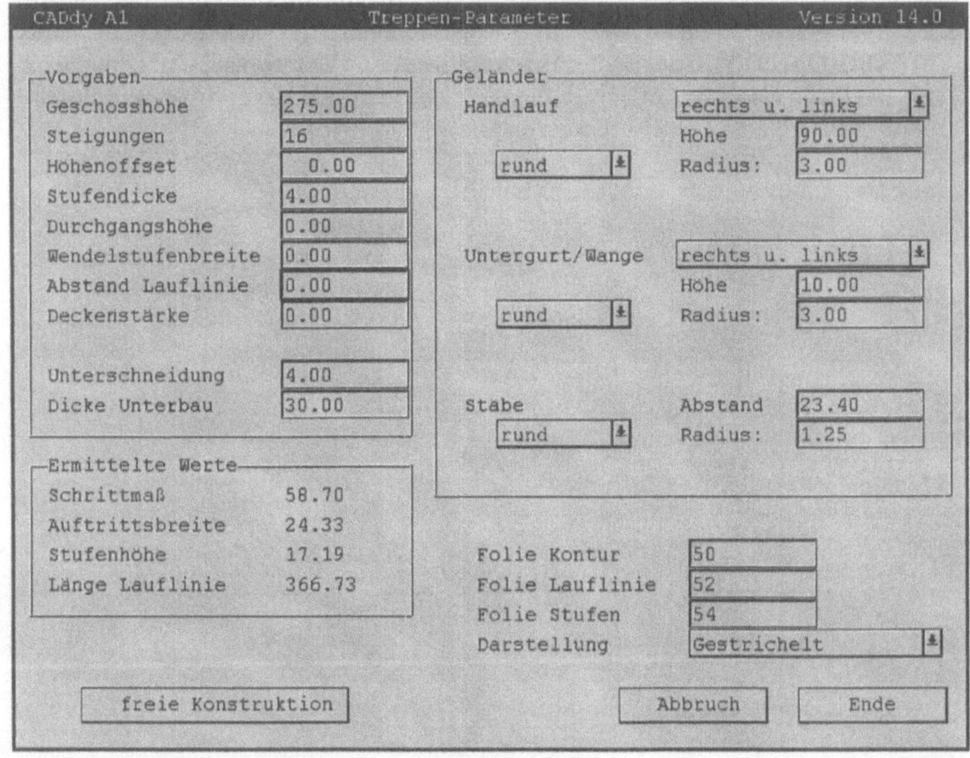

Bild 2-37 Maske Treppen-Parameter

- Von hier aus (oder aus dem Menü [LAUFLINIE]) gelangt man mit [PARAMETER] in die Maske [TREPPEN-PARAMETER] (siehe Bild 2-37). Hier ist die [GESCHOß-HÖHE] mit 275 voreingestellt, die Anzahl der [STEIGUNGEN] mit 16. Wenn diese beiden Werte an die speziellen Gegebenheiten angepaßt worden sind, kann die Maske erst einmal wieder verlassen werden. Die Stufen werden dann automatisch neu gezeichnet.

Ein erneuter Aufruf der Treppenparameter zeigt, daß aus der automatischen Verteilung der Stufen die [AUFTRITTSBREITE] und das [SCHRITTMAß] neu berechnet wurden.

Für eine 3D-Darstellung der Treppe sind die Maße für die [STUFENDICKE] und die [DICKE UNTERBAU] (für Massivtreppen) interessant. Außerdem kann eine [UNTERSCHNEIDUNG] der Stufen eingegeben werden, die im Grundriß eingestrichelt wird.

Ein [GELÄNDER] kann ebenfalls über die Maske [TREPPEN-PARAMETER] definiert werden. Der [UNTERGURT] ist entsprechend der Voreinstellung ein rundes Holz, das 10 cm über den Stufen sitzt und die Geländerstäbe trägt. Er kann in eine [WANGE] verwandelt werden, wenn man [RUND] in [ECKIG] ändert und beispielsweise als [HÖHE] 0, als [BREITE] 30 und als [DICKE] 6 eingibt. Für eine detailliertere Geländerkonstruktion gibt es im Architekturmenü einen speziellen Menüpunkt.

Wenn Sie in der Maske [TREPPEN-PARAMETER] bei [WENDELSTUFENBREITE] einen Minimalwert (z.B. 10) eingeben, so können Sie anschließend im Menü [STUFEN] mit [PRÜFEN] feststellen, bei welchen Stufen dieser Wert unterschritten wurde.

Diese Stufen können Sie dann [VERZIEHEN]. Zu diesem Zweck identifiziert man die Stufe an ihrem Schnittpunkt mit einer Außenkante der Kontur. Dann legt man mit dem Punkt-Definitionsmenü oder mit dem Cursor einen Punkt auf der Außenkante fest, an dem die Stufenkante enden soll. Diese wird entsprechend gedreht.

Ein [PODEST] wird auch durch das Verändern einer Stufe definiert, nur muß hier die Stufe an ihrem Schnittpunkt zur Lauflinie identifiziert werden, und auch der neue Punkt muß auf der Lauflinie liegen. Die Treppe wird dann neu berechnet.

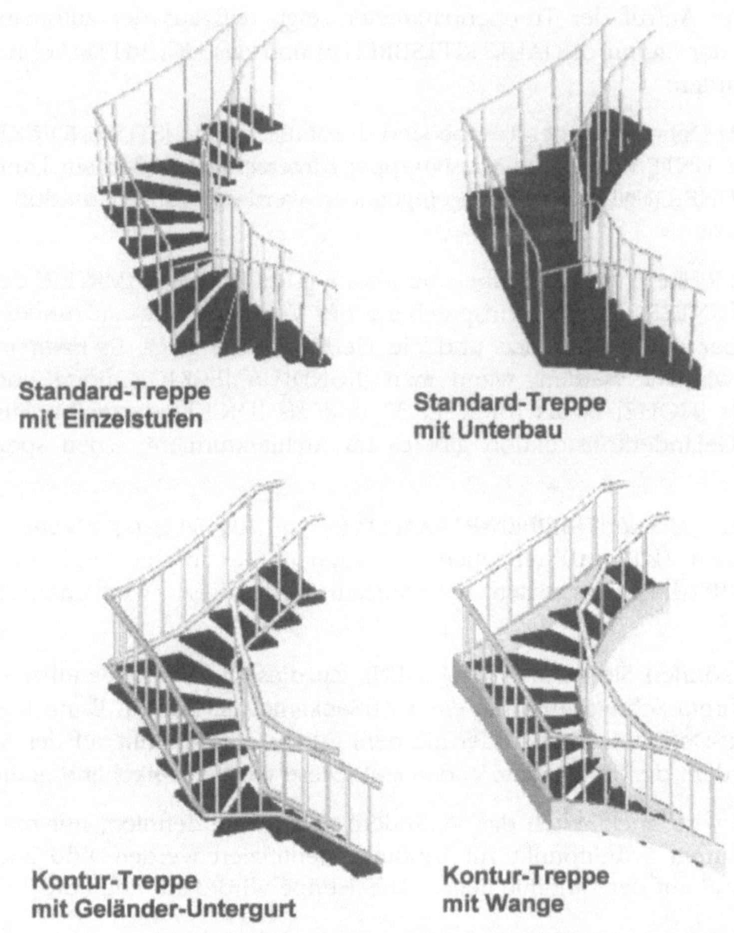

Bild 2-38 Beispiele für verschiedene Treppenarten

Der Vorteil der Konturtreppe zeigt sich erst durch die differenzierteren Möglichkeiten der 3D-Darstellung:

- Standardtreppen erhalten im Architekturmodul zunächst keine Informationen für Stufen- und Geländerkonstruktion. Beim Einlesen ins 3D-Programm können allerdings Voreinstellungen für die Darstellung definiert werden: ob einzelne Stufen gezeichnet werden sollen oder ein massiver Unterbau. Auch für das Geländer können einige Parameter gesetzt werden, allerdings nicht so detailliert wie bei der Konturtreppe.

- Konturtreppen führen die logischen Informationen bereits im 2D-Programm mit. Diese gelten auch beim Einlesen ins 3D-Programm.(Bild 2-38 zeigt verschiedene 3D-Darstellungen bei Standard- und Konturtreppen).

2.3.3 Praxisfall: Konstruktion der Treppe

2.3.3.1 Standardtreppe

Konstruieren Sie jetzt die Treppe im Erdgeschoßgrundriß des Beispielprojekts.
Zoomen Sie dazu den unteren Bereich der Diele groß heraus. Erzeugen Sie mit
<⇑ F8> [HILFSKONSTRUKTION] / [PARALLELE] / [KONST.ABST] zwei Hilfslinien
im Abstand von 2 cm zu den Wänden H und K (siehe Bild 2-39).

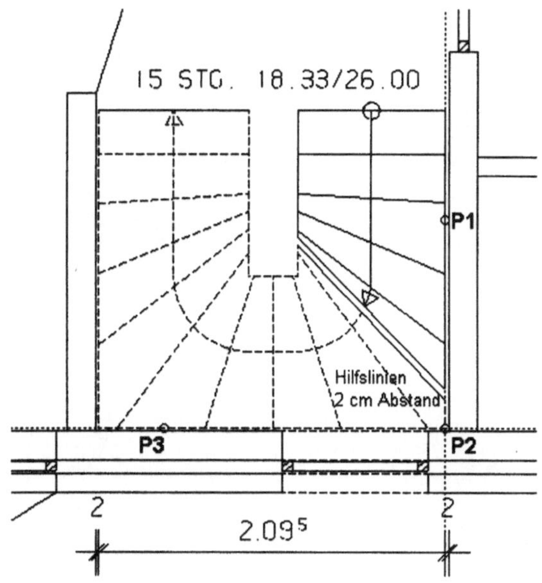

Bild 2-39
Die Treppe im Beispiel-Grundriß

Wählen Sie im Architektur-Menü den Befehl [TREPPEN] / [KONSTRUKT.
STANDARD], tippen Sie in der Auswahlmaske auf ein leeres Feld und dann auf
[KONSTRUKTION].

Füllen Sie die Maske [TREPPEN-KONSTRUKTION] entsprechend Bild 2-40 aus.
Wichtig ist die [TREPPENART] / [ZWEIFACH GEWENDELT] (nicht gewinkelt.).
Dann tragen Sie folgende Werte ein: für die Geschoßhöhe 275, für die Laufbreite
90, kreuzen Sie [SYMMETRISCH] an, und führen Sie eine [KONTROLLE] durch. Die
Längen [L1], [L2] und [L3] werden jetzt automatisch eingetragen. Ändern Sie [L2] auf
209.5; dann werden [L1] und [L3] größer. Kreuzen Sie [SCHNITT] an und tippen Sie
auf [ZEICHNEN]. Der Name der Datei soll BSP-TREP sein.

Im Punkt-Definitionsmenü wählen Sie [CURSOR] und aktivieren den Hotkey <F>
(Fangpunkt). Fangen Sie für P1 einen Punkt auf der vertikalen Hilfslinie (die genaue Länge ist ohnehin durch L1 bestimmt). Als Punkt P2 wählen Sie wiederum
den Cursor, aktivieren den Hotkey <S> (Schnittpunkt) und fangen den Schnittpunkt der beiden Hilfslinien ein. Für den dritten Punkt (P3) wählen Sie wieder

den Cursor, aktivieren den Hotkey <H> (Horizontal) und tippen links von P2 auf. Dann müssen Sie noch die Darstellung (Schnitt) bestätigen und den Text positionieren.

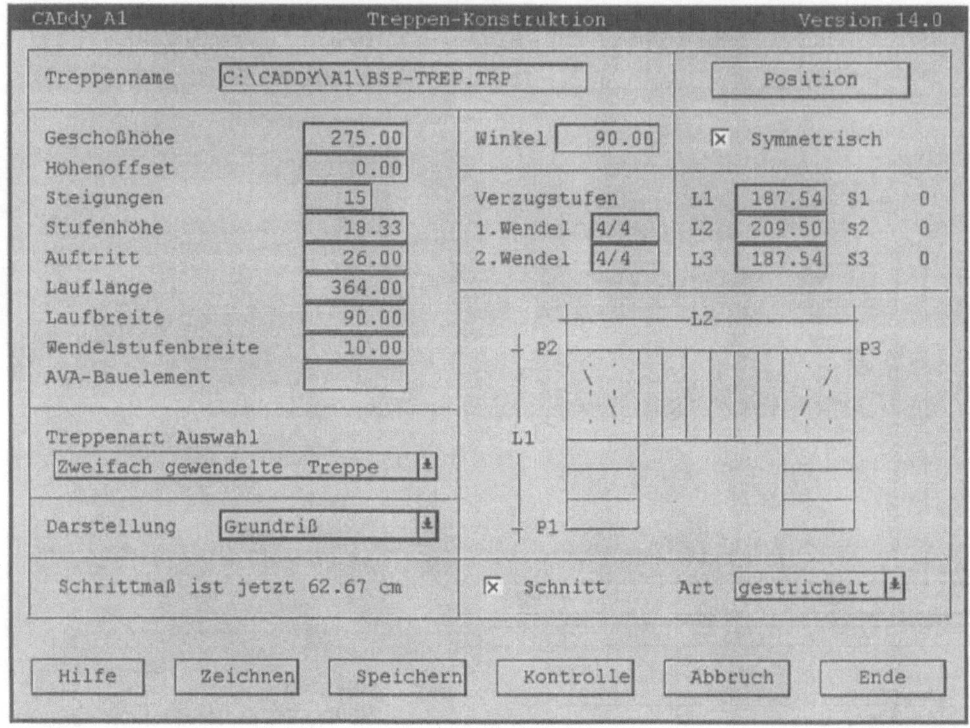

Bild 2-40 Konstruktionswerte für die Treppe im Beispielprojekt

2.3.3.2 Konturtreppe

Die Treppe im Beispielprojekt kann natürlich ebenfalls als Konturtreppe definiert werden. Dazu könnte man die äußere Treppenkontur nachzeichnen, die „alte" Treppe löschen und statt dessen eine Konturtreppe konstruieren.

Dabei stellt sich heraus, daß die Wendelstufen bei der automatischen Verteilung in einem Punkt zusammenlaufen. Dies kann nur durch aufwendiges Verziehen jeder einzelnen Stufe korrigiert werden. Eine etwas bessere Verteilung ergibt sich, wenn man die Innenecken der Kontur abrundet ([ÄNDERN] / [ECKEN] / [RUNDEN]). Aber auch hier müßten die Wendelstufen von Hand verzogen werden, um die Mindestbreite von 10 cm zu erreichen (siehe Bild 2-41).

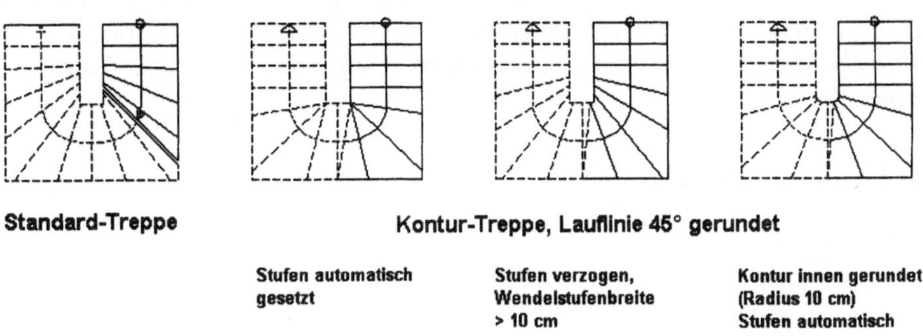

Bild 2-41 Unterschiedliche Stufenverteilung bei Konturtreppen

Damit wäre der Aufwand zum Erzeugen einer Konturtreppe gegenüber der Standardkonstruktion in diesem Falle ungleich höher.

2.4 Decken

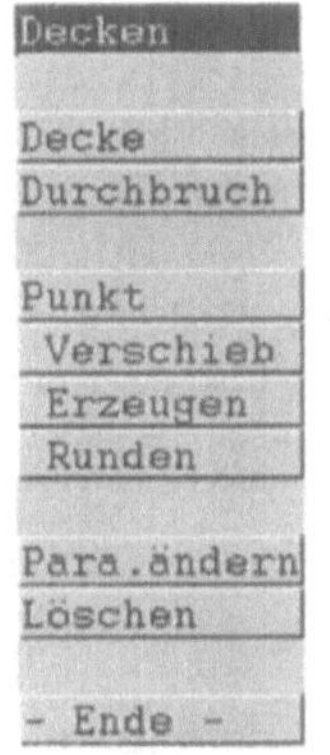

Bild 2-42
Menü *Decken*

Mit dem Befehl [DECKEN] im Architektur-Menü können beliebig umrandete Platten erzeugt und gegebenenfalls mit Durchbrüchen versehen werden. Dies können beispielsweise Geschoßdecken, Fundamentplatten oder Podeste sein.

Eine Decke ist mit ihren dazugehörigen Durchbrüchen ein logisches Objekt mit den nötigen Informationen für die 3D-Darstellung. Dazu gehören die Höhen (Unterkante und Deckenstärke) und die Information, daß ein Durchbruch nicht als „Körper", sondern als „Loch" dargestellt wird.

Damit ist die Definition von Decken eine wichtige Vorbereitung für die 3D-Darstellung (und selbstverständlich für die Massenermittlung). Will man sich auf die reine Grundrißdarstellung beschränken, so genügt es, mit [ERZEUGEN] hier und da eine Ansichtskante einzufügen, da der größte Teil der Deckenplatten ohnehin verdeckt ist.

Da Decken und Durchbrüche auf besondere Folien gespeichert werden, ist es natürlich auch möglich, die Deckenfolien für die 2D-Darstellung auszublenden und einzelne als Ansichtskanten benötigte Teilkanten auf eine andere (sichtbare) Folie zu kopieren.

2.4.1 Decken erzeugen

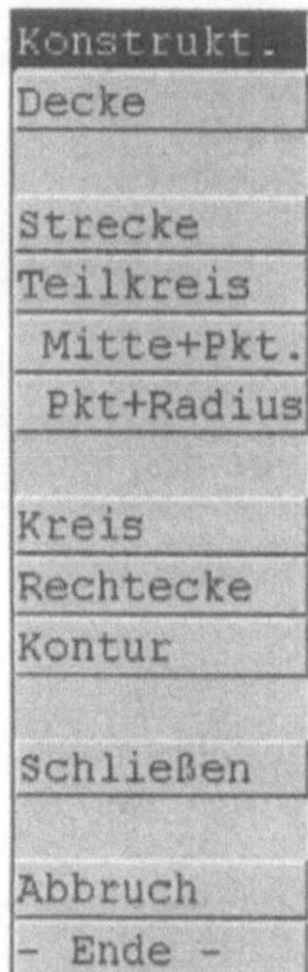

Bild 2-43
Konstruktion der Decke

Die äußere Umrandung einer Decke kann aus Strecken und Kreisbögen zusammengesetzt werden. Dafür stehen im Menü [KONSTRUKTION], in das man mit dem Befehl [DECKE] verzweigt, verschiedene Funktionen zur Verfügung.

- Mit dem Befehl [KREIS] erzeugt man eine Decke als Vollkreis.

- Mit [RECHTECKE] erzeugt man eine Decke als Rechteck.

- Mit [KONTUR] kann man eine bereits bestehende Kontur als Decke definieren. Die Decke kann mit einem Abstand zur der identifizierten Kontur gezeichnet werden, aber auch direkt auf der Kontur (Abstand = 0).

☞ Bei der Erzeugung einer Decke als Kontur ist die Voreinstellung in den Konturparametern zu beachten.

- Mit [STRECKE] kann man einen Polygonzug aus Strecken erzeugen. Unter der Überschrift [TEILKREIS] werden zwei Funktionen zur Erzeugung von Kreisbögen angeboten.

  Die einzelnen Punkte werden mit dem [PUNKT-DEFINITIONSMENÜ] oder mit dem [CURSOR] (eventuell mit Zusatzfunktion) definiert. Durch Abbruch mit der rechten Maustaste kann jederzeit zwischen [STRECKE] und [TEILKREIS] gewechselt werden, ohne den Verlauf der Kontur zu unterbrechen.

- Mit [SCHLIEßEN] wird das letzte Teilstück der Kontur automatisch erzeugt.

- Mit [ABBRUCH] kann man eine nicht geschlossene Kontur löschen und ins Menü [KONSTRUKTION] zurückkehren, falls beim Erzeugen des Konturverlaufs ein Fehler gemacht wurde. Die Kontur muß in einem Zuge erzeugt werden.

Wenn die Konturerzeugung korrekt beendet wurde, fragt das Programm nach der [UNTERKANTE] und der [HÖHE] (Stärke) der Decke. Außerdem kann die Bezeichnung für ein [BAUELEMENT] eingegeben werden. Falls letzteres nicht benötigt wird, ist die Frage mit <ENTER> (oder Klick auf die linke Maustaste) zu beantworten.

☞ Wird bei der Frage nach dem Bauelement die <ESC>-Taste oder die rechte Maustaste gedrückt, so wird die Decke nicht gezeichnet.

Mit den Änderungsfunktionen im Menü [DECKEN] können vorhandene Decken nachträglich verändert oder gelöscht werden. Da mehrere Decken vorhanden sein können, muß die jeweils gewünschte zunächst identifiziert werden.

- Eine Deckenkontur kann durch [VERSCHIEBEN] der Eckpunkte verändert werden. Dazu wird der Cursor angeboten, um einen Punkt zu ziehen und an anderer Stelle zu plazieren. Mit den Cursor-Zusatzfunktionen kann der Punkt beispielsweise an einen vorhandenen End- oder Schnittpunkt angeschlossen werden.

- Um eine zusätzliche Ecke einzufügen, kann man einen neuen Punkt [ERZEUGEN]. Dabei tippt man mit dem Cursor eine Kante an, die an dieser Stelle automatisch geteilt wird. Der neu entstandene Eckpunkt kann wiederum dynamisch plaziert oder angeschlossen werden.

- Durch Eingabe eines Radius kann man Ecken auch [RUNDEN].

- Mit [PARA. ÄNDERN] werden die Parameterangaben zu [HÖHE] und [BAUELEMENT] geändert.

- Mit [LÖSCHEN] wird die komplette Decke (einschließlich der zugehörigen Durchbrüche) gelöscht.

2.4.2 Durchbrüche erzeugen

Durchbrüche werden genauso erzeugt wie Decken. Der Befehl [DURCHBRUCH] im Menü [DECKEN] verzweigt in das gleiche Menü [KONSTRUKTION]; allerdings muß erst die Decke identifiziert werden, zu der der Durchbruch gehört. Ohne Decke kein Durchbruch.

Aus diesem Grunde werden die Angaben zu Höhe und Bauelement auch nicht noch einmal abgefragt. Um sie zu ändern [PARA. ÄNDERN] kann allerdings auch der Durchbruch identifiziert werden. Die Änderungen gelten dann für die Decke einschließlich aller Durchbrüche.

Die übrigen Änderungsfunktionen im Menü [PUNKT] ([VERSCHIEB], [ERZEUGEN] und [RUNDEN])] können auch auf Durchbrüche angewendet werden, ebenso die Funktion [LÖSCHEN] (um nur einen Durchbruch aus einer Decke zu löschen).

2.4.3 Praxisfall: Fundamentplatte und Geschoßdecke

2.4.3.1 Decken

Für das Beispielprojekt soll eine 25 cm starke Bodenplatte als Fundamentplatte erzeugt werden, die gegenüber den Außenwänden um 3 cm zurückspringt.

Lesen Sie den Grundriß EG ein. Für die Deckenkontur benötigen Sie im Bereich des Erkers zwei Hilfslinien durch die Wand-Eckpunkte (siehe Bild 2-44), die am einfachsten über <⇑ F8> ([HILFSKONSTRUKTION] / [WINKELHALBIERENDE]) erzeugt werden. Eventuell vorhandene alte Hilfslinien löschen Sie am besten vorher.

 Falls Sie die Hilfsfolie (512) ausgeblendet hatten, aktivieren Sie sie wieder durch [BLÄTTERN], sonst können die Hilfslinien nicht identifiziert werden.

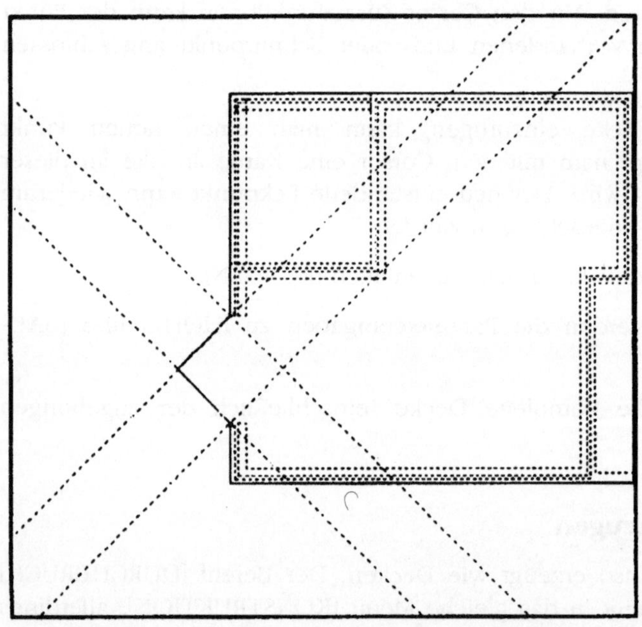

Bild 2-44
Fundamentplatte /
Beispielprojekt

Die Deckenkontur wird durch die Gebäude-Außenkanten und die beiden Hilfslinien gebildet. Sie können sie von Eckpunkt zu Eckpunkt definieren. Aktivieren Sie unter [KONTURPARAMETER...] (<F9>) die Voreinstellung [POLYGON ZEICHNEN].

Wählen Sie den Befehl [DECKEN] / [DECKE] / [KONTUR], und zeichnen Sie die Kontur mit dem [CURSOR] und dem Hotkey <S> (Schnittpunkt).

 Achten Sie darauf, daß Sie auch wirklich bei jedem Punkt den Hotkey <S> aktivieren, um die Schnittpunkte „einzufangen". Die Zusatzfunktionen werden normalerweise immer wieder deaktiviert; es sei denn, Sie haben unter [PARAMETER] / [GRUNDEINSTELLUNGEN...] den allgemeinen Parameter [HOTKEYS IM CURSORMODE BEIBEHALTEN] angekreuzt.

Ist die Kontur vollständig gezeichnet, so brechen Sie den Befehl mit der rechten Maustaste ab und geben als Abstand -3 ein. Jetzt müssen noch die Höhen eingegeben werden: [UNTERKANTE] -25 und [HÖHE] 25, [BAUELEMENT] wird mit <ENTER> beantwortet.

Löschen Sie die Hilfslinien wieder, überprüfen Sie die Konstruktion im 3D-Programm, und speichern Sie das Bild (im 2D-Programm.) erneut als EG ab.

Erzeugen Sie gleich anschließend: die Geschoßdecke über dem Erdgeschoß. Da diese in der 3D-Darstellung dem Erdgeschoß einen „Deckel" aufsetzt, durch den man bei schattierter Darstellung nicht mehr hindurchsehen kann, soll sie eigentlich als „Grundplatte" im Dachgeschoß-Grundriß dienen. Dazu speichern Sie das Bild gleich noch einmal unter dem Namen DG. Dann können Sie den Inhalt dieser Datei nach und nach in ein Dachgeschoß „umwandeln", ohne versehentlich das Erdgeschoß zu überschreiben.

Zur Erzeugung der Deckenplatte ändern Sie die Voreinstellung in den Konturparametern [GRUNDEINSTELLUNGEN] wieder in [KONTURVERFOLGUNG]. Wählen Sie wieder den Befehl [DECKEN] / [DECKE] / [KONTUR], und identifizieren Sie die eben erzeugte Decke (am besten an der Kante rechts im Eingangsbereich). Geben Sie als [ABSTAND] -16 ein, [UNTERKANTE] 259, [HÖHE] 16, das Feld für [BAUELEMENT] wird mit <ENTER> bestätigt.

Damit ist die Geschoßdecke 3 + 16 = 19 cm von den Gebäude-Außenkanten nach innen versetzt, d.h. sie endet genau auf den Außenkanten der Hintermauerung. Damit dies umlaufend der Fall ist, muß sie über dem Hauseingang einen Rücksprung erhalten. Diesen erreichen wir durch Punktverschiebung.

Damit es nicht zu unübersichtlich wird, löschen Sie zunächst die Fundamentplatte, also die äußere Deckenkontur, und aktivieren Sie anschließend die Funktion [BILD NEU]. Wählen Sie [PUNKT] / [VERSCHIEB], ziehen Sie den rechten unteren Eckpunkt der Geschoßdecke nach links und schließen ihn mit dem Hotkey <E> (Endpunkt) an der Außenecke der Hintermauerung zwischen den Wänden G und H an. Jetzt verläuft die rechte Deckenkante schräg.

Um den Rücksprung herzustellen, brauchen Sie zwei zusätzliche Eckpunkte. Wählen Sie dazu [PUNKT] / [ERZEUGEN], und tippen Sie die schräge Kante an beliebiger Stelle an. Schließen Sie den neu entstandenen Punkt mit <E> an die Außenecke der Hintermauerung zwischen den Wänden E und F an. Erzeugen Sie einen weiteren Punkt, und schließen Sie ihn an die Außenecke der Hintermauerung zwischen den Wänden F und G an.

Überzeugen Sie sich mit [BLÄTTERN], daß die Decke korrekt auf Folie 20 sitzt, und speichern Sie das Bild erneut als DG.

2.4.3.2 Durchbrüche

In der Geschoßdecke werden Durchbrüche für den Schornstein, das Treppenauge und die Galerie benötigt. Um diese Durchbrüche zu erzeugen, benötigen Sie zunächst einmal ein übersichtlicheres Bild. Stellen Sie dazu mit <F2> die Arbeitsfolie auf 20 um. Dann rufen Sie mit <⇧ F2> das Menü [FOLIEN] auf und dort den Befehl [DARST.-FO.]. / [KEINE], um alle Folien (bis auf die Arbeitsfolie) unsichtbar zu machen. Anschließend wählen Sie [AKTIV.-FO.] und tippen auf [HILFS. FO] und [EINZELNE], tragen Sie im Feld [FOLIE:] 21 ein, um nur diese beiden Folien wieder einzublenden und zu aktivieren.

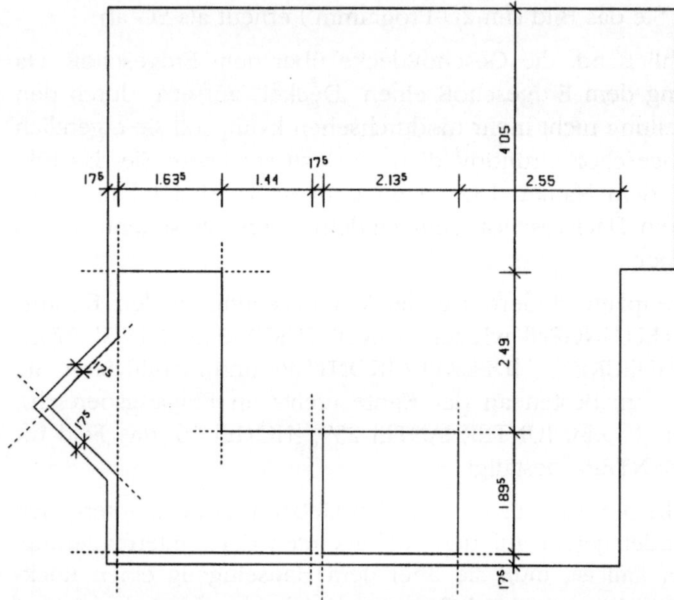

Bild 2-45
Geschoßdecke mit
Durchbrüchen /
Beispielprojekt

Vergrößern Sie sich das Bild, und erzeugen Sie mit <⇧ F8> (Hilfskonstruktion) parallele Hilfslinien mit [KONST. ABST] entsprechend der Skizze in Bild 2-45 (die Hilfslinien wurden in der Skizze verkürzt, um die Zuordnung deutlicher zu machen).

Die Durchbrüche erzeugen Sie wieder von Schnittpunkt zu Schnittpunkt mit [DECKE] / [DURCHBRUCH], [DECKE TIPPEN] / [STRECKE] / [CURSOR] Hotkey <S>.

Es fehlt noch der Durchbruch für den Schornstein. Schalten Sie dazu alle Folien wieder aktiv. Die Hilfslinien können gelöscht werden. Wählen Sie den Befehl [DECKE] / [DURCHBRUCH], [DECKE TIPPEN], [KONTUR] und identifizieren Sie eine Schornstein-Außenkante. Geben Sie als ABSTAND 0 ein.

Speichern Sie das Bild erneut als DG.

2.5 Architektursymbole

Als Symbole werden häufig benötigte Zeichnungsteile bezeichnet, die unabhängig vom Konstruktionsplan in einer Datei gespeichert sind und beliebig oft in die Zeichnung eingesetzt werden können. Im Architektenplan sind dies beispielsweise Sanitärobjekte, Möbel oder Bäume, die in Grundrisse und Ansichten eingesetzt werden können. Zum CADdy-Architekturmodul gehört eine umfangreiche Symbolbibliothek, die im Anhang abgedruckt ist. Dort finden Sie zu jedem Symbol den Namen, unter dem es als Datei gespeichert ist, und den Referenzpunkt, mit dem es in die Zeichnung eingesetzt wird.

Architektursymbole bestehen häufig aus vielen Einzelelementen (z.B. Bäume) und benötigen deshalb verhältnismäßig viel Speicherplatz. Da sie aber nicht mit jedem Bild neu gespeichert werden müssen, sondern sich in einer eigenen Symboldatei befinden, belegen sie auch nur einmal Platz auf der Festplatte. Auch im Arbeitsspeicher wird ein Symbol nur einmal geladen, gleichgültig wie oft es im Bild verwendet wird.

Ein Symbol wird im Bild durch einen „Platzhalter" repräsentiert, in dem die Position des Referenzpunktes und der Name des Symbols sowie Drehwinkel und Zoomfaktor gespeichert sind. An dessen Stelle tritt das jeweilige Symbol, wenn es von CADdy unter dem angegebenen Namen im voreingestellten Symbolverzeichnis gefunden wird.

CADdy unterscheidet zwischen „A-Symbolen„ und „B-Symbolen„. Über die Schalter [TYP A] oder [TYP B] im Menü [SYMBOL] wird festgelegt, mit welchem Symboltyp jeweils gearbeitet werden soll. Die Voreinstellung wird mit einem * gekennzeichnet. Standardmäßig ist [TYP A] eingestellt. Der eingestellte Symboltyp wird sowohl beim Speichern selbst erstellter als auch beim Aufruf vorhandener Symbole berücksichtigt.

- Symbole vom TYP A haben den Dateityp .SYB und sind unter CADdy-Stammverzeichnis\A1\SYB\ gespeichert. Sie können aus beliebig vielen Einzelelementen (auch mehreren Symbolen) bestehen. Beim Einsetzen in ein Bild wird ein A-Symbol wie ein einziges Element betrachtet.

- Symbole vom TYP B haben den Dateityp .BSY und befinden sich im CADdy-Stammverzeichnis\A1\BSY\. Auch B-Symbole können aus beliebig vielen Einzelelementen bestehen. Beim Einsetzen in ein Bild wird ein B-Symbol automatisch „um eine Stufe zerlegt", so daß die Einzelkomponenten (Symbole, Texte, einzelne Elemente) wieder getrennt bearbeitet werden können.

2.5.1 Symbole erzeugen

Sie können selbst Symbole erstellen, indem Sie ein Bild oder einen beliebigen Teil eines Bildes mit einem Referenzpunkt versehen und in eine Symboldatei speichern.

Dazu wählen Sie den Befehl [SPEICHERN] im Menü [SYMBOL] und bestimmen die Teile des aktuellen Bildes, aus denen das Symbol gebildet werden soll. Dies können beliebig viele einzeln identifizierte Elemente (auch Symbole) sein, aber auch Ausschnitte, Folien und Folgen.

Anschließend definieren Sie mit dem Punkt-Definitionsmenü oder mit dem Cursor (je nach Voreinstellung) einen Referenzpunkt, über den das Symbol später in ein Bild eingesetzt werden soll, und geben dem Symbol einen Namen. Wenn Sie keinen besonderen Pfad angeben, wird das Symbol im unter [PARAMETER] / [VERZEICHNISSE] voreingestellten Symbolverzeichnis gespeichert.

 Beachten Sie die Voreinstellung Typ A oder Typ B. Ein versehentlich als Typ B gespeichertes Symbol kann mit der Standard-Voreinstellung Typ A nicht geladen werden, weil sowohl das Verzeichnis als auch der Dateityp unterschiedlich sind.

2.5.2 Symbole aufrufen und plazieren

Mit den Befehlen [AUFRUF NAME] oder [AUFRUF TABL.] im Symbolmenü wird ein Symbol ausgewählt und über seinen Referenzpunkt im aktuellen Bild plaziert.

- Der Befehl [AUFRUF NAME] erfragt den Namen des gewünschten Symbols. Sie können ihn direkt eingeben oder mit <LEERTASTE> und <ENTER> in die Auswahlmaske verzweigen. Diese zeigt alle Symbole des voreingestellten Typs (A oder B) im aktuellen Symbol- oder Arbeitsverzeichnis an, je nach Voreinstellung unter [PARAMETER] / [VERZEICHNISSE]. Sie können natürlich auch einen anderen Verzeichnis-Pfad (z.B. A:\ für Diskette) eingeben oder auswählen.

 Beachten Sie aber, daß nur der Name des Symbols im Bild gespeichert wird, nicht der Pfad. Beim erneuten Einlesen des Bildes werden alle Symbole im aktuellen Symbolverzeichnis auf der Festplatte gesucht.

Findet CADdy das Symbol beim Einlesen des Bildes nicht, so wird es an der Position des Referenzpunktes als Stern dargestellt. Dann müssen Sie unter [PARAMETER]/ [VERZEICHNISSE] den richtigen Symbolpfad eintragen (auch mehrere durch Semikolon voneinander getrennte Pfadangaben sind möglich) und mit <F1> das Bild neu aufbauen.

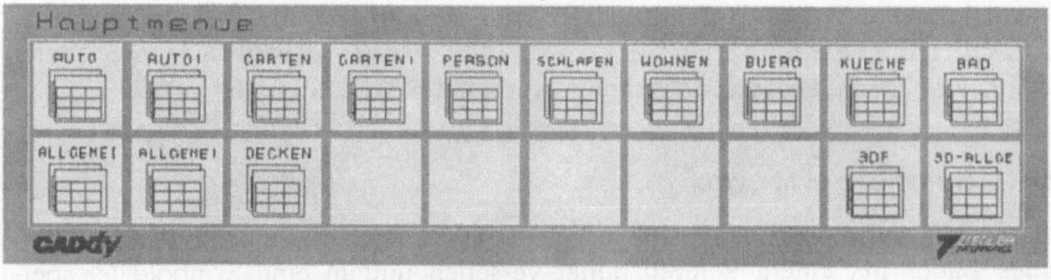

Bild 2-46 Das Hauptmenü der Symboltabletts

- Wenn Ihnen das Heraussuchen der Symbolnamen zu umständlich ist, können Sie die Symbole mit [AUFRUF TABL] über ein sogenanntes Tablett-Menü aufrufen. Dann wird am Bildschirm das übergeordnete Menü-Tablett (Bild 2-46) eingeblendet. Mit der Maus können Sie dort eine Symbolrubrik wählen, die dann wiederum als Tablett-Menü eingeblendet wird (Bild 2-47).

Diese fertigen Symbol-Tabletts enthalten allerdings nicht alle in CADdy verfügbaren Symbole. Sie können sich die Tabletts aber auch nach Ihren eigenen Wünschen zusammenstellen (siehe Kapitel 1.3.6).

☞ Achtung: Einige der in den Tablett-Menüs aufgeführten Symbole sind „B-Symbole“. Sie können nur mit der Voreinstellung Typ B aufgerufen werden.

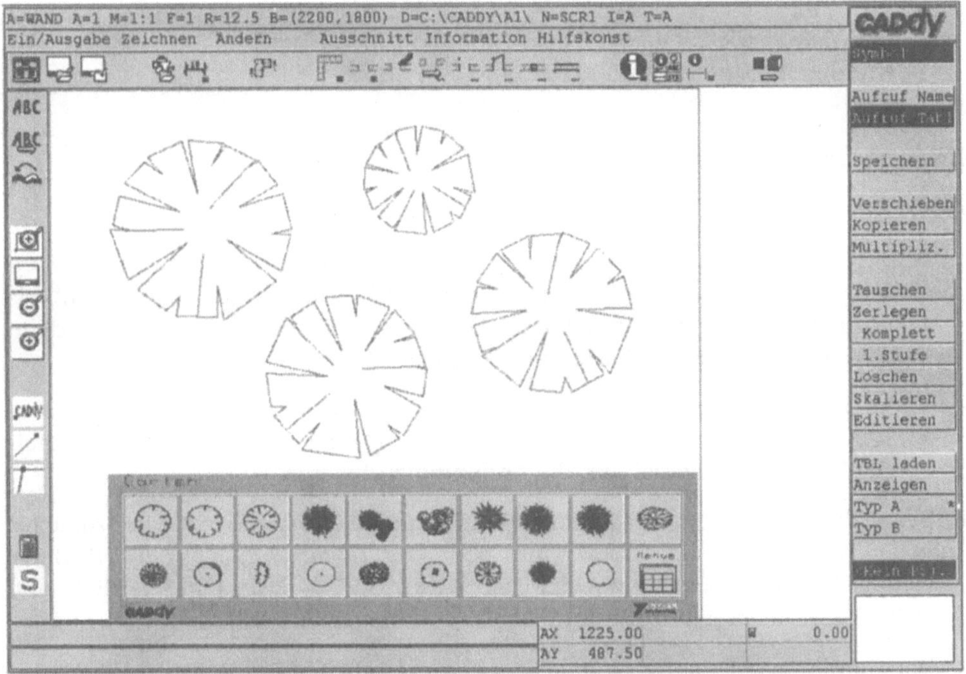

Bild 2-47 Symbolauswahl über *Aufruf Tablett*

Zum Plazieren des Symbols wird der Cursor oder das Punkt-Definitionsmenü angeboten, je nach Voreinstellung in der Parameter-Maske [GRUNDEINSTELLUNGEN] ([PUNKT-KONSTR.]: [PUNKT-DEF.] / [CURSOR] / [FRAGEN]). In der CADdy-Standard-Konfiguration fragt ein eingeblendetes Menü ab, welche Art der Punktkonstruktion Sie verwenden wollen (siehe Kapitel 1.5.5).

- Wenn Sie [CURSOR] wählen, wird das gewählte Symbol sofort sichtbar; es „hängt" am Cursor und kann über das Bild gezogen werden. Wenn Sie es im Bild abgesetzt haben, wird das Symbol gleich noch einmal zum Plazieren angeboten, und das so lange, bis Sie die rechte Maustaste drücken.

☞ Der Cursormodus hat außerdem den Vorteil, daß Sie eine Reihe von Cursor-Zusatzfunktionen (Hotkeys) verwenden können, mit denen das Symbol sofort verändert (gedreht, gezoomt, gespiegelt) werden kann. Eine Zusammenstellung dieser Funktionen finden Sie in Kapitel 1.5.5 oder in der Online-Hilfe zum Befehl [AUFRUF NAME].

- Wenn Sie eine Funktion im Punkt-Definitionsmenü wählen, wird das Symbol erst nach dem Setzen des Punktes am Bildschirm sichtbar. Über ein eingeblendetes Menü können Sie dann sofort Änderungen vornehmen, allerdings nur über definierte Zahleneingaben.

☞ Der Befehl [CURSOR] im Punkt-Definitionsmenü bewirkt nicht das gleiche wie die explizite Funktion [CURSOR].

2.5.3 Symbole ändern

Symbole können direkt beim Plazieren oder nachträglich verändert werden:

- Beim Plazieren mit dem Cursor kann das Symbol über Cursor-Zusatzfunktionen gedreht, gezoomt oder gespiegelt werden, und zwar sowohl „dynamisch" als auch durch die Eingabe fester Werte (Drehwinkel, Zoomfaktor). Das geänderte Symbol „hängt" dabei noch am Cursor und kann dann plaziert werden.

☞ Beim dynamischen Drehen oder Zoomen drückt man die Taste <D> bzw. <Z>, ändert das Symbol durch Ziehen der Maus und drückt dann die gleiche Taste noch einmal, um die Änderung zu fixieren.

- Beim Plazieren mit dem Punkt-Definitionsmenü wird das Symbol zunächst vorläufig plaziert und kann dann über die Menübefehle [VERSCHIEBEN], [DREHEN], [SPIEGELN], [SKALIEREN], [VERZERREN], [MULTIPLIZIEREN] und [ZERLEGEN] manipuliert werden.

- Bereits plazierte Symbole können auch nachträglich mit den Änderungsbefehlen im Symbolmenü verändert werden. Diese sind größtenteils identisch mit den Funktionen im Ändern-Menü, beziehen sich hier aber nur auf Symbole.

☞ Ein „dynamisches" Ändern ist ebenfalls nachträglich möglich über [ÄNDERN] / [DYN.VERSCH.] bzw. Funktionstaste <F8>. Auch hier können die Cursor-Zusatzfunktionen verwendet werden.

Die meisten Änderungsfunktionen sind vom Grundpaket her bekannt. Deshalb werden im folgenden nur einige besondere Funktionen näher erläutert:

- Das [MULTIPLIZIEREN] ist bei Symbolen besonders interessant. Hiermit können schnell viele gleichartige Elemente plaziert werden, die im Speicher nur den

Platz eines Symbols benötigen. Bild 2-48 zeigt eine mögliche Anwendung. Hier wurde ein gedrehter Stuhl mit der Voreinstellung [MATRIX] in zwei Richtungen multipliziert, einige überzählige Exemplare gelöscht und das Ganze über eine Y-Achse gespiegelt.

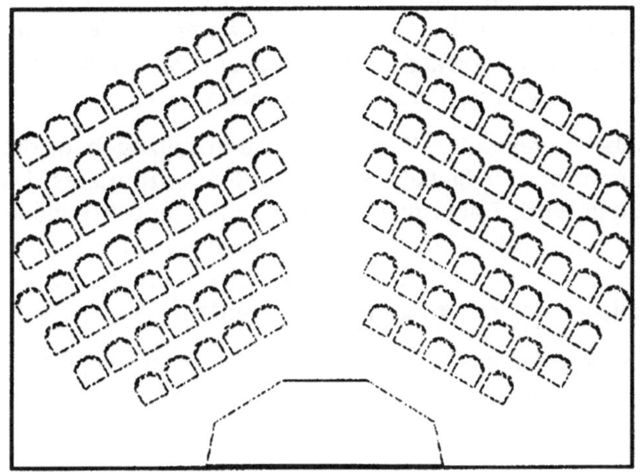

Bild 2-48
Konzertsaal als
mögliche Anwendung
für multiplizierte
Symbole

- Mit [TAUSCHEN] können Sie ein Symbol durch ein anderes ersetzen, indem Sie den neuen Symbolnamen eingeben. Das neue Symbol wird auf den gleichen Referenzpunkt gesetzt und erhält den gleichen Drehwinkel und Zoomfaktor wie das alte Symbol.

- Mit [ZERLEGEN KOMPLETT] wird der Symbolzusammenhang aufgehoben und in eine Folge umgewandelt. Das Symbol existiert zwar nach wie vor als Datei, im aktuellen Bild wird es aber nicht mehr als Symbol erkannt. Die Elemente, aus denen es besteht, werden dem Bild zugeordnet, das damit sehr viel mehr Speicherplatz benötigt. Anschließend können die einzelnen Elemente bearbeitet oder gelöscht werden.

- Besteht das Symbol aus mehreren Komponenten, z.B. mehreren Symbolen oder Symbolen und Texten, so können Sie es mit [ZERLEGEN] / [1.STUFE] zunächst in seine Einzelkomponenten und diese anschließend eventuell [KOMPLETT] zerlegen.

Um Symbole inhaltlich zu verändern, gibt es zwei Möglichkeiten:

- ZERLEGEN des Symbols, um die Einzelelemente bearbeiten zu können, und anschließendes [SPEICHERN] (eventuell unter neuem Namen).

- Mit [EDITIEREN] können Sie ein Symbol verändern, ohne es vorher zu zerlegen. Dann wird das veränderte Symbol allerdings unter seinem alten Namen neu gespeichert.

2.5.4 Zusatz-Info für die 2D-3D-Kopplung

Symbole sind zweidimensionale Bilder. Um eine entsprechende 3D-Darstellung zu erhalten, müssen im 3D-Programm passende dreidimensionale Objekte geladen werden. Diese können dort konstruiert und gespeichert werden, ähnlich wie die Symbole im 2D-Programm. CADdy liefert zum 3D-Programm bereits eine kleine Objektbibliothek mit; Sie können aber auch von vielen Softwareherstellern entsprechende Bibliotheken kaufen, deren Objekte im plattform-unabhängigen DXF-Format gespeichert sind und in CADdy importiert werden können.

Es ist möglich, einem 2D-Symbol bereits eine Zusatzinformation mitzugeben, die dafür sorgt, daß im 3D-Programm an der Stelle des Symbol-Referenzpunktes das gewünschte 3D-Objekt dargestellt wird. Dabei werden Drehwinkel und Zoomfaktor vom 2D-Symbol übernommen. Falls eine Höhenskalierung oder ein Höhenoffset (also eine Verschiebung in Z-Richtung) des 3D-Objekts erwünscht ist, müssen diese Angaben ebenfalls im Zusatz-Info gespeichert werden.

☞ Damit das 3D-Objekt richtig dargestellt wird, muß es in Größe und Ausrichtung dem 2D-Symbol entsprechen.

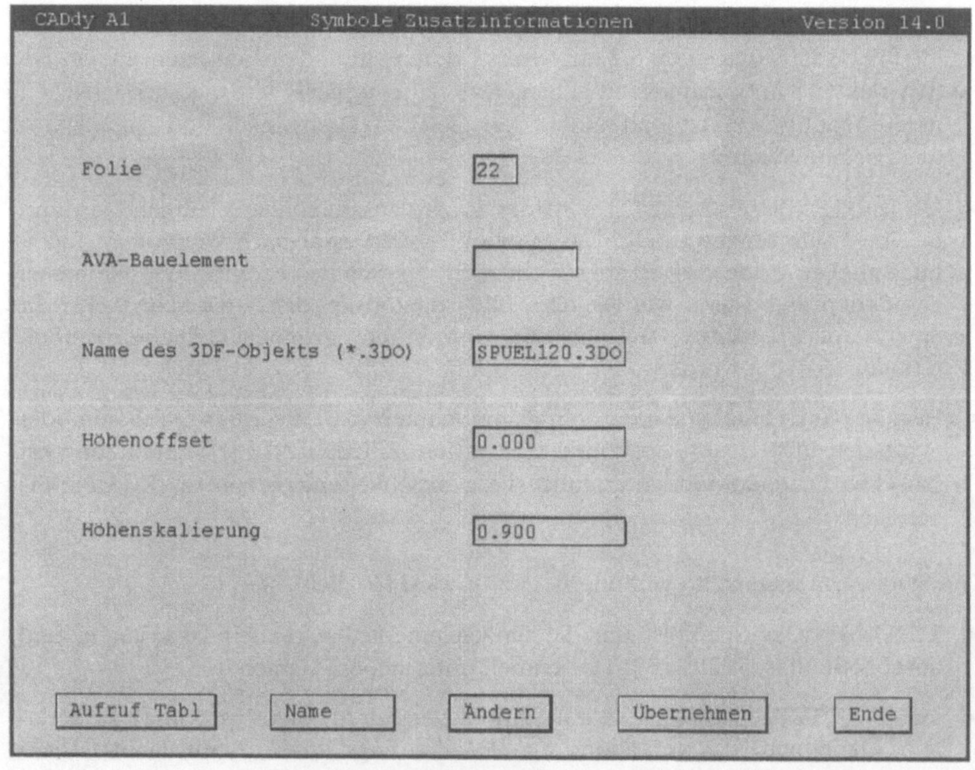

Bild 2-49 Maske *Symbole Zusatzinformationen*

Mit dem Befehl [ZUSATZINFO] im Architektur-Menü wird eine Maske aufgerufen, in die die Informationen eingetragen werden.

- Wichtig ist die Eintragung der [FOLIE], auf der sich die zu ändernden 2D-Symbole befinden.

- Das mit seinem Namen eingetragene 3D-Objekt muß im 3D-Objekt-Verzeichnis CADdy-Stammverzeichnis\3DF\3DO\ vorhanden sein; dies wird bei der Eingabe nicht überprüft. Durch Drücken der <LEERTASTE> und <ENTER> wird eine Auswahlmaske eingeblendet, in der der richtige Pfad allerdings erst ausgewählt werden muß.

- Mit [ÄNDERN] wird die Zusatzinformation den gewünschten Symbolen zugeordnet. Das Symbol kann entweder einzeln durch [TIPPEN] ausgewählt werden, oder CADdy wählt alle Symbole aus, die sich auf einer [FOLIE] befinden bzw. die gleichen Namen haben [NAME].

- Mit [ÜBERNEHMEN] können die bereits vorhandenen Zusatzinformationen eines Symbols in die Maske eingelesen werden; dieser Befehl dient auch zum Überprüfen der Informationen.

Die Zusatzinformationen sind in einem verborgenen Text untergebracht, der zusammen mit dem Symbol gespeichert wird. In der Symbolbibliothek gibt es bereits eine Reihe von Symbolen, die ein solches Zusatz-Info für ein passendes 3D-Objekt enthalten. Diese sind als B-Symbole gespeichert. Da diese beim Einlesen automatisch um eine Stufe zerlegt werden, sind Symbol und (unsichtbarer) Text danach wieder getrennt vorhanden, so daß das Symbol ohne weiteres ins 3D-Programm übernommen werden kann.

☞ Die „3D-fähigen" B-Symbole sind in den Tablett-Menüs [3DF] und [3D-ALLGE] zusammengefaßt. Dazu sind aber vorher die Symbole auf Typ B umzuschalten.

Bild 2-50 zeigt beispielhaft den 2D-Konzertsaal aus Bild 2-48 dreidimensional.

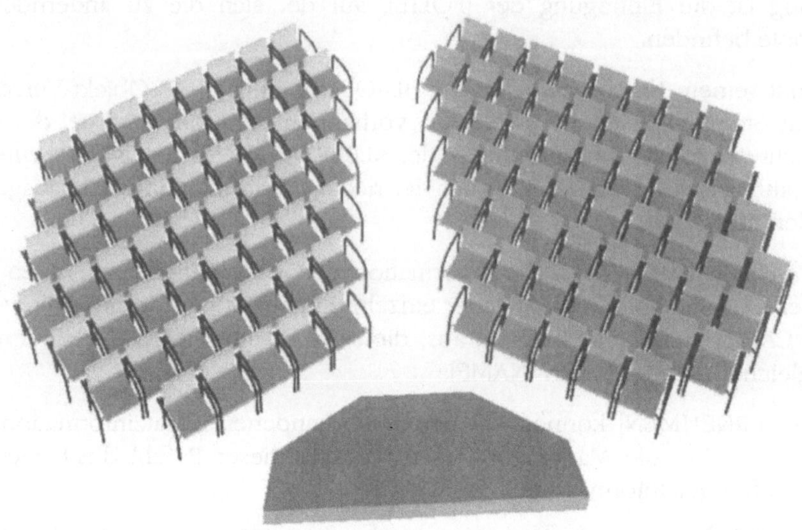

Bild 2-50 Dreidimensionale Darstellung des Konzertsaals

2.5.5 Praxisfall: Sanitärobjekte im EG

Ergänzen Sie den Erdgeschoßgrundriß (laden Sie zu diesem Zweck die Datei EG.PIC, nicht die zuvor erzeugte Zeichnung DG.PIC.) des Beispielprojekts um die Sanitär-Ausstattung. CADdy bietet diverse Symbole an, die sich dazu eignen.

Unter den „3D-fähigen" B-Symbolen im Symbol-Tablett [3DF] werden Sie allerdings nicht alle benötigten Objekte finden. Außerdem ist die Zuordnung zwischen dem 2D-Symbol und dem 3D-Objekt nicht immer so, wie sie hier gebraucht wird. Daher ist es sicherer, A-Symbole zu verwenden und ihnen jeweils die passende Zusatzinformation für die 3D-Darstellung selbst zuzuordnen.

In Tabelle 2.1 sind die in der Beispielzeichnung verwendeten Sanitär-Symbole mit den dazugehörigen 3D-Objekten aufgelistet.

Ändern Sie die Arbeitsfolie mit <F2> auf 22 (für die Arbeitsplatten auf 23; siehe Tabelle 2.1). Sie sollten die Symbole nicht auf die voreingestellte Arbeitsfolie 1 speichern, denn dies ist die Wandfolie. Für die übrige Möblierung (wenn gewünscht) sollten Sie wieder eine andere Folie wählen, z.B. 24, um später entscheiden zu können, ob Sie mitgeplottet werden soll oder nicht.

Da Sie die Namen der Objekte kennen, geben Sie sie über [AUFRUF NAME] ein (verwechseln Sie bei den Küchenschränken bitte Buchstabe O und Ziffer 0 nicht).

Folie	2D-Symbol	Beschreibung	Hotkeys (Ändern)	Zusatz-Info (3D-Objekt)
22	SDWC1	WC-Becken	Drehen mit <->	TWC1 Höhenoffs. 40
22	WB045S	Waschbecken	Drehen mit <+>	WASCHBE Höhenoffs. 80
22	SPUEL120	Spüle	Zoomen mit <*> (Faktor x =1.25, y=1) Spiegeln mit <x>	SPUEL120 Höhenskalierg. 0.9
22	HERD	Herd	Spiegeln mit <x>	HERD
22	O-100-D	Unterschrank 100 cm breit (Doppeltür)		O-100-D
22	O-50-S4	Schubladenelement 50 cm breit (2x)	Drehen mit <->	O-50-S4
23	O-100-T	Tischplatte 100 cm breit		O-100-T
23	O-50-T	Tischplatte 50 cm breit (2x)	Drehen mit <->	O-50-T

Tabelle 2.1 Sanitär-Symbole im EG-Grundriß des Beispielprojekts

Für die Plazierung der Symbole verwenden Sie die Funktion [CURSOR] (nicht den Befehl [CURSOR] im Punkt-Definitionsmenü). Das genaue Positionieren der Symbole ist mit dem Cursor nicht immer ganz einfach. Wenn Sie versuchen, mit dem Hotkey <E> den Endpunkt eines zuvor plazierten Symbols zu fangen, werden Sie feststellen, daß dies nicht möglich ist. Da die einzelnen Elemente des Symbols im Bild gar nicht gespeichert sind, ist der einzige „ansprechbare" Punkt der Referenzpunkt. Wenn Sie das Symbol aber zerlegen, können Sie es nicht mehr mit einem 3D-Objekt koppeln.

Deshalb schlage ich folgende Vorgehensweise vor: Bei den beiden Objekten im WC fangen Sie sich mit dem Hotkey <F> für Fangpunkt (oder <M> für Mitte) jeweils einen Punkt auf der Wandkante. Ein kleiner Wandabstand ist beim Referenzpunkt der Symbole schon berücksichtigt.

Für die Objekte in der Küche erzeugen Sie sich parallele Hilfslinien mit <⇑ F8> [PARALLELE] / [KONST.ABST] entsprechend der Skizze (Bild 2-51). Vergessen Sie nicht, den Zeichnungsausschnitt auf eine geeignete Größe zu zoomen. Die Symbole können dann mit dem Hotkey <S> auf die passenden Schnittpunkte gesetzt werden.

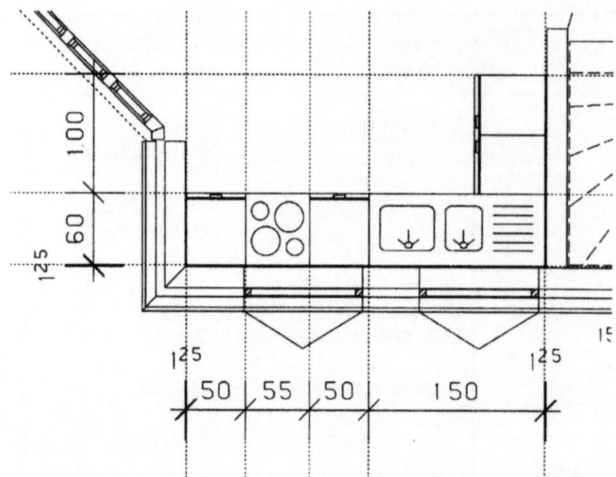

Bild 2-51
Hilfslinien zum Positionieren
der Sanitärobjekte in der
Küche

Bevor Sie die Symbole auf die Schnittpunkte setzen, müssen sie teilweise noch
verändert werden. Dazu bieten sich die Cursor-Zusatzfunktionen zum „Dynamischen Plazieren" an (siehe Anhang). Die entsprechenden Hotkeys sind in Tabelle
2-1 zusammengestellt.

- Der Herd muß gespiegelt werden, sonst hat das 3D-Objekt seine Backofentür
  auf der Rückseite.

- Die Spüle muß ebenfalls gespiegelt werden. Sie soll 150 cm breit sein, im 3D-
  Programm gibt es aber nur eine 120 cm breite. Deshalb verwenden Sie
  SPUEL120 und zoomen (nur) in X-Richtung. Der Zoomfaktor wird auf das 3D-
  Objekt übertragen.

- Die Tischplatten dienen als Abdeckung der Unterschränke und werden genau
  über den jeweiligen Schrank gesetzt (Hotkey <R> für Referenzpunkt benutzen).
  Sie befinden sich auf Folie 23, können also im 2D-Grundriß auch ausgeblendet
  werden.

☞ Wenn die Symbole versehentlich falsch positioniert wurden, verschieben Sie
  sie erneut mit <F8>. Dabei können Sie ebenfalls alle Hotkeys verwenden.
  Achten Sie aber darauf, das Symbol eindeutig zu identifizieren; der Befehl
  fängt beliebige Elemente.

Wenn die Symbole plaziert sind, ordnen Sie ihnen das Zusatz-Info zu.

- Achten Sie darauf, in der Maske [ZUSATZ-INFO] jeweils die richtige Folie anzugeben.

- Das 3D-Objekt SPUEL120 ist höher als die übrigen Küchenmöbel. Dies kann
  mit der Höhenskalierung ausgeglichen werden.

- Die 3D-Objekte TWC1 (WC) und WASCHBE (Waschbecken) sind leider mit
  dem falschen Referenzpunkt gespeichert worden; daher geben Sie ihnen ein
  Höhenoffset mit.

- Nachdem Sie in der Maske [ZUSATZINFO] / [ÄNDERN] angetippt haben, können Sie [NAME] wählen und den Namen des oder der gewünschten Symbole eingeben; auf diese Weise ersparen Sie sich das Identifizieren mit dem Cursor.

Sie können die mit Zusatz-Info versehenen Symbole anschließend als B-Symbole neu speichern; damit sind sie auch in Zukunft verfügbar.

Überzeugen Sie sich durch [BLÄTTERN] von der korrekten Folien-Zuordnung. Während des Blätterns können Sie eine neue [FARBE] für die Darstellung der Folien am Bildschirm auswählen, um die Folien besser voneinander unterscheiden zu können.

Rufen Sie die 2D-3D-Kopplung auf, um die korrekte Zuordnung der Zusatz-Infos zu überprüfen. Das Bild wird komplett dargestellt, ist aber sehr unübersichtlich.

Vergrößern Sie die interessanten Bereiche mit dem Icon [AUSSCHNITT], mit <⇑ F4> („fester" Ausschnitt) oder mit den Funktionen des Blickpunktmenüs (<F5>, siehe Kapitel 1.7.2). Weitere Darstellungsmöglichkeiten im 3D-Programm sind im Kapitel 4.2.7 beschrieben.

Kehren Sie zurück ins Architekturmodul, und vergessen Sie nicht, den erweiterten Erdgeschoßgrundriß als EG zu speichern.

2.6 Praxisfall: Entwicklung des DG aus dem EG

Um das Beispielprojekt zu vervollständigen, sollen Sie jetzt das Dachgeschoß konstruieren. Dazu haben Sie zwei Möglichkeiten:

- Sie können es, wie das Erdgeschoß, anhand der Maßangaben in den im Anhang abgedruckten Plänen völlig neu konstruieren.

- Sie können es aber auch aus dem Erdgeschoß entwickeln, indem Sie die Bearbeitungsfunktionen verwenden.

Die zweite Methode will ich im folgenden genauer beschreiben. Einerseits lassen sich daran viele Bearbeitungsfunktionen demonstrieren, andererseits ist es zeitsparend, die bereits erzeugten Objekte als Grundlage zu verwenden.

Beim Konstruieren der Geschoßdecke in Kapitel 2.4.3.1 hatte ich Sie bereits aufgefordert, das Bild als DG zu speichern. Lesen Sie diese Datei jetzt im 2D-Programm ein.

Wechseln Sie in die [2D-3D-KOPPLUNG], und lassen Sie das Bild schattieren. Sie sehen das Erdgeschoß ohne Fundamentplatte, dafür aber mit der Decke über Erdgeschoß.

Jetzt sollen die Erdgeschoßwände durch Änderung der Höhen in Dachgeschoßwände umgewandelt werden. Beenden Sie das 3D-Programm, und kehren Sie zurück ins Architekturmodul.

 Die Bearbeitungsfunktionen für Wände und Öffnungen lassen sich bei aktiver 2D-3D-Kopplung auch direkt im 3D-Programm durchführen. Die dazu notwendigen Kenntnisse (z.B. das Identifizieren von Objekten im 3D-Programm) werden aber erst im Kapitel 4 vermittelt.

Aktivieren Sie den Befehl [WAND] / [BEARBEITEN] / [GEOMETRIE], ändern Sie mit der <LEERTASTE> die Voreinstellung in [FILTER], und tippen Sie eine Kante einer Außenwand an.

Die Maske [WAND-GEOMETRIE] zeigt die Geometrie-Daten der identifizierten Außenwand. Deaktivieren Sie alle Felder mit [ALLE AUS], und kreuzen Sie nur die Felder [OBERKANTE] und [UNTERKANTE] wieder an. Tragen Sie für die Oberkante 537.5 in beide nebeneinanderliegenden Felder ein, für die Unterkante 275 (ebenfalls zweimal). Verlassen Sie die Maske mit der rechten Maustaste. Jetzt erscheint die Maske [FILTER]. Kreuzen Sie hier nur das Feld [UNTERKANTE] an, und verlassen Sie die Maske ebenfalls mit der rechten Maustaste. Damit werden die Höhen aller Wände geändert, deren Unterkante vorher die Höhe 0 hatte.

Überprüfen Sie den Baukörper mittels der 2D-3D-Kopplung. Die Kamine und die Unterzüge sind unverändert, da sie andere Höhen haben. Diese Objekte werden nicht mehr benötigt und können gelöscht werden. Kehren Sie zurück ins Architekturmodul.

Wechseln Sie ins Menü [LÖSCHEN A], und entfernen Sie mit [WAND] die beiden Unterzüge, die vier Kaminplatten, die vier Erkerwände und die Stütze.

 Achten Sie darauf, vor allem bei der Stütze und den Kaminplatten, die Seitenkanten anzutippen und nicht die Wandenden. Denken Sie daran, daß die Kaminplatten doppelt übereinander liegen. Bauen Sie das Bild zwischendurch mit <F1> neu auf, um die unteren Platten sichtbar zu machen.

* Löschen Sie jetzt noch die Wände A, B, C, E, I, J und L (Bezeichnungen nach Bild 2-9 bzw. Bild 2-26). Identifizieren Sie die Wände im Bereich der Wandpfeiler, nicht der Öffnungen.

* Löschen Sie mit [LÖSCHEN A] / [ÖFFNUNG] das Fenster rechts außen in der Wand D, links außen in der Wand H und außerdem die WC-Tür und die beiden Durchbrüche mit den Öffnungselementen.

* Verlängern Sie die Wand F mit [BEARBEITEN] / [ZIEHEN] bis an die Kante der Geschoßdecke. Sie können Sie dort mit dem Hotkey <F> (Fangpunkt) anschließen (Länge 68.5). Ebenso müssen die Außenwände D (beidseitig) und H (nur links) verlängert werden, und zwar bis zur ehemaligen Außenecke im EG. Erstellen Sie sich dazu Hilfslinien.

* Geben Sie den gezogenen Wänden ein Wand-Ende.

- Ändern Sie die Verbindung in den Ecken zwischen den Wänden F und G sowie G und H. Bei letzterer lösen Sie zuerst die letzte Verbindung auf, ziehen die Mauervorlage weg, ändern dann die restliche Verbindung und schließen die Mauervorlage wieder an.

- Das linke Fenster in der Wand D wird um 25 cm nach links verschoben (Pfeilerlänge = 74).

- Ändern Sie die Darstellung der Treppe, indem Sie in das Menü [TREPPEN] / [ÄNDERN] / [GEOMETRIE] wechseln und die Treppe antippen. Nach der Änderung schließen Sie die Maske [TREPPEN-KONSTRUKTION] wieder (rechte Maustaste). Die Abfrage [DARST. O.K.] / [- NEIN -] / [JA] ist entsprechend zu beantworten.

- Verschieben Sie die Innenwand M um 162.5 cm nach oben, und fügen Sie die restlichen Innenwände ein. Die Vermaßung entnehmen Sie dem Dachgeschoß-Grundriß im Anhang. Geben Sie allen Wänden zunächst die Höhen UK 275 und OK 537.5.

- Für die Türen im Dachgeschoß können Sie die Konstruktion WC aus dem EG verwenden; nur die Breite soll auf 88.5 geändert werden. Sie sind jeweils 12.5 cm von der nächsten Ecke entfernt angeschlagen.

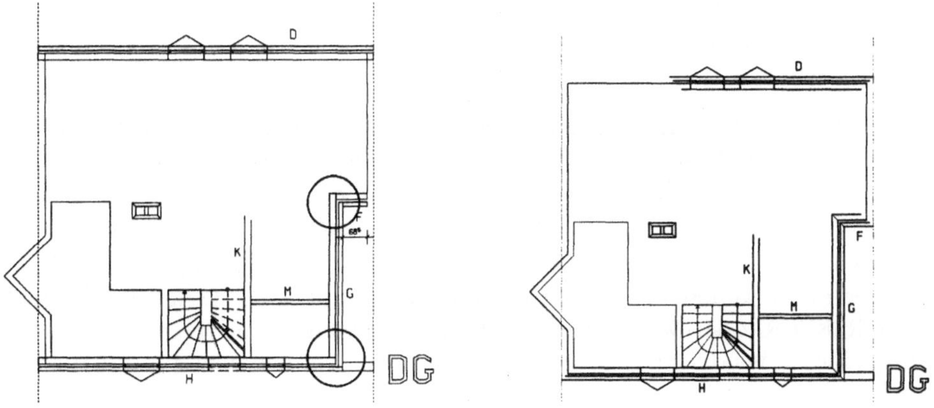

Bild 2-52 Schrittweise Erweiterung des Dachgeschoß-Grundrisses

- Das Geländer von Galerie und Treppenauge ist ebenfalls als Wand definiert, 6 cm dick und 87.5 cm hoch (UK 275, OK 362.5) und direkt an den Durchbruchkanten entlang gezeichnet. In diese „Wand" können, genau wie beim Erker, passende Fenster eingesetzt werden. Diese sind als GALERIE1 (obere vertikale Wand), GALERIE2 (horizontale Wand) und GALERIE3 (untere vertikale Wand) im Anhang abgedruckt (die Breite der Öffnungen wurde so berechnet, daß die verbleibenden „Geländerstäbe" gleich breit sind). Diese Vorgehensweise hat den Vorteil, daß beim Übergang ins 3D-Programm sofort eine Art Geländer dargestellt wird.

Speichern Sie das Bild erneut als DG.

Die Dachgeschoßwände sind natürlich noch nicht an die Dachform angepaßt. Sie
können die korrekten Höhen anhand der Dachneigung berechnen und den Wänden über [BEARBEITEN] / [GEOMETRIE] oder [HÖHE] zuweisen. Ich werde Ihnen
aber später zeigen, wie Sie die Wände automatisch mit dem Dach verschneiden.

2.7 Aufgaben

1. Worin liegt die Besonderheit des Architekturcursors?

2. Warum darf man Architekturobjekte, also Wände, Öffnungen, Decken und
   Treppen, nicht mit Grundpaket-Funktionen bearbeiten?

3. Auf welche Art kann man beispielsweise achteckige Öffnungen erzeugen?

4. Kann man Architektursymbole auch dreidimensional darstellen?

2.7.1 Lösungen

1. Der Architektur-Cursor (Cursor A) ist „editierbar", d.h. der Abstand eines mit
   dem Eingabegerät (i.a. mit der Maus) digitalisierten Punktes zum zuvor ge-
   setzten Punkt wird berechnet, angezeigt und zum Ändern durch Tastatureingabe angeboten

2. Architekturobjekte enthalten außer der sichtbaren Geometrie unsichtbare Informationen wie Schraffuren, Höhen, konstruktive Zuordnungen zwischen den
   einzelnen Elementen, die eine komfortable Bearbeitung mit speziell dafür vorgesehenen Funktionen und 3D-Darstellung ermöglichen.

3. Durch die Bearbeitung mit Grundpaket-Funktionen wird nur die sichtbare
   Geometrie verändert, nicht aber die logischen Strukturen. Durch den Befehl
   [KORREKTUR] oder Wechsel ins 3D-Programm werden die gespeicherten Informationen wieder eingelesen und damit die vermeintlichen Änderungen
   rückgängig gemacht.

4. Im schlimmsten Falle werden die Informationen zerstört, so daß eine Bearbeitung mit den speziellen Architekturfunktionen und eine 3D-Darstellung
   nicht mehr möglich ist.

5. Mit dem Form-Editor, der über die Voreinstellung [BELIEBIG] in der Konstruktionsmaske aufgerufen werden kann, ist es möglich, die vier Ecken einer Öffnung abzuschrägen, so daß eine achteckige Öffnungsform entsteht.

6. Ein Symbol ist ein zweidimensionales Bild; es kann aber über [ZUSATZ-INFO]
   mit einem vorhanden 3D-Objekt verknüpft werden, so daß es am gleichen
   Referenzpunkt und mit gleichem Drehwinkel und Zoomfaktor dreidimensional
   dargestellt wird.

3 Dachkonstruktion mit dem Modul A3

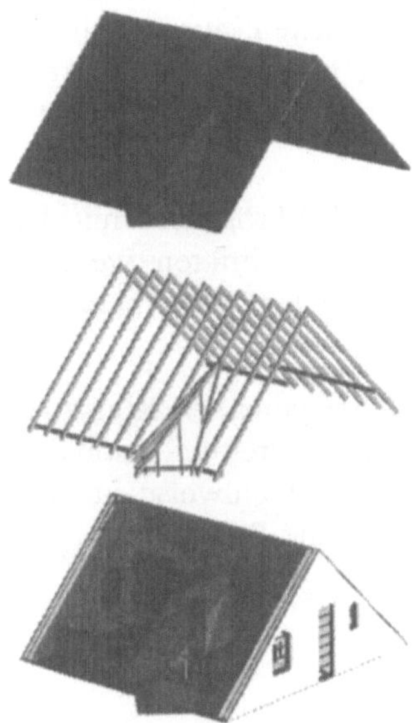

Bild 3-1
Dachgeschoß mit Dachhaut, Hölzern und
Dachflächen als „Explosionszeichnung"

Mit dem CADdy-Modul Dachausmittlung (Modulbezeichnung A3) können komplette Dachkonstruktionen dreidimensional erstellt werden.

Das Programm ist in der Lage, eine automatische Dachausmittlung, also die Berechnung aller Firste, Grate und Kehlen der räumlichen Dachgeometrie, vorzunehmen. Dazu wird die äußere Umrandung des Baukörpers als „Grundlinie" mit einer bestimmten Höhe vorgegeben, außerdem die Neigungen der einzelnen Dachflächen und ein eventueller Dachvorsprung. Die Ausmittlung kann stufenweise mit unterschiedlichen Dachneigungen in unterschiedlichen Höhen vorgenommen werden.

Darüber hinaus steht eine Bibliothek mit Standard-Dachkonstruktionen (Sattel-, Walm-, Krüppelwalm-, Zelt- und Runddach) zur Verfügung, die durch Änderung der Maße variiert werden können. Die durch Ausmittlung oder Variantenkonstruktion erstellten Dachkonstruktionen können ebenfalls in dieser Bibliothek abgelegt werden.

In einer weiteren Bibliothek werden Gauben in diversen Formen angeboten, die ebenfalls mit Hilfe von Parametern verändert und mittels eines Referenzpunkts in die Dachgeometrie eingefügt werden können.

Anschließend können die Dachkonstruktionen mit dem „Gittermodell-Editor" beliebig verändert werden, indem Punkte und Kanten im dreidimensionalen Raum zusätzlich erzeugt, verändert oder gelöscht werden. Hier können auch Öffnungen für Dachflächenfenster oder Schornsteine sowie Glasflächen definiert werden.

In die endgültig erzeugten Dachflächen können die erforderlichen Dachhölzer (Sparren und Pfetten) automatisch oder benutzerdefiniert eingesetzt und auch Holzstärken festgelegt werden.

Schließlich ist es möglich, aus diesen Angaben Listen aller Punkte, Kanten, Flächen und Hölzer der Dachkonstruktion zu erzeugen und auszudrucken, aus denen die Größe der Dachflächen und der Gesamtholzbedarf hervorgeht. Auch ein Sparrenplan kann gezeichnet werden. Mit dem CADdy-Modul A4 kann eine Dachbemessung angeschlossen werden.

Der mit dem Architekturmodul erzeugte Baukörper kann im 3D-Programm mit der „Dachhaut", also der räumlichen Geometrie des Daches, verschnitten werden. Dabei werden alle identifizierten Wände automatisch an die Dachhaut herangeführt.

Außer der Dachhaut werden die „Dachflächen", die mit einer gewissen Konstruktionsstärke den äußeren Abschluß des Daches bilden, und die dreidimensionalen Hölzer jeweils in getrennte Dateien gespeichert und können wahlweise im 3D-Programm mit dem übrigen Baukörper kombiniert werden (siehe Bild 3-1).

3.1 Grundlagen

3.1.1 Programmstart

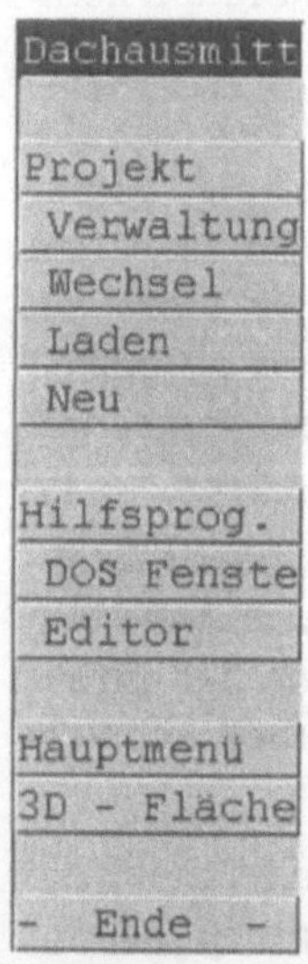

Bild 3-2
Startmenü der Dachausmittlung

Das Modul Dachausmittlung können Sie mit [ZUSATZ-PRO.] / [DACHAUSMIT.] direkt aus dem Architekturmodul heraus starten. Dabei wird die Definitionsdatei des Moduls A3 eingelesen, die automatisch die Anordnung der Icons und Pulldown-Menüs ändert. Diese Datei A3.DEF können Sie nach Ihren Bedürfnissen abändern (siehe Kapitel 1.4.1). Danach fragt das Programm, ob das aktuell im Architekturmodul geladene Bild gelöscht werden soll. Da es eventuell zur Konstruktion der Grundlinie benötigt wird, ist der Schalter standardmäßig nicht aktiviert.

Anschließend erscheint eine Maske mit [TIPS UND TRICKS] zu den aktuellen Neuerungen. Die Einblendung dieser Maske kann bei zukünftigen Programmstarts unterdrückt werden.

Nach Beenden der Maske erscheint in der Menüspalte das Startmenü der Dachausmittlung (Bild 3-2). Es bietet Ihnen unter [HILFSPROG.] das [DOS-FENSTER] zur Dateiverwaltung und den [EDITOR] zum Bearbeiten von Textdateien (z.B. der mit diesem Programm zu erstellenden Listen). Sie können von hier aus auch direkt ins [HAUPTMENÜ] des Grundpakets und in das Modul [3D-FLÄCHE] wechseln.

3.1.2 Projektverwaltung

Das Modul Dachausmittlung arbeitet grundsätzlich mit Projekten. Alle zu einer Dachkonstruktion gehörenden Daten werden als Projekt gespeichert und können mit [PROJEKT] / [LADEN] wieder abgerufen werden. Mit [PROJEKT] / [NEU] starten Sie ein neues Projekt in der Dachausmittlung. Da hiermit ein bereits aktives Projekt aus dem Arbeitsspeicher entfernt wird, erscheint eine diesbezügliche Warnung.

Über [PROJEKT] / [LADEN] oder [NEU] wird in das Menü [A3-PROJEKT] verzweigt. Dies ist sozusagen das „Hauptmenü" der Dachausmittlung.

Bild 3-4
Menü [A3-PROJEKT]

3.1.3 Parameter

Über den Befehl [PARAMETER] können Sie auch im Modul Dachausmittlung eine Reihe von Voreinstellungen treffen (siehe Bild 3-4). Beispielsweise kann der maximal zulässige Holzabstand für die automatische Verteilung der Sparren bestimmt werden.

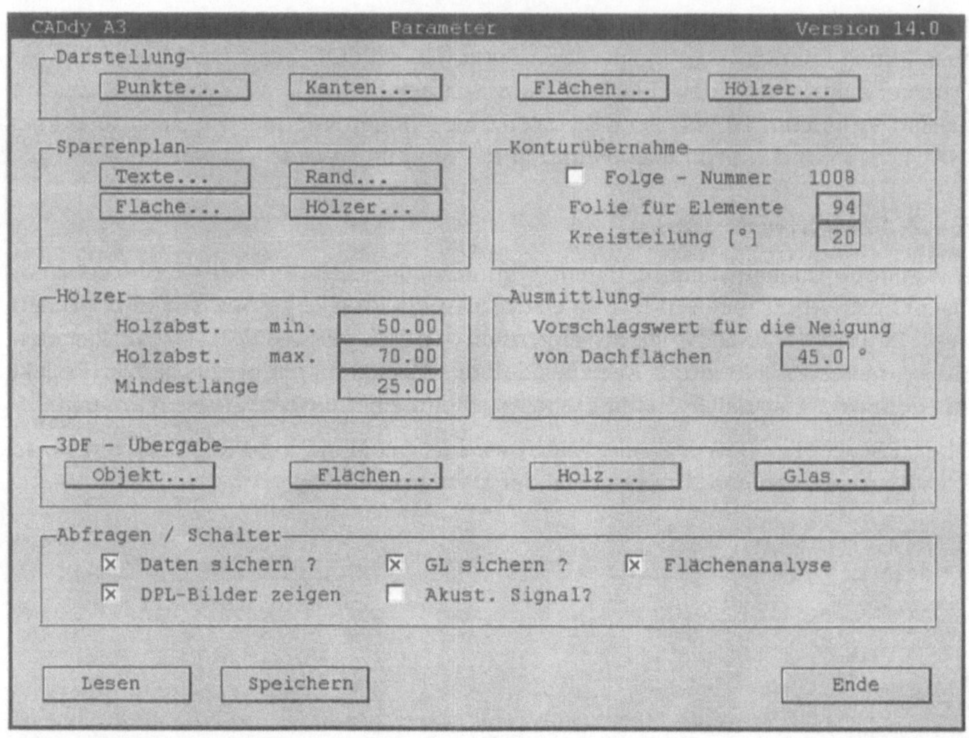

Bild 3-4 Parameter im Modul Dachausmittlung

3.1.4 Darstellung

Im Modul Dachausmittlung wird die räumliche Dachgeometrie wahlweise in einer der drei Hauptebenen (XY, XZ, YZ) oder in vier vereinfachten Perspektivdarstellungen angezeigt.

Mit dem Befehl [DARSTELLEN] kann zwischen den einzelnen Ansichten umgeschaltet werden ( ).

Eine differenziertere Darstellung ist mit dem Befehl [SCHATTIEREN] möglich. Dazu wird das Bild an das 3D-Flächenmodul übergeben und dort schattiert dargestellt (siehe Bild 3-6). Über ein spezielles Menü [DARSTELLEN] kann das Bild gedreht und neu schattiert werden. Auch mit Hilfe von Icons und Funktionstasten können Darstellungsfunktionen aktiviert werden, beispielsweise das Blickpunktmenü (<F5>). Mit [-ENDE-] oder einem Klick mit der rechten Maustaste gelangen Sie zurück ins Dachmodul.

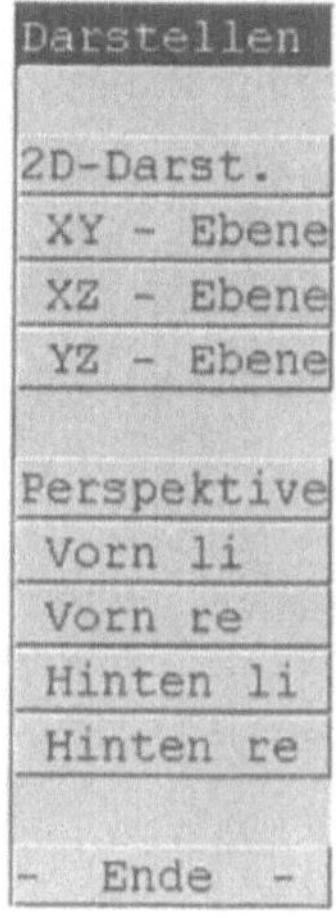

Bild 3-5
Menü [DARSTELLEN].

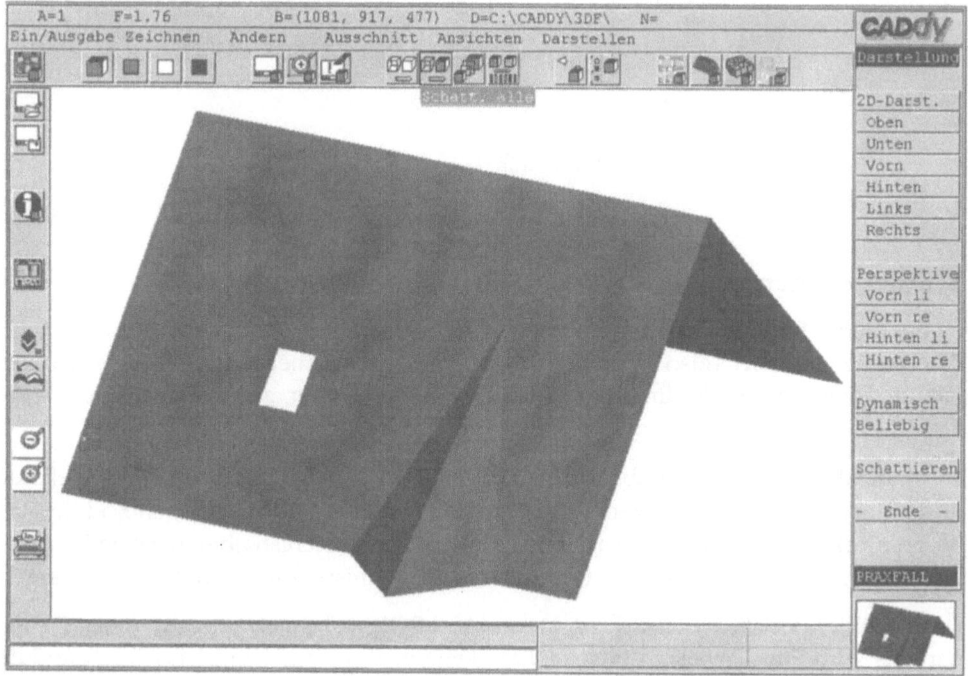

Bild 3-6 Schattierte Darstellung des Daches

3.1.5 Dreidimensionale Punktdefinition

Das Dachmodul ist kein 3D-Programm, arbeitet aber mit einem 3D-Datenmodell.
Daher muß auch bei der Punktdefinition die dritte Dimension berücksichtigt werden.

Immer dann, wenn Punkte erzeugt oder geändert werden sollen, wird ein spezielles Punkt-Definitionsmenü eingeblendet. Die Bedeutung der einzelnen Funktionen sind in der Online-Hilfe (<⇧F1>) erläutert.

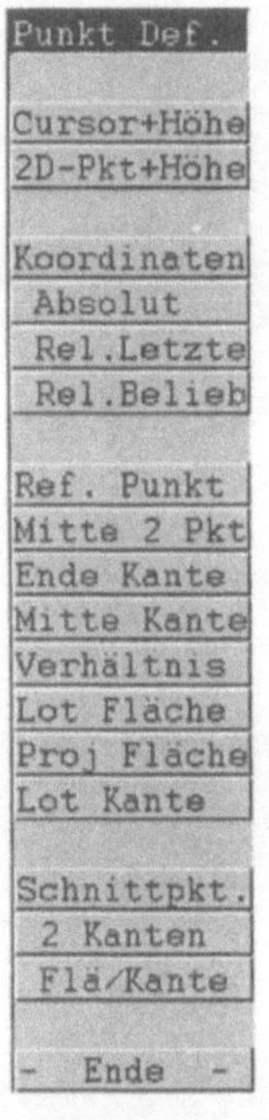

Bild 3-7
[3D-Punktdefinition]

3.1.6 Speichern

In der Regel fragt Sie das Programm vor dem Verlassen des Dachmoduls, ob Sie
das Projekt sichern (also speichern) wollen. Diese Sicherheitsabfrage ist in der
Parametermaske standardmäßig voreingestellt, kann aber auch abgeschaltet werden.

Da man aber vor Rechnerabstürzen nie gefeit ist, vor allem, wenn der Speicher
durch mehrere Anwendungen (Grundpaket, Architekturmodul, Dachmodul, 3D-
Programm) gleichzeitig ausgelastet ist, sollten Sie vorsichtshalber nach jedem ge-
lungenen Arbeitsschritt sichern, um auf diese Ergebnisse zurückgreifen zu können.

Dazu wählen Sie [SPEICHERN] im Menü [A3-PROJEKT]. Nach Eingabe eines Dateinamens wird eine Projektdatei vom Typ .D3D in das Verzeichnis des Dachmoduls
CADdy-Stammverzeichnis\A3\ gespeichert. Ist die Projektverwaltung aktiv, so wird
unter dem aktuellen Projektverzeichnis ein Unterverzeichnis \A3\ eingerichtet und

die Projektdatei dorthin gespeichert. Sie können sie mit [PROJEKT] / [LADEN] vom Startmenü des Dachmoduls aus wieder einlesen.

Gleich anschließend wird gefragt, ob Sie eine Datei gleichen Namens vom Typ .ASC speichern wollen. Diese enthält die 3D-Informationen, die benötigt werden, um das Dach später in das 3D-Flächenmodul einzulesen, gegebenenfalls dort weiterzubearbeiten und mit dem übrigen Baukörper zu kombinieren.

Die 3D-Informationen bestehen aus drei Teilen:

- der Dachhaut, die Sie benötigen, wenn Sie Wände mit dem Dach „verschneiden" wollen,

- den Dachflächen, die mit einer in den Parametern voreingestellten Konstruktionsstärke den äußeren Dachabschluß bilden

- und, wenn bereits erzeugt, den Dachhölzern.

Diese drei Teilinformationen sind in der ASCII-Datei (z.B. DACH.ASC) zusammengefaßt, werden aber zusätzlich und ohne weitere Abfrage auch noch einzeln gespeichert. Dabei wird dem eingegebenen Namen jeweils ein Unterstrich und ein kennzeichnender Buchstabe hinzugefügt:

Wurde als Projektname DACH eingegeben, so entstehen die Dateien

- DACH_S.ASC für die Dachhaut

- DACH_A.ASC für die Dachflächen

- DACH_R.ASC für die Dachhölzer.

Da ein Dateiname unter dem Betriebssystem MS-DOS nur 8 Zeichen enthalten darf, wird der Projektname in diesem Falle auf 6 Zeichen reduziert.

☞ Beschränken Sie sich bei der Namengebung im Dachmodul von vornherein auf 6 Zeichen! Hätten Sie beispielsweise ein Projekt DACH123 und ein Projekt DACH124, so würde die Dachhaut in beiden Fällen unter DACH12_S.ASC gespeichert und damit ginge eine der beiden Dateien verloren!

Die Grundlinie (.DGL) wird nicht mit der Projektdatei gespeichert, sondern mit [GRUNDLINIE] / [SPEICHERN] im Menü [AUSMITTLUNG]. Beim Verlassen dieses Menüs wird ebenfalls gefragt, ob die Grundlinie gesichert werden soll.

3.1.7 Übergang ins 3D-Programm

Mit dem Befehl [3D-FLÄCHE] im Menü [A3-PROJEKT] wechseln Sie vorübergehend ins 3D-Flächenmodul. Dabei werden die aktuellen Daten an das 3D-Programm übergeben, und zwar nicht nur die Dachhaut [DACHHAUT] (wie beim Befehl [SCHATTIEREN]), sondern auch die Dachflächen [FLÄCHEN], die sich von der Dachhaut dadurch unterscheiden, daß sie eine Konstruktionsstärke besitzen und einzeln ansprechbar sind, und, wenn vorhanden, die Dachhölzer [HÖLZER].

In einer eingeblendeten Maske können Sie ankreuzen, welche dieser drei Objektgruppen Sie ins 3D-Programm übernehmen wollen (siehe Bild 3-8).

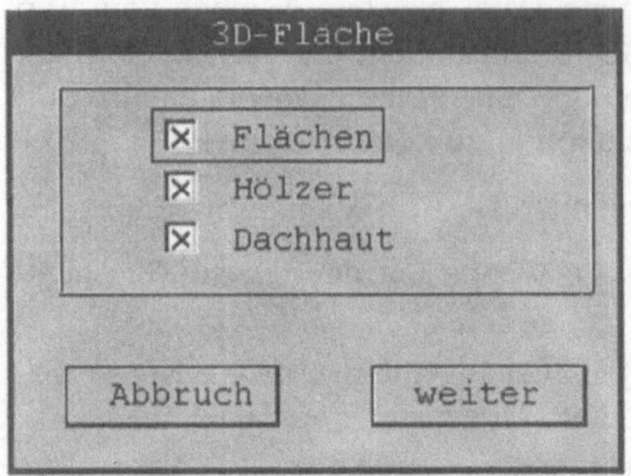

Bild 3-8
Abfrage vor dem Übergang ins
3D-Programm

Die Hölzer werden, soweit die Querschnitte korrekt definiert wurden, im 3D-Programm ebenfalls mit ihren Konstruktionsstärken dargestellt, was im Dachmodul nicht möglich ist. Auf diese Weise haben Sie eine schnelle Kontrolle, ob die Dachkonstruktion in Ordnung ist. Durch Beenden des 3D-Programms gelangen Sie automatisch zurück ins Modul Dachausmittlung.

3.2 Ausmittlung

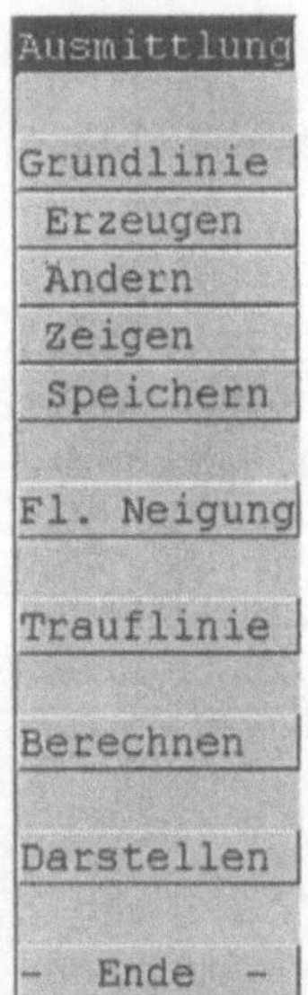

Bild 3-9
Menü [AUSMITTLUNG]

Über den Befehl [AUSMITTLUNG] verzweigen Sie in das Menü [AUSMITTLUNG]. Damit können Sie die Dachausmittlung für einen beliebig umrandeten Baukörper automatisch berechnen lassen. Voraussetzung für die Berechnung ist die Festlegung einer [GRUNDLINIE] und der Dachneigungen [FL. NEIGUNG]. Die eigentliche [TRAUFLINIE] des Daches kann durch einen Dachvorsprung festgesetzt werden.

3.2.1 Grundlinie erzeugen

Die Grundlinie wird im allgemeinen aus den äußeren Gebäudeumrissen gebildet. Sie muß aus einer geschlossenen Kontur bestehen, die auf verschiedene Arten erzeugt werden kann: beispielsweise durch „Abfahren" der Ecken eines Grundrisses als Polygonzug, durch Erzeugen einer parallelen Kontur an eine Geschoßdecke oder durch Koordinatenangabe von Punkt zu Punkt.

- Mit [GRUNDLINIE] / [ERZEUGEN] / [KONSTRUIEREN] wird die Grundlinie direkt im Modul Dachausmittlung konstruiert. Dazu kann ein Grundriß vom Architekturmodul übergeben oder direkt im Dachmodul geladen werden. Zum Konstruieren der Grundlinie wird das [HAUPTMENÜ] des Grundpakets eingeblendet.

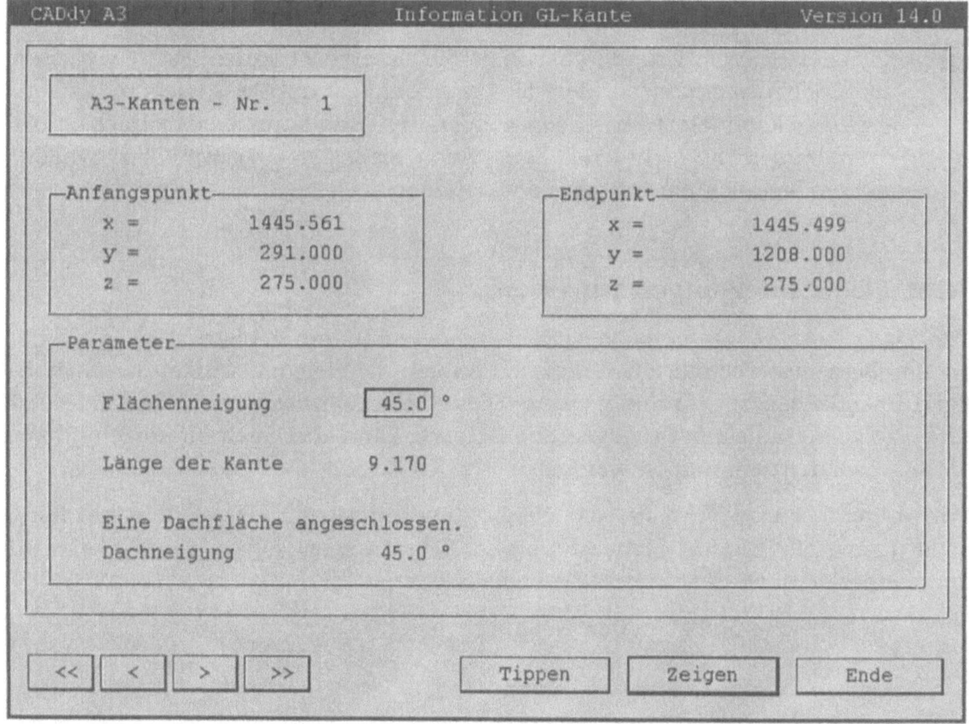

Bild 3-10 Informationen zur Grundlinie

- Die Grundlinie kann aber auch bereits im Architekturmodul erzeugt und in einem 2D-Bild vom Typ .PIC gespeichert werden. Mit [GRUNDLINIE] / [ERZEUGEN] / [AUS *.PIC] wird sie ins Dachmodul übernommen. Damit sie gefunden wird, muß sie sich auf der Folie befinden, die in den [PARAMETERN] der Dachausmittlung voreingestellt ist. Standardmäßig ist dies die Folie 94.

- Eine bereits gespeicherte Grundlinie kann mit [GRUNDLINIE ERZEUGEN] / [AUS *.DGL] wieder eingelesen werden. Eine Grundlinien-Datei hat den Typ .DGL (Dachgrundlinie).

Wenn eine geschlossene Kontur als Grundlinie definiert wurde, fragt das Programm nach der Höhe. Anschließend wird die Grundlinie entsprechend der Voreinstellung unter [DARSTELLEN] gezeichnet.

- Mit [GRUNDLINIE] / [ÄNDERN] kann sie komplett verschoben, gedreht, kopiert oder gelöscht werden.

- Mit [ZEIGEN] wird eine Maske mit Informationen zur Grundlinie eingeblendet (siehe Bild 3-10). Die Informationen zu den einzelnen Kanten der Grundlinie können „durchgeblättert" werden.

- Mit [SPEICHERN] wird die Grundlinie einschließlich bereits definierter Flächenneigungen und Dachvorsprünge in eine Datei vom Typ .DGL gespeichert.

☞ Speichern Sie die Grundlinie, sobald Sie sie erzeugt haben! Beim Verlassen der Dachausmittlung werden Sie zwar gefragt, ob Sie speichern wollen, aber dies kann leicht übersehen werden. Im fertig konstruierten Dach ist die Grundlinie nicht mehr enthalten. Wenn Sie es neu konstruieren wollen, müssen Sie auch die Grundlinie neu erzeugen!

3.2.2 Flächenneigungen zuweisen

Das Dach besteht aus geneigten Flächen, deren untere Kanten die Grundlinie bilden. Dementsprechend müssen diesen Kanten die Neigungswinkel der zugehörigen Dachflächen zugeordnet werden. Diese Zuweisung kann für jede Kante einzeln erfolgen; eine einmal zugewiesene Neigung kann aber auch für einzelne bzw. für alle Kanten übernommen werden.

Der vorgeschlagene Wert für die Neigungswinkel ist 45°. Diese Voreinstellung kann über [PARAMETER] geändert werden. Ein bereits zugewiesener Winkel wird durch einen Pfeil an der Grundlinienkante angezeigt.

☞ Giebelflächen erhalten den Neigungswinkel 90°!

3.2.3 Trauflinie definieren

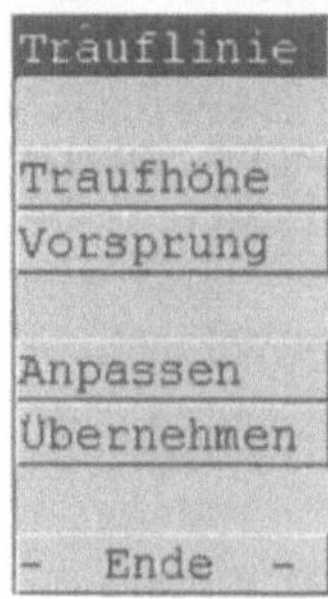

Bild 3-11
Menü [TRAUFLINIE]

Für jede einzelne Kante der Grundlinie kann ein Dachüberstand definiert werden. Dadurch entstehen parallel zur Grundlinie neue Kanten, die die Trauflinie bilden. Voraussetzung dafür ist, daß allen Kanten der Grundlinie eine Flächenneigung zugewiesen wurde.

Die Trauflinie hat gegenüber der Grundlinie eine geringere Höhe. Sie kann entweder durch Eingabe der [TRAUFHÖHE] oder den [VORSPRUNG] des Dachs definiert werden (Bild 3-11). In beiden Fällen muß zunächst die Grundlinie identifiziert werden.

Die neue Trauflinie einer Kante kann für einzelne oder alle Kanten übernommen werden.

 Nach Beendigung der Funktion wird die Trauflinie vom Programm als neue Grundlinie angesehen. Das heißt, wenn Sie zum Identifizieren der Grundlinie aufgefordert werden, müssen Sie eine Kante der Trauflinie antippen!

3.2.4 Berechnen der Dachausmittlung

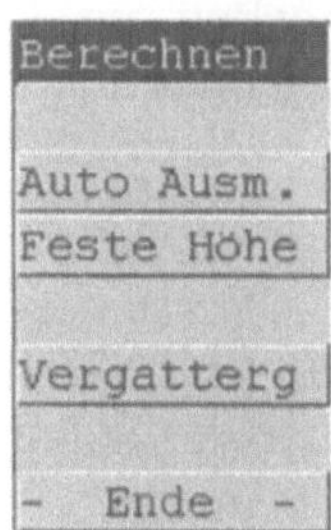

Bild 3-12
Menü [BERECHNEN]

Zum Berechnen der Dachausmittlung ist eine Grundlinie mit definierten Flächenneigungen erforderlich. Dies kann die ursprünglich definierte Grundlinie oder die durch Eingabe des Dachvorsprungs erzeugte Trauflinie sein.

- Mit [BERECHNEN] / [AUTO AUSM.] wird die automatische Dachausmittlung gestartet. Dabei werden die Flächen miteinander verschnitten und Grat- und Kehllinien gebildet, bis die Firsthöhe erreicht ist.

☞   Den Verlauf der Berechnung können Sie am besten beobachten, wenn Sie vorher mit [DARSTELLEN] auf eine Perspektivdarstellung umgeschaltet haben.

• Mit dem Befehl [FESTE HÖHE] können Sie die Ausmittlung zunächst bis zu einer bestimmten Höhe durchführen lassen. An dieser Stelle entsteht eine neue Grundlinie, deren Kanten Sie mit [FL. NEIGUNG] neue Neigungen zuweisen können. Anschließend kann die Berechnung bis zur nächsten gewünschten Höhe oder automatisch bis zum First durchgeführt werden. Dieser Befehl eignet sich z.B. für Mansard- oder Krüppelwalmdächer.

• Mit [VERGATTERUNG] erfolgt die Berechnung für bestimmte, zuvor identifizierte Kanten schrittweise in definierten Höhensprüngen und mit einer vorgegebenen Neigungsänderung. Dieser Befehl eignet sich beispielsweise für Tonnendächer.

3.2.5 Praxisfall: Grundlinie und Dachausmittlung

Die Grundlinie für das Dach des Beispielprojekts erzeugen Sie am besten aus der Fundamentplatte. Lesen Sie dazu im Architekturmodul das Bild EG ein. Starten Sie die Dachausmittlung über [ZUSATZ-PRO.] / [DACHAUSMITTLUNG] (da Sie das Bild gerade eingelesen haben, muß es nicht wieder gespeichert werden). Es soll beim Übergang ins Dachmodul nicht gelöscht werden!

Wählen Sie im Menü [DACHAUSMITTLUNG] / [PROJEKT NEU]. Im Menü [A3-PROJEKT] aktivieren Sie [AUSMITTLUNG] / [GRUNDLINIE] / [ERZEUGEN] / [KONSTRUIEREN].

Zum Konstruieren der Grundlinie wird das [HAUPTMENÜ] des Grundpakets angeboten. Wählen Sie [ERZEUGEN] / [PARALLELE] / [KONTUR], und identifizieren Sie die Fundamentplatte rechts im Eingangsbereich (die [KONTURPARAMETER...] müssen auf [KONTURVERFOLGUNG] eingestellt sein). Als Abstand geben Sie 3 ein. Damit entsteht eine Kontur, die das Gebäude außen umschließt. Beenden Sie die Menüs mit der rechten Taste, bis die Maske [RÜCKKEHR IN DACHAUSMITTLUNG] erscheint. Die Grundlinie soll übernommen werden, bestätigen Sie dies mit [WEITER].

Das Bild wird gelöscht bis auf die soeben erzeugte Kontur. Diese muß jetzt noch einmal identifiziert werden, beenden Sie den Vorgang anschließend mit der rechten Maustaste. Geben Sie als [HÖHE DER GRUNDLINIE] 284 ein, und beenden Sie das Menü [GL ERZEUGEN].

Jetzt definieren Sie die Flächenneigung mit [FL. NEIGUNG] / [EINGEBEN]. Identifizieren Sie die Grundlinienkanten nacheinander, und bestätigen Sie die in den Parametern voreingestellte Neigung 45°. Nur die beiden Giebelseiten (oben und unten) sollen die Neigung 90° erhalten! Kehren Sie mit der rechten Maustaste zurück in das Menü [AUSMITTLUNG].

Das Dach soll einen Überstand von 9 cm erhalten (siehe Bild 3-13). Aktivieren Sie dazu [TRAUFLINIE], und identifizieren Sie eine Kante der Grundlinie. Wählen Sie [VORSPRUNG], tippen Sie wiederum eine Grundlinienkante an, und geben Sie für den Dachvorsprung 9 ein. Der Dachüberstand für diese Kante wird durch eine Hilfslinie dargestellt.

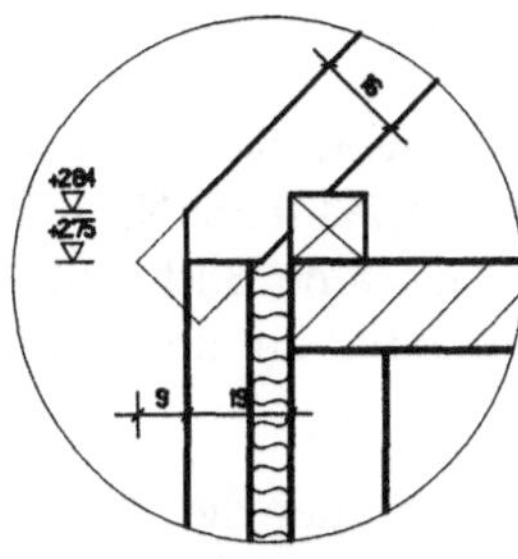

Bild 3-13
Skizze zur Ermittlung
des Dachüberstands

Sie können den Vorsprung für alle Kanten übernehmen mit [ÜBERNEHMEN] / [ALLE]. Dazu tippen Sie noch einmal die Kante an, für die bereits ein Vorsprung definiert wurde. Es erscheinen rundherum Hilfslinien (auf der linken Seite werden zwei Hilfslinien übereinander gezeichnet mit dem Effekt, daß keine mehr sichtbar ist).

Beenden Sie die Menüs, und bestätigen Sie das [ÜBERNEHMEN] der Vorsprünge.

Speichern Sie die Grundlinie mit [GRUNDLINIE] / [SPEICHERN] im Menü [AUSMITTLUNG]. Geben Sie als Dateinamen DACH ein. Damit entsteht die Datei DACH.DGL, die Sie mit [GRUNDLINIE] / [ERZEUGEN] / [AUS *.DGL] jederzeit wieder einlesen können. In dieser Datei sind auch die Flächenneigungen und der Dachüberstand gespeichert.

Schalten Sie mit [DARSTELLEN] in eine [PERSPEKTIVE] um, und aktivieren Sie [BERECHNEN] / [AUTO AUSM.]. Tippen Sie die Grundlinie an (und zwar die neue Trauflinie). Sie können die automatische Berechnung in der Perspektivdarstellung verfolgen.

Kehren Sie zurück ins Menü [A3-PROJEKT], und lassen Sie das Bild [SCHATTIEREN]. Sie befinden sich dann vorübergehend im 3D-Programm. Um das Bild zu drehen, drücken Sie <F5> (Blickpunktmenü) und mehrmals <F10>. Anschließend betätigen Sie <ESC> zum Beenden des Blickpunktmenüs und starten erneut das Menü [SCHATTIEREN].

In der schattierten 3D-Darstellung sehen Sie, daß die Giebel (noch) als Dachflächen gezeichnet werden. Kehren Sie mit der rechten Maustaste zurück ins Dachmodul.

[SPEICHERN] Sie das Projekt unter dem Namen DACH (.D3D). Die Datei DACH.ASC müssen Sie zum jetzigen Zeitpunkt noch nicht speichern (drücken Sie deshalb die <ESC>-Taste), da das Dach noch nicht fertig ist und dieser Speichervorgang etwas länger dauert.

3.3 Bibliotheken

Im Dachmodul stehen Bibliotheken mit Standard-Dachformen und den gängigen Gaubentypen zur Verfügung. Diese können Sie durch Eingabe bestimmter Parameter an Ihre speziellen Bedürfnisse anpassen.

3.3.1 Dach-Bibliothek

Mit dem Befehl [BIBL.-DACH] im Menü [A3-PROJEKT] verzweigen Sie in das gleichnamige Menü. Von dort aus können Sie das Dach ein [ARCHIV] [LESEN]. Im Untermenü [ARCHIV DACH] werden einige Standard-Dachformen (siehe Bild 3-14) mit festen Abmessungen angeboten, die über einen Referenzpunkt in der Zeichenfläche positioniert werden können.

 Der Referenzpunkt ist ein Punkt im dreidimensionalen Raum, der die Koordinaten X, Y und Z erhält. Daher wird das spezielle 3D-Punktdefinitionsmenü eingeblendet (siehe Kapitel 3.1.5)!

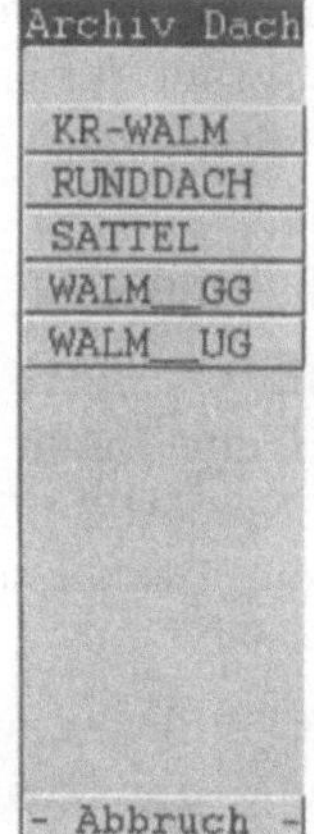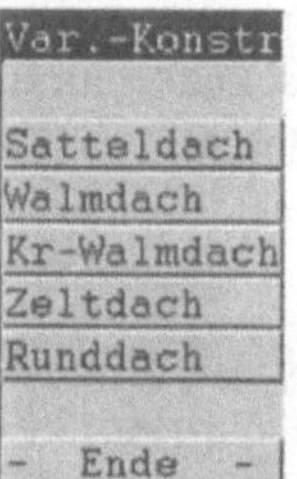

Bild 3-14
Dach-Bibliotheken

Mit [ARCHIV] / [SPEICHERN] können Sie dem Dacharchiv eigene Dachkonstruktionen hinzufügen. Diese erscheinen mit ihrem Namen in der Archivliste, können dort ausgewählt und über den von Ihnen zuvor bestimmten Referenzpunkt in ein Bild eingesetzt werden.

Mit [ARCHIV] / [LÖSCHEN] können Sie Dachkonstruktionen aus dem Archiv entfernen.

Mit der Variantenkonstruktion [VAR.-KONSTR.] verzweigen Sie in das gleichnamige Menü, in dem fünf Standard-Dachformen angeboten werden. Nach Auswahl einer Dachform und Definition des Referenzpunktes wird eine Prinzipskizze eingeblendet. Diese zeigt die variablen Parameter der Dachkonstruktion (Dachbreite, Dachtiefe, Firsthöhe usw.), die anschließend über die Tastatur eingegeben werden können (siehe Bild 3-15).

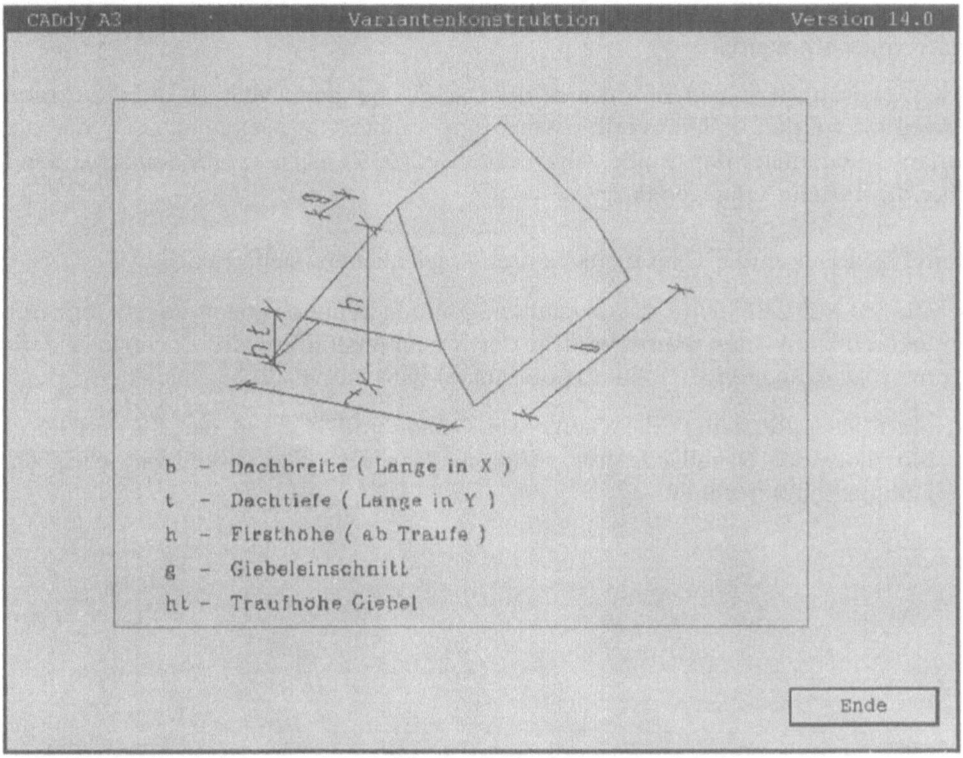

Bild 3-15 Prinzipskizze der Variantenkonstruktion für Dächer (hier Krüppelwalmdach)

3.3.2 Gauben-Bibliothek

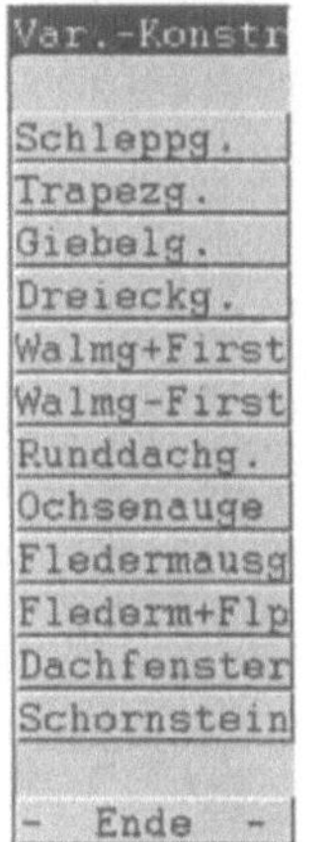

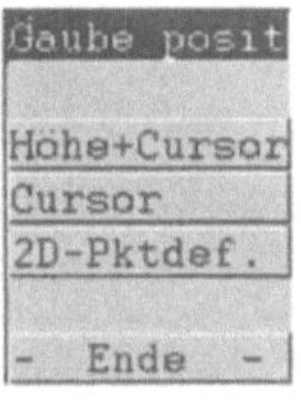

Bild 3-16
Gaubenformen und -Positionierung

Mit [BIBL.-GAUBE] im Menü [A3-PROJEKT] können diverse Gaubenformen, ein Dachflächenfenster und ein Schornsteindurchbruch aus der Gaubenbibliothek (siehe 3-16) gewählt und über eine Variantenkonstruktion an die eigenen Bedürfnisse angepaßt werden.

Nach Auswahl der Gaubenform wird die Dachfläche identifiziert, in die die Gaube
eingesetzt werden soll. Daraufhin wird eine Prinzipskizze eingeblendet, die die
variablen Parameter der Gaube zeigt (siehe Bild 3-17). Diese werden anschließend
über die Tastatur eingegeben.

Zum Positionieren der Gaube gibt es drei Möglichkeiten (siehe Bild 3-16):

- Mit [2D-PKTDEF.] wird das bekannte 2D-Punktdefinitionsmenü angeboten. Der
  Referenzpunkt der Gaube wird in der XY-Projektion auf die Dachfläche definiert. Die zugehörige Höhe (Z-Koordinate) wird automatisch ermittelt.

- Mit [CURSOR] „hängt" die Gaube am Cursor und kann in der XY-Projektion
  innerhalb der Dachfläche frei positioniert werden. Die Höhe wird ebenfalls
  automatisch berechnet.

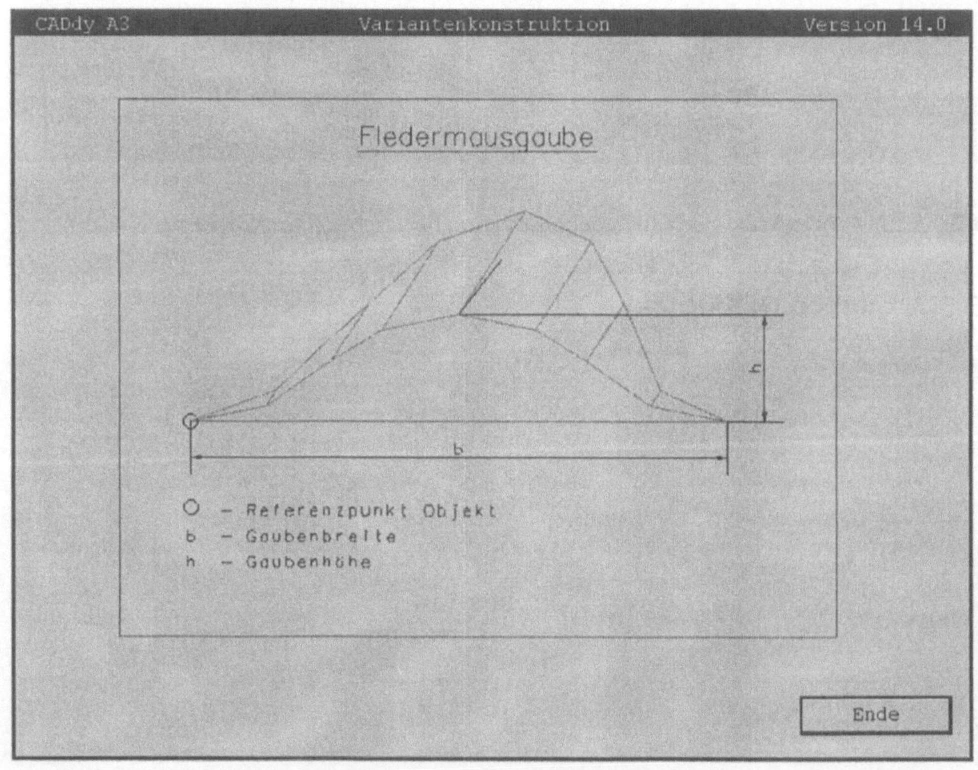

Bild 3-17 Prinzipskizze der Variantenkonstruktion für Gauben

- Mit [HÖHE+CURSOR] wird für den Referenzpunkt der Gaube eine feste Höhe vorgegeben. Danach „hängt" die Gaube am Cursor und kann auf dieser Höhenlinie frei verschoben werden.
  Nach dem Positionieren kann der Abstand des Referenzpunktes zur Dachkante über die Tastatur korrigiert werden.

 Bei [CURSOR] und [HÖHE+CURSOR] wird in der zusätzlichen Menüzeile ein Auswahlmenü angeboten, das die Lage des Referenzpunktes innerhalb der Gaube ([LINKS], [MITTE], [RECHTS]) abfragt. Der Referenzpunkt kann mit der <LEERTASTE> geändert werden.

3.3.3 Praxisfall: Schornsteindurchbruch und Dachflächenfenster

Das Dach des Beispielprojekts soll um den Schornsteindurchbruch und mehrere Dachflächenfenster erweitert werden.

Falls Sie die Dachausmittlung zwischenzeitlich verlassen haben, lesen Sie das Projekt DACH wieder ein mit [PROJEKT] / [LADEN] im Startmenü der Dachausmittlung.

Lassen Sie sich das Dach mit [DARSTELLEN] / [XY-EBENE] in der Draufsicht darstellen.

Lesen Sie mit dem Icon [BILD LESEN] zusätzlich zum Dach den Grundriß  des Dachgeschosses (DG.PIC) ein (achten Sie darauf, das alte Bild nicht zu löschen!). Das Programm stellt fest, daß die Bildmaße der beiden Bilder unterschiedlich sind. Bestätigen Sie, daß die alten Bildmaße gelten sollen!

Sie sehen jetzt die Draufsicht des Daches genau über dem Dachgeschoß-Grundriß.

Für den Schornsteindurchbruch aktivieren Sie den Befehl [BIBL.-GAUBE] / [SCHORNSTEIN], und identifizieren Sie die Dachfläche, durch die der Schornstein „durchstößt", über eine ihrer Kanten. Geben Sie für die [BREITE] 45 und für die [LÄNGE] 80 ein. Zum Positionieren wählen Sie die Funktion [CURSOR]. Damit „hängt" das Rechteck für den Schornsteindurchbruch am Cursor. Mit dem Hotkey <E> plazieren Sie ihn auf dem entsprechenden Eckpunkt des Schornsteins. Falls nötig, können Sie den Eckpunkt mit <F4> oder DPL-Icon entsprechend zoomen.

Die Dachflächenfenster sollen ohne Auswechslung zwischen die Sparren gesetzt werden, ihre Breite beträgt also maximal 66 cm. Mein Vorschlag: Ein Dachflächenfenster im BAD im vierten Sparrenfeld von unten und je eines in den Schlafzimmern im vierten Sparrenfeld von oben.

Wählen Sie [BIBL.-GAUBE] / [DACHFENSTER], und identifizieren Sie die rechte Dachfläche. Geben Sie als [BREITE] 66, als [LÄNGE] 100 ein, wählen Sie zum Positionieren [HÖHE+CURSOR], und geben Sie als [FESTE HÖHE] 425 ein (150 cm über Rohfußboden im Dachgeschoß). Das Dachflächenfenster „hängt" jetzt über seinem Referenzpunkt am Cursor und kann mit der linken Maustaste plaziert werden.

Jetzt wird die Position des Referenzpunktes abgefragt. Damit ist der Abstand zur unteren Dachkante gemeint. Für das Fenster im BAD ergibt er sich aus: 9 cm Dachüberstand + 36.5 cm Wandstärke + 2cm Wandabstand + 8 cm Sparrenbreite + 3x74 cm Achsabstand = 277.5 cm! Für das darüberliegende Fenster ist der Abstand 277.5 + 4x74 = 573.5 cm, für das Fenster in der linken Dachhälfte 573.5 + 66 = 639.5 cm (der Referenzpunkt liegt auf der anderen Fensterseite).

Falls etwas schiefgeht, können Sie die Fenster über [GM-EDITOR] / [LÖSCHEN] / [OBJEKT] wieder entfernen oder das Projekt neu einlesen.

Überprüfen Sie das Bild mit [SCHATTIEREN] im 3D-Programm. [SPEICHERN] Sie das Projekt DACH erneut als DACH.D3D (und ebenfalls DACH.ASC, damit die Öffnungen auch in den Dachflächen, die Sie für die 3D-Darstellung benötigen, enthalten sind).

3.4 Der Gittermodell-Editor

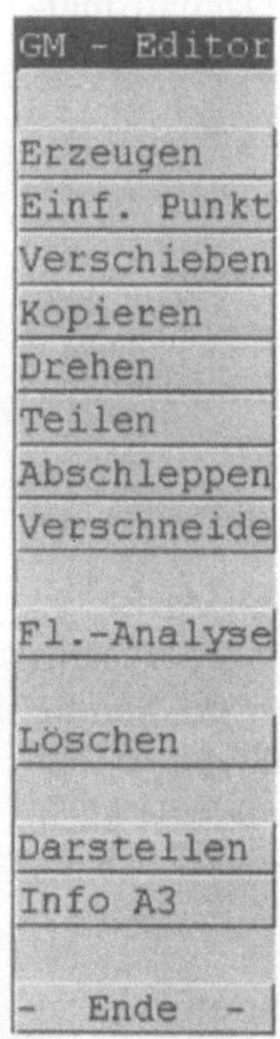

Bild 3-18
Menü [GM-EDITOR]

Mit dem Gittermodell-Editor (GM-Editor) können Sie beliebige dreidimensionale Dachstrukturen erzeugen. Diese können Sie als Projekt speichern und/oder in der Dachbibliothek zur weiteren Verwendung ablegen.

Alle mit dem GM-Editor über die Dachausmittlung oder die Variantenkonstruktion erzeugten Dächer können hier erweitert, verändert oder gelöscht werden.

Beim Verlassen des GM-Editors wird eine Punktanalyse durchgeführt, d.h. durch die Veränderung überflüssig gewordene Punkte werden gelöscht. Danach erfolgt auf Wunsch eine Flächenanalyse, bei der die Flächen mit ihrer Begrenzung, Größe und Neigung neu ermittelt und fortlaufend numeriert werden. Mit dem Befehl [FL.-ANALYSE] können Sie diese auch zwischendurch auslösen.

3.4.1 Geometrien erzeugen

Mit [GM-EDITOR] / [ERZEUGEN] können Sie neue Punkte, Kanten und Flächen erzeugen.

- Dreidimensionale Punkte sind die Voraussetzung zum Erzeugen von Kanten. Mit [ERZEUGEN] / [PUNKT] wird in das spezielle 3D-Punktdefinitionsmenü verzweigt. Die erzeugten Punkte werden durch ein Punktsymbol gekennzeichnet. Punkte, die nicht durch Kanten mit anderen Punkten verbunden werden, werden beim Verlassen des GM-Editors durch die Punktanalyse wieder gelöscht.

☞ Wenn Sie einen Punkt erzeugen wollen, der in der Dachfläche liegen soll, können Sie wie folgt vorgehen: Sie erzeugen einen „Hilfspunkt" mit [CURSOR+HÖHE] und bestätigen die angebotene Höhe. Dann erzeugen Sie einen neuen Punkt mit [PROJ FLÄCHE] (Projektion auf eine Fläche) im Punkt-Definitionsmenü. Tippen sie zuerst die gewünschte Dachfläche und dann den zuvor erzeugten „Hilfspunkt" an. Damit wird der neue Punkt in die Dachfläche genau über den anderen gesetzt. Der „Hilfspunkt" wird beim Verlassen des GM-Editors durch die Punktanalyse automatisch gelöscht, wenn keine Kanten angeschlossen wurden.

- Mit [ERZEUGEN] / [KANTE] können Sie Kanten als Verbindungslinie zwischen zwei Punkten erzeugen. Dies müssen 3D-Punkte sein, die im Dachmodul erzeugt wurden, entweder automatisch als Eckpunkte einer Dachgeometrie oder durch [ERZEUGEN] / [PUNKT].

- Aus vorhandenen oder mit [ERZEUGEN] / [KANTE] erzeugten Kanten der Dachgeometrie können mit [ERZEUGEN] / [FLÄCHE] Flächen erzeugt werden. Nach Identifizieren einer Kante sucht das Programm automatisch nach einer Kontur oder fordert erneut zum Identifizieren einer Kante auf. Eine neue Fläche erhält automatisch eine Flächennummer.

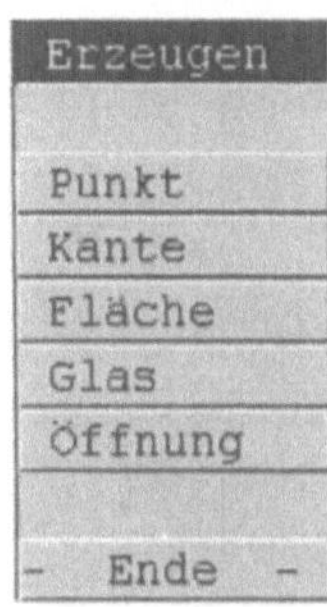

Bild 3-19
Untermenü [ERZEUGEN] im GM-Editor

- Mit [ERZEUGEN] / [ÖFFNUNG] können Sie eine Öffnung innerhalb einer Dachfläche erzeugen. Dazu identifizieren Sie zunächst die gewünschte Fläche und

anschließend eine Kante (dies muß eine im Dachmodul erzeugte Kante sein).
Das Programm versucht dann wieder, eine vorhandene Kontur zu verfolgen.

☞ Eine Öffnung wird aus Kanten erzeugt, die gemeinsam eine Kontur bilden.
Wenn Sie aus diesen Kanten außerdem noch eine Fläche erzeugt haben, so
kann die Öffnung nicht als „Loch" dargestellt werden!

- Mit [ERZEUGEN] / [GLAS] können Sie in vorhandene Öffnungen Glasflächen
  einsetzen, die im 3D-Programm auf einer anderen Folie liegen und mit einer
  anderen Farbe dargestellt werden. Zu diesem Zweck müssen wieder die Dachfläche und eine Kante der Kontur identifiziert werden; dann läuft die automatische Konturverfolgung.

- Mit [GM-EDITOR] / [EINF. PUNKT] können Sie einen neuen Punkt in eine vorhandene Kante einfügen. Dazu wird zuerst die Kante identifiziert und dann der
  Punkt mit dem Punkt-Definitionsmenü festgelegt. Liegt der Punkt außerhalb der
  Kante, wird er durch neue Kanten angeschlossen. Liegt er außerhalb der Fläche, zu der die Kante gehört, dann wird diese bei der Flächenanalyse nicht
  mehr berücksichtigt.

3.4.2 Geometrien ändern / löschen

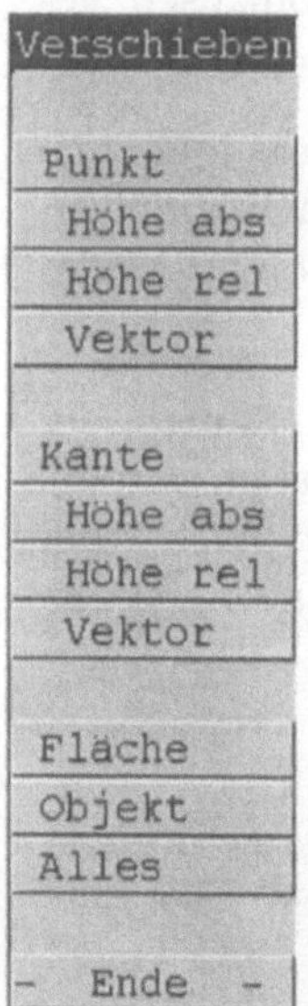

Bild 3-20
Menü [VERSCHIEBEN]

- Mit [GM-EDITOR] / [VERSCHIEBEN] können Sie Punkte, Kanten, Flächen, Objekte oder alles verschieben. Dazu definieren Sie die zwei Punkte eines Verschiebe-Vektors und identifizieren das oder die Bildelemente, die verschoben
  werden sollen. Punkte und Kanten können Sie auch nur in der Höhe absolut
  oder relativ verschieben.

- Mit [KOPIEREN] können Sie Punkte, Kanten, Flächen, Objekte oder alles über einen Vektor kopieren. Es wird in das Menü [A3-WAS?] (siehe Bild 3-22) verzweigt.

- Mit [DREHEN] können Sie ein Objekt drehen. Dazu geben Sie erst die Drehwinkel um die X-, Y- und Z-Achse über die Tastatur ein und dann den Referenzpunkt, um den das Objekt gedreht werden soll.

- Mit [TEILEN] können Sie ein Objekt durch eine horizontale Schnittebene unterteilen. Dadurch werden neue Punkte eingefügt, auf die bei weiteren Konstruktionen zurückgegriffen werden kann.

- Mit [ABSCHLEPPEN] können Sie Dachflächen oder Teile von Dachflächen abschleppen (verlängern oder verkürzen), indem Sie eine (Teil-) Kante oder einen Punkt innerhalb einer Kante „dynamisch ziehen". Der „gezogene" Wert wird im Statusblock angezeigt und kann über die Tastatur korrigiert werden. Dabei wird, je nach gewählter Funktion, vom bisherigen Endpunkt der Kante aus eine schräg verlaufende Verbindungskante oder vom definierten Punkt aus eine rechtwinklig (orthogonal) verlaufende Kante eingefügt.

Bild 3-21 Menü [ABSCHLEPPEN] / Orthogonal abgeschleppte Teilkante

- Mit [VERSCHNEIDEN] können Sie zwei Dächer miteinander verschneiden.

- Mit [GM-EDITOR] / [LÖSCHEN] (und nur damit) können Sie Teile der Dachgeometrie oder das ganze Dach löschen. Nach Aufruf der Funktion wird in das Menü [A3-WAS?] (siehe Bild 3-22) verzweigt.

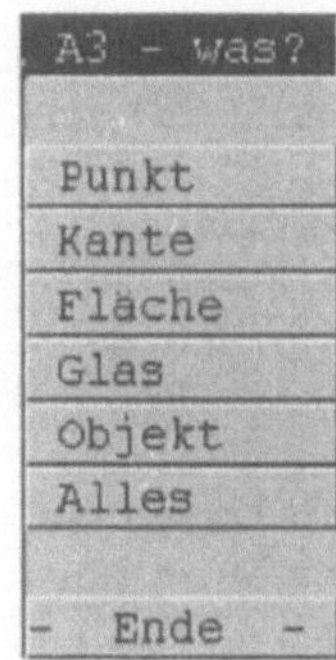

Bild 3-22
Menü [A3-WAS?]

 Eine nicht mehr erwünschte Gaube beispielsweise können Sie als [OBJEKT] wieder löschen. Senkrechte Dachflächen, die eigentlich Giebelflächen sind, entfernen Sie, indem Sie jeweils die untere Kante löschen.

3.4.3 Praxisfall: Entfernen der Dachflächen in den Giebelwänden

Das Dach des Beispielprojekts enthält noch zwei senkrechte Dachflächen, die eigentlich Giebelflächen sind.

Schalten Sie mit [DARSTELLEN] in eine Perspektivdarstellung um. Wählen Sie [GM-EDITOR] / [LÖSCHEN] / [KANTE], identifizieren Sie nacheinander die unteren Kanten der Giebelflächen (durch den Dachüberstand jeweils zwei Kanten), und bestätigen Sie den Löschvorgang.

Beenden Sie den GM-Editor mit der rechten Maustaste, und lassen Sie die Flächenanalyse durchführen.

Überzeugen Sie sich mit [SCHATTIEREN] von der korrekten Darstellung des Daches, und [SPEICHERN] Sie das Projekt erneut als DACH.D3D!

3.5 Hölzer

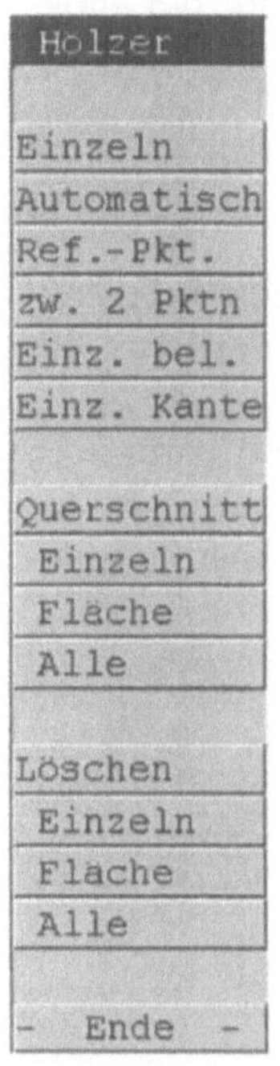

Bild 3-23
Menü [HÖLZER]

Mit [A3-PROJEKT] / [HÖLZER] können Sie im Modul Dachausmittlung auch die Holzkonstruktion eines Daches weitgehend erstellen. Innerhalb einer Dachfläche können Sie Standardsparren einzeln setzen oder automatisch verteilen lassen. Außerdem können Sie Wechsel-, Grat- und Kehlsparren definieren sowie First-, Mittel- und Traufpfetten.

Die Hölzer werden im Dachmodul nur durch ihre Achse dargestellt. Sie können ihnen aber Konstruktionsstärken (Querschnitte) zuweisen, die als Grundlage für die Berechnung des Holzbedarfs dienen. Nach Übergabe an das 3D-Programm werden die Hölzer als Quader in der definierten Länge dargestellt. Anschlüsse (Versätze, Shiftungen) werden dabei nicht berücksichtigt. Bei Bedarf können Sie die Holzkonstruktion im 3D-Programm „nacharbeiten".

3.5.1 Hölzer definieren / löschen

Im Menü [HÖLZER] (Bild 3-23) sind diverse Funktionen zum Konstruieren von Hölzern zusammengefaßt.

- Mit [EINZELN] können Sie einzelne Sparren in eine Dachfläche setzen. Der Sparren wird senkrecht zur Bezugskante der Dachfläche gezeichnet. Zur Bestimmung der Lage des Sparrens wird ein Punkt benötigt, der über das spezielle 3D-Punktdefinitionsmenü definiert werden kann.

- Mit [AUTOMATISCH] wird eine automatische Verteilung mit gleichen Sparrenabständen innerhalb der identifizierten Dachfläche vorgenommen. Grundlage ist der in den Parametern voreingestellte maximale Sparrenabstand, der möglichst gering unterschritten werden soll. Der errechnete Sparrenabstand wird angezeigt und zur Korrektur angeboten. Bei dieser Methode werden die üblichen „Streichsparren", die in geringem Abstand zu den Außenwänden liegen sollten, allerdings nicht berücksichtigt!

- Mit [REF.-PKT.] können Sie über das Punkt-Definitionsmenü einen Referenzpunkt (z.B. die Achse eines „Streichsparrens") bestimmen, von dem aus die automatische Verteilung vorgenommen werden soll. Als Default-(Standard-) Wert für den Sparrenabstand wird 60 cm angenommen; dieser Wert kann aber beliebig verändert werden. Der erste Sparren wird auf dem Referenzpunkt gesetzt. Bei dieser Methode ist allerdings nicht unbedingt eine Symmetrie gegeben.

Bild 3-24
Untermenü [HOLZTYP]

- Mit [ZW. 2 PKTN] bestimmen Sie zwei äußere Punkte, zwischen denen die automatische Verteilung vorgenommen werden soll. Hier wird der optimale Sparrenabstand wieder in Anlehnung an den maximal voreingestellten ermittelt und zur Korrektur angeboten. Auf den beiden eingangs definierten Punkten werden allerdings keine Sparren gesetzt. Sollen dies beispielsweise die Achsen der „Streichsparren" sein, so müssen diese zusätzlich einzeln gesetzt werden.

- Mit [EINZ. BEL.] können Sie einzelne Hölzer in beliebiger Position über zwei Punkte definieren. Da dies nicht unbedingt Standardsparren sein müssen, wird zunächst der gewünschte [HOLZTYP] (siehe Bild 3-24) abgefragt. Diese Funktion eignet sich z.B. für Wechselsparren oder Pfetten.

- Mit [EINZ.KANTE] können Sie eine Kante identifizieren, der ein Holztyp zugeordnet werden soll. Diese Funktion eignet sich besonders für Grat- und Kehlsparren, aber auch für First- und Traufpfetten.

 Die einzeln gesetzten Hölzer werden, je nach Holztyp, eventuell um ihre Achse gedreht (Wechsel-, Grat- und Kehlsparren) und automatisch in die Dachebene übernommen. Wechselsparren werden zwischen die Standardsparren gesetzt. Pfetten werden automatisch verschoben, wenn dies in den [PARAMETERN] unter [HOLZ...] vorgesehen wurde (siehe Bild 3-25). Auf diese Art wird eine Fußpfette, die mit [EINZ.KANTE] genau auf einer Traufkante definiert wurde, mit ihrer Achse korrekt nach innen versetzt!

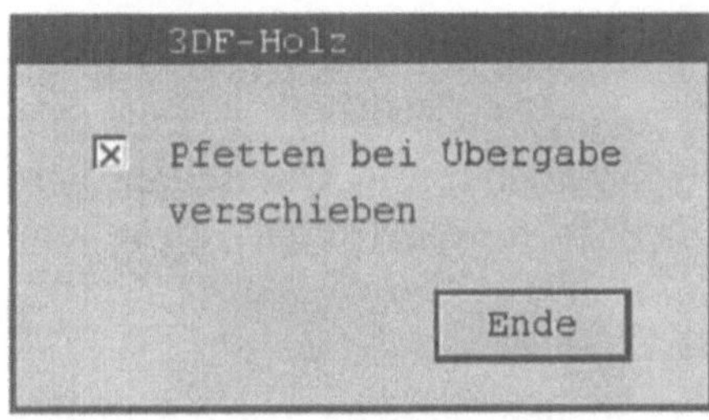

Bild 3-25
Voreinstellung für die 3D-Übergabe in
[PARAMETER] / [HOLZ...]

• Mit den Funktionen unter der Überschrift [LÖSCHEN] können Hölzer [EINZELN], die Hölzer einer Dach-[FLÄCHE] oder [ALLE] Hölzer wieder gelöscht werden.

3.5.2 Querschnitte zuweisen

Jedem Holz kann ein [QUERSCHNITT] zugeordnet werden. Dies kann [EINZELN] bei Hölzern, bei Hölzern einer Dach-[FLÄCHE] oder bei [ALLEN] Hölzern definiert werden.

Die eingeblendete Maske [QUERSCHNITTE] (siehe Bild 3-26) bietet eine Liste gängiger Querschnitte zur Auswahl an. Sie kann durch [EINFÜGEN] weiterer oder [LÖSCHEN] vorhandener Querschnitte modifiziert werden. Der gewählte Querschnitt wird nach Beenden der Maske und Bestätigen mit <ENTER> den zuvor identifizierten Hölzern zugewiesen.

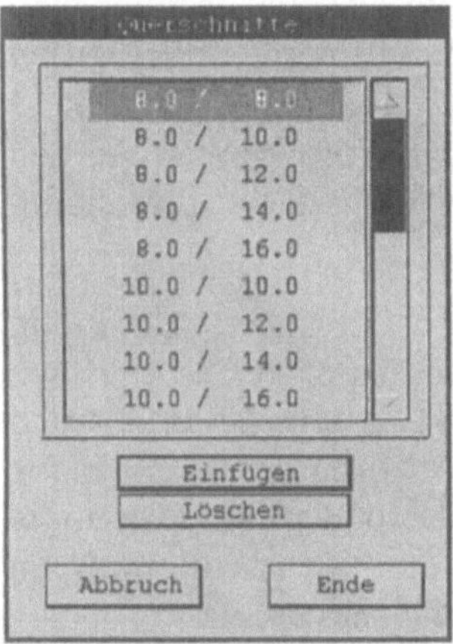

Bild 3-26
Maske [QUERSCHNITTE]

3.5.3 Praxisfall: Konstruktion der Sparren und Pfetten

Laden Sie, falls notwendig, im Modul Dachausmittlung das Projekt DACH, und lassen Sie sich das Dach in der Draufsicht darstellen (XY-Ebene).

Aktivieren Sie das Menü [PARAMETER], und ändern Sie in der Maske

- den [MAX. HOLZABSTAND] auf 80 cm,

- kreuzen Sie unter [HOLZ...] / [PFETTEN BEI ÜBERGABE VERSCHIEBEN] an (siehe Bild 3-25),

- und geben Sie unter [FLÄCHEN...] Folie 12 ein.

Wählen Sie den Befehl [HÖLZER]. Es sollen Sparren mit dem Querschnitt 8/16 verwendet werden. In den beiden Haupt-Dachflächen sollen Streichsparren im Abstand von 2 cm zur Außenwand gesetzt werden; die restlichen Sparren werden gleichmäßig verteilt.

Wenn Sie die Abstände nicht selbst berechnen wollen, können Sie die beiden äußeren Sparren mit dem Befehl [EINZELN] setzen und die weitere Verteilung mit dem Befehl [ZW. 2 PKTN] vornehmen lassen, wie unter 3.5.1 beschrieben. Dieses Vorgehen ist allerdings etwas umständlich, da Sie insgesamt viermal einen Punkt mit dem dreidimensionalen Punkt-Definitionsmenü bestimmen müssen.

In diesem einfachen Falle sind die äußeren Abmessungen so gewählt, daß sich gleiche Sparrenabstände mit glatten Zahlenwerten ergeben und eine Auswechslung für den Schornstein nicht erforderlich ist.

Das lichte Maß zwischen den Außenwänden beträgt 826 cm. Zieht man davon auf beiden Seiten 2 cm für den Abstand der Streichsparren und 4 cm bis zur Sparrenachse ab, so verbleiben 814 cm. Daraus ergeben sich 11 gleiche Sparrenabstände zu je 74 cm, also 12 Sparren. Wenn die Abstände bekannt sind, genügt es, die Lage des ersten Sparrens über [REF.-PKT.] zu bestimmen und die weiteren automatisch verteilen zu lassen. Der Referenzpunkt ist ein Punkt, durch den die erste Sparrenachse verläuft.

Aktivieren Sie [REF.-PKT.], und identifizieren Sie die rechte Dachfläche über eine ihrer Kanten. Wählen Sie [REL. BELIEB] im Punkt-Definitionsmenü und für den Bezugspunkt der relativen Koordinaten [ENDE KANTE]. Tippen Sie die untere horizontale Kante in der Nähe ihres rechten Endpunktes an. Von dort aus werden Sie nach relativen Koordinaten gefragt, und zwar nach dX, dY und dZ (dreidimensionale Koordinaten).

Die Achse des Streichsparrens verläuft parallel zur unteren Dachkante. Um einen Punkt zu definieren, der auf dieser Achse liegt, müssen Sie einen Wert in positiver Y-Richtung (siehe eingeblendetes Achsenkreuz) angeben. Der Abstand ergibt sich aus 9 cm Dachüberstand + 36.5 cm Wandstärke + 2 cm Abstand + 4 cm halbe Sparrenbreite = 51.5 cm. Geben Sie also ein: dX=0, dY=51.5 und dZ=0. Den angebotenen Sparrenabstand 60 cm überschreiben Sie mit 74 (dazu muß in [PARAMETER] der max. Sparrenabstand auf 80 cm eingestellt sein).

Setzen Sie die Sparren in der linken Dachfläche in gleicher Weise (falls es beim ersten Versuch nicht klappt, können Sie sie mit [LÖSCHEN] / [FLÄCHE] komplett wieder entfernen)!

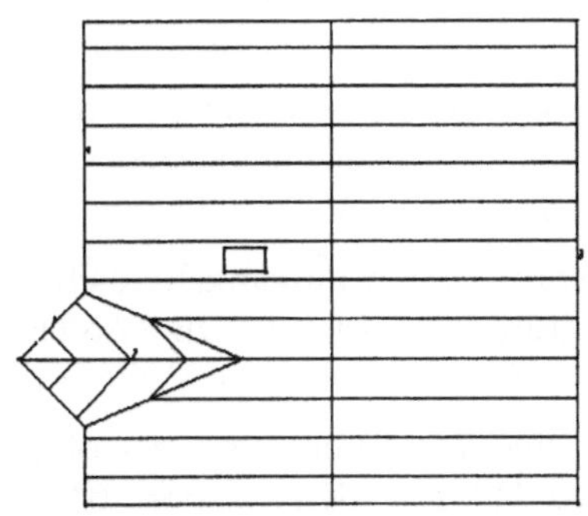

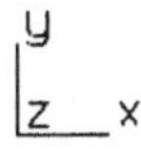

Bild 3-27
Dach-Draufsicht mit Sparren
im *Dachmodul*

Die Sparren in den kleinen Dreiecksflächen setzen Sie einfach mit dem Befehl [AUTOMATISCH]!

Den Grat- und die beiden Kehlsparren setzen Sie direkt auf die entsprechenden Kanten. Wählen Sie dazu [EINZ. KANTE], und identifizieren Sie eine der beiden Dreiecksflächen, indem Sie eine Kante antippen (bestätigen Sie diese Eingabe mit <ENTER>). Wählen Sie im Menü [HOLZTYP] z.B. [GRATSPARREN], und tippen Sie die entsprechende Kante an. Setzen Sie auf diese Art auch die beiden [KEHLSPARREN].

Weisen Sie allen bisher definierten Hölzern den Querschnitt 8/16 zu, verwenden Sie dazu das Menü [QUERSCHNITT] / [ALLE], wählen Sie dazu den Querschnitt in der Maske aus und verlassen Sie das Menü mit [ENDE].

Beenden Sie das Menü [HÖLZER], und aktivieren Sie im Menü [A3-PROJEKT] den Befehl [3D-FLÄCHE]. In der eingeblendeten Maske [3D-FLÄCHE] soll nur das Feld [HÖLZER] angekreuzt sein, beenden Sie die Maske mit [WEITER]. Die Holzkonstruktion wird an das 3D-Programm übergeben. Wenn die Zuweisung der Querschnitte gelungen ist, werden die Hölzer als dreidimensionale Quader dargestellt. Drehen und [SCHATTIEREN] Sie das 3D-Bild nach Belieben, und beenden Sie es schließlich, um in das Dachmodul zurückzukehren. [SPEICHERN] Sie das Projekt DACH erneut!

Um die Dachkonstruktion (fast) zu vervollständigen und sich späteres Nacharbeiten im 3D-Programm zu ersparen, können Sie auch die Fußpfetten (hier Traufpfetten genannt) definieren. Sie beginnen jeweils an der Innenseite der Außenwand (9 cm Dachüberstand + 36.5 cm Wandstärke = 45.5 cm). Die Längen in der linken Dachhälfte sind absichtlich großzügig gewählt worden, um im 3D-Programm eine Verschneidung im Bereich des Erkers machen zu können.

Aktivieren Sie [EINZ. BEL.], identifizieren Sie die rechte Dachfläche, und wählen Sie als [HOLZTYP] / [TRAUFPFETTE]. Den ersten Punkt definieren Sie mit [REL.BELIEB] / [ENDE KANTE]. Tippen Sie dazu die obere horizontale Dachkante rechts an und geben Sie folgende Werte ein: dX=0, dY=-45.5, dZ=0. Von dort aus orientieren Sie sich relativ nach unten und gehen so vor: [REL.LETZTE], dX=0, dY=-363.5, dZ=0.

Die Traufpfette wird genau auf der Traufkante gezeichnet (Sie haben ja weder in X-, noch in Z-Richtung eine Koordinate definiert), sie erscheint aber später im 3D-Programm an der richtigen Stelle unterhalb des Sparrens!

Definieren Sie die Pfette über dem zurückspringenden Eingangsbereich in gleicher Weise von der unteren Dachkante aus mit [REL.BELIEB] / [ENDE KANTE] und den Koordinaten -92.5/45.5/92.5 und [REL.LETZTE] mit den Werten 0/462.5/0.

In der linken Dachfläche konstruieren Sie eine Traufpfette von der oberen Dachkante aus mit [REL.BELIEB] / [ENDE KANTE] mit den Werten 0/-45.5/0 und [REL.LETZTE] mit den Werten 0/-500/0 sowie eine von der unteren Dachkante mit [REL.BELIEB] / [ENDE KANTE] mit den Werten 0/45.5/0 und [REL.LETZTE] mit den Werten 0/130/0.

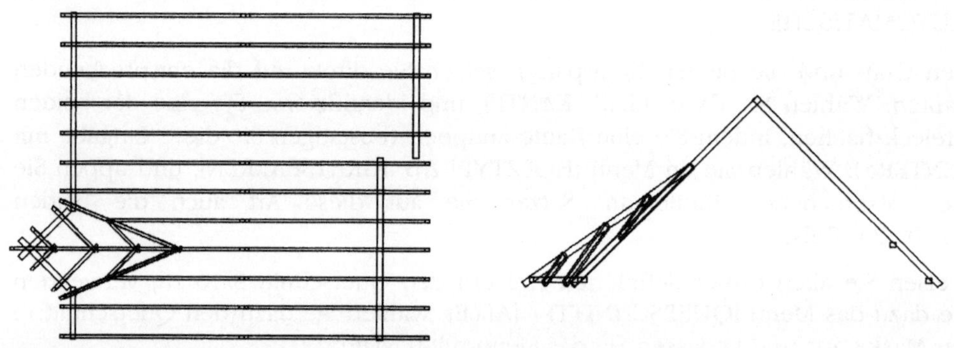

Bild 3-28 Holzkonstruktion von oben und von vorn

Die Traufpfetten im Bereich der beiden Dreiecksflächen können Sie mit [EINZ. KANTE] direkt auf die entsprechenden Traufkanten setzen.

☞　Achten Sie darauf, daß Sie für jedes Holz die Dachfläche identifizieren, zu der es gehört!

Geben Sie den Traufpfetten schließlich noch mit [QUERSCHNITT] / [EINZELN] die Konstruktionsstärke 14/12 (Querschnitt neu einfügen!), indem Sie alle sechs Pfetten nacheinander identifizieren und bestätigen!

Überprüfen Sie die Holzkonstruktion noch einmal im 3D-Programm mit [3D-FLÄCHE] (nur Hölzer). Lassen Sie sich das Bild auch von oben und von vorn anzeigen (siehe Bild 3-28). Beenden Sie das 3D-Programm, und korrigieren Sie gegebenenfalls die Konstruktion.

[SPEICHERN] Sie das Projekt DACH (.D3D) erneut, und bestätigen Sie diesmal auch das Speichern der Datei DACH.ASC. Diese Datei enthält die gesamte Konstruktion als 3D-Datenmodell, das jederzeit in das 3D-Programm eingelesen werden kann. Zusätzlich werden ohne weitere Abfrage die Dateien DACH_S.ASC (Dachhaut), DACH_A.ASC (Dachflächen) und DACH_R.ASC (Dachhölzer) gespeichert, so daß Sie die Daten auch getrennt ins 3D-Programm einlesen können (siehe auch Kapitel 3.1.6).

☞ Achtung: Falls Sie diese Daten auf Diskette speichern, achten Sie darauf, nach der Laufwerksbezeichnung A: einen „Backslash" (einen rückwärts geneigten Schrägstrich) einzugeben, also A:\DACH!

3.6 Listen

Das Modul Dachausmittlung berechnet aus den gespeicherten Koordinaten automatisch alle Längen, Winkel, Flächen und Volumina. Die Informationen sind in Masken zusammengefaßt, die Sie sich anzeigen und ausdrucken lassen können.

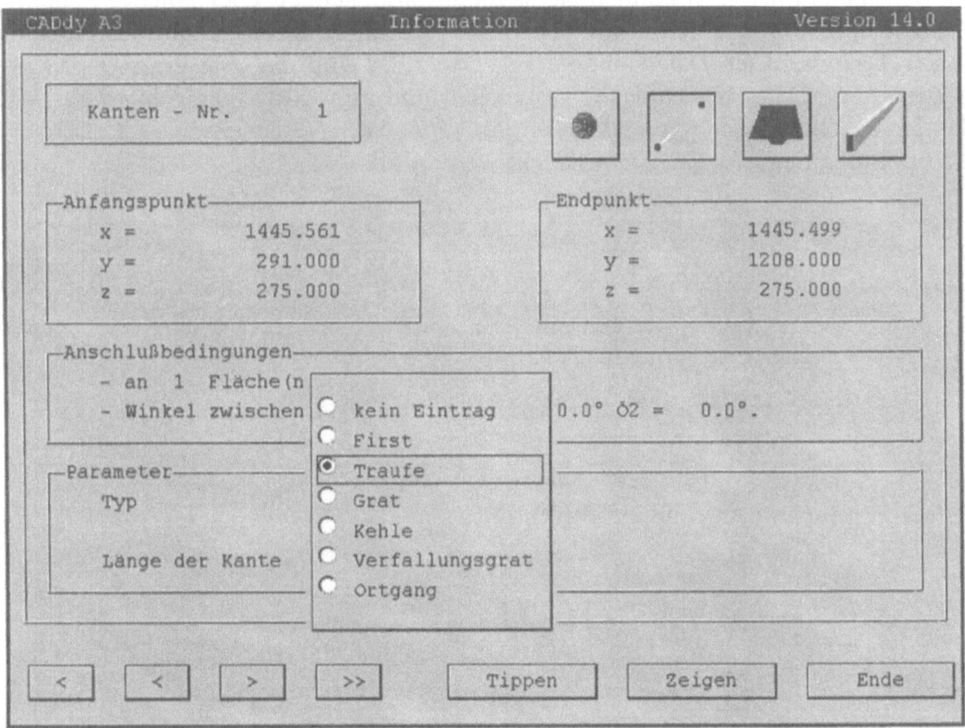

Bild 3-29 Informationsmasken über das Menü [INFO A3]

3.6.1 Informationen anzeigen

Mit dem Befehl [INFO A3] in den Menüs [A3-PROJEKT] und [GM-EDITOR] können Sie sich Informationen über Punkte, Kanten, Flächen und Hölzer der Dachkonstruktion anzeigen lassen. Die einzelnen Kategorien können durch Klick auf die Icons oben rechts in der Maske gewählt werden.

Bild 3-29 zeigt exemplarisch die Informationen zu einer Kante. Die einzelnen Kanten (wie auch die Punkte, Flächen und Hölzer) sind fortlaufend numeriert. Zu jeder Kante werden die Koordinaten, die daraus berechnete Länge, die Anschlußbedingungen (Anschluß an Flächen) und der Typ (Lage der Kante) angezeigt. Wenn der Typ nicht automatisch erkannt wurde (kein Eintrag), können Sie ihn anhand der Auswahlliste nachträglich definieren. Dazu ist es eventuell hilfreich, sich die Kante im Bild [ZEIGEN] zu lassen.

Mit den Pfeilfeldern links unten in der Maske können Sie zwischen den einzelnen Kanten hin- und herblättern, mit [TIPPEN] können Sie eine beliebige Kante im Bild wählen.

Die Informationsmasken für Punkte, Flächen und Hölzer sind analog aufgebaut.

3.6.2 Listen anzeigen und ausgeben

Mit dem Befehl [LISTEN] können Sie sich die Informationen über Punkte, Kanten, Flächen und Hölzer in Form von Listen am Bildschirm anzeigen und ausdrucken lassen. Dazu wird ein Dateiname erfragt. Daraufhin wird die Liste in einer druckfähigen ASCII-Datei (= Textdatei) gespeichert und im CADdy-Editor angezeigt, so daß sie bei Bedarf noch verändert werden kann. Nach Verlassen des Editors fragt Sie das Programm, ob die Liste gedruckt werden soll.

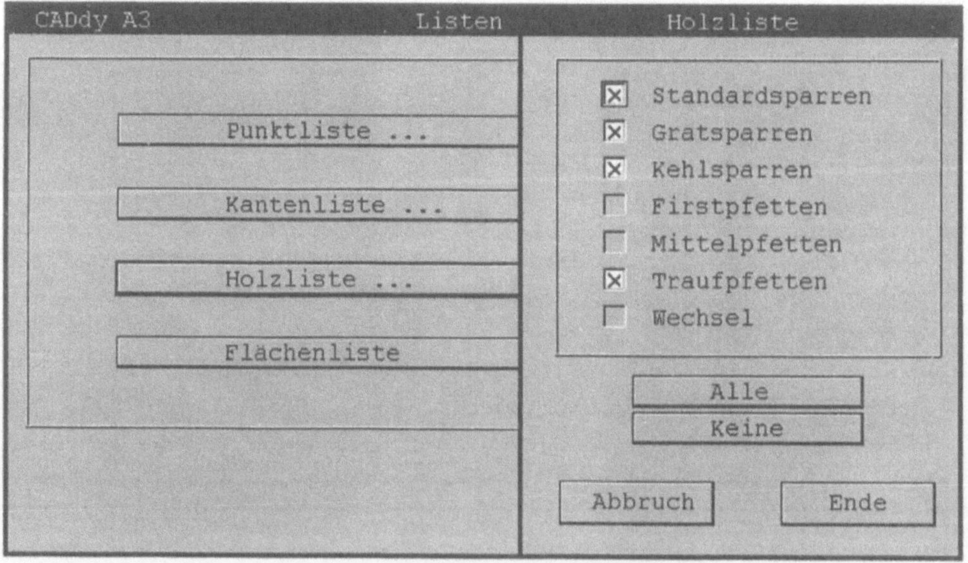

Bild 3-30 Listen ausgeben

Auf den folgenden Seiten ist die Holzliste für das Dach des Beispielprojekts abgedruckt.

```
************************************************************
* CADdy A3          Holzliste           Version 14.0 *
************************************************************

Datum : 21.07.1997          Zeit : 22:40


Sparren
Fl.-Nr.  lfd.Nr.  Querschn [cm/cm]  Länge [m]
----------------------------------------------------
   1        1       8.0 / 16.0        6.750
   1        2       8.0 / 16.0        6.750
   1        3       8.0 / 16.0        6.750
   1        4       8.0 / 16.0        6.750
   1        5       8.0 / 16.0        6.750
   1        6       8.0 / 16.0        6.750
   1        7       8.0 / 16.0        6.750
   1        8       8.0 / 16.0        6.749
   1        9       8.0 / 16.0        6.749
   1       10       8.0 / 16.0        6.749
   1       11       8.0 / 16.0        6.749
   1       12       8.0 / 16.0        6.749
----------------------------------------------------
         Gesamtlänge/Fläche   :      80.995 m
         Gesamtvolumen/Fläche :       1.037 m^3
----------------------------------------------------
   2        1       8.0 / 16.0        6.750
   2        2       8.0 / 16.0        6.750
   2        3       8.0 / 16.0        4.949
   2        4       8.0 / 16.0        2.423
   2        5       8.0 / 16.0        4.949
   2        6       8.0 / 16.0        6.750
   2        7       8.0 / 16.0        6.750
   2        8       8.0 / 16.0        6.749
   2        9       8.0 / 16.0        6.749
   2       10       8.0 / 16.0        6.749
   2       11       8.0 / 16.0        6.749
   2       12       8.0 / 16.0        6.749
----------------------------------------------------
         Gesamtlänge/Fläche   :      73.067 m
         Gesamtvolumen/Fläche :       0.935 m^3
----------------------------------------------------
   3        1       8.0 / 16.0        1.530
   3        2       8.0 / 16.0        1.082
   3        3       8.0 / 16.0        2.163
----------------------------------------------------
         Gesamtlänge/Fläche   :       4.775 m
         Gesamtvolumen/Fläche :       0.061 m^3
----------------------------------------------------
   4        1       8.0 / 16.0        1.082
   4        2       8.0 / 16.0        1.530
   4        3       8.0 / 16.0        2.163
----------------------------------------------------
         Gesamtlänge/Fläche   :       4.775 m
         Gesamtvolumen/Fläche :       0.061 m^3
----------------------------------------------------
30 Stck        Gesamtlänge  :      163.611 m
               Gesamtvolumen:        2.094 m^3
               ====================
```

```
Gratsparren
Fl.-Nr.  lfd.Nr.  Querschn [cm/cm]  Länge [m]
------------------------------------------------------
   3       1         8.0 / 16.0        5.299
------------------------------------------------------

  1 Stck          Gesamtlänge  :       5.299 m
                  Gesamtvolumen:       0.068 m^3
                                ==================


Kehlsparren
Fl.-Nr.  lfd.Nr.  Querschn [cm/cm]  Länge [m]
------------------------------------------------------
   3       1         8.0 / 16.0        4.509
------------------------------------------------------
   4       1         8.0 / 16.0        4.509
------------------------------------------------------

  2 Stck          Gesamtlänge  :       9.017 m
                  Gesamtvolumen:       0.115 m^3
                                ==================


Traufpfette
Fl.-Nr.  lfd.Nr.  Querschn [cm/cm]  Länge [m]
------------------------------------------------------
   1       1        14.0 / 12.0        3.635
   1       2        14.0 / 12.0        4.625
------------------------------------------------------
   2       1        14.0 / 12.0        5.000
   2       2        14.0 / 12.0        1.300
------------------------------------------------------
   3       1        14.0 / 12.0        1.792
   3       2        14.0 / 12.0        1.792
------------------------------------------------------

  6 Stck          Gesamtlänge  :      18.144 m
                  Gesamtvolumen:       0.305 m^3
                                ==================


------------------------------------------------------
            Gesamtholzverbrauch  :       2.582 m^3
                                ==================
```

3.6.3 Sparrenplan anzeigen und ausgeben

Mit dem Befehl [SPARRENPLAN] werden automatisch ein Übersichtsplan des Daches und Positionspläne aller Hölzer der Dachkonstruktion für eine oder alle Dachflächen gezeichnet und auf Wunsch geplottet. Die Textgrößen und die Folien für die einzelnen Elemente können in der Parametermaske voreingestellt werden.

Bild 3-31 zeigt den Sparrenplan für das Beispielprojekt.

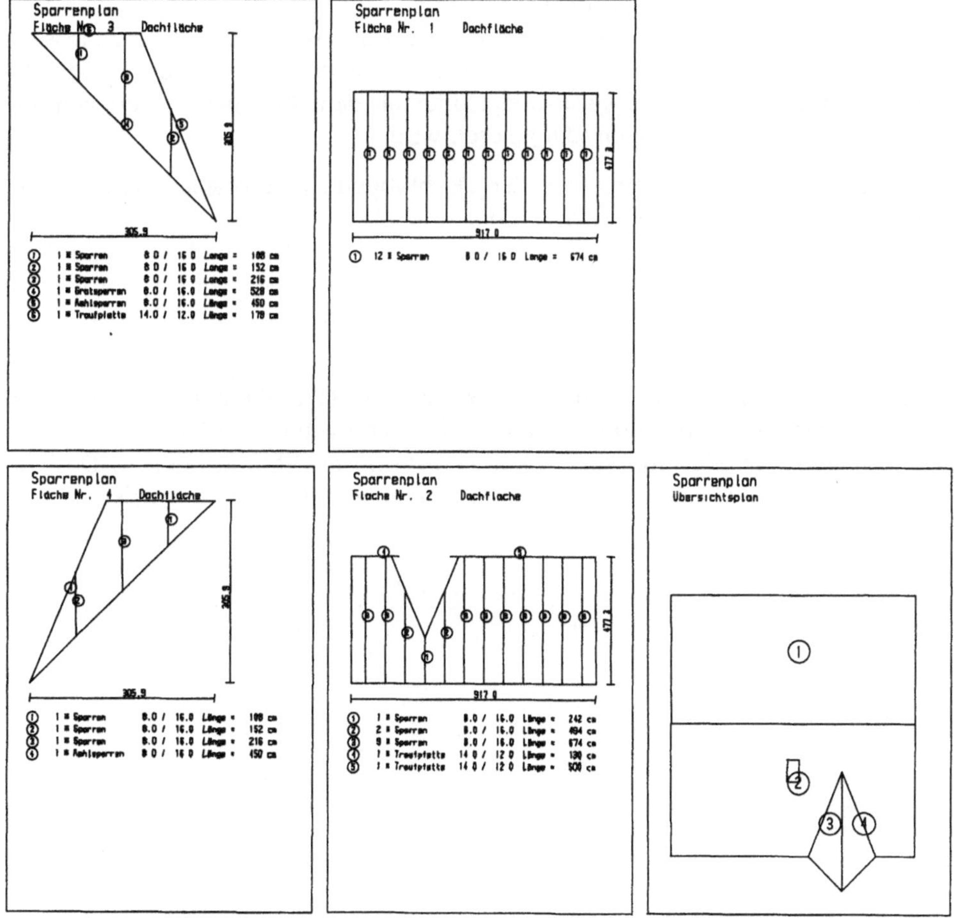

Bild 3-31 Sparrenplan

3.7 Aufgaben

1. Wozu dient die Grundlinie im Modul Dachausmittlung, und wie wird sie erzeugt?

2. Welche Möglichkeiten gibt es, ein Krüppelwalmdach zu erzeugen?

3. Welche Möglichkeiten gibt es, eine Öffnung in einer Dachfläche zu erzeugen?

3.7.1 Lösungen

1. Die Kanten der Grundlinie dienen als Grundlage für die Dachausmittlung (dazu muß für jede Kante eine Dachneigung definiert worden sein).
   Die Grundlinie kann im Architekturmodul oder im Dachmodul als geschlossene Kontur erzeugt werden. Bei Erzeugung im Architekturmodul muß sie auf der dafür vorgesehenen Folie 94 abgelegt und mit dem Bild gespeichert werden, aus dem sie dann im Dachmodul gelesen wird.

2. Ein Krüppelwalmdach kann aus der Dachbibliothek eingelesen und mit der Variantenkonstruktion verändert werden.
   Es kann auch aus einer Grundlinie erzeugt werden, indem die Dachausmittlung zunächst nur bis zu einer bestimmten Höhe vorgenommen wird. Dann werden der neuen Grundlinie neue Dachneigungen zugewiesen und die Ausmittlung automatisch bis zum First durchgeführt.

3. Eine beliebig umrandete Öffnung kann mit dem GM-Editor aus vorhandenen Kanten erzeugt und eventuell mit einer Glasfläche gefüllt werden.
   Eine rechteckige Öffnung kann auch als Schornsteinöffnung oder als Dachflächenfenster (mit Glasfläche) aus der Gaubenbibliothek definiert werden.

4 3D-Konstruktion mit dem Modul 3DF

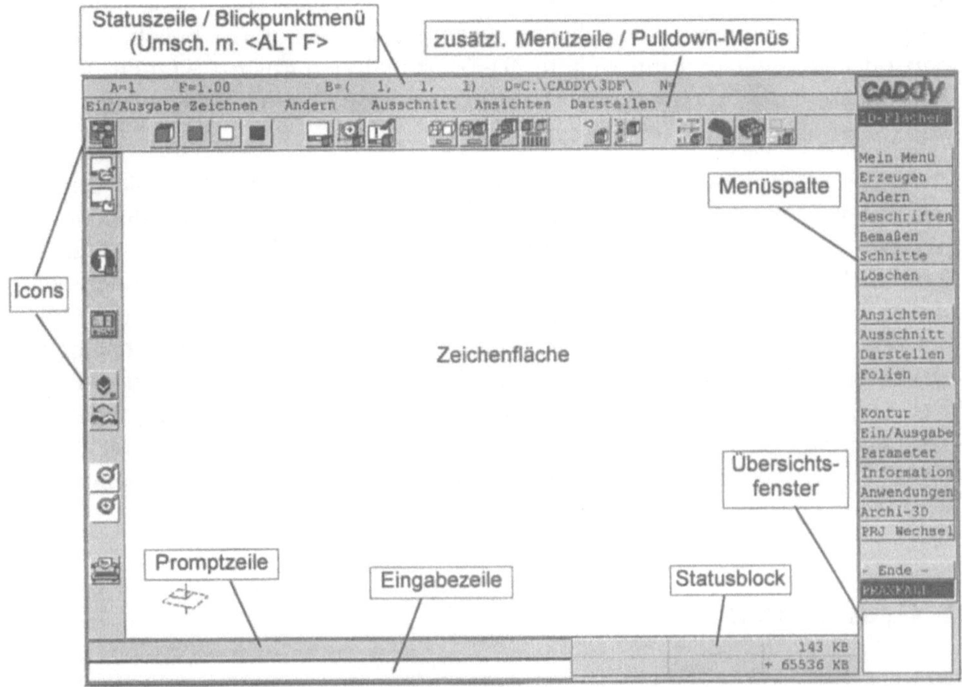

Bild 4-1 Der Bildschirm des 3D-Flächen-Moduls

Das CADdy-Modul 3D-Flächen haben Sie bereits kennengelernt und auch genutzt, um die Daten, die Sie sowohl im Architektur- als auch im Dachmodul erzeugt haben, dreidimensional darzustellen.

Zu diesem Thema haben Sie bereits im Kapitel 1.7 einige grundlegende Informationen für den Umgang mit dem 3D-Programm erhalten. Dort wurde allerdings nur die speziell für die Architektur entwickelte 2D-3D-Kopplung behandelt, und auch dies nur in dem Umfang, den die Beispiele in den vorangegangenen Kapiteln erforderlich machten.

Das 3D-Flächenmodul ist aber ein sehr viel komplexeres Werkzeug. Es ist ein eigenständiges Programm, das zum Lieferumfang des CADdy-Grundpakets gehört. Sie können damit nicht nur zweidimensionale Daten in die dritte Dimension „überführen", sondern auch direkt dreidimensional konstruieren und ändern. Dieses Kapitel soll die Arbeitsweise dieses Programms näher erläutern und einige der vielfältigen Möglichkeiten, die es für Architekturdarstellungen bietet, aufzeigen.

Für Architekturanwendungen gibt es grundsätzlich zwei Möglichkeiten, dieses Programm anzuwenden:

- Das 3D-Flächen-Modul als eigenständiges Programm kann 2D-Daten (nicht nur architekturspezifische) übernehmen und daraus völlig unabhängig vom 2D-Programm dreidimensionale Objekte erzeugen. Diese können beliebig verändert oder gelöscht und um weitere 3D-Konstruktionen ergänzt werden. Durch Abschneiden des kompletten Bildinhaltes an einer Ebene können aus dem Baukörper Schnitte erzeugt werden.

- Die 2D-3D-Kopplung wurde speziell für die Architektur entwickelt. Sie verbindet den zweidimensionalen Grundriß mit dem daraus entwickelten dreidimensionalen Baukörper und bietet außer der schnellen Visualisierung die Möglichkeit, auch am 3D-Baukörper architekturspezifische Änderungen vorzunehmen, die automatisch im Grundriß mitgeführt werden. Außerdem besteht die Möglichkeit, Wände mit einer im Dachmodul erzeugten Dachhaut zu verschneiden. In diesem Modus kann das Bild ebenfalls um weitere 3D-Konstruktionen ergänzt werden. Bei der Erzeugung von Schnitten werden aber nur die „nicht gekoppelten" 3D-Objekte berücksichtigt. Um die im 3D-Modus hinzugefügten Objekte aufzubewahren, müssen die beiden gekoppelten Bilder als gemeinsames Modell gespeichert werden.

4.1 Grundlagen

4.1.1 3D-Datenmodelle

Die verschiedenen CAD-Programme arbeiten im 3D-Bereich mit unterschiedlichen Datenmodellen, die jeweils ihre Vor- und Nachteile haben. Damit Sie sich eine Vorstellung davon machen und die Möglichkeiten und Grenzen des CADdy-3D-Programms besser einschätzen können, folgt zunächst eine allgemeine Erläuterung dieser Modelle:

Ein Computer kann nur mit Zahlen umgehen; er „kennt" eine Konstruktion nur anhand der Definition ihrer Eckpunkt-Koordinaten. Im zweidimensionalen Bereich genügt dazu ein zweidimensionales Koordinatensystem mit X- und Y-Achse. In der dritten Dimension kommt die Höhe als Z-Achse hinzu.

Wenn jeder Eckpunkt eines Objekts mit den drei Koordinaten X, Y und Z gespeichert ist und der Rechner außerdem „weiß", welche dieser Punkte miteinander zu Kanten verbunden werden sollen, ergibt sich ein Kanten- oder Drahtmodell eines Körpers.

Auf dem Bildschirm kann man natürlich immer nur eine der vielen möglichen Projektionen sehen, z.B. eine Ansicht, eine Draufsicht oder eine Parallelprojektion. Diese Projektionen kann das Programm in Sekundenbruchteilen berechnen und am Bildschirm darstellen. Dabei sieht man immer alle Kanten, aus denen das Objekt besteht, denn das Drahtmodell ist „durchsichtig". Schneidet man ein Drahtmodell durch, so entstehen in der Schnittebene nur „Durchstoßpunkte", aber keine Schnittkanten.

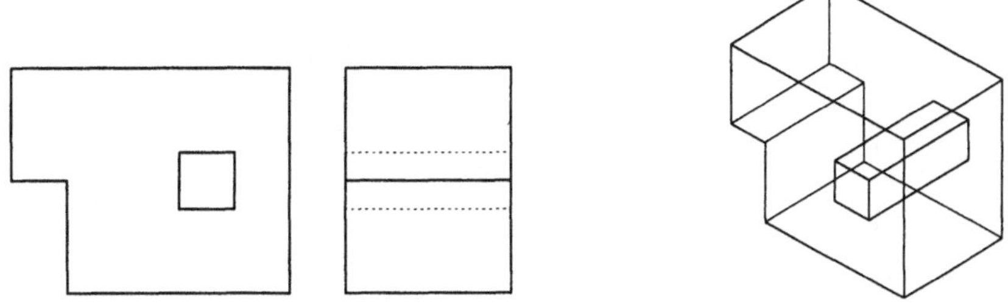

Bild 4-2 Zweidimensionale Flächen- und dreidimensionale Kantendarstellung

In der Realität bestehen Körper aber nicht nur aus Eckpunkten und Kanten, sondern haben Oberflächen, die aus den Kanten gebildet werden. Betrachtet man den Körper unter einem bestimmten Blickwinkel, so werden einige Flächen ganz oder teilweise von anderen Flächen verdeckt. Dadurch entsteht erst der räumliche Eindruck und die Eindeutigkeit der Abbildung.

Soll der Computer auch Flächen „kennen", so muß er den Zusammenhang zwischen den einzelnen Kanten speichern. Das Programm wird also aufwendiger und braucht mehr Speicherplatz und Rechenzeit. Der Vorteil eines solchen Flächenmodells liegt auf der Hand: Das Programm kann berechnen, welche Flächen in einer bestimmten Ansicht von anderen verdeckt werden. Am Bildschirm können dann entweder die verdeckten Kanten ausgeblendet oder die sichtbaren Flächen farbig gefüllt werden, so daß ein realitätsnahes Bild entsteht. Die dafür notwendige Berechnung erfordert, je nach Komplexität des Objekts, erheblichen Rechenaufwand und muß für jeden Blickwinkel neu gemacht werden. An diesem Punkt werden die Unterschiede in der Hardwareausstattung besonders deutlich.

Schneidet man ein Flächenmodell durch, so entstehen in der Schnittebene Schnittkanten. Ob sich zwischen zwei parallel verlaufenden Schnittkanten aber eine Schnittfläche oder ein Hohlraum befindet, läßt sich am Flächenmodell nicht erkennen.

Dazu braucht man ein Volumenmodell. Bei diesem Modell ist dem Programm auch bekannt, welche Flächen gemeinsam einen Körper bilden. Ein solches Modell kann Körper addieren und subtrahieren, es können also beliebige Durchdringungen von Körpern berechnet und dargestellt werden. Schnittflächen können kenntlich gemacht, z.B. automatisch schraffiert werden. Ein Volumenmodell benötigt aber sehr viel Rechnerkapazität. Vor allem bei komplexeren Konstruktionen ergeben sich enorme Datenmengen, die zu verwalten sind. Hier wird sehr schnell die Kapazitätsgrenze des Betriebssystems MS-DOS überschritten.

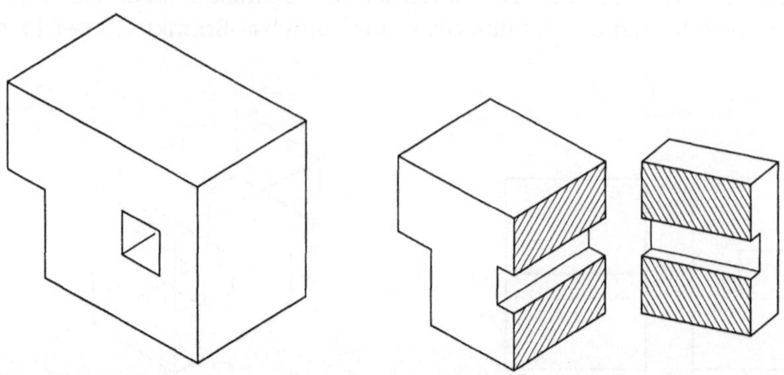

Bild 4-3 Dreidimensionale Flächendarstellung (links) und Volumendarstellung (rechts)

Da CADdy (zur Zeit noch) ein DOS-Programm mit durchschnittlichen Hardware-anforderungen ist, wird ein Volumenmodell (CADdy 3DV) nur zur Erzeugung kleinerer 3D-Objekte, wie sie beispielsweise im Maschinenbau benötigt werden, angeboten. Für Architekturanwendungen eignet sich besser ein Flächenmodell.

Da wir es in der Architektur meistens mit senkrechten Kanten zu tun haben, genügt es, den zuvor zweidimensional erzeugten Flächen eine Höhe zuzuweisen, um daraus „Körper" zu konstruieren. Darüber hinaus können auch bestimmte räumlich-geometrische Grundformen wie Quader, Prismen, Zylinder, Kegel, Kugeln, Rotationskörper usw. erzeugt werden. Alle diese „Körper" bestehen aber, wie oben beschrieben, nur aus zusammengesetzten Flächen; sie haben keine Masse. Trotzdem kann CADdy auch eine Massenberechnung durchführen, indem die Grundflächen mit den dazugehörigen Höhen multipliziert werden.

4.1.2 Programmstart und Handhabung

Da das 3D-Flächenmodul zum Grundpaket gehört, kann es vom Hauptmenü des Grundpakets gestartet werden über [ANWENDUNGEN] / [3D-FLÄCHE].

Die Benutzeroberfläche des 3D-Programms ist ähnlich aufgebaut wie im 2D-Programm (siehe Bild 4-1).

Neu ist das links unten in der Zeichenfläche eingeblendete 3D-Achsenkreuz. Dieses dient zur besseren Orientierung, da das räumliche Datenmodell am Bildschirm immer nur als zweidimensionale Projektion auf eine Ebene wiedergegeben werden kann. Das Achsenkreuz repräsentiert die aktuelle (positive) Richtung der drei Hauptachsen, nicht aber den Ursprung des dreidimensionalen Koordinatensystems.

In der Menüspalte auf der rechten Seite erscheint nach dem Programmstart das Menü [3D-FLÄCHEN]. Dieses ist das „Hauptmenü" des 3D-Programms. Obwohl die hier aufgeführten Befehle namentlich zum Teil denen des 2D-Programms entsprechen, verbergen sich dahinter andere, nämlich 3D-spezifische Funktionen.

Der 3D-Bildschirm enthält wie der 2D-Bildschirm bereits vorbereitete Pulldown-Menüs und Icons, die vom Benutzer verändert und erweitert werden können. Dies ist allerdings nur über den Befehl [ANWENDUNGEN] / [HILFSPROGRAMME] im *Hauptmenü* des CADdy-Grundpakets möglich (siehe Kapitel 1.3). Icons, die denen im 2D-Programm äußerlich entsprechen, haben eine für das 3D-Programm analoge Bedeutung (z.B. [BILD LESEN] / [BILD SPEICHERN], [BLÄTTERN...]).

Die Displaylist-Funktionen entsprechen denen im 2D-Programm. Sie können über die vorhandenen Icons oder das Menü [DISPLAYLIST] (mit der mittleren Maustaste bzw. <STRG L>) aufgerufen werden.

Die Statuszeile am oberen Bildschirmrand ist ähnlich aufgebaut wie im 2D-Programm. Sie zeigt u.a. Angaben über die aktuelle Arbeitsfolie, den Vergrößerungsfaktor und die (dreidimensionalen) Bildmaße.

Die Funktionstasten sind im 3D-Programm weitgehend anders belegt als im 2D-Programm. Mit <ALT H> können Sie sich die Belegung am Bildschirm anzeigen lassen. Die neuen Bedeutungen der Funktionstasten <F1> bis <F10> können Sie sich mit <ALT F> in der Statuszeile anzeigen lassen. Viele der Funktionen, die Sie im 2D-Programm mit einer Funktionstaste direkt erreicht haben, werden im 3D-Programm mit <⇧> und der entsprechenden Funktionstaste angesprochen (z.B. <F4> = [AUSSCHNITT] / [ZOOMEN]; im 3D-Programm mit <⇧ F4>).

 Die Online-Hilfe wird auch im 3D-Programm mit <⇧ F1> aufgerufen, die Funktion [BILD NEU] aber nicht mit <F1>, sondern mit <ALT B>!

4.1.3 3D-Parameter

Im 3D-Flächenmodul gibt es, wie in den anderen CADdy-Modulen, eine ganze Reihe von Voreinstellungsmöglichkeiten. Der Aufruf erfolgt über den Befehl [PARAMETER] im Menü [3D-FLÄCHEN] oder durch Anklicken des nebenstehend abgebildeten Icons. Dann wird in die [MASKENAUSWAHL] verzweigt, von der aus die einzelnen Parameter-Masken aufgerufen werden können (siehe Bild 4-4). 

Viele der Parameter, die im oberen Kasten der Maskenauswahl aufgeführt sind, lassen sich getrennt in Dateien speichern, die bei Bedarf einzeln wieder eingelesen werden können. Damit diese Voreinstellungsdateien beim Programmstart automatisch gefunden werden, können sie unter [DATEIEN...] im mittleren Abschnitt der Maskenauswahl eingetragen werden. Diese Zuweisungen werden gemeinsam mit einigen grundlegenden Voreinstellungen ([ZEICHENPARAMETER...], [GRUNDEINSTELLUNGEN...]) in einer Info-Datei zusammengefaßt. Über [INFO-DATEI...] kann diese Datei neu gespeichert und wieder eingelesen werden. Die Info-Datei, die vom 3D-Programm automatisch eingelesen wird, heißt CADDY3DF.3DC.

Im 3D-Programm gibt es auch eine Definitionsdatei, die beim Programmstart automatisch eingelesen wird. Dort sind die Dateien aufgelistet, die für das äußere Erscheinungsbild des 3D-Programms verantwortlich sind (Pulldown-Menüs, Icons, ...) und die Verzeichnisse, in denen sich diese Dateien befinden. Über die Felder [DATEIEN...] und [VERZEICHNISSE...] im unteren Abschnitt der Maskenauswahl können diese Zuweisungen sichtbar gemacht und verändert werden. Über [DEF-DATEI...] kann die Datei neu gespeichert und wieder gelesen werden. Die Definitionsdatei, die vom 3D-Programm automatisch eingelesen wird, heißt CADDY3DF.3DD.

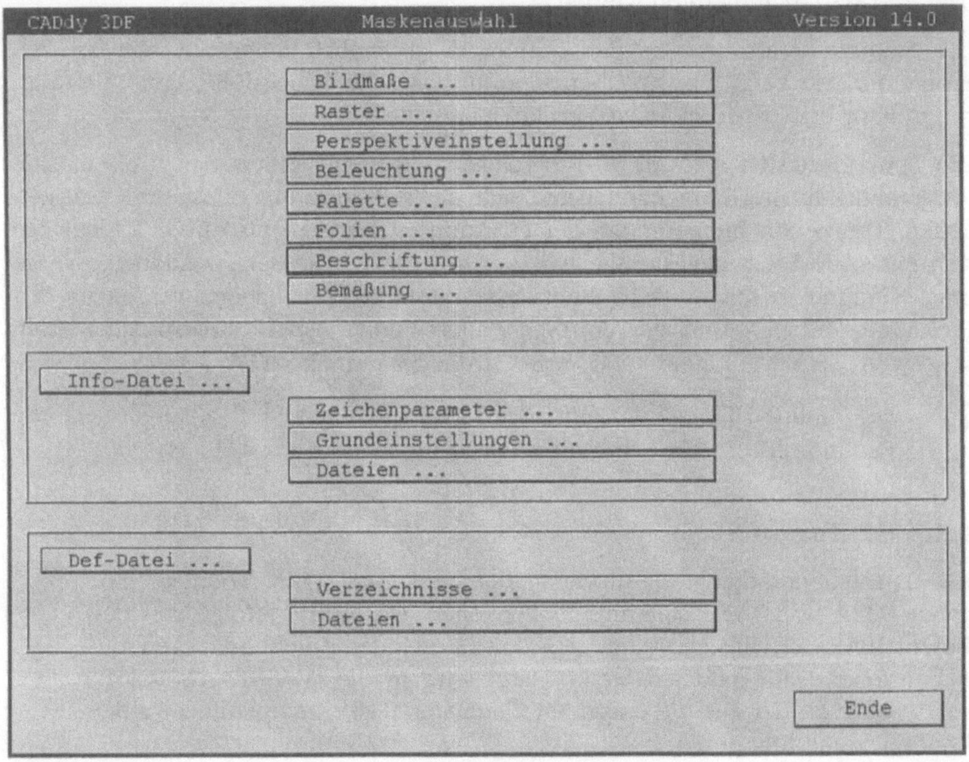

Bild 4-4 Parameter-*Maskenauswahl* im 3D-Programm

4.1.4 Folien

Auch im 3D-Flächenmodul können Sie bis zu 512 verschiedene Folien nutzen. Bei der Übernahme von Objekten aus dem 2D-Grundriß sind bereits einige Folien-zuweisungen vordefiniert bzw. können vom Benutzer definiert werden. In den meisten Fällen werden die 3D-Objekte aber auf der aktuellen Arbeitsfolie abgelegt.

Wie Sie bereits wissen, gibt es im 2D-Programm eine Folien-Farb-Zuordnung, d.h., den Folien sind bestimmte Bildschirmfarben zugeordnet, so daß alle Elemente, die sich auf einer Folie befinden, in der Farbe dieser Folie dargestellt werden. Ist diese Folien-Farb-Zuordnung abgeschaltet, so erscheinen die Bildelemente in der Farbe, die zu dem einzelnen Element gespeichert ist.

Im Architekturmodul haben nur diejenigen Elemente eine eigene (vom Programm automatisch zugewiesene) Farbe, die mit Architekturfunktionen erzeugt wurden. Alle anderen erscheinen bei ausgeschalteter Folien-Farb-Zuordnung in der „Default"-Farbe (im allgemeinen ist dies grün).

Dagegen haben im 3D-Flächenmodul die Objekte grundsätzlich eine eigene Farbe, die entweder automatisch vom Programm zugewiesen wurde (Architekturobjekte), oder vom Benutzer beim Erzeugen des Objekts bestimmt werden muß.

Im 3D-Programm ist es vor allem wichtig, die einzelnen Objekte voneinander zu unterscheiden, um sie besser identifizieren zu können. Daher ist die Folien-Farb-Zuordnung standardmäßig ausgeschaltet. Sie sehen also ein „buntes" Bild, obwohl möglicherweise alle Objekte auf der gleichen Folie gespeichert sind.

 Eine Verteilung der Objekte auf verschiedene Folien ist aber sehr hilfreich, da es auch im 3D-Programm möglich ist, beim [ÄNDERN] oder [LÖSCHEN] ganze Folien anzusprechen. Achten Sie also darauf, vor dem Erzeugen neuer Objekte eine neue Arbeitsfolie zu wählen!

4.1.5 Bildelemente im 3D-Flächenmodul

Ein Bild im 3D-Flächenmodul kann folgende Elemente enthalten:

- 3D-Objekte wirken wie „Körper", werden in Wirklichkeit aber nur aus einzelnen Flächen gebildet. Sie können direkt im 3D-Programm erzeugt werden oder entstehen durch Übernahme und „Hochziehen" geschlossener Konturen aus dem 2D-Programm. Die einzelnen Kanten eines Objekts können zwar unsichtbar gemacht, aber nicht gelöscht oder geändert werden. Flächen können herausgetrennt und anschließend als eigenes Objekt bearbeitet werden.

- Flächen im dreidimensionalen Raum können entweder direkt im 3D-Programm erzeugt werden oder entstehen durch Übernahme geschlossener Konturen aus dem 2D-Programm. Aus Flächen können durch „Ziehen" in verschiedenen Raumrichtungen 3D-Objekte entstehen.

- Polygone im dreidimensionalen Raum können entweder direkt im 3D-Programm erzeugt werden oder entstehen durch Übernahme von Polygonzügen aus dem 2D-Programm. Polygone können in Richtung der x-Achse „gezogen" werden, so daß Flächenobjekte entstehen.

- Texte im dreidimensionalen Raum können ebenfalls direkt im 3D-Programm erzeugt oder aus dem 2D-Programm übernommen werden. Texte können senkrecht zur Textebene „gezogen" werden, so daß Flächenobjekte entstehen.

- Marker sind Punkte im dreidimensionalen Raum. Sie dienen ausschließlich als Hilfspunkte für die 3D-Konstruktion und können nur im 3D-Programm erzeugt werden.

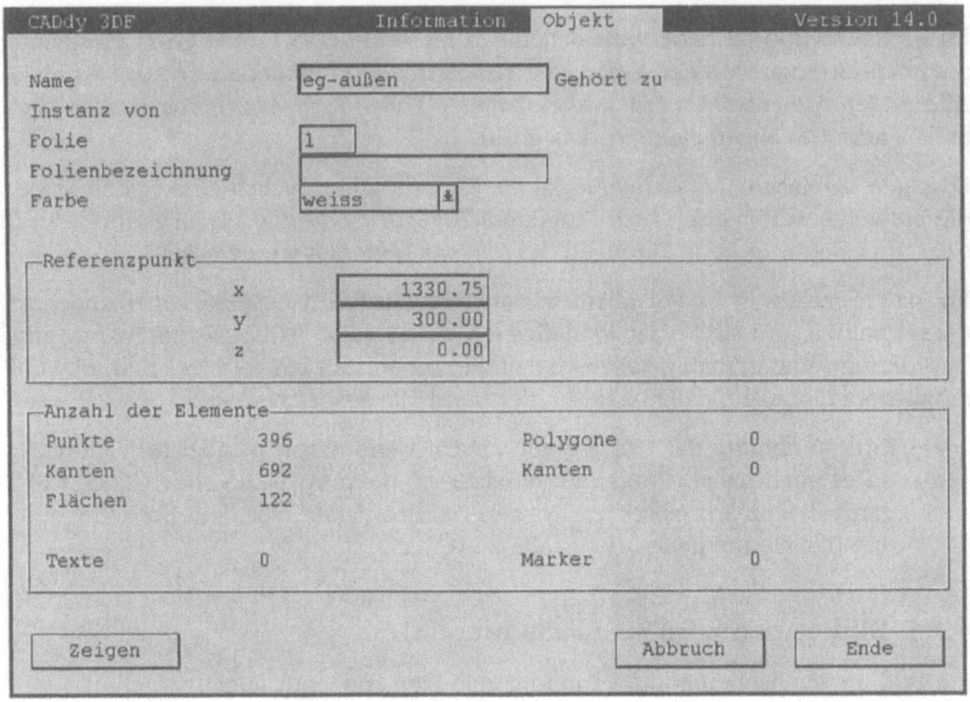

Bild 4-5 Information zu einem 3D-Objekt

Über [INFORMATION] / [OBJEKT] kann man eine Informationsmaske aufrufen (Bild 4-5), in der unter anderem die Anzahl der Punkte, Kanten und Flächen, aus denen das Objekt gebildet wird, angezeigt wird.

4.1.6 Identifizieren von 3D-Objekten

Zum Identifizieren von Objekten (beispielsweise zum [ÄNDERN], [LÖSCHEN] oder zum Anzeigen von [INFORMATIONEN]) wird entweder direkt der Cursor angeboten, oder es erscheint das Menü [OBJEKTE], das eine Auswahl von Objekten ermöglicht.

Einzelne Objekte können über den Befehl [ANTIPPEN] mit der Cursor-Fangbox identifiziert werden. Dies ist im dreidimensionalen Raum nicht so einfach wie im 2D-Programm. Im 3D-Programm werden die „räumlichen Gebilde" als Projektion auf eine Ebene dargestellt. Da es eine Vielzahl von möglichen Projektionen gibt, können die Objekte in den meisten Fällen nur mittels eines ihrer Eckpunkte eindeutig identifiziert werden.

 Wenn das Identifizieren eines Objekts in der schattierten oder „verdeckt gerechneten" Darstellung nicht funktioniert, schalten Sie mit <F7> in die Kantendarstellung um!

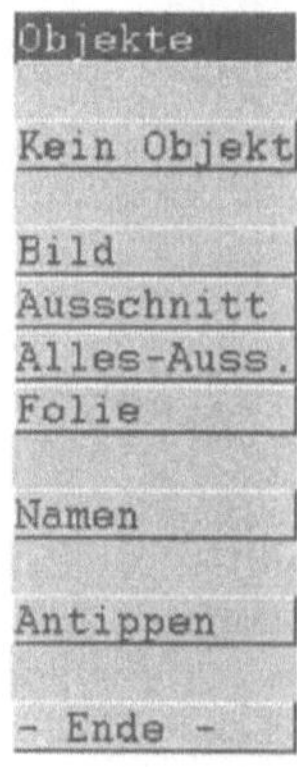

Bild 4-6
Menü [OBJEKTE]

Beim Identifizieren sucht das Programm nach Objekten, die sich in der Fangbox befinden. Dabei kann es leicht passieren, daß das falsche Objekt identifiziert wurde, weil sein Eckpunkt sich ebenfalls in der Fangbox, aber näher am Fadenkreuz befindet.

Darum gibt es die [TIPPBESTÄTIGUNG], die standardmäßig unter [PARAMETER] / [GRUNDEINSTELLUNGEN] voreingestellt ist: Wenn Sie ein Objekt identifiziert haben, wird es vom Programm rot hervorgehoben (bzw. weiß, wenn seine Kantenfarbe rot ist). Falls dieses nicht das gewünschte Objekt ist, können Sie das Programm durch Betätigen der <LEERTASTE> veranlassen, nach dem nächsten Objekt in der Fangbox zu suchen, bis das gewünschte markiert wird. Dieses wird dann mit <ENTER> (bzw. mit der linken Maustaste) bestätigt.

 Bei komplexeren 3D-Bildern wird die Kantendarstellung unter Umständen sehr unübersichtlich (siehe Bild 4-7). Damit Sie nicht zu viele Objekte mit der <LEERTASTE> „durchblättern" müssen, sollten Sie sich einerseits eine günstige Ansicht des Bildes einstellen, andererseits mit starker Vergrößerung arbeiten!

Um mehrere Objekte gleichzeitig zu identifizieren, können Sie im Menü [OBJEKTE] den Befehl [AUSSCHNITT] (oder [ALLES-AUSS.]) wählen. Bei aktiver Tipp-Bestätigung werden dann alle Objekte, die komplett innerhalb (oder außerhalb) dieses Ausschnittes gefunden wurden, nacheinander zum Bestätigen angeboten.

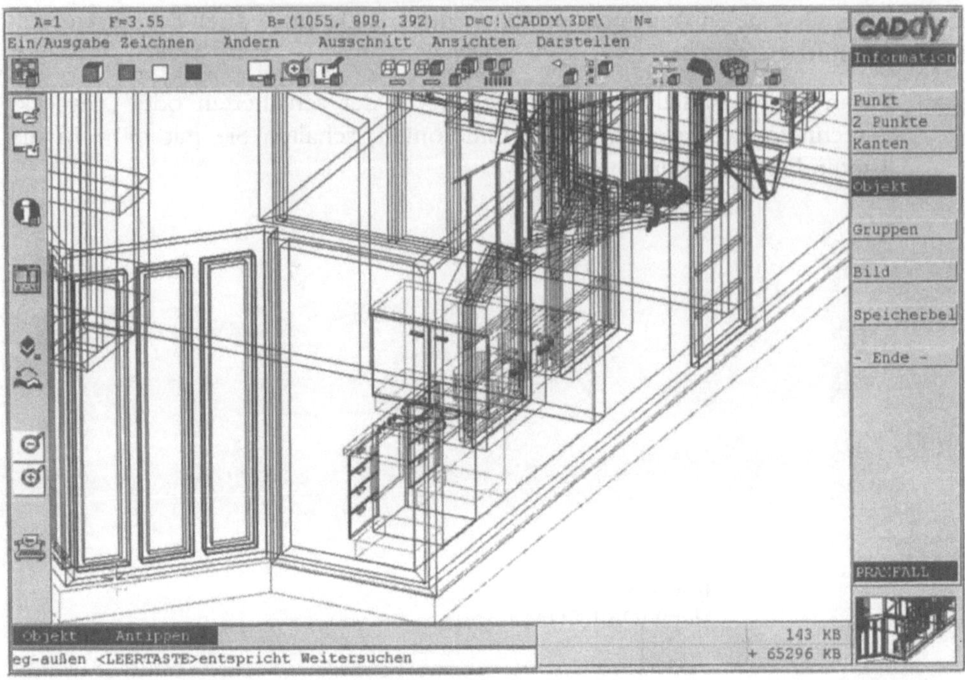

Bild 4-7 Identifizieren eines Objekts in einem komplexen 3D-Bild

☞ Wenn Sie sicher sind, daß innerhalb des definierten Ausschnitts alle Objekte gemeint sind, können Sie die Tipp-Bestätigung in [PARAMETER] / [GRUND-EINSTELLUNGEN...] abschalten und damit den Bearbeitungsvorgang beschleunigen!

Objekte können auch über ihren Namen identifiziert werden. Über die Maske [INFORMATION OBJEKT] (siehe Bild 4-5) können Sie den Objekten Namen zuteilen oder diese verändern. Objekte, die aus dem Architektur- oder Dachmodul übernommen wurden, haben bereits Objektnamen. Der Befehl [NAMEN] im Menü [OBJEKTE] verzweigt in die Maske [OBJEKTE SELEKTIEREN], die alle im 3D-Bild enthaltenen Objekte auflistet (Objekte, die keinen Namen haben, sind als <NONAME> bezeichnet). In dieser Maske können Sie diejenigen Objekte markieren, die Sie auswählen wollen.

4.1.7 Punktdefinition im 3D-Programm

Um 3D-Objekte zu erzeugen oder zu ändern, müssen dreidimensionale Punkte definiert werden. Dazu gibt es im 3D-Flächenmodul ein spezielles Punkt-Definitionsmenü [PUNKT DEF.]. Die Definition von 3D-Koordinaten ist allerdings etwas aufwendiger als im 2D-Programm. Schlagen Sie die Befehle bei Bedarf in der Online-Hilfe (<⇧ F1>) nach!

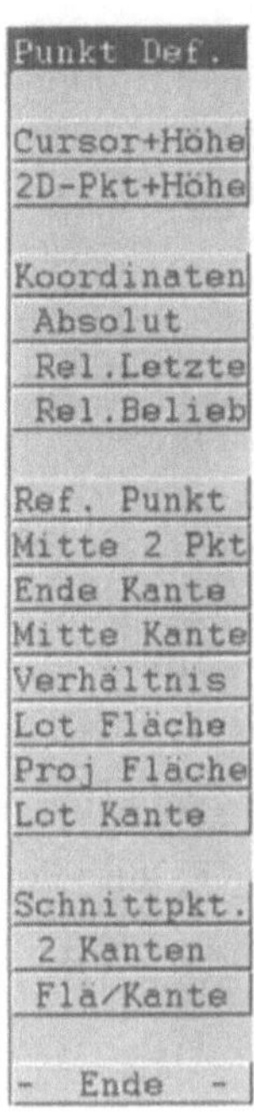

Bild 4-8
Punkt-Definitionsmenü im 3D-Flächenmodul

Auch das „Fangen" bereits bestehender Punkte ist im 3D-Programm gewöhnungsbedürftig. So ist es häufig der Fall, daß Kanten, die sich in der Projektion scheinbar
schneiden, in Wirklichkeit im dreidimensionalen Raum aneinander „vorbeilaufen".
Sicherer ist es meist, einen Schnittpunkt zwischen einer Fläche und einer Kante zu
definieren ([SCHNITTPKT.] / [FLÄ/KANTE]).

4.2 Darstellungsmöglichkeiten im 3D-Programm

Auf die Darstellungsmöglichkeiten im 3D-Programm bin ich im Kapitel 1.7 schon
kurz eingegangen. In diesem Kapitel sind die wichtigsten Funktionen noch einmal
zusammengefaßt und näher erläutert.

4.2.1 Bildmaße

Das 3D-Flächenmodul stellt zur Darstellung eines 3D-Modells einen Quader zur
Verfügung, der die im Bild enthaltenen Körper genau umschließt. Die Größe dieses Quaders wird durch die dreidimensionalen Bildmaße B=(X, Y, Z) in der Statuszeile angezeigt. Beim Start des 3D-Programms wird, wenn kein Bild geladen
wurde, ein Würfel von 1 cm^3 (Bildmaße 1, 1, 1) zur Verfügung gestellt. Durch
Einlesen oder Erzeugen eines 3D-Bildes werden die Bildmaße automatisch an
dessen Größe angepaßt.

 Wenn Sie inhaltliche Veränderungen am 3D-Bild vornehmen, kann es sein, daß das Bild entweder nicht vollständig oder kleiner als nötig am Bildschirm angezeigt wird. Mit der Funktionstaste <F6> erreichen Sie, daß die erforderlichen Bildmaße neu berechnet werden und das Bild daraufhin neu gezeichnet wird.

Auch bei optimalen Bildmaßen wird das Bild allerdings etwas kleiner dargestellt als die zur Verfügung stehende Zeichenfläche. Damit ist sichergestellt, daß das Bild immer vollständig zu sehen ist, von welcher Seite Sie es auch betrachten.

4.2.2 Standardansichten

Zur Einstellung der unterschiedlichen Blickwinkel dienen die diversen Funktionen im Menü [ANSICHTEN].

Einige Standardblickwinkel erreichen Sie besonders schnell

- über das Pulldown-Menü [ANSICHTEN] (zweidimensionale Ansichten auf die sechs Seiten des umschließenden Quaders und vier Schrägansichten),

- über die Funktionstasten <F1> bis <F4>,

- über Icons (siehe Bild 4-9).

Zusätzlich zum eingestellten Blickwinkel können Sie entscheiden, ob das Bild in der Parallel- oder Zentralprojektion dargestellt werden soll. Mit der Funktionstaste <F10> können Sie zwischen diesen beiden Perspektivdarstellungen umschalten.

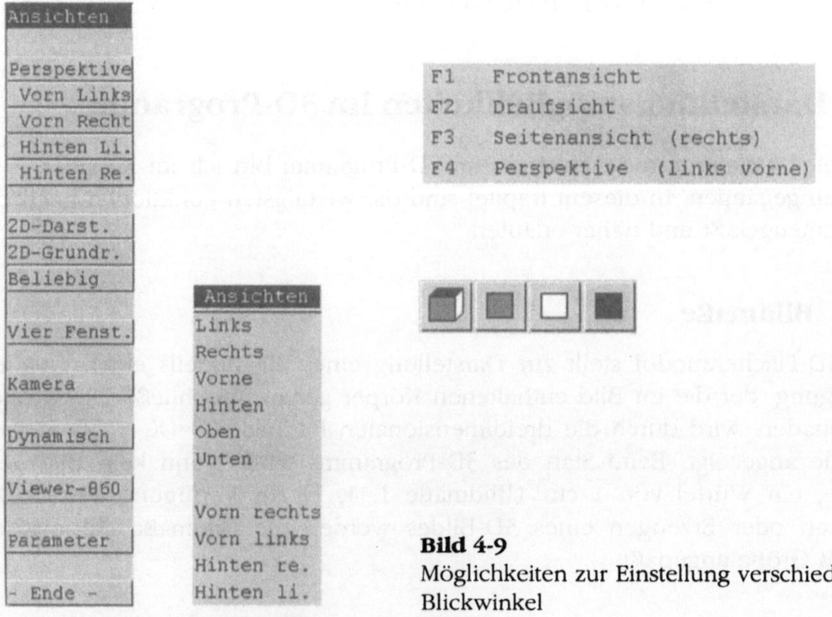

Bild 4-9
Möglichkeiten zur Einstellung verschiedener Blickwinkel

 Achten Sie beim Einstellen der verschiedenen Blickwinkel auf die jeweilige Darstellung des Achsenkreuzes! Betrachten Sie das Bild von oben, so zeigt die positive X-Achse nach rechts, die positive Y-Achse nach oben, und die Z-Achse kommt Ihnen „aus der Bildfläche entgegen". Betrachten Sie es dagegen von unten, so zeigt die positive X-Achse nach links, und die Z-Achse zeigt nach hinten „in die Bildfläche hinein".

Wie die drei Achsen X, Y und Z zueinander stehen, ist mathematisch eindeutig definiert. Wenn Sie 3D-Objekte erzeugen oder ändern wollen, müssen Sie diese Definition genau einhalten.

 Für die Definition der Achsen ist die „Rechte-Hand-Regel" hilfreich: Man spreizt Daumen, Zeige- und Mittelfinger der rechten Hand so voneinander ab, daß sie jeweils einen rechten Winkel zueinander bilden. Dann gibt der Daumen die Richtung der positiven X-, der Zeigefinger die der positiven Y- und der Mittelfinger die der positiven Z-Achse an!

4.2.3 Blickpunktmenü

Eine weitere Möglichkeit, verschiedene Ansichten darzustellen, bietet das [BLICKPUNKTMENÜ]. Dieses Menü erreichen Sie nur über die Funktionstaste <F5>. Es ist so lange aktiv, bis es mit <ESC> beendet wird. Durch Aktivieren des Blickpunktmenüs ändert sich die Belegung der Funktionstasten <F5> bis <F10> (diese wird in der Statuszeile eingeblendet). Mit diesen Tasten kann das Bild jeweils um einen bestimmten Winkel in verschiedenen Richtungen gedreht werden. Dieses „Winkelinkrement" ist in [PARAMETER] / [GRUNDEINSTELLUNGEN] auf einen bestimmten Winkel voreingestellt und kann dort geändert werden. Mit <F5> und <F6> wird das Bild um die X-Achse (positiv und negativ) gedreht, mit <F7> und <F8> um die Y-Achse und mit <F9> und <F10> um die Z-Achse. Die Tasten können mehrmals hintereinander betätigt werden, ohne daß jeweils der Bildaufbau abgewartet werden muß.

 Auch für die Definition des Drehwinkels gibt es eine „Rechte-Hand-Regel": Der Daumen der rechten Hand repräsentiert die Achse, um die gedreht werden soll. Läßt man ihn in positive Achsrichtung zeigen, so zeigen die Finger in Richtung des positiven Drehwinkels!

Während das Blickpunktmenü aktiv ist, können Sie das Bild mit den Tasten <+> und <-> um einen ebenfalls in [PARAMETER] / [GRUNDEINSTELLUNGEN] voreingestellten Faktor vergrößern und verkleinern und mit den Cursortasten in alle vier Richtungen der Projektionsebene verschieben.

4.2.4 Kamera-Funktion

Die Kamera-Funktion stellt Ihnen die Möglichkeit zur Verfügung, das 3D-Bild mit einer „Kamera" zu betrachten. Dabei stehen Ihnen alle Möglichkeiten einer Kamera zur Verfügung: Sie können an das Objekt heran- oder sogar in dieses hineinfahren und das Objektiv ändern, indem Sie Brennweite und Öffnungswinkel verstellen.

[ANSICHTEN] / [KAMERA] verzweigt in das Untermenü [OBJEKTE] (siehe Bild 4-6). Da Sie mit der Kamera „dynamisch" arbeiten, muß das 3D-Bild in kurzen Abständen neu aufgebaut werden. Da dies bei komplexen 3D-Modellen zeitaufwendig ist, haben Sie die Möglichkeit, einzelne Objekte, Ausschnitte oder Folien auszuwählen, die das Gesamtbild repräsentieren, solange die Kamera-Funktion aktiv ist.

Wenn Sie das ganze [BILD] wählen, erscheint noch eine Sicherheitsabfrage ([ABBRUCH] oder [WEITER]). Die Kamera-Funktion zeigt die aktuelle [PERSPEKTIVE] an sowie in den kleineren Fenstern eine [DRAUFSICHT] und eine [FRONTANSICHT] auf das 3D-Modell (bzw. die ausgewählten Objekte). In diesen beiden Fenstern sehen Sie das Kamera-Symbol. Die Kamera selbst stellt das Auge des Betrachters (Augenpunkt) dar, das Ende des „Sehstrahls" den Blickpunkt. Beide können Sie durch Anklicken mit der linken Maustaste und anschließendes Ziehen verändern und durch einen weiteren Klick mit der linken Maustaste festsetzen. Zusätzlich können Sie im Feld [LINSENEINSTELLUNG] die Schieber für Brennweite und Öffnungswinkel verändern. Diese Schieber arbeiten gegengleich: je höher der Öffnungswinkel, desto geringer die Brennweite.

☞   Den fotografischen Weitwinkel- bzw. Zoomeffekt erreichen Sie allerdings nur, wenn das Bild in Zentralprojektion dargestellt wird. Mit <F10> können Sie die Projektionsart umschalten.

Ist die Zentralprojektion eingeschaltet, so können Sie auch in das Bild „hineingehen". Je näher Sie mit der Kamera an das Modell heranfahren (sowohl in der Draufsicht als auch in der Frontansicht), um so größer wird es in den Übersichtsfenstern angezeigt.

Klicken Sie mit der linken Maustaste etwas unterhalb der Kamera auf der Seite des Sehstrahls (was auch leicht unbeabsichtigt passiert), so können Sie einen Schieber betätigen, der die Bildebene (hier „Clipebene" genannt) vom Betrachter weg in Richtung Blickpunkt verschiebt. Da das Bild grundsätzlich auf die Clipebene projiziert wird, werden alle Linien an dieser Ebene abgeschnitten.

Mit der rechten Maustaste und der Bestätigung, daß Sie den eingestellten Blickwinkel übernehmen wollen, verlassen Sie die Kamera-Funktion.

Das Menü [ANSICHTEN] bietet noch weitere Funktionen, um die Ansicht des 3D-Modells zu verändern. Diese können Sie sich in der Online-Hilfe (<⇧ F1>) erklären lassen.

Über [ANSICHTEN] / [PARAMETER] oder [PARAMETER] / [PERSPEKTIVEINSTELLUNG...] können Sie sich die Parameter der aktuellen Perspektive auch zahlenmäßig in einer Maske anzeigen lassen und verändern. Über den Maskenbefehl [DATEI...] können Sie den Inhalt dieser Maske, auch „Szene" genannt, in eine Datei vom Typ .3DI speichern. Beim Start des 3D-Flächenmoduls wird standardmäßig die Datei CADDY3DF.3DI geladen, die einen bestimmten Blickwinkel (vorn links) enthält. Falls Ihnen diese Szene nicht gefällt, speichern Sie die Datei einfach mit dem gewünschten Blickwinkel neu!

Bild 4-10 Clipebene in Richtung des Blickpunktes verschoben, nur sichtbare Kanten

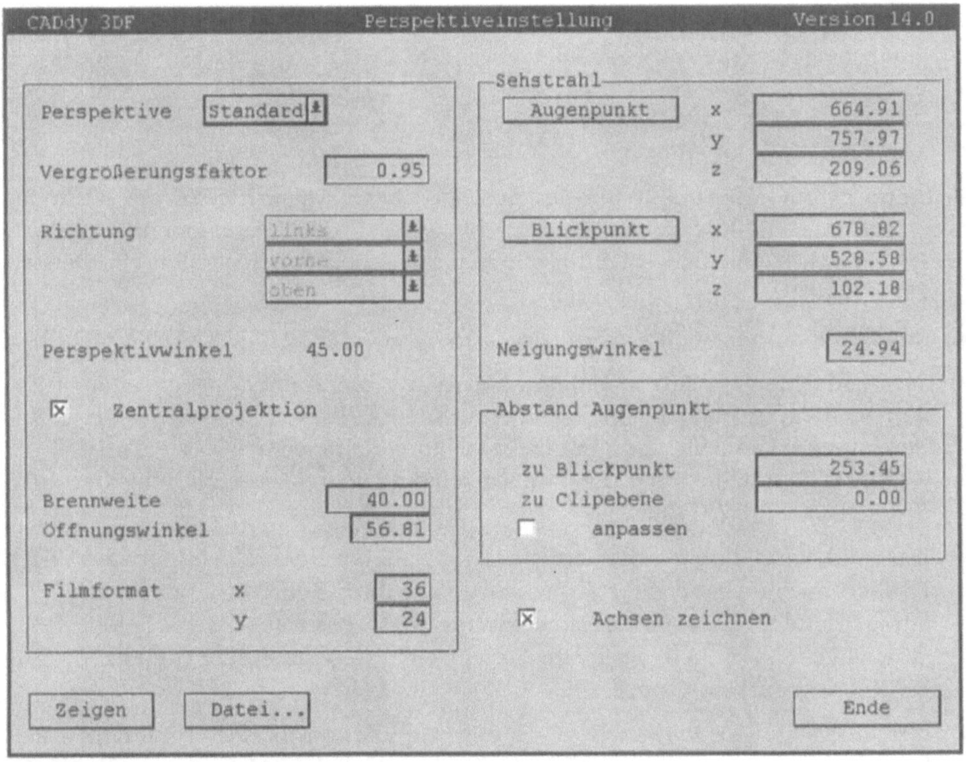

Bild 4-11 Perspektiv-Parameter

4.2.5 Darstellung des 3D-Bildes

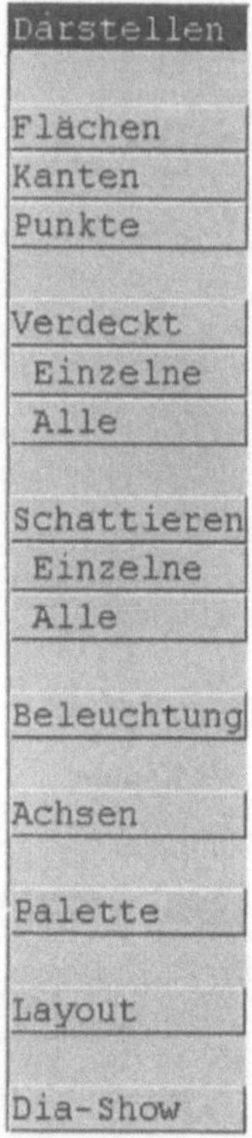

Bild 4-12
Menü [DARSTELLEN]

Während es bei den Funktionen des Ansichten-Menüs darum geht, die Blickrichtung auf das 3D-Bild festzulegen, geht es bei den Funktionen im Menü [DARSTELLEN] (siehe Bild 4-12) um die verschiedenen Möglichkeiten zur Darstellung des Bildes:

- Das Bild kann mit allen Kanten dargestellt werden (Befehl [KANTEN], <F7>).

- Die verdeckten Kanten in der gewählten Ansicht können „weggerechnet" werden, so daß nur die sichtbaren Kanten dargestellt werden. Die Berechnung kann für das gesamte Bild vorgenommen werden (Befehl [VERDECKT ALLE], <F8>) oder für einzelne zu identifizierende Objekte ([VERDECKT EINZELNE]). 

- Das Bild kann farbig schattiert werden. Dabei werden die sichtbaren Flächen entsprechend ihrer Kantenfarbe und ihrer Zuordnung im Raum farbig gefüllt. Dies kann sowohl für das gesamte Bild (Befehl [SCHATTIEREN ALLE]) als auch für einzelne Objekte ([SCHATTIEREN EINZELNE]) ausgelöst werden. 

- Der Befehl [FLÄCHEN] (auch <F9>) füllt alle Flächen in einer bestimmten Reihenfolge, die unter [ZEICHENPARAMETER] / [SORTIERART] vorgegeben werden kann. Dieser Befehl führt selten zu korrekten Ergebnissen!

- Mit [PALETTE] / [DEFINIEREN] (auch <STRG F10>, allerdings nicht in WinCAD-
  dy) kann die Farbpalette, die für die Schattierung verantwortlich ist, verändert
  werden. Die veränderte Farbpalette kann als Datei vom Typ .RGB (Rot/Grün/
  Blau) gespeichert und wieder eingelesen werden. Die Standardpalette ist in der
  Datei CADDY3DF.RGB gespeichert.

4.2.6 Darstellung in mehreren Fenstern

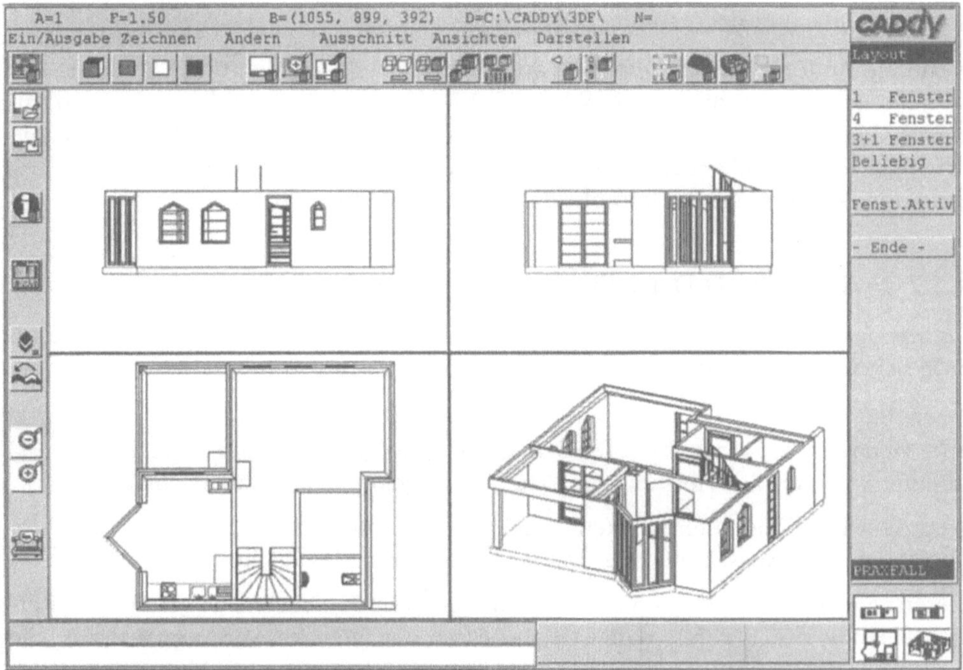

Bild 4-13 Vier-Fenster-Layout

Über den Befehl [LAYOUT] im Menü [DARSTELLEN] können Sie ein 3D-Bild aus
verschiedenen Blickwinkeln gleichzeitig betrachten. Dazu wird die Zeichenfläche
in mehrere Fenster aufgeteilt.

Bis zu vier Fenster in unterschiedlicher Anordnung sind möglich:

- [4 FENSTER] unterteilt den Bildschirm in vier gleiche Fenster.
- [3+1 FENSTER] bewirkt eine Aufteilung in ein großes und drei kleine Fenster.
- Mit [BELIEBIG] können Sie die Zeichenfläche nach Ihren Wünschen in bis zu
  vier Fenster einteilen. Dazu erscheint ein horizontaler Balken, der mit der Maus
  plaziert wird. Mit der <LEERTASTE> kann er in einen vertikalen Balken verwandelt werden.

Zwischen der Ein-Fenster- und der eingestellten Vier-Fenster-Darstellung können Sie auch mit den Tastenkombinationen <ALT F1> und <ALT F4> hin- und herschalten.

In den einzelnen Fenstern erscheinen zunächst die Standardansichten von vorn, von oben, von links und die aktuelle Perspektive. Um eine Ansicht zu verändern, müssen Sie das entsprechende Fenster aktivieren. Dazu wählen Sie den Befehl [FENST.AKTIV] oder <ALT F5> und tippen in das gewünschte Fenster. Es wird durch einen farbigen Rahmen hervorgehoben (Farbeinstellung über [ZEICHEN-PARAMETER]). Zwischen den einzelnen Fenstern kann auch mit <ALT F2> und <ALT F3> hin- und hergeschaltet werden.

Wenn Sie Änderungen an dem 3D-Bild vornehmen, so werden diese zunächst nur im aktuellen Fenster angezeigt. Mit <ALT F7> können Sie anschließend einen automatischen Bildaufbau für alle Fenster auslösen. Dementsprechend können Sie mit <ALT F8> für alle Fenster die verdeckten Kanten berechnen lassen; die Berechnung ist allerdings bei komplexen Bildern zeitaufwendig.

4.2.7 **Praxisfall:** 3D-Darstellung der Küche im EG

Nutzen Sie die Darstellungsfunktionen des 3D-Programms, um sich die Küche im Erdgeschoß des Beispielprojekts einmal etwas genauer anzusehen.

Lesen Sie dazu im 2D-Programm den Erdgeschoßgrundriß (EG.PIC) ein, und wechseln Sie über die 2D-3D-Kopplung ins 3D-Programm. Die Darstellung ist durch die Vielzahl komplexer 3D-Objekte recht unübersichtlich! 

Vergrößern Sie die interessanten Bereiche mit dem Icon [FENSTER], mit <⇑ F4> („fester" Ausschnitt) oder mit den Funktionen des Blickpunktmenüs. 

Lassen Sie die Objekte einzeln schattieren ([DARSTELLEN] / [SCHATTIEREN EINZELNE] / [ANTIPPEN]), damit sie nicht von den Wänden verdeckt werden. Die Schattierung wird feiner, wenn Sie einen „festen" Ausschnitt gewählt haben!

☞ Um Objekte zu identifizieren, muß sich ein Eckpunkt in der Fangbox befinden. Das identifizierte Objekt wird rot hervorgehoben (Tipp-Bestätigung, Weitersuchen mit der <LEERTASTE>). Bestätigen Sie das richtige Objekt mit der <ENTER>-Taste. Wenn alle gewünschten Objekte identifiziert sind, drücken Sie zweimal die rechte Maustaste.

• Wählen Sie [ANSICHTEN] / [KAMERA] / [BILD] / [WEITER], und schalten Sie mit <F10> in die Zentralprojektion um. Tippen Sie die Kamera (Blickpunkt) in der Draufsicht an, „fahren" Sie mit ihr über den Baukörper, und fixieren Sie sie mit der linken Maustaste. Dann „fahren" Sie mit der Kamera in der Draufsicht in den Baukörper hinein. Jetzt tippen Sie das Ende des Sehstrahls (Augenpunkt) an und führen ihn in die gewünschte Richtung. Verändern Sie eventuell noch Brennweite bzw. Öffnungswinkel. Bild 4-14 zeigt den Blick in die Küche.

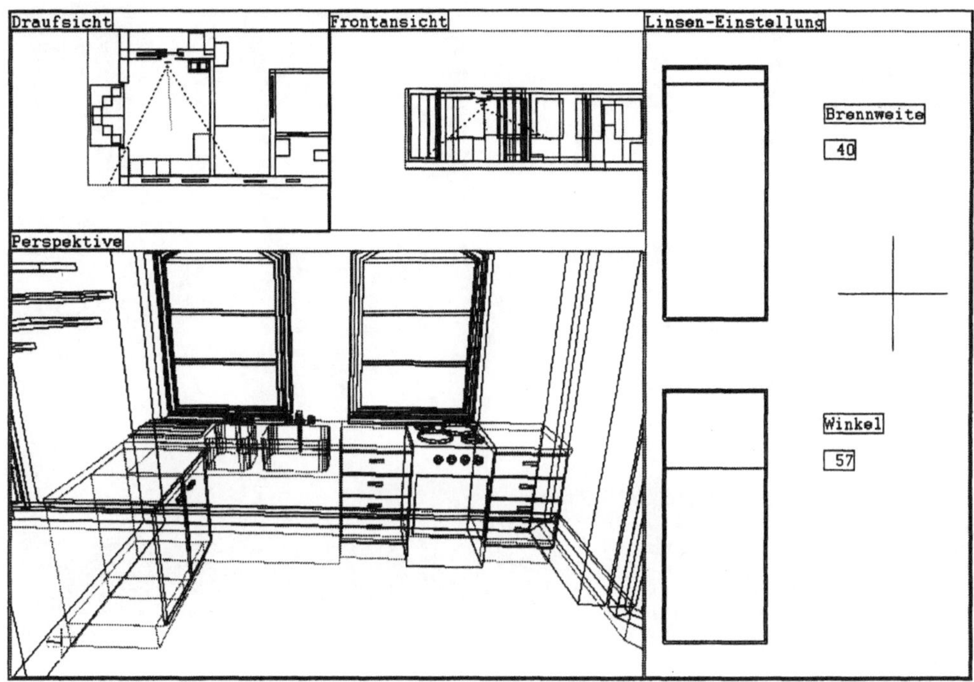

Bild 4-14 Blick in die Küche mit der Kamera-Funktion im 3D-Programm

- Beenden Sie die Kamera-Funktion mit der rechten Maustaste, und bestätigen Sie die Übernahme des eingestellten Blickwinkels mit <ENTER>. Über [ANSICHTEN] / [PARAMETER] können Sie die Zahlenwerte der eingestellte Perspektive überprüfen und gegebenenfalls feinjustieren.

☞ Die hier verwendeten Einstellungen sind in der Maske [PERSPEKTIV-EINSTELLUNG] in Bild 4-11 abgedruckt. Wenn Sie diese Einstellungen übernehmen wollen, korrigieren Sie sie in der Maske. Speichern Sie die eingestellte „Szene" über den Befehl [DATEI...] als KÜCHE.3DI (am besten unter C:\CADDY\A1\PRAXFALL\; die Zuordnung zum Projekt erfolgt nicht automatisch!

- Verkleinern Sie das Bild gegebenenfalls mit <F5> [BLICKPUNKTMENÜ]. Drükken Sie dazu die Taste <-> (mehrmals), und verlassen Sie das Menü mit <ESC>. Dann lassen Sie das Bild schattieren (siehe Bild 4-15). Mit <STRG F10> können Sie die Farbpalette ändern!

Bild 4-15 Schattierte Darstellung der Küche

4.3 Konstruieren im 3D-Flächenmodul

Das 3D-Flächenmodul bietet, völlig unabhängig von speziellen Architekturanwendungen, die Möglichkeit, dreidimensionale Konstruktionen auf vielfältige Weise zu erstellen und zu verändern. Darüber hinaus gibt eine spezielle Anbindung an das Architekturmodul, um Grundrisse einzulesen und dreidimensional darzustellen.

Die entstandenen 3D-Konstruktionen können als 3D-Bilder oder als 3D-Objekte (mit einem Referenzpunkt, ähnlich den zweidimensionalen Symbolen) gespeichert werden.

Die Möglichkeiten der dreidimensionalen Konstruktion können natürlich auch für Architekturprojekte genutzt werden. Zum Beispiel lassen sich komplexe Holzkonstruktionen für Wintergärten oder Dächer, die mit den Funktionen des Architektur- oder Dachmoduls nicht hinreichend genau beschrieben werden können, erstellen oder auch Einrichtungsgegenstände, die in der mitgelieferten Objektbibliothek nicht vorhanden sind.

Das 3D-Flächenmodul kann auf zwei Arten gestartet werden:

- vom Hauptmenü des Grundpakets mit [ANWENDUNGEN] / [3D-FLÄCHE]

- oder vom Architekturmenü über [ZUSATZ-PRO.] / [3D-FLÄCHE].

4.3.1 Übernahme beliebiger Konturen aus dem 2D-Programm

Das 3D-Flächenmodul kann beliebige mit Grundpaket-Funktionen erzeugte Daten aus dem 2D-Programm übernehmen. Diese werden als Konturen bezeichnet.

Um Konturen zu lesen, rufen Sie mit [EIN/AUSGABE] / [2D-DATEN] / [KONTUR] / [EINZELN] die Maske [2D-KONTUR LESEN] auf (Bild 4-16).

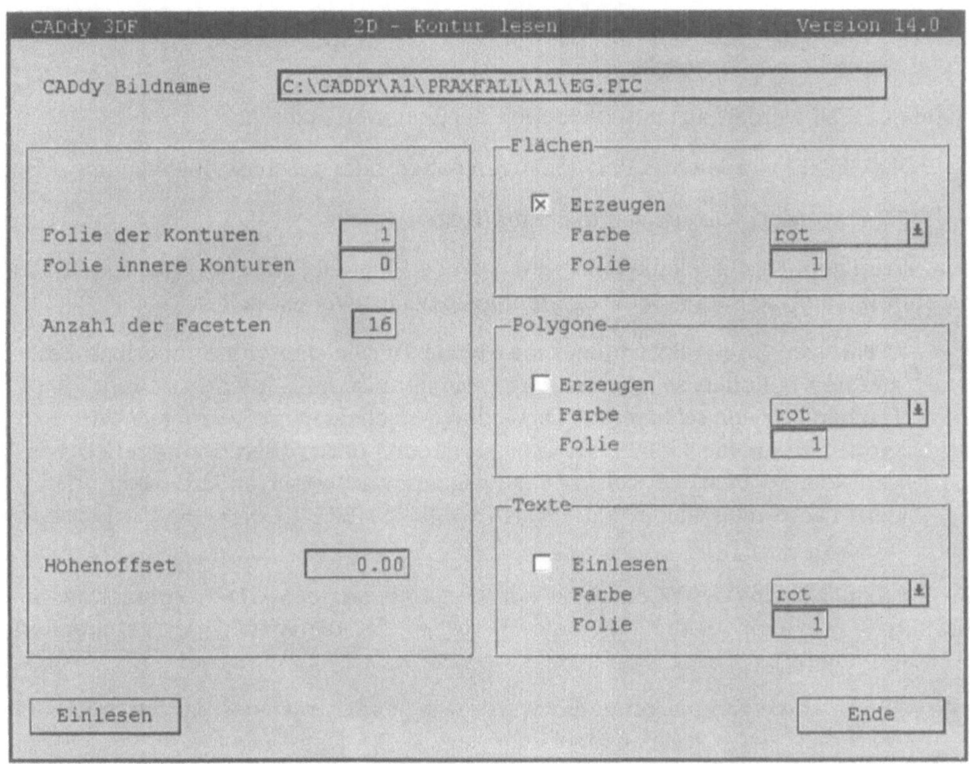

Bild 4-16 Maske [2D-Kontur lesen]

- Der [CADdy BILDNAME] enthält Dateinamen und Pfad des Bildes, aus dem gelesen werden soll. Beim Wechsel in das 3D-Programm wird das Bild automatisch in eine Datei mit dem Namen @@CADDY.PIC ins CADdy-Stammverzeichnis gespeichert. Dieser Name wird standardmäßig in der Maske angeboten. Ist die Projektverwaltung aktiv, so kann der Name einer Projektdatei eingegeben werden.

- Das 3D-Programm sucht nach Konturen auf einer bestimmten Folie des 2D-Programms. Diese wird mit [FOLIE DER KONTUREN] angegeben.

- Für runde Konturen kann die [ANZAHL DER FACETTEN], mit denen sie im 3D-Programm dargestellt werden sollen, angegeben werden. Der Maximalwert ist 64.

- Die übernommenen Konturen haben noch keine Konstruktionshöhe. Über [HÖHENOFFSET] wird diesen „platten" Konturen im 3D-Programm eine Z-Koordinate zugewiesen, also eine X-Y-Ebene, auf der sie gezeichnet werden sollen.

Es gibt drei Möglichkeiten, aus den 2D-Konturen dreidimensionale Bildelemente (siehe Kapitel 4.1.5) zu machen:

- [FLÄCHEN] werden aus geschlossenen 2D-Konturen erzeugt.

- [POLYGONE] werden aus Polygonzügen (offen oder geschlossen) erzeugt.

- [TEXTE] werden selbstverständlich aus Texten erzeugt.

Den erzeugten 3D-Bildelementen wird jeweils eine Objektfarbe und eine Folie zugeordnet, auf der sie im 3D-Programm gespeichert werden sollen.

☞ Wenn sich im 3D-Programm eine Fläche auf gleicher Höhe innerhalb einer anderen befindet, so zeichnet das Programm in der Kantendarstellung beide Flächen. In der schattierten Darstellung erscheinen sie allerdings wie eine große. Wenn die kleinere Kontur als „Loch" der größeren angesehen werden soll, so muß sie sich im 2D-Programm auf einer anderen Folie befinden. Diese muß in der Maske als [FOLIE INNERE KONTUREN] angegeben werden.

Mit [EINLESEN] wird die Übernahme der Konturen aus dem 2D-Programm ausgelöst. Dazu erscheint wieder eine Info-Maske, in der die Anzahl der gefundenen Konturen angezeigt wird.

☞ Wenn keine Kontur gefunden wurde, so wurde entweder die falsche Datei oder die falsche Folie angegeben, oder die Kontur ist nicht geschlossen (bei Flächenerzeugung). Da das Programm den Speicher nach übereinstimmenden Eckpunkt-Koordinaten absucht, kann auch eine doppelte Linie innerhalb einer Kontur dazu führen, daß das Programm sie nicht eindeutig erkennt.

Wenn Sie aus den „platten" Konturen „Körper" machen wollen, können Sie sie anschließend „ziehen". Dies geschieht mit den Funktionen des Menüs [KONTUR] (direkt unter dem Menü [3D-FLÄCHEN]). Um Flächen „in die Höhe zu ziehen", wählen Sie [KONTUR] / [ZIEHEN KONT.ZYL.] (Kontur-Zylinder). Damit werden nicht nur Zylinder (aus Kreisen) erzeugt, sondern auch Quader (aus Rechtecken). Nach Eingabe des Befehls müssen Sie zunächst mit dem 3D-Punkt-Definitionsmenü die beiden Punkte eines „Zieh"-Vektors definieren und danach die Flächen identifizieren, die gezogen werden sollen.

Eine schnellere Möglichkeit, Flächen aus dem 2D-Programm zu überneh- 
men und sofort mit Konstruktionsstärken zu versehen, bietet der Befehl
[EIN/AUSGABE] / [2D-DATEN] / [KONTUR MEHRFACH] (Bild 4-17). Dort
können mehrere 2D-Folien eingetragen werden, aus denen Konturen eingelesen werden sollen. Gleichzeitig können schon die Höhen für Unter-
und Oberkante im 3D-Programm eingetragen werden.

☞ Alle angekreuzten und über [LESEN] gleichzeitig eingelesenen Objekte werden im 3D-Programm auf der aktuellen Arbeitsfolie gespeichert. Mit diesem
Befehl können keine Texte oder Polygone eingelesen werden!

Einlesen	Folie außen	Folie innen	Farbe	Höhe Unterkante	Höhe (OK) Oberkante	
[x]	100	0	1	50.00	150.00	Ende
	1	0	2	0.00	1.00	
	1	0	2	0.00	1.00	
	1	0	2	0.00	1.00	
	1	0	2	0.00	1.00	
	1	0	2	0.00	1.00	
	1	0	2	0.00	1.00	
	1	0	2	0.00	1.00	
	1	0	2	0.00	1.00	
	1	0	2	0.00	1.00	
	1	0	2	0.00	1.00	

CADdy 3DF — Konturen Lesen — Version 14.0
CADdy Bildname C:\CADDY\@@CADDY.PIC

Lesen   Zeigen   Bearbeiten   Datei   Ende

Bild 4-17 Maske [KONTUREN LESEN]

4.3.2 Übernahme von Architekturobjekten aus dem 2D-Programm

Wenn das 3D-Programm mit [ZUSATZ-PRO.] / [3D-FLÄCHE] aus dem Architekturmodul heraus gestartet wurde, ist eine automatische Anbindung an die Architek-
turdaten gegeben. Nach dem Programmstart wird ein kleines Menü eingeblendet,
das die Verwendung der Geschoßverwaltung [GESCHOSS] / [VERWALTUNG] (siehe Kapitel 4.3.3) ermöglicht.

Mit der Menüeingabe [EINZELN] wird die Maske [GRUNDRIß LESEN] (Bild 4-18) eingeblendet. Damit können Sie Architekturobjekte (Wände, Öffnungen, Decken, Treppen, Symbole) aus dem Grundriß übernehmen.

In dieser Maske sind folgende Einstellungen möglich:

- Im Feld [LESEN] können Sie ankreuzen, welche Architekturobjekte aus dem Grundriß übernommen werden sollen.

☞ Über [GRUNDRIß LESEN] können nur Architekturobjekte aus dem Grundriß eingelesen werden! Nicht-"architekturspezifische" Inhalte eines Grundrisses müssen bei Bedarf über [KONTUREN LESEN] in die dritte Dimension überführt werden.

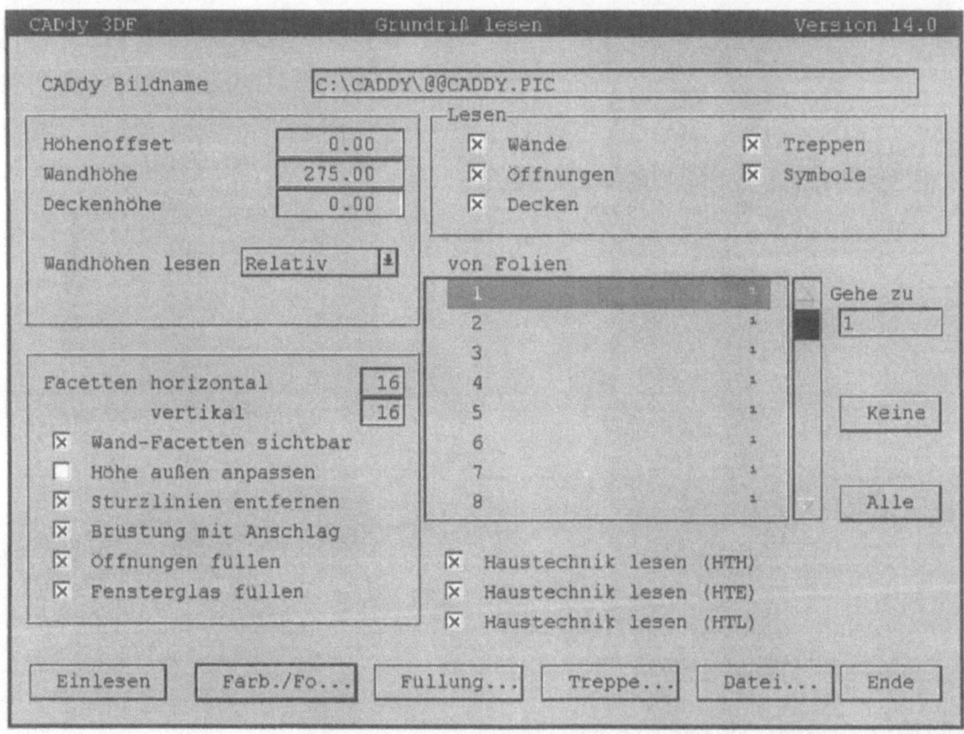

Bild 4-18 Maske [GRUNDRIß LESEN]

- Im Feld [VON FOLIEN] bestimmen Sie, von welchen Folien im 2D-Programm gelesen werden soll. Sie können alle Folien ein- und ausschalten und einzelne aktivieren und deaktivieren. Auf diese Art können Sie z.B. Wände, die Sie bewußt auf eine eigene Folie gespeichert haben, im 3D-Programm unberücksichtigt lassen.

- Das [HÖHENOFFSET] bestimmt die „Starthöhe" der Objekte. Bei Treppen und Symbolen wird es grundsätzlich berücksichtigt und zum bereits im 2D-Programm definierten Höhenoffset addiert.

- Die Wandhöhen können über das Auswahlfenster [WANDHÖHEN LESEN] auf unterschiedliche Art bestimmt werden: [ABSOLUT] bedeutet, daß Unter- und Oberkante der Wände aus dem 2D-Bild (Wand-Geometrie) übernommen werden. [RELATIV] berücksichtigt für die Unterkante der Wände das angegebene Höhenoffset (siehe oben). Mit dem Befehl [NEIN] werden die Wände entsprechend den Angaben unter [HÖHENOFFSET] und [WANDHÖHE] gezeichnet, unabhängig von den zuvor definierten Höhen. Damit erhalten allerdings alle gelesenen Wände die gleiche Höhe!

- Die Anzahl der [FACETTEN] ist nur relevant, falls der Grundriß runde Elemente enthält (kreisförmige Wände oder Rundbogenfenster). Sowohl horizontale als auch vertikale Kreisbögen werden entsprechend der Anzahl der Facetten in gerade Abschnitte unterteilt. Je höher die Anzahl der Facetten ist, um so runder wirkt der Bogen, um so mehr Speicherplatz wird aber auch benötigt. Die maximale Anzahl der Facetten (bezogen auf einen Vollkreis) ist 64.

- [WANDFACETTEN SICHTBAR]: Bei runden Wänden können die Facetten auch ausgeblendet werden.

- [HÖHE AUßEN ANPASSEN]: Bei mehrschaligen Wänden kann die Verblendschale automatisch an der Geschoßdecke „vorbeigezogen" werden. Dazu muß die Höhe der Decke im Feld [DECKENHÖHE] angegeben werden.

- [STURZLINIEN ENTFERNEN]: Die Brüstungen und Stürze von Öffnungen werden im 3D-Programm als getrennte Objekte gespeichert. Die Kanten dieser Objekte können aber unsichtbar gemacht werden, damit der Eindruck einer durchgehenden Wand entsteht.

- [BRÜSTUNG MIT ANSCHLAG]: Sind für die Öffnungen Wandanschläge definiert, so werden diese auch für die Brüstungen verwendet.

- [ÖFFNUNGEN FÜLLEN]: Wird der Schalter deaktiviert, so werden die Öffnungen ohne die vordefinierten Füllungen gezeichnet.

- [FENSTERGLAS FÜLLEN]: In die Öffnungen werden Flächen gezeichnet, die die Öffnung undurchsichtig werden lassen. Diese Flächen können bei einer späteren Bearbeitung mit dem Programm 3D-Render z.B. als Glasscheiben mit einer gewissen Transparenz oder als Holzfüllung (bei Türen) definiert werden.

- Über das Feld [FARB./FO...] gelangen Sie in die Maske [FARBEN / FOLIEN]. Dort sind die Objektfarben und die Folien, auf denen die Architekturobjekte im 3D-Programm gespeichert werden sollen, voreingestellt (siehe Bild 4-19).

- Über [TREPPE...] können Voreinstellungen für eine im Architekturmodul definierte Standardtreppe getroffen werden (siehe Bild 4-19).

• Mit [EINLESEN] wird die Übernahme der Objekte ausgelöst. Daraufhin wird eine Info-Maske eingeblendet, die sowohl die Anzahl aller im Grundriß vorhandenen Konturen als auch die Anzahl der gefundenen und übernommenen Architekturobjekte anzeigt. Mit <ENTER> bestätigen Sie die Kenntnisnahme dieser Angaben. Nach dem Beenden der Einlese-Maske wird das erzeugte 3D-Bild angezeigt.

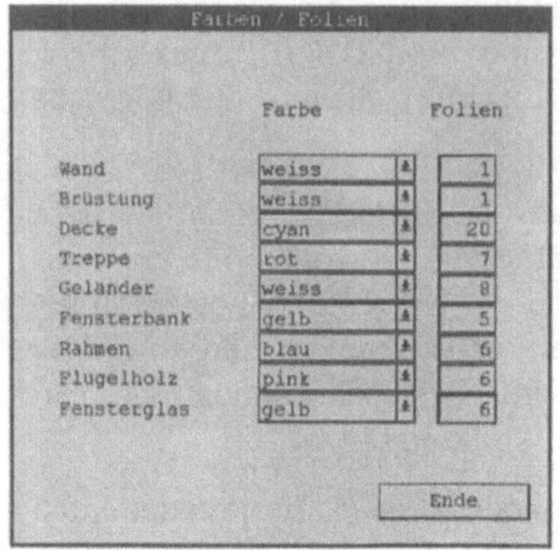
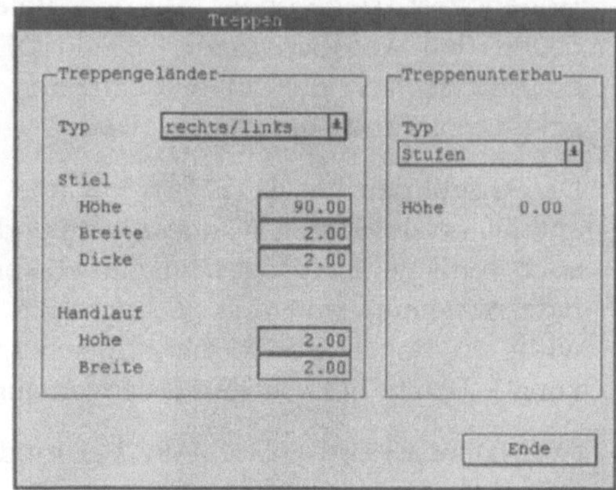

Bild 4-19 Weitere Voreinstellungen in der Maske [GRUNDRIß LESEN]

Die Maske [GRUNDRIß LESEN] können Sie jederzeit erneut aufrufen mit dem Befehl [EIN/AUSGABE] / [2D-DATEN] / [GRUNDRIß] / [MIT HÖHEN]. 

 Beachten Sie: Nach dem Einlesen wird automatisch das Höhenoffset verändert, indem die in der Maske angegebenen Werte für die Wand- und die Deckenhöhe hinzuaddiert werden. Bei einem erneuten [EINLESEN] (gewollt oder versehentlich) wird das Bild dann mit diesem Höhenoffset gezeichnet. Auf diese Art können Sie mehrere Geschosse „übereinanderstapeln". Falls aber die Wandhöhe [ABSOLUT] gelesen wird, wird das Höhenoffset nur auf Treppen und Symbole angewendet, die dann plötzlich „über dem Baukörper schweben"!

4.3.3 Die Geschoßverwaltung

Über die Geschoßverwaltung können Sie mehrere Grundrisse gleichzeitig ins 3D-Programm übernehmen. Diese können auch neben- oder übereinander auf einem Blatt gezeichnet und in einer gemeinsamen Datei gespeichert sein. Für jeden Grundriß können Sie die Einstellungen für die 3D-Darstellung getrennt vornehmen.

Zusätzlich können Sie über die Geschoßverwaltung

- ein bereits als 3D-Datei gespeichertes Dach,

- 2D-Bilder, die „ohne Höhe" ins 3D übernommen werden sollen (beispielsweise ein Lageplan)

- und weitere bereits als 3D-Dateien gespeicherte 3D-Bilder

definieren und mit den Grundrissen zusammen ins 3D-Programm übernehmen, so daß ein komplettes dreidimensionales Gebäude entsteht.

Die Geschoßverwaltung wird aufgerufen über den Befehl [GESCHOSS] / [VERWALTUNG] im Architektur-Startmenü. Es erscheint die Maske [GESCHOSS-VERWALTUNG] (siehe Bild 4-20).

Mit dem Befehl [HINZUFÜGEN] können Sie in die Felder auf der linken Seite der Maske Bilder der vier Kategorien [DACH] (Dateityp .ASC), [2D-BILD MIT HÖHEN] (.PIC), [2D-BILD OHNE HÖHE] (.PIC) und [3D-BILD] (.3DF) eintragen. Sie können die eingetragenen Bilder auch wieder [LÖSCHEN].

☞ Die 3D-Dateien (.ASC oder .3DF) können erst im 3D-Programm hinzugefügt werden!

Die eingetragenen Dateien sind in der Regel [AKTIV] geschaltet, können aber auch deaktiviert werden; in diesem Falle bleiben sie beim Einlesevorgang unberücksichtigt.

Für Grundrisse [2D-BILD MIT HÖHEN] gelten folgende Einstellungen:

- Über [VOREINSTELLUNG 3DF...] können Sie die Parameter für den Übergang ins 3D-Programm bestimmen. Zu diesem Zweck müssen Sie die entsprechende Datei markieren. Der Befehl verzweigt in die Maske [GRUNDRIß LESEN] (siehe Bild 4-18), die im Kapitel 4.3.2 ausführlich beschrieben ist. Hier kann auch ein [HÖHENOFFSET] definiert werden, um den Grundriß auf die gewünschte Höhe zu bringen (dies ist nicht möglich bei der Einstellung [WANDHÖHEN LESEN] / [ABSOLUT]).

- Über [OFFSET] können Sie einen Punkt bestimmen, der als Ursprung für die Koordinaten der 3D-Darstellung gelten soll. Zur Bestimmung dieses Punktes wird das Punkt-Definitionsmenü angeboten. Sie können die Koordinaten aber auch direkt unter [X] und [Y] eintragen.

- Außerdem können Sie für jeden Grundriß einen rechteckigen Ausschnitt bestimmen, dessen Inhalt (ausschließlich) ins 3D-Programm übernommen werden soll. Der erste Punkt dieses Ausschnitts wird über das [OFFSET] bestimmt (X, Y). Der zweite Punkt wird als diagonal gegenüberliegender Punkt über [AUSSCHNITT] definiert oder unter [DX] und [DY] eingetragen.

☞ Wenn Sie mehrere Grundrisse auf einem Blatt gezeichnet und in einer gemeinsamen Datei gespeichert haben, können Sie diese Datei mehrfach in der Geschoßverwaltung eintragen und jeweils einen der Grundrisse über einen Ausschnitt festlegen. Sie müssen aber darauf achten, daß der über [OFFSET] bestimmte Punkt jeweils den gleichen Abstand zum linken unteren Eckpunkt des Grundrisses hat, damit die Geschosse im 3D-Bild auch wirklich genau übereinanderliegen.

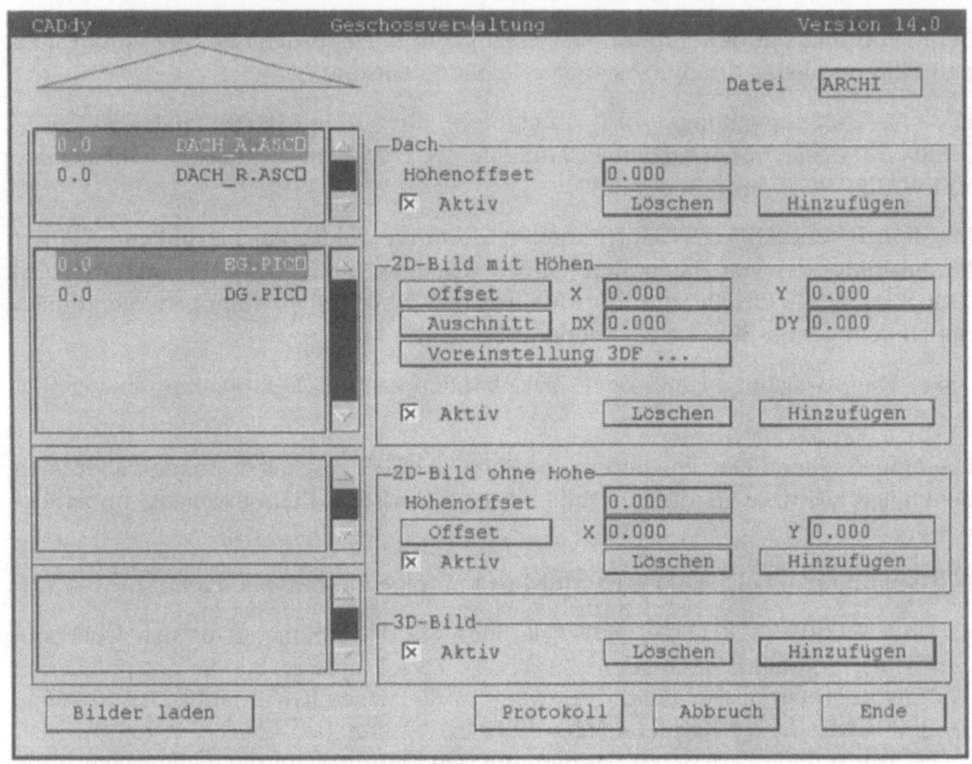

Bild 4-20 Maske [GESCHOSSVERWALTUNG]

Für ein [2D-BILD OHNE HÖHE] kann ebenfalls ein [HÖHENOFFSET] und ein [OFFSET] in X- und Y-Richtung definiert werden.

Wenn Sie alle Daten für die 2D-Bilder in der Geschoßverwaltung eingetragen haben, verlassen Sie die Maske mit der rechten Maustaste. Die Daten werden in einer Datei mit dem Namen ARCHI.GES gespeichert.

Um die Daten ins 3D-Flächenmodul zu übernehmen, wechseln Sie über [ARCHITEKTUR] / [ZUSATZ-PRO.] / [3D-FLÄCHE] in das 3D-Programm. Im dort eingeblendeten Menü [GESCHOSS] wählen Sie den Befehl [VERWALTUNG]. Dann erscheint wieder die Maske [GESCHOSSVERWALTUNG] mit den zuvor eingetragenen Werten.

Hier können Sie die gewünschten 3D-Bilder (ASCII- und 3DF-Dateien) hinzufügen. Auch den Dachdateien (.ASC) können Sie ein [HÖHENOFFSET] mitgeben.

Wenn alles eingetragen ist, können die Bilder über das Feld [BILDER LADEN] (das nur im 3D-Programm in der Maske erscheint), eingelesen werden.

 Wenn Sie in der Maske Korrekturen vornehmen wollen, müssen Sie ins 2D-Programm zurückkehren, da sich die Geschoßverwaltung im 3D-Programm nicht explizit aufrufen läßt!

4.3.4 Erzeugen von 3D-Objekten

Außer der Übernahme aus dem Grundriß bietet das 3D-Flächenmodul auch die Möglichkeit, 3D-Objekte direkt zu erzeugen. Dazu gehören bestimmte geometrische Grundkörper, die sich durch mathematische Formeln beschreiben lassen, sowie Flächen, Polygone und Punkte (Marker).

Folgende Konstruktionen sind möglich [ERZEUGEN]:

- [QUADER], mit parallel zu den Hauptachsen verlaufenden Kanten,

- [PRISMA] (schiefwinkliger Quader, dessen sechs Begrenzungsflächen aus je zwei gegenüberliegenden gleichen Parallelogrammen bestehen),

- [PYRAMIDE9 bzw. Pyramidenstumpf mit quadratischer Grundfläche,

- [KEGEL], Kegelstumpf und Zylinder mit kreisförmiger Grundfläche,

- [TEILKEGEL] oder Teilzylinder als Schicht, Sektor oder Schale,

- [KUGEL] bzw. Ellipsoid (durch Angabe von drei gleichen oder unterschiedlichen Radien),

- [TEILKUGEL] bzw. Teilellipsoid als Schicht, Sektor oder Schale,

- [TORUS] (Kreisring) durch Angabe zweier Radien,

- [TEILTORUS] als Schicht, Sektor oder Schale,

- Rotationskörper [ROT. KÖRPER] durch Definition eines Polygonzuges, der um die Z-Achse rotiert,

- Übergangskörper zwischen Rechteck und Kreis [RECHT / KREIS].

Die „Körper" setzen sich wiederum aus Flächen zusammen. Wie alle 3D-Objekte erhalten sie einen Referenzpunkt, der während der Konstruktion abgefragt wird. Die übrigen zu definierenden Parameter entnehmen Sie bitte der Online-Hilfe (<⇑ F1>). Für alle 3D-Objekte muß eine Kantenfarbe definiert werden.

- [MARKER] sind Punkte, die als Hilfskonstruktion oder Markierung verwendet werden. Ihre Form und Größe wird über die [ZEICHENPARAMETER] bestimmt.

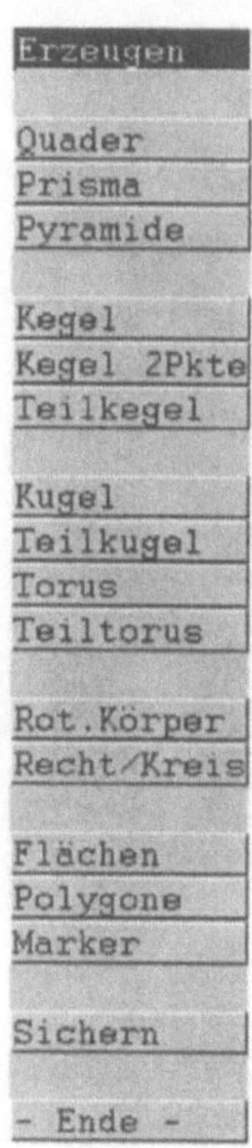

Bild 4-21
Menü [ERZEUGEN] im 3D-Programm

- [POLYGONE] (offen oder geschlossen) werden von Punkt zu Punkt konstruiert, entweder über vorhandene Endpunkte (auch Marker können als Endpunkte angesprochen werden) oder mit dem Punkt-Definitionsmenü. Über einem vorhandenen „Stützpolygon" kann auf der Grundlage verschiedener mathematischer Funktionen (Parameter!) eine „Freiformkurve" konstruiert werden.

- Flächen werden aus Punkten oder aus Polygonzügen konstruiert. Eine Fläche kann auch als Netz konstruiert werden. Dazu wird nach Definition der vier Eckpunkte und der Farbe des Netzes die Anzahl der Unterteilungen je Richtung angegeben. Zwischen den so definierten „Stützpunkten" werden Verbindungslinien gezeichnet, so daß Dreiecksflächen entstehen. Die Stützpunkte können anschließend in verschiedene Richtungen verschoben werden. Aus einem solchen „Stütznetz" kann wiederum mit Hilfe verschiedener mathematischer Funktionen (Parameter!) eine „Freiformfläche" konstruiert werden. Eine Freiformfläche kann beispielsweise definiert werden, um eine Geländeoberfläche zu beschreiben. Durch die Vielzahl der Punkte, Kanten und Flächen wird dazu allerdings sehr viel Speicherplatz benötigt!

4.3.5 Ändern von 3D-Objekten

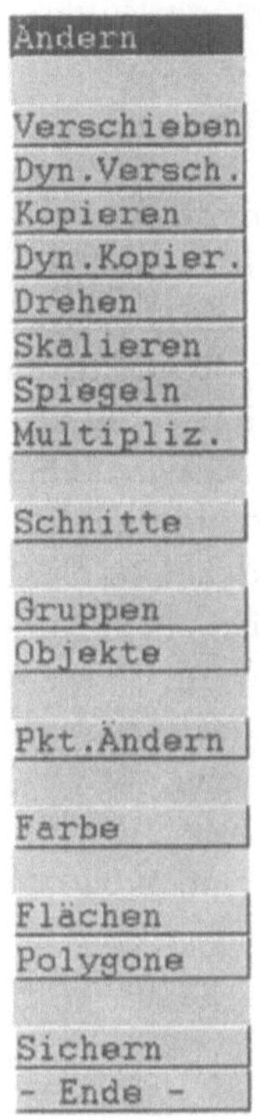

Bild 4-22
Menü [ÄNDERN] im 3D-Programm

Das 3D-Flächenmodul bietet eine Reihe von Änderungsfunktionen, die im 3D-Menü [ÄNDERN] zusammengefaßt sind.

- Die Funktionen im ersten Block dieses Menüs ähneln denen im Ändern-Menü des Grundpakets. Allerdings ist bei allen Aktionen die dritte Dimension zu berücksichtigen: für die Endpunkte eines Verschiebungs- oder Kopiervektors müssen drei Koordinaten (X, Y und Z) statt eines Drehpunktes eine Drehachse, statt einer Spiegelachse eine Spiegelebene bestimmt werden.

☞ Achten Sie jeweils auf die richtige Angabe des Vorzeichens bei Achsrichtung und Drehwinkel. Wenden Sie dazu die beiden „Rechte-Hand-Regeln" an (siehe Kapitel 4.2)!

- Das 3D-Programm erlaubt auch dynamisches Verschieben [DYN. VERSCH.] und dynamisches Kopieren [DYN. KOPIER.]. Dabei „hängen" die Objekte am Cursor. Mit dem Hotkey <b> kann wie im 2D-Programm in den „Box-Mode„ umgeschaltet werden. Damit wird das Objekt durch einen umschließenden Quader dargestellt. Die anderen vom 2D-Programm bekannten Hotkeys zum Drehen und Zoomen lassen sich hier allerdings nicht verwenden.

☞ Im 3D-Programm ist während vieler Aktionen automatisch das
    [BLICKPUNKTMENÜ] (siehe Kapitel 4.2.3) aktiv, so daß durch Drücken der
    Taste <+> das Bild vergrößert oder durch Betätigen einer Cursortaste ver-
    schoben wird. Mit den Funktionstasten <F5> bis <F10> kann das Bild wäh-
    rend des Änderns in einen günstigeren Blickwinkel gedreht werden.

Während der dreidimensionale Cursor aktiv ist (beim „dynamischen" Ändern
oder durch den Befehl [CURSOR] im Punkt-Definitionsmenü), werden im Statusblock die jeweils aktuellen Werte für die drei Koordinaten X, Y und Z angezeigt. Dabei wird grundsätzlich, je nach gewählter Ansicht, eine Koordinate
„festgehalten", d.h. der Cursor bewegt sich, wie im 2D-Programm, innerhalb einer Ebene. Ist eine Draufsicht oder eine Schrägansicht eingestellt, so wird z.B.
die Z-Koordinate festgehalten; diese ist im Statusblock farbig hervorgehoben.
Der festgehaltene Wert entspricht dem des zuletzt definierten Punktes. Um diesen „festen" Wert zu ändern (z.B. um den Referenzpunkt eines Möbelstücks auf
Z=0 zu setzen), geben Sie einfach den Koordinaten-Buchstaben (in diesem
Falle Z) und den gewünschten Zahlenwert über die Tastatur ein. Sie können
auch eine weitere Koordinate festhalten (oder wieder freigeben), indem Sie de-
ren Buchstaben eintippen. Durch Änderung der Ansicht (z.B. mit <F1> =
Frontansicht bzw. Ansicht auf die X-Z-Ebene) wird automatisch eine weitere
Koordinate (in diesem Falle Y) festgehalten. Diese kann wiederum über die Ta-

statur verändert werden, während die anderen festgehalten bzw. freigegeben
werden können.

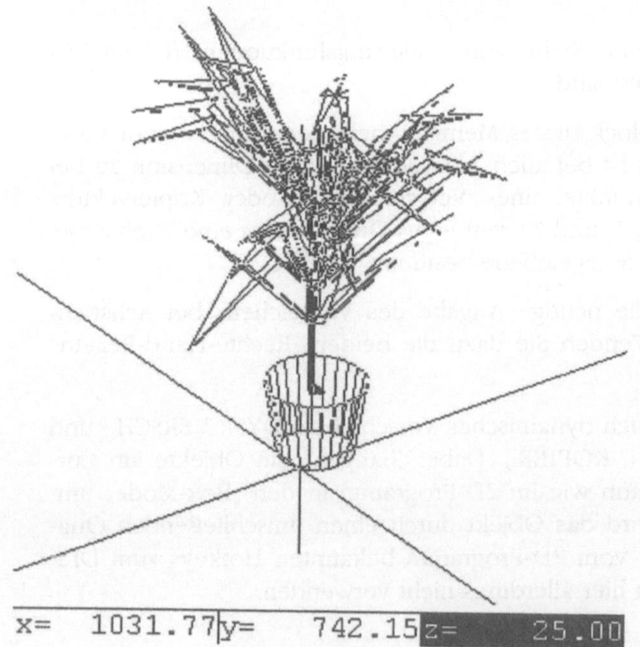

Bild 4-23
Koordinatenanzeige des
3D-Cursors im Statusblock

 Wenn Sie ein Objekt in einer Schrägansicht plazieren, ohne auf die Koordinatenwerte (und damit die räumliche Ausrichtung) zu achten, kann es Ihnen passieren, daß es in Wirklichkeit ganz woanders als gewünscht sitzt! Einen Anhaltspunkt erhalten Sie durch die Form des Cursors: Hat die Z-Koordinate den Wert 0, so besteht das Cursorkreuz nur aus zwei Linien, ist der Wert ungleich 0, so wird der Z-Wert durch eine dritte Linie in entsprechender Länge dargestellt (siehe Bild 4-23).

- Mit dem Befehl [OBJEKTE] im 3D-Menü [ÄNDERN] können Sie 3D-Objekte [VEREINEN] und [ZERLEGEN]. Vereinen bedeutet, daß mehrere Objekte zu einem einzigen zusammengefaßt werden. Dies ist beispielsweise notwendig, wenn Sie ein 3D-Objekt mit einem Referenzpunkt (ähnlich wie ein 2D-Symbol) speichern wollen. Mit Zerlegen können Sie einzelne Flächen aus einem Objekt heraustrennen, die dann als eigenständiges Objekt angesehen werden.

- Mit [PKT.ÄNDERN] können Sie Punkte ändern und einfügen. Auf diese Art läßt sich die Form von Objekten relativ leicht ändern.

- Mit [FARBE] ändern Sie die Objektfarbe, mit [FLÄCHEN] / [FARBE] können Sie die Farbe einzelner Flächen, auch innerhalb von Objekten, ändern.

4.3.6 Schnitte erzeugen

Das Untermenü [SCHNITTE] finden Sie sowohl im 3D-Menü [ÄNDERN] als auch im Menü [3D-FLÄCHEN]. Sie können damit Schnitte des gesamten Baukörpers erzeugen, aber auch einzelne Objekte bearbeiten.

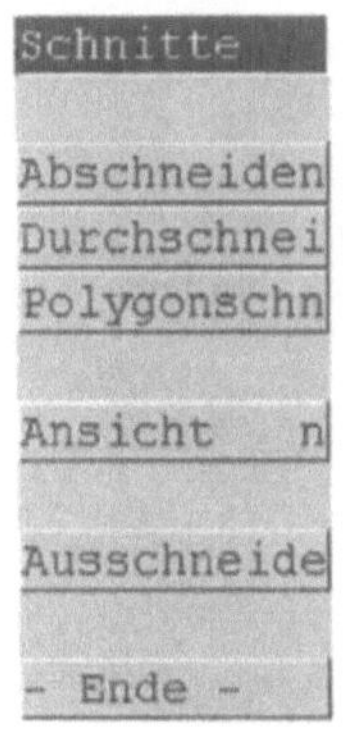

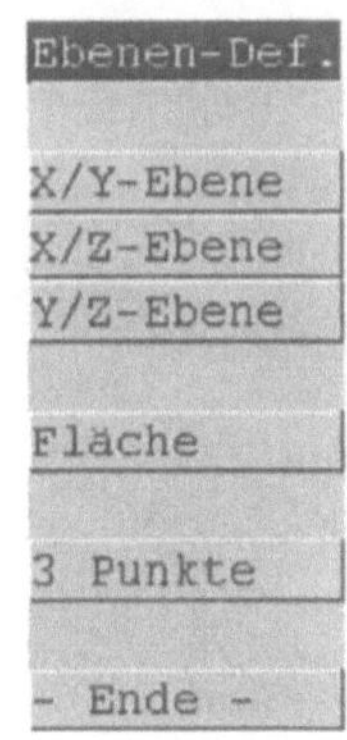

Bild 4-24
Untermenüs [SCHNITTE]
und [EBENEN-DEFINITION]

- Mit [ABSCHNEIDEN] werden einzelne Objekte, Folien, Ausschnitte oder auch das ganze Bild an einer Ebene abgeschnitten. Zur Festlegung der Schnittebene wird das Ebenen-Definitionsmenü eingeblendet (siehe Bild 4-24). Wenn die Schnittebene parallel zu einer der drei Hauptebenen ([X/Y-EBENE], [X/Z-EBENE], [Y/Z-EBENE]) liegt, genügt zu ihrer Festlegung ein Punkt. Liegt die Ebene schräg im Raum, so muß sie durch [3 PUNKTE] festgelegt werden. Verläuft sie durch eine bereits im Bild vorhandene [FLÄCHE], so genügt es, diese zu identifizieren.

Anschließend muß festgelegt werden, welcher Teil des Objekts nach dem Schnitt übrig bleiben soll. Dazu identifizieren Sie in diesem Teil einen sichtbaren Punkt [SICHTBAREN PUNKT ANTIPPEN]. Dann definieren Sie über das Menü [OBJEKTE] die Objekte, die an der Schnittebene abgeschnitten werden sollen.

Das abgeschnittene Bild wird angezeigt. An dieser Stelle können Sie noch abbrechen oder mit [SPEICHERN] veranlassen, daß die Funktion ausgeführt wird.

☞ Der sichtbare Punkt muß immer ein Eckpunkt sein, sonst wird die Funktion nicht ausgeführt. Es ist völlig gleichgültig, wo dieser Punkt liegt; er muß sich nur auf der richtigen Seite der Schnittebene befinden! Speichern bedeutet kein Speichern auf die Festplatte, sondern nur das Speichern der neuen Eckpunkt-Koordinaten im Arbeitsspeicher!

• Die Funktion [DURCHSCHNEIDEN] ist mit [ABSCHNEIDEN] weitgehend identisch, aber beide geschnittenen Teile bleiben im Bild. Daher ist die Definition eines sichtbaren Punktes hier nicht notwendig.

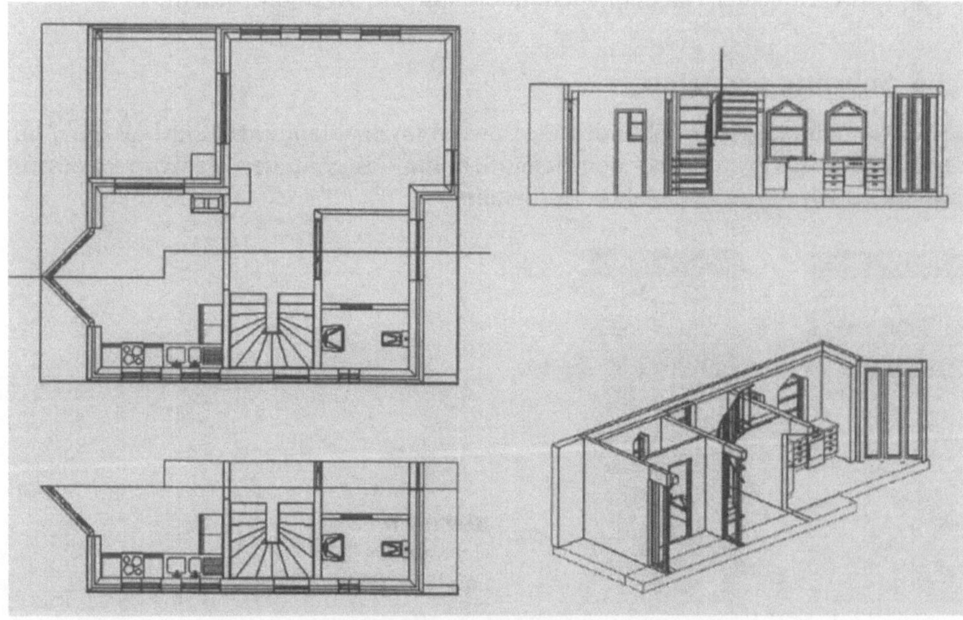

Bild 4-25 Polygonschnitt durch das EG des Beispielprojekts

• Mit [POLYGONSCHN] können Sie mehrere senkrecht (orthogonal) zueinander verlaufende Schnittebenen als Polygonzug definieren (siehe Bild 4-25). Diese können nur in der X/Z- oder Y/Z-Ebene liegen. Der Polygonzug wird in der Draufsicht (X/Y-Ebene) definiert. [UNTERKANTE] und [OBERKANTE] der

Schnittebene werden abgefragt (vorgegeben werden die im Bild vorhandene minimale und maximale Höhe).

- Nachdem die Schnitte durchgeführt worden sind, haben Sie ein geändertes, aber immer noch dreidimensionales Bild vor sich, das Sie selbstverständlich von allen Seiten betrachten können. Mit dem Schalter [ANSICHT J] können Sie veranlassen, daß nach dem Schneiden sofort die Ansicht auf die Schnittebene gezeigt wird.

- Mit [AUSSCHNEIDEN] ist es möglich, Flächen zu definieren oder zu ändern, die als Ausschnitte („Löcher") anderer Flächen dienen sollen.

☞ Bevor Sie einen Schnitt erzeugen, können Sie unter [PARAMETER] / [FOLIEN...] eine [SCHNITTKANTENFOLIE] bestimmen. Durch diese Eintragung werden alle geschnittenen Kanten auf eine eigene Folie gespeichert. Damit können sie ohne weiteres Nacharbeiten mit einem dickeren Stift geplottet werden!

4.3.7 Speichern der 3D-Daten

Für 3D-Bilder ist im CADdy-3D-Flächenmodul der Datentyp 3DF vorgesehen. Zum Speichern einer solchen Datei gibt es drei Möglichkeiten:

- [EIN/AUSGABE] / [SPEICHERN] / [3D-BILD] in der Menüspalte, 
- [EIN/AUSGABE] / [BILD SPEICHERN] in der Pulldown-Menüleiste,
- das Icon [BILD SPEICHERN] (wie im 2D-Programm).

Die Dateien vom Typ .3DF werden im Unterverzeichnis \3DF\ unter dem CADdy-Stammverzeichnis bzw. dem Projektverzeichnis gespeichert und können von dort über den analogen Befehl [LESEN 3D-BILD] wieder eingelesen werden.

Zusätzlich bietet das 3D-Flächenmodul die Möglichkeit, 3D-Bilder als ASCII-Datei (Typ .ASC) zu speichern und zu lesen. Dieses Format wird für den Datenaustausch mit anderen CADdy-Modulen, die mit dreidimensionalen Daten arbeiten (z.B. Dachmodul, 3D-Volumenmodul), verwendet. Eine ASCII-Datei ist im Textformat gespeichert und kann mit einem Editor bearbeitet werden.

Einzelne 3D-Objekte können über [EIN/AUSGABE] / [SPEICHERN] / [3D-OBJEKT] in das Unterverzeichnis \3DF\3DO\ gespeichert werden. Dabei fragt das Programm nach einem Referenzpunkt, über den das Objekt mit dem analogen Befehl [LESEN] / [3D-OBJEKT] in einem 3D-Bild plaziert werden kann. Zum 3D-Flächenmodul gehört eine Objektbibliothek, die unter C:\CADDY\3DF\3DO\ gespeichert ist.

☞ Der aktuell eingestellte Blickwinkel wird beim Speichern von 3D-Daten nicht berücksichtigt. Beim Einlesen wird das Bild entsprechend der in den Parametern definierten „Szene" (Datei CADDY3DF.3DI) dargestellt, kann aber nach wie vor von allen Seiten betrachtet werden. Auch eine vom Anwender veränderte Farbpalette zum Schattieren des Bildes wird nicht mit dem 3D-Bild gespeichert, sondern muß bei Bedarf separat gespeichert werden (siehe auch Kapitel 4.2.4 und4.2.5).

4.3.8 Datenübergabe an das 2D-Programm

Wenn Sie eine bestimmte 3D-Ansicht plotten wollen, müssen die dreidimensionalen Daten erst in zweidimensionale umgerechnet werden. Damit wird aus einem Baukörper, der aus einem bestimmten Blickwinkel betrachtet wird, ein 2D-Bild vom Typ .PIC, das im 2D-Programm eingelesen werden kann. Dabei entfallen allerdings alle logischen Informationen über Architekturobjekte (die ohnehin nur in der 2D-3D-Kopplung existieren) und alle 3D-Informationen. Das entstandene Bild besteht aus einzelnen Linien (auch die Facetten von Kreisbögen werden zu Linien), die mit den Funktionen des Grundpakets gelöscht oder bearbeitet werden können.

 Aus einem solchen 2D-Bild läßt sich der 3D-Baukörper nicht mehr rekonstruieren; dieser muß unbedingt als 3D-Bild gespeichert werden, wenn er erhalten bleiben soll (siehe Kapitel 4.3.7)!

Die Umrechnung veranlassen Sie mit dem Befehl [EIN/AUSGABE] / [2D-DATEN] / [SPEICHERN] / [2D-BILD]. Dann erscheint die Maske [2D-BILD SPEICHERN] (Bild 4-26).

- Der [NAME DER DATEI], in der das umgerechnete 2D-Bild gespeichert werden soll, wird bereits vor Erscheinen der Maske abgefragt, kann hier aber noch geändert werden. Standardmäßig wird die Datei @@CADDY.PIC angeboten, die im CADdy-Stammverzeichnis oder im Projektverzeichnis gespeichert wird.

- Unter [ANSICHT] können Sie wählen, welche Ansicht(en) des 3D-Bildes als 2D-Bild gespeichert werden soll(en). [AKTUELLE PERSPEKTIVE] ist die Ansicht, die Sie vor dem Aufruf der Maske eingestellt haben. Mit [VIER ANSICHTEN] werden nacheinander die Vorderansicht, die Seitenansicht (von links), die Draufsicht und die aktuelle Perspektive umgerechnet und in eine gemeinsame Datei gespeichert. Bei [SECHS ANSICHTEN] kommen noch die Seitenansicht von rechts und die Unteransicht hinzu. Mit [LAYOUT] wird das von Ihnen über [DARSTELLEN] / [LAYOUT] zusammengestellte Vier-Fenster-Layout gespeichert.

- Der Schalter [VERDECKTE KANTEN BERECHNEN] muß angekreuzt sein, wenn das Programm bei der Umrechnung in das 2D-Bild die verdeckten Kanten berechnen soll. Dann können Sie immer noch entscheiden, ob diese auf eine eigene Folie oder gar nicht gespeichert werden sollen. Im andern Falle werden alle Kanten des 3D-Bildes gespeichert, auch wenn Sie vorher eine Berechnung der verdeckten Kanten haben durchführen lassen.

- Wenn [DOPPELTE LINIEN LÖSCHEN] angekreuzt ist, wird nach der Berechnung der verdeckten Kanten eine weitere Berechnung durchgeführt (Linien vereinen...). Dabei wird das Bild „bereinigt" und braucht erheblich weniger Speicherplatz.

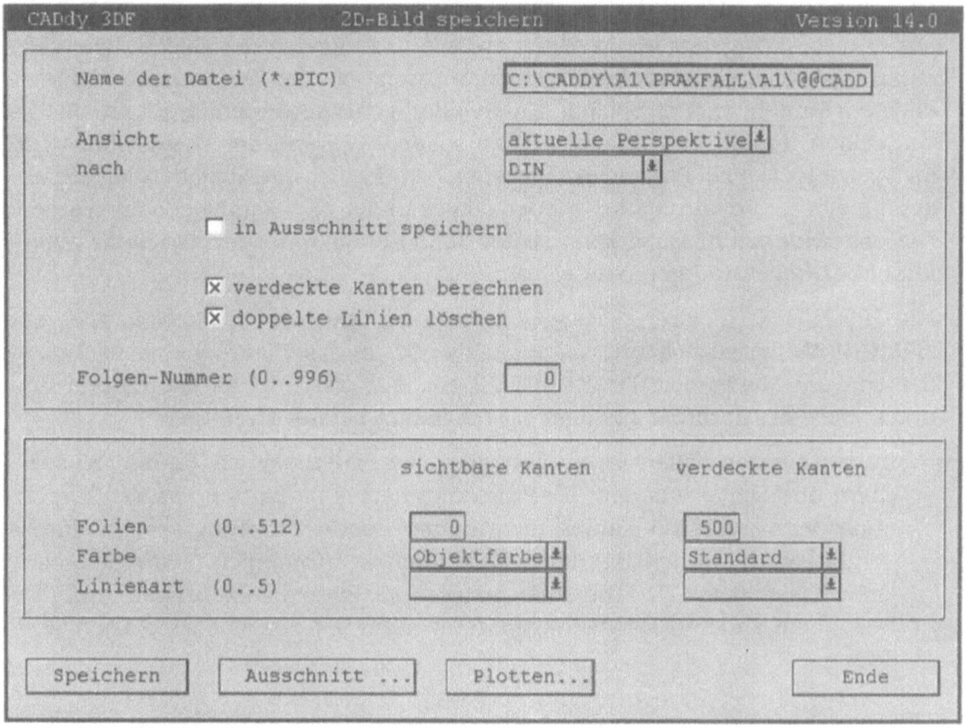

Bild 4-26 Maske [2D-BILD SPEICHERN]

- Im Feld [FOLGEN-NUMMER] sollten Sie grundsätzlich eine Zahl eintragen! Diese muß durch vier teilbar sein. Damit wird das 2D-Bild als Folge gespeichert und kann im 2D-Programm sehr komfortabel dynamisch plaziert, gedreht und gezoomt werden. Wenn mehrere Ansichten gleichzeitig gespeichert werden, so werden diese jede für sich als Folge behandelt.

- Unter [FOLIEN] können Sie bestimmen, auf welche Folie im 2D-Programm die sichtbaren und die verdeckten Kanten gespeichert werden sollen. Wenn Sie unter [SICHTBARE KANTEN] eine Zahl größer Null eintragen, so werden alle sichtbaren Kanten auf diese eine Folie gespeichert. Wenn Sie 0 eintragen (Standardeinstellung), werden die sichtbaren Kanten auf die Folien gespeichert, auf denen sie sich auch im 3D-Bild befinden. Unter [VERDECKTE KANTEN] bewirkt der Eintrag 0, daß diese überhaupt nicht mitgespeichert werden. Dadurch wird der Speichervorgang beschleunigt!

☞ Achten Sie im 3D-Programm darauf, die Objekte auf möglichst viele Folien zu verteilen, und tragen Sie unter [SICHTBARE KANTEN] auf jeden Fall Folie 0 ein! Wenn Sie Teile des Bildes mit unterschiedlichen Stiften plotten wollen (Strichstärken, Farben), müssen diese sich auf verschiedenen Folien befinden. Es ist aber sehr aufwendig, im umgerechneten 2D-Bild einzelne Bildelemente nachträglich auf andere Folien zu schieben!

- Mit [SPEICHERN] lösen Sie den Umrechnungs- und Speichervorgang aus. Die Dauer dieses Vorgangs hängt davon ab, wie umfangreich das Bild ist, wie viele einzelne Ansichten berechnet werden müssen, ob die Berechnung der verdeckten Kanten und doppelten Linien durchgeführt werden soll und ob die verdeckten Kanten gespeichert werden sollen. Während der Berechnung wird im Statusblock eine Prozentanzeige eingeblendet. Ist der Speichervorgang abgeschlossen, wird die Maske wieder eingeblendet und kann beendet werden. Die entstandene PIC-Datei kann später im 2D-Programm (und nur dort) eingelesen, bearbeitet und geplottet werden.

- Mit [PLOTTEN...] wird der Speichervorgang genauso ausgelöst wie mit [SPEICHERN], zusätzlich verzweigt CADdy aber in das 2D-Programm und blendet dort die Maske [PLOTPARAMETER] ein. Auf diese Art haben Sie den Eindruck, die Ansicht direkt aus dem 3D-Programm heraus zu plotten.

☞ In den meisten Fällen ist es sinnvoller, das Bild zuerst als 2D-Bild zu speichern und später aus dem 2D-Programm heraus zu plotten. Da die Berechnung der verdeckten Kanten nicht immer hundertprozentig korrekt durchgeführt wird, werden bisweilen Nacharbeiten erforderlich. Darüber hinaus kann das Bild im 2D-Programm um weitere Bildelemente ergänzt und bei Bedarf mit anderen Darstellungen gemeinsam auf einem Blatt plaziert werden.

4.3.9 Praxisfall: Erweiterung der Dachkonstruktion

Das Konstruieren im 3D-Programm können Sie in der Praxis üben, indem Sie die Dachkonstruktion des Beispielprojekts ein wenig „nacharbeiten" und um Kehlbalken und Mittelpfetten erweitern:

Lesen Sie im 3D-Programm die Datei mit den Dachhölzern mit Hilfe des Befehls [EIN/AUSGABE] / [EINLESEN] / [3D-ASCII] oder durch Klick auf  nebenstehend abgebildetes Icon ein. Der Name der Datei ist DACH_R.ASC. Wenn die Datei nicht in der Projektverwaltung angezeigt wird, müssen Sie sie [HINZUFÜGEN]. Löschen Sie vor dem Einlesen das alte Bild.

Schalten Sie mit <F1> auf die Ansicht von vorn. Die Sparren sollen entsprechend Bild 4-27 am unteren Ende abgeschnitten werden.

Wählen Sie dazu [ÄNDERN] / [SCHNITTE] / [ABSCHNEIDEN] / [X/Y-EBENE] / [ABSOLUT], und geben Sie als Z-Koordinate 275 ein.

☞ Für die Definition einer X/Y-Ebene wird ein Punkt benötigt, durch den die Ebene verläuft. Dabei ist nur die Z-Koordinate (Höhe) des Punktes von Belang; die Werte für X und Y sind beliebig.

Da die Sparren unterhalb der definierten Ebene abgeschnitten werden sollen, müssen Sie als sichtbaren Punkt einen beliebigen Eckpunkt oberhalb dieser Ebene definieren, z.B. den Firstpunkt. Abgeschnitten wird das ganze [BILD], klicken Sie dann [WEITER] an. Das abgeschnittene Bild wird angezeigt. Wenn es korrekt ist, wählen Sie [SPEICHERN].

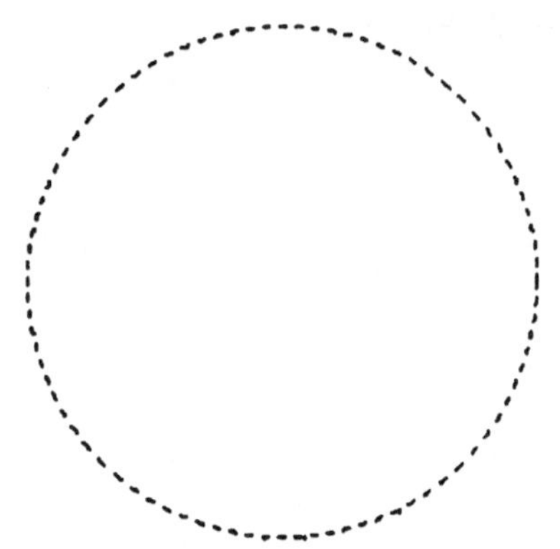

Bild 4-27
Unteres Ende der Sparren

Jetzt sollen die Sparren auf der rechten Seite an einer Y/Z-Ebene abgeschnitten werden, die durch die Außenkante der rechten Außenwand verläuft: dazu verwenden Sie die Menüs [ÄNDERN] / [SCHNITTE] / [ABSCHNEIDEN] / [Y/Z-EBENE] / [ABSOLUT]. Als X-Koordinate setzen Sie den Wert 1436.5 ein (= X-Koordinate der rechten Außenkante des Grundrisses). Als sichtbaren Punkt wählen Sie einen links von der definierten Ebene, z.B. wieder der Firstpunkt. Abschließend klicken den Menüpunkt [BILD] an, bestätigen mit [WEITER] und speichern das Bild.

Um die Sparren in der linken Dachhälfte entsprechend abzuschneiden, wählen Sie mit <F4> die Ansicht Vorn links, und geben als X-Koordinate 500 ein, schneiden aber nicht das ganze Bild ab, sondern tippen die einzelnen Sparren an (mit <ENTER> bestätigen), sonst würde der Erker mit abgeschnitten!

 Natürlich gibt es noch eine Menge nachzuarbeiten, z.B. das untere Ende der Sparren im Bereich des Erkers, die Überlappung der Sparren am First, die Überstände der Shiftsparren an Grat- und Kehlsparren und die Fußpfetten im Bereich des Erkers. Wenn Sie sich die Mühe machen wollen, denken Sie daran, daß Sie auch eine bereits vorhandene Fläche als Schnittebene definieren können. Dazu sollten Sie das Bild vergrößern und in einen günstigen Blickwinkel drehen!

[BLÄTTERN] Sie das Bild einmal durch [START MIT FOLIE: 1]. Alle abge-  schnittenen Objekte sind automatisch auf die während des Abschneidens gerade aktuelle Arbeitsfolie (hier 1) gespeichert worden; die nicht abgeschnittenen Objekte liegen noch auf der ursprünglichen Folie (hier 12).

 Bei der Übernahme von ASCII-Dateien liegen die einzelnen Objekte in der Regel auf Folie „0". Diese Folie ist in CADdy eigentlich gar nicht definiert. Beim [BLÄTTERN] werden diese Objekte immer auf der gerade aktuellen Arbeitsfolie mit angezeigt. Wenn Sie allerdings in den Parametern des Dachprogramms für die [FLÄCHEN] die Folie 12 eingetragen hatten, so gilt dies auch für die Hölzer.

Schieben Sie das ganze Bild mit [FOLIEN] / [SCHI.>FOLIE] auf Folie 10  (wählen sie dann [BILD] / [WEITER]). Auch das Folien-Menü läßt sich durch das Anklicken eines Icons aufrufen.

Speichern Sie das bisher erzeugte Bild mit [EIN/AUSGABE] / [SPEICHERN] /
[3D-BILD] (bzw. Icon [BILD SPEICHERN]) als DACHHOLZ.3DF. Die Pro- 
jektverwaltung richtet dafür automatisch ein Verzeichnis \3DF\ unter dem
Projektverzeichnis ein.

Die Dachkonstruktion soll nun noch durch Kehlbalken und Mittelpfetten ergänzt
werden. Diese werden als Quader erzeugt. Schalten Sie vorher mit <⇑ F2> auf
Arbeitsfolie 11!

Die Kehlbalken haben den Querschnitt 8/16 und liegen oberhalb der Innenwände
im Dachgeschoß (Höhe 537.5 cm). Konstruieren Sie zunächst den Kehlbalken des
vorderen Sparrenpaares. Die genaue Länge ist dabei unwichtig; er wird ohnehin
noch an beiden Seiten schräg abgeschnitten. Zur Bestimmung der Position des
Sparrenpaares lassen Sie sich die Koordinaten des vorderen linken Eckpunktes mit
[INFORMATION] / [PUNKT] / [ENDPUNKT] anzeigen (siehe Bild 4-28).

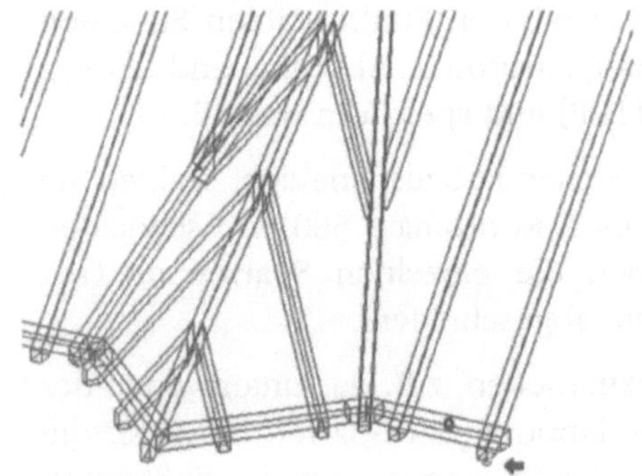
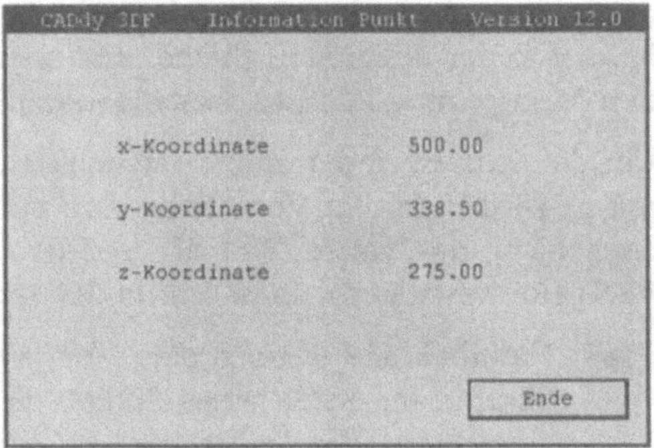

Bild 4-28 Informationen zu einem Eckpunkt

Den Referenzpunkt des Kehlbalkens legen Sie genau über diesem Punkt
fest:wählen Sie dazu die Menüfolge [ERZEUGEN] / [QUADER] / [ABSOLUT] und
geben die Koordinaten X/Y/Z = 500/338.5/537.5 mit der jeweiligen [LÄNGE] X/Y/Z
= 936.5/8/16 ein, als [FARBE] wählen Sie [GELB].

Jetzt muß der Kehlbalken auf beiden Seiten an der jeweiligen Innenfläche der
Sparren abgeschnitten werden. Dies geschieht mit [ÄNDERN] / [SCHNITTE] /
[ABSCHNEIDEN] / [FLÄCHE]. Identifizieren und bestätigen Sie jeweils eine Spar-
ren-Innenfläche.

 Um die richtige Fläche zu identifizieren, müssen Sie das Bild eventuell ver-
     größern und in einen günstigeren Blickwinkel drehen. Dies können Sie mit
     den Funktionen des Blickpunktmenüs machen, das automatisch aktiv ist
     (<F9> oder <F10> zum Drehen, <+> zum Vergrößern).

Geben Sie jeweils einen Eckpunkt auf der richtigen Seite als sichtbaren Punkt an, wählen Sie im Menü [ANTIPPEN], und identifizieren Sie den Kehlbalken über einen seiner Eckpunkte. Speichern Sie Ihre Ergebnisse.

[MULTIPLIZIEREN] Sie den beidseitig abgeschnittenen Kehlbalken anschließend entlang einer [GERADEN] elfmal. Der erste Punkt des Vektors ist ein [ENDPUNKT] des Kehlbalkens, der zweite Punkt ist von dort aus relativ [REL. LETZTE] bei 0/74/0 (74 cm = Sparrenabstand) zu setzen. Wählen Sie [ANTIPPEN] über einen Eckpunkt!

Die Mittelpfetten sollen den Querschnitt 14/22 erhalten. In der linken Dachhälfte wird die Mittelpfette durch den Schornstein unterbrochen. Es ergeben sich also drei Pfetten, die als Quader erzeugt werden. Um es nicht zu kompliziert zu machen, gebe ich Ihnen im folgenden die absoluten Koordinaten und die Längen an:

Absolut X/Y/Z = 807.5/336.5/553.5, Länge X/Y/Z = 14/382/22, Farbe gelb,

Absolut X/Y/Z = 807.5/780.5/553.5, Länge X/Y/Z = 14/382/22, Farbe gelb,

Absolut X/Y/Z = 1115/336.5/553.5, Länge X/Y/Z = 14/826/22, Farbe gelb.

 Die Koordinaten können Sie natürlich selbst berechnen: Die Pfetten liegen auf den Kehlbalken und damit 262.5 + 16 = 278.5 cm höher als die Fußpfetten. Damit beträgt die Z-Koordinate des Referenzpunktes 275 + 278.5 = 553.5 cm.

Durch Messen der Eckpunkte (*Information / Punkt*) erhalten Sie die X- und Y-Koordinaten der Fußpfetten. Da die Dachneigung 45° beträgt, sind die Mittelpfetten gegenüber den Fußpfetten ebenfalls um 278.5 cm in X-Richtung nach innen versetzt; da sie 10 cm höher sind als die Fußpfetten, beträgt der Unterschied aber 278.5 + 10 = 288.5 cm.

Speichern Sie das 3D-Bild wieder als DACHHOLZ.3DF!

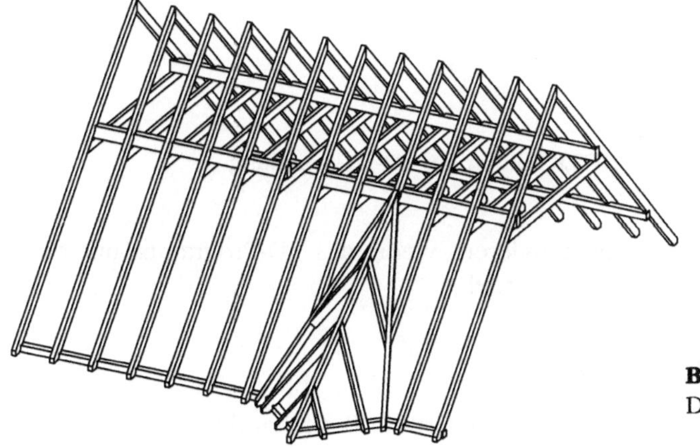

Bild 4-29
Dachhölzer

4.4 2D-3D-Kopplung

Die 2D-3D-Kopplung ermöglicht den Anwendern des Architekturmoduls eine spezielle Nutzung des 3D-Flächenmoduls. Dadurch werden die Grenzen zwischen dem Architekturmodul als reinem 2D-Programm und dem 3D-Flächenmodul verwischt. 2D-Grundriß und 3D-Baukörper bilden ein gemeinsames Modell und können in beiden Programmen wechselweise bearbeitet und um Architekturobjekte ergänzt werden.

Durch den Befehl [ZUSATZ-PRO.] / [2D-3D-KOPPLUNG] wird das 3D-Flächenmodul aufgerufen, und der im Architekturmodul gerade bearbeitete Grundriß erscheint automatisch als 3D-Baukörper. Speziell für die 2D-3D-Kopplung wurde ein Menü [ARCHITEKTUR] entwickelt, das vom Menü [3D-FLÄCHEN] mit dem Befehl [ARCHI-3D] aufgerufen werden kann.

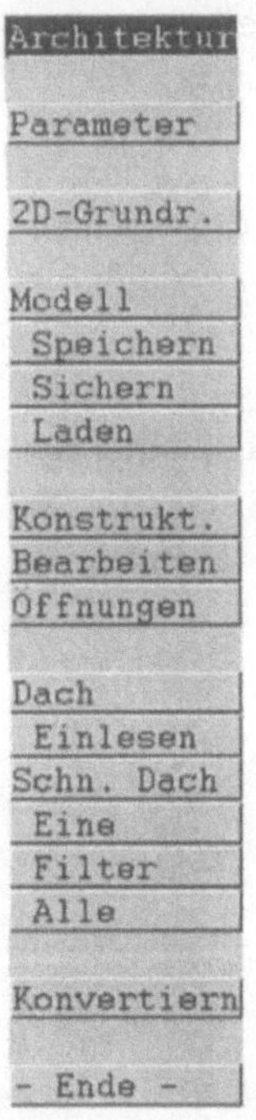

Bild 4-30
Menü [ARCHITEKTUR] in der 2D-3D-Kopplung

☞ Dieses Menü läßt sich nicht aktivieren, wenn das 3D-Programm mit dem Befehl [3D-FLÄCHE] aufgerufen wurde!

4.4.1 Parameter für die Kopplung

Durch die 2D-3D-Kopplung werden die im Grundriß vorhandenen Architekturobjekte (Wände, Öffnungen, Treppen, Decken, Symbole) an das 3D-Programm übergeben und sofort dreidimensional dargestellt. Dabei werden die aktuellen

Voreinstellungen für die Übernahme von Grundrissen berücksichtigt, die in der Maske [GRUNDRIß LESEN] (siehe Bild) zusammengefaßt sind.

Diese Einstellungen können Sie über den Befehl [PARAMETER] im 3D-Menü Architektur [ARCHI-3D] überprüfen und ändern. Es erscheint die Maske [GRUNDRIß LESEN], die im Falle der 2D-3D-Kopplung als Parameter-Maske (Parameter für die Direktkopplung) dient. Wenn Sie Änderungen in dieser Maske vornehmen, wird der Grundriß nach dem Beenden der Maske sofort mit den veränderten Einstellungen neu dargestellt, ohne daß Sie in das 2D-Programm zurückkehren müssen.

Die möglichen Einstellungen in dieser Maske sind im Kapitel 4.3.2 beschrieben.

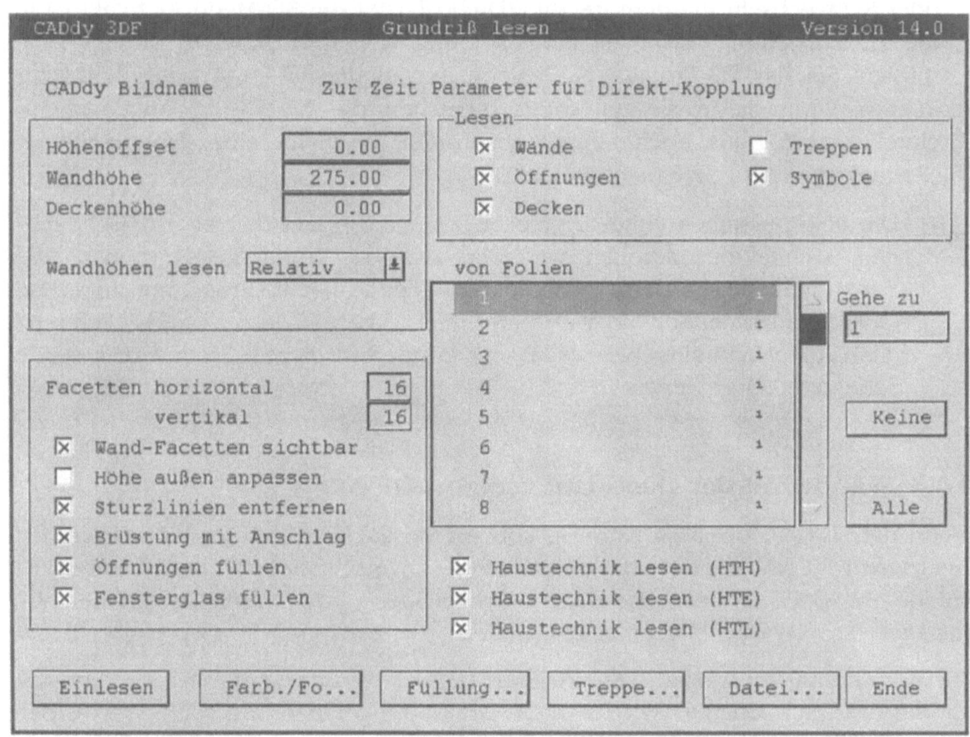

Bild 4-31 Parameter für die Direktkopplung

4.4.2 Wände und Öffnungen erzeugen und bearbeiten

Wenn die 2D-3D-Kopplung aktiv ist, können Sie direkt im 3D-Programm Wände und Öffnungen erzeugen und ändern. Dazu gibt es im 3D-Menü Architektur die Befehle [KONSTRUKT.], [BEARBEITEN] und [ÖFFNUNGEN]. Diese verzweigen in die aus dem Architekturmodul bekannten Menüs; allerdings sind nicht alle Befehle anwählbar.

 Da das Identifizieren der Objekte im 3D-Programm etwas schwieriger ist (siehe Kapitel 4.1.6), sollten Sie von Fall zu Fall entscheiden, ob Sie die Architekturfunktionen im 2D- oder im 3D-Programm anwenden. Interessant ist sicherlich vor allem das schnelle Ändern der Öffnungs-Geometrien mit sofortiger Visualisierung im 3D-Programm.

Um wieder in die Darstellung des 2D-Grundrisses (Architekturmodul) zu wechseln, stehen Ihnen zwei Möglichkeiten zur Verfügung:

- Sie beenden das 3D-Programm, kehren zurück ins Architekturmodul und rufen die 2D-3D-Kopplung erneut auf, wenn Sie wieder eine 3D-Darstellung wünschen,

- oder Sie wechseln mit dem Befehl [2D-GRUNDR.] (im 3D-Menü Architektur) in die 2D-Darstellung. Dann ist die Kopplung weiterhin aktiv. In diesem Falle müssen Sie das 2D-Programm beenden, um in die 3D-Darstellung zurückzukehren. Wenn Sie in diesem Modus versuchen, die 2D-3D-Kopplung vom Architekturmodul aus noch einmal aufzurufen, erscheint eine Fehlermeldung: „Rekursiver Aufruf 3DF nicht möglich!"

Die gekoppelten Architekturobjekte können nur mit den eben beschriebenen Architekturfunktionen verändert werden! Wenn Sie versuchen, die Funktionen des Ändern- oder Löschen-Menüs im 3D-Programm auf diese Objekte anzuwenden, so wird eine Info-Maske mit dem Hinweis „Referenz aus CADdy A1" eingeblendet. Daher können in diesem Modus auch keine Schnitte erzeugt werden.

4.4.3 Wände mit der Dachhaut verschneiden

Wenn die 2D-3D-Kopplung aktiv ist, können Sie die Wände Ihres Baukörpers mit einer zuvor im Dachmodul erzeugten Dachhaut „verschneiden". Dabei werden die Wände entweder bis unter das Dach „hochgezogen", oder, wenn Sie darüber hinausragen, an den Dachflächen abgeschnitten.

Zur Erinnerung: Im Modul DACHAUSMITTLUNG werden außer der Projektdatei, mit der das Dach jederzeit wieder in diesem Modul geladen und verändert werden kann, vier Dateien vom Typ .ASC gespeichert, und zwar einmal das komplette Dach und außerdem Dachhaut, Hölzer und Dachflächen. Diese Dateien enthalten 3D-Daten, die ins 3D-Programm eingelesen werden können.

Die „Dachhaut" besteht aus den Flächen, die die untere Begrenzung des Daches bilden. Diese Datei, z.B. DACH_S.ASC (wenn das Projekt DACH genannt wurde), ist speziell zum Verschneiden mit den Wänden gedacht.

Die Dachhaut (und die anderen Dateien vom Typ .ASC) können im 3D-  Programm mit [EIN/AUSGABE] / [EINLESEN] / [3D-ASCII], mit [ARCHI-3D] / [DACH] / [EINLESEN] oder durch Klick auf das entsprechende Icon geladen werden.

Zum Verschneiden [SCHN. DACH] gibt es mehrere Möglichkeiten:

- [ALLE] verschneidet alle vorhandenen Wände. Dies ist aber nicht immer erwünscht, vor allem nicht bei den Innenwänden oder bei Sonderkonstruktionen
  wie z.B. einem Galeriegeländer!

- [EINE] verschneidet nur die jeweils identifizierte Wand.

- Mit [FILTER] wird nach dem Identifizieren einer Wand eine Filtermaske mit den
  Geometriedaten dieser Wand angezeigt. Durch Ankreuzen eines oder mehrerer
  Felder legen Sie Kriterien fest, nach denen die zu verschneidenden Wände be-
  stimmt werden.

Wenn Sie einen dieser Befehle gewählt haben, müssen Sie zunächst die Dachhaut
identifizieren. Dabei ist die Tipp-Bestätigung aktiv, d.h., das identifizierte Objekt
wird farbig hervorgehoben, und sein Name wird in der Eingabezeile angezeigt.

Dann fragt das Programm nach einer maximalen Oberkante, bis zu der die Wände
„hochgezogen" werden sollen. Wenn Sie <ESC> drücken, wird die Dachhaut
durchgängig als obere Begrenzung angesehen.

Wenn Sie [EINE] oder [FILTER] gewählt haben, muß schließlich noch eine Wand
identifiziert werden (Tipp-Bestätigung).

 Statt der Dachhaut können Sie auch beliebige 3D-Flächen zum Verschnei-
den identifizieren. Auch die Datei mit den Dachflächen ist also dazu geeig-
net. Der Vorteil der Dachhaut liegt darin, daß sie als ein Objekt angesehen
wird und daher für alle Wände gilt. Die „Dachflächen" sind einzelne Objekte, so daß nur die direkt unter dieser Fläche liegenden Wände verschnitten werden können. Außerdem haben sie eine untere und eine obere
Begrenzungsfläche, so daß Sie genau aufpassen müssen, welche Sie identifizieren!

4.4.4 Speichern aus der 2D-3D-Kopplung

Zum Speichern bietet die 2D-3D-Kopplung zwei verschiedene Möglichkeiten:

- Mit dem Befehl [ARCHI-3D] / [MODELL SPEICHERN] wird das gemeinsame
  Modell aus 2D-Bild und dazugehöriger 3D-Darstellung im 2D-Verzeichnis
  (\A1\) gespeichert. Es entstehen zwei Dateien mit gleichem Namen, aber un-
  terschiedlichem Dateityp; die Datei vom Typ .PIC enthält sämtliche Konstruktionsdaten, die Datei vom Typ .3DF die dazugehörige 3D-Darstellung. Diese ist
  aber immer noch mit dem 2D-Bild verkoppelt. Alle in ihr enthaltenen Objekte
  sind „Referenzen" aus dem 2D-Bild. Änderungen, die Sie im 3D-Programm an
  den Architekturobjekten vornehmen, können Sie auf diese Art direkt aus dem
  3D-Programm heraus auch im 2D-Bild speichern.

- Mit dem Befehl [ARCHI-3D] / [KONVERTIEREN] wird der 3D-Baukörper unabhängig vom 2D-Bild gespeichert. Die Datei ist auch vom Typ .3DF, wird aber
  im 3D-Verzeichnis (\3DF\) gespeichert. Solange an dem Baukörper noch Än-

derungen vorgenommen werden sollen, ist es sinnvoll, mit dem gekoppelten Modell zu arbeiten. Ist er fertig, so kann er durch [KONVERTIEREN] in ein „unabhängiges" 3D-Bild überführt werden. Dieses wird beispielsweise benötigt, um Schnitte zu erzeugen.

 Achtung: In der 2D-3D-Kopplung darf das Bild nicht mit dem Befehl [BILD SPEICHERN] gespeichert werden, weder über [EIN/AUSGABE] (Menüspalte oder Pulldown-Menüleiste), noch über das entsprechende Icon!

4.4.5 Praxisfall: Verschneiden der DG-Wände mit der Dachhaut

Das Dachgeschoß war, im Gegensatz zum Erdgeschoß, im Kapitel 2 noch nicht endgültig fertiggestellt worden. Die Wände haben bisher die gleiche Oberkante, sind also noch nicht an die Dachform angepaßt.

Laden Sie im Architekturmodul die Datei DG.PIC (löschen Sie zuvor das alte Bild), und wechseln Sie wieder in die 2D-3D-Kopplung. Das Dachgeschoß wird mit den aktuellen Parametern für die Direktkopplung dargestellt.

Wechseln Sie mit dem Befehl [ARCHI-3D] in das 3D-Menü [ARCHITEKTUR], und rufen Sie zunächst über [PARAMETER] die Maske [GRUNDRIß LESEN] (Parameter für Direktkopplung) auf. Sorgen Sie dafür, daß die Schalter [TREPPEN] (im Abschnitt [LESEN]) und [HÖHE AUßEN ANPASSEN] nicht angekreuzt sind. Nach dem Beenden der Maske sollten Sie das Dachgeschoß ohne Treppe vor sich haben (die Treppe ist ja schon im Erdgeschoß-Baukörper enthalten). Die Wände sind zur Zeit 262.5 cm hoch (Unterkante 275, Oberkante 537.5 = Unterkante Kehlbalken).

Lesen Sie jetzt die Dachhaut ein mit [DACH] / [EINLESEN] DACH_S.ASC (Bild 4-32).

 Die Datei müssen Sie wieder in der Projektverwaltung [HINZUFÜGEN]. Die Frage „Altes Bild löschen ?" beim Einlesen können Sie beantworten, wie Sie wollen; ein gekoppeltes Bild läßt sich ohnehin nicht löschen!

Wählen Sie den Befehl [SCHN. DACH FILTER], und identifizieren Sie die Dachhaut an dem Eckpunkt links oben. In der Eingabezeile erscheint der Name des identifizierten Objekts (DACH). Bestätigen Sie die richtige Wahl mit der linken Maustaste, und geben Sie als maximale Höhe 537.5 ein. Identifizieren Sie eine Wand (z.B. die Mauervorlage rechts oben im Bild), und bestätigen Sie die richtige Wahl. Die Geometriewerte dieser Wand werden jetzt in der Maske [FILTER] angezeigt. Kreuzen Sie nur das Feld [OBERKANTE] (537.5) an, und beenden Sie die Maske. Damit werden alle Wände, deren Oberkante auf der Höhe 537.5 liegt, bis zu einer Höhe von 537.5 cm mit dem Dach verschnitten. Die niedrigeren Wände bleiben unberücksichtigt.

Aktivieren Sie jetzt den Befehl [SCHN. DACH EINE], und identifizieren Sie nochmals die Dachhaut. Geben Sie statt einer maximalen Höhe <ESC> ein, und identifizieren Sie nacheinander die beiden Giebelwände.

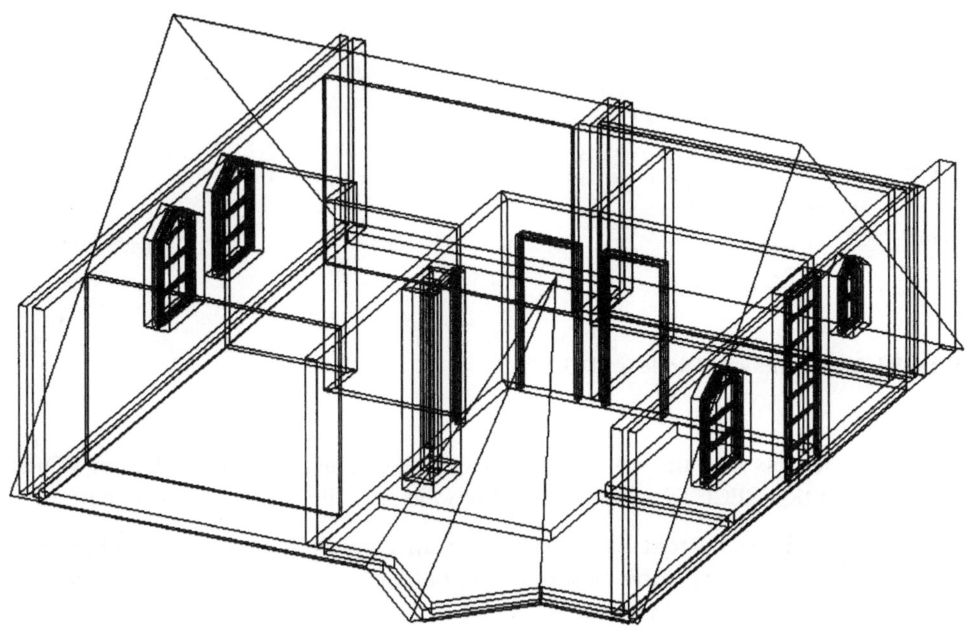

Bild 4-32 Dachgeschoß und Dachhaut, noch nicht verschnitten

 Identifizieren Sie die Wände immer über einen Eckpunkt. Dies kann auch der Eckpunkt einer Öffnung sein. Wenn Sie die daraufhin markierte Öffnung bestätigen, wird die Wand verschnitten.

Damit haben Sie die Giebelwände bis unter das Dach geführt.

Schließlich ziehen Sie noch den Schornstein über Dach. Lassen Sie sich dazu mit <F7> wieder alle Kanten darstellen, und vergrößern Sie den Bereich um den Schornstein. Wählen Sie den Befehl [ARCHI-3D] / [BEARBEITEN] / [GEOMETRIE], und schalten Sie mit der <LEERTASTE> auf die Voreinstellung [FILTER] um (Menüleiste). Identifizieren Sie eine Ecke einer Schornsteinwand. Die Geometriedaten der Wand **schorn** werden angezeigt. Geben Sie für die Wand-Oberkanten 800 ein (zweimal!), und beenden Sie die Maske. Jetzt erscheint die Maske [FILTER] mit den gleichen Geometriedaten wie zuvor. Kreuzen Sie den Namen **schorn** an, und beenden Sie die Maske. Damit werden alle fünf Schornsteinwände bis auf 800 cm Höhe hochgezogen.

Lesen Sie die fertige Holzkonstruktion DACHHOLZ.3DF ein mit dem Icon [BILD LESEN]. Beantworten Sie dabei die Frage „Altes Bild löschen" mit <j>. Dadurch wird die Dachhaut gelöscht, nicht aber das gekoppelte Dachgeschoß. 

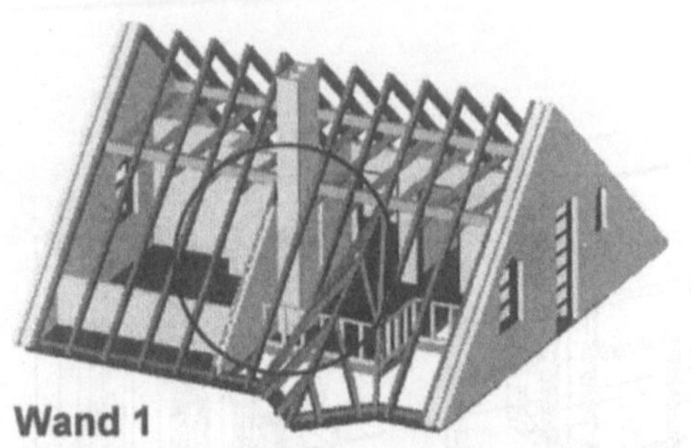

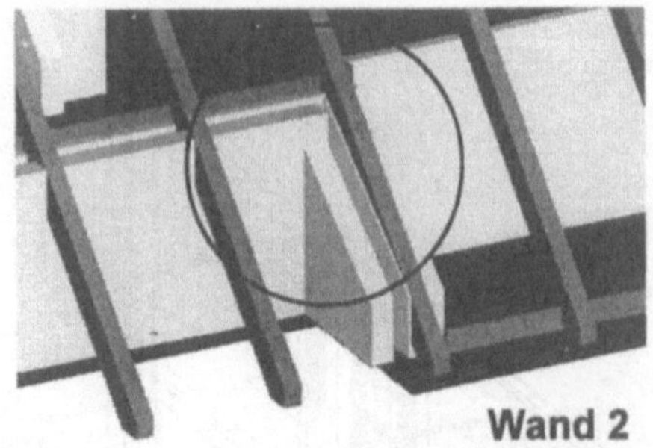

Bild 4-33 Verschnittene Wände im DG

Vergrößern Sie das Bild mit <⇧ F4>, und lassen Sie es sich in den Ansichten VORN LINKS und VORN RECHTS schattieren. Sehen Sie sich die Konstruktion genau an.

Vieles ist nicht ganz korrekt dargestellt, aber an zwei Stellen ist das Ergebnis der automatischen Verschneidung besonders unbefriedigend: Die 17.5er Trennwand, die neben dem Schornstein verläuft (in der Ansicht VORN LINKS zu sehen), und die vorspringende Außenwand in Verlängerung dazu auf der rechten Seite (in der Ansicht VORN RECHTS zu sehen) sollten jeweils an der Unterkante des darüber liegenden Sparrens enden (Wand 1 und Wand 2 in Bild 4-33).

Um dies zu ändern, ist es am einfachsten, die erforderlichen Höhen auszurechnen oder aus dem Bild herauszumessen und über [BEARBEITEN] / [WANDHÖHE] direkt zu ändern. Kehren Sie dazu zurück ins 2D-Programm. In den horizontal verlaufenden Innenwänden des Dachgeschoß-Grundrisses sind durch die Verschneidung jeweils an dem Punkt, an dem die horizontale Oberkante der Wand in eine Schräge übergeht, neue Höhenpunkte eingefügt worden.

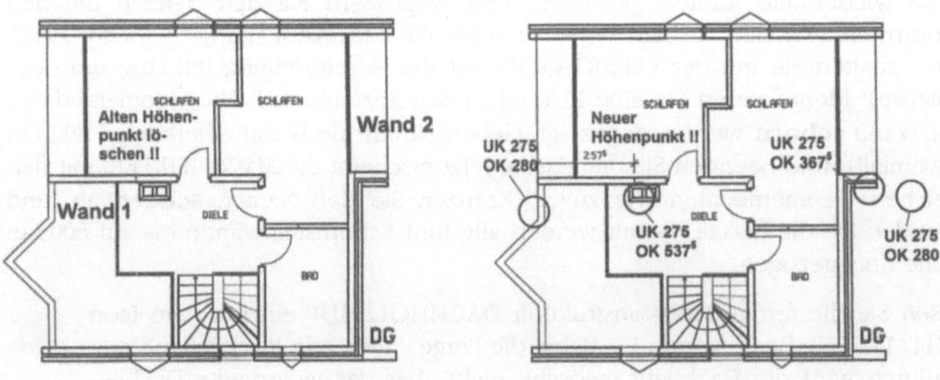

Bild 4-34 Wandhöhen im Dachgeschoß

Bei der 17.5er Trennwand (Wand 1) müssen Sie den existierenden Höhenpunkt löschen und einen neuen an anderer Stelle einfügen. Dazu schalten Sie nach Eingabe des Befehls [WANDHÖHE] mit der <LEERTASTE> in der eingeblendeten Menüleiste auf [LÖSCHEN] bzw. [NEU]. Die neue Lage des Höhenpunktes und die erforderlichen Höhenangaben sind in Bild 4-34 angegeben.

Wechseln Sie wieder in die 2D-3D-Kopplung, und lesen Sie die Datei DACHHOLZ.3DF erneut ein. Überprüfen Sie das Ergebnis, indem Sie das Bild erneut schattieren lassen.

Beenden Sie das 3D-Programm, und speichern Sie das veränderte Dachgeschoß im 2D-Programm erneut als DG.PIC.

4.5 Praxisfall: Erzeugen von 3D-Baukörper und 2D-Plänen

Nach den bisherigen Beschreibungen des „Praxisfalles" haben Sie das Erdgeschoß, das Dachgeschoß und die Dachkonstruktion des Beispielprojekts erzeugt. Sie haben sich die Grundrisse über die [2D-3D-KOPPLUNG] auch schon als dreidimensionale Baukörper darstellen lassen. Dabei wurden die 2D-Daten mit den standardmäßig voreingestellten Parametern ins 3D-Programm übernommen.

Um die einzelnen Komponenten in das 3D-Programm zu übernehmen und zu einem kompletten Gebäude zusammenzusetzen (beispielsweise zur Erzeugung von Schnitten, Ansichten und sonstigen Perspektivdarstellungen), bietet sich die Geschoßverwaltung an. Hier können Sie die bereits fertiggestellten Gebäudeteile eintragen und gemeinsam im 3D-Programm darstellen lassen, wobei die Parameter im Einzelfall angepaßt werden können.

Wechseln Sie dazu in das Architektur-Startmenü des 2D-Programms, und rufen Sie über den Befehl [GESCHOSS] / [VERWALTUNG] die Maske [GESCHOSSVERWAL-TUNG] auf.

- Wählen Sie im Feld [2D-BILD MIT HÖHEN] den Befehl [HINZUFÜGEN]. Bei aktiver Projektverwaltung werden die zum Projekt gehörenden 2D-Bilder (.PIC) aufgelistet. Markieren Sie EG.PIC, und verlassen Sie die Maske mit [ENDE]. Die Datei ist jetzt im Feld auf der linken Seite eingetragen und markiert.

  Rufen Sie über den Befehl [VOREINSTELLUNG 3DF...] die Maske [GRUNDRIß LESEN] auf. Für die korrekte Darstellung des 3D-Bildes sollen hier einige Änderungen in den Übernahmeparametern vorgenommen werden:

  - Wichtig ist, daß alle Architekturobjekte, die aus dem Grundriß eingelesen werden sollen, auch angekreuzt sind, also [WÄNDE], [ÖFFNUNGEN], [DECKEN], [TREPPEN], [SYMBOLE].

  - Kreuzen Sie [HÖHE AUßEN ANPASSEN] an, damit die Verblendschale an der Geschoßdecke „vorbeigezogen" wird. Dazu muß unter [DECKENHÖHE] ein Wert eingetragen sein, und zwar in unserem Falle 16. Dabei spielt es keine Rolle, daß die Decke selbst gar nicht im Bild vorhanden ist.

– Der Schalter [FENSTERGLAS FÜLLEN] sollte angekreuzt sein. Um die dabei entstandenen Fensterflächen gegebenenfalls ausblenden zu können, sollten Sie sie aber auf einer eigenen Folie speichern. Tragen Sie dazu in der Maske [FARBEN] / [FOLIEN] (Befehl [FARB./FO...]) unter [FENSTERGLAS] die Folie 9 ein.

– Über den Maskenbefehl [TREPPE...] verzweigen Sie in die Untermaske [TREPPEN]. Für den [TYP] des Geländers schlage ich rechts vor.

• Beenden Sie die Maske [GRUNDRIß LESEN], und fügen Sie jetzt die Datei DG.PIC unter [2D-BILD MIT HÖHEN] hinzu. Markieren Sie sie, und tippen Sie wieder auf [VOREINSTELLUNG 3DF...].

– Das [HÖHENOFFSET] muß 0 sein, da alle Höhen bereits im Grundriß richtig eingetragen wurden.

– Hier soll die Treppe nicht noch einmal eingelesen werden; kreuzen Sie sie also nicht an. Damit entfällt auch die Voreinstellung für das Geländer.

– Der Schalter [HÖHE AUßEN ANPASSEN] soll hier nicht angekreuzt sein.

– Der Schalter [FENSTERGLAS FÜLLEN] sollte auch hier angekreuzt sein. Ebenso soll unter [FARBEN] / [FOLIEN] für [FENSTERGLAS] die Folie 9 eingetragen werden.

Beenden Sie die Masken [GRUNDRIß LESEN] und [GESCHOSSVERWALTUNG], und wechseln Sie über [ARCHITEKTUR] / [ZUSATZ-PRO.] / [3D-FLÄCHE] ins 3D-Programm. Tippen Sie im eingeblendeten Menü [GESCHOSS] auf [VERWALTUNG]. Es erscheint wieder die Maske [GESCHOSSVERWALTUNG].

• Fügen Sie im Feld [DACH] die Datei DACH_A.ASC (Dachflächen) hinzu. Sie finden sie unter C:\CADDY\A1\PRAXFALL\A3\ !

• Die Holzkonstruktion haben Sie nach der Bearbeitung im 3D-Programm als 3D-Bild mit dem Namen DACHHOLZ.3DF gespeichert. Sie wird im Feld [3D-BILD] hinzugefügt.

Tippen Sie auf [BILDER LADEN]. Der Ladevorgang kann einige Sekunden dauern. Anschließend beenden Sie die Maske; der komplette 3D-Baukörper erscheint.

☞ Nutzen Sie die verschiedenen Darstellungsfunktionen, um sich das Bild von allen Seiten anzusehen. Vor dem Schattieren können Sie mit dem Befehl [BLÄTTERN] die Folie 9 (Fensterflächen) ausblenden, um die Fenster wieder transparent zu machen.

Sie können das fertige Haus jetzt als 3D-Bild speichern; dies benötigt allerdings sehr viel Speicherplatz und ist eigentlich nicht erforderlich, da Sie das Bild jederzeit wieder mit Hilfe der Geschoßverwaltung einlesen können. Vor allem haben Sie bei nachträglichen Änderungen an den Grundrissen oder der Dachkonstruktion durch erneutes Einlesen immer eine aktuelle 3D-Darstellung.

Nachdem Sie die einzelnen Komponenten in der Maske [GESCHOSSVERWAL-TUNG] eingetragen haben, können Sie die Parameter in der Maske jederzeit nachträglich ändern oder einzelne Bilder wieder deaktivieren, so daß sie nicht mit eingelesen werden. Allerdings müssen Sie ins 2D-Programm zurückkehren, um die Geschoßverwaltung beim Übergang ins 3D-Programm erneut aufrufen zu können.

Bei der Zusammenstellung der einzelnen Komponenten haben Sie verschiedene Möglichkeiten, je nachdem, welche Pläne Sie letztendlich erstellen wollen:

- Für die Außenansichten des Häuschens, ob „klassisch" als zweidimensionale Fassadenansichten oder als isometrische bzw. perspektivische Darstellungen, benötigen Sie die Dachhölzer nicht. Sie würden den Speicher nur unnötig belasten und die Rechenzeit bei der Umrechnung in ein 2D-Bild verlängern.

- Aus den Dachhölzern können Sie durch Draufsicht die Sparrenlage erzeugen, eventuell in Kombination mit dem darunterliegenden Dachgeschoß (das dann allerdings die Treppe enthalten sollte).

- Zur Erzeugung von Schnitten (die auch als Isometrie dargestellt werden können), werden die Dachhölzer natürlich ebenfalls benötigt. Hier kann man eventuell auf die Dachflächen verzichten.

- Außerdem können Sie eine Explosionszeichnung (siehe Bild 3.1) erstellen, indem Sie die einzelnen Komponenten mit anderen Höhen einlesen.

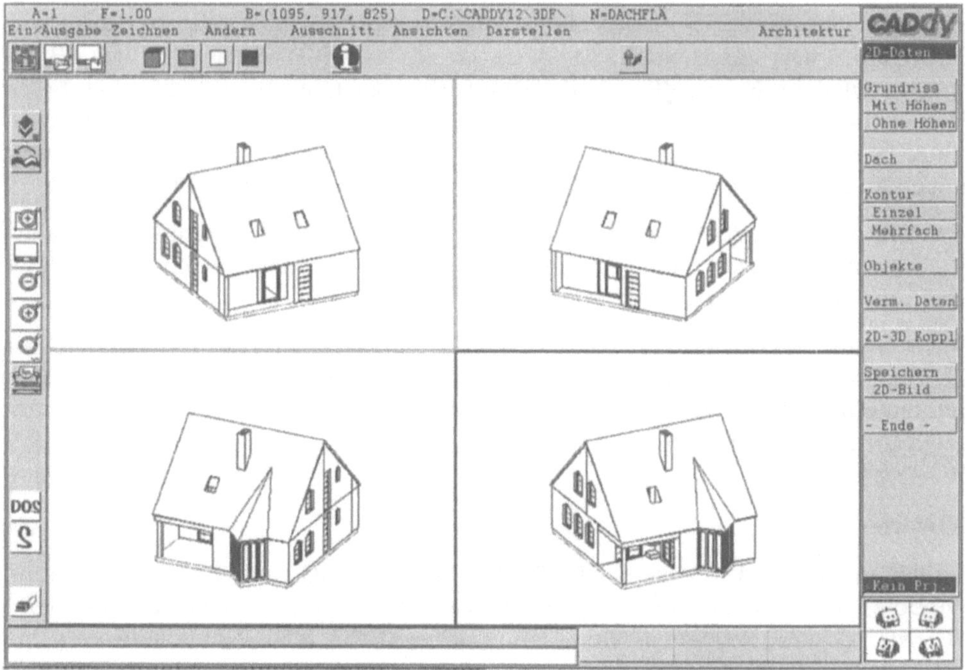

Bild 4-35 Ansichten im Vier-Fenster-Layout

Ansichten (Bild 4-35):

Um die Datenmenge zu reduzieren, können Sie die Datei DACHHOLZ.3DF in der Maske [GESCHOSSVERWALTUNG] deaktivieren und zusätzlich in der Maske [GRUNDRIß LESEN] in beiden Geschossen die Symbole herausnehmen. Wechseln Sie erneut ins 3D-Programm und lassen Sie die [BILDER LADEN]. Schalten Sie mit <ALT F4> in das Vier-Fenster-Layout um. Aktivieren Sie mit <ALT F5> nacheinander die einzelnen Fenster, und wählen Sie über das Pulldown-Menü [ANSICHTEN] im Fenster links oben die Ansicht [VORN RECHTS], im Fenster rechts oben [HINTEN RECHTS], im Fenster links unten [VORN LINKS] und im Fenster rechts unten [HINTEN LINKS].

Jetzt muß das Bild in ein 2D-Bild umgerechnet werden: Rufen Sie mit [EIN/AUSGABE] / [2D-DATEN] / [SPEICHERN] / [2D-BILD] die Maske [2D-BILD SPEICHERN] auf (Name des 2D-Bildes 4ANSI.PIC). Ändern Sie die Einstellung unter [ANSICHT] von [AKTUELLE PERSPEKTIVE] in [LAYOUT]. Achten Sie auf die Folgennummer (100) und Folie 0 für die verdeckten Kanten. Tippen Sie auf [SPEICHERN]. Der Speichervorgang dauert eine Weile, weil vier umfangreiche Bilder berechnet werden müssen. Die erscheinenden Kanten zwischen EG und DG sowie die senkrechte Kante im Giebel können Sie später im 2D-Programm löschen.

Sparrenlage:

Aktivieren Sie entweder in der Maske [GESCHOSSVERWALTUNG] nur die Datei DACHHOLZ.3DF, oder laden Sie diese direkt im 3D-Flächenmodul mit [BILD LESEN]. Schalten Sie mit <F2> in die Draufsicht. Der Einfachheit halber beschränken wir uns auf die Darstellung der Hölzer, ohne das darunterliegende Dachgeschoß. Der Schornstein und die Achsen werden später bei der 2D-Bearbeitung eingefügt. Anschließend erfolgt wieder die Umrechnung in ein 2D-Bild.

 Ändern Sie nicht die Größe der Darstellung im 3D-Programm, sonst stimmen die Längen im 2D-Bild nicht mehr. Im Zweifelsfalle lassen Sie mit <F6> die Bildgröße neu berechnen.

Rufen Sie mit [EIN/AUSGABE] / [2D-DATEN] / [SPEICHERN] / [2D-BILD] die Maske [2D-BILD SPEICHERN] auf. Der Name des 2D-Bildes soll SPARREN.PIC sein. Geben Sie eine Folgennummer (z.B. 100) ein und Folie 0 für die verdeckten Kanten. Speichern Sie Ihre Ergebnisse.

Schnitte:

Aktivieren Sie in der Maske [GESCHOSSVERWALTUNG] alle Bilder (evtl. ohne Symbole). Schalten Sie mit <F2> in die Draufsicht. Wechseln Sie in das Menü [SCHNITTE], und ändern Sie dort den Schalter [ANSICHT] in <j>. Aktivieren Sie den Befehl [ABSCHNEIDEN].

Bild 4-36 Querschnitt „klassisch" und als „Schrägansicht"

Um einen Querschnitt (siehe Bild 4-36) zu erzeugen, wählen Sie als Schnittebene eine [X/Z-EBENE]. Definieren Sie mit dem [CURSOR] einen Punkt im Bild, durch den die Schnittebene verlaufen soll. Als sichtbaren Punkt identifizieren Sie einen Eckpunkt in dem Teil des Bildes, der bestehen bleiben soll. Im Menü [OBJEKTE] wählen Sie [BILD] und bestätigen Sie mit [WEITER]. Das abgeschnittene Bild wird angezeigt. Mit [SPEICHERN] lösen Sie den Abschneidevorgang aus. Anschließend wird automatisch die Ansicht auf die Schnittebene dargestellt (durch den Schalter [ANSICHT J]). Blenden Sie mit <F8> die verdeckten Kanten aus. Dieses Bild können Sie als 2D-Bild speichern, um eine „klassische" Schnittdarstellung zu erzeugen. Es bleibt allerdings noch einiges nachzuarbeiten, um einen Plan wie den im Anhang abgedruckten zu erzeugen.

Lassen Sie sich das Bild einmal in der Ansicht „Hinten rechts" zeigen. Wie Sie sehen, ist es nicht nur ein zweidimensionaler Schnitt, sondern ein abgeschnittener Baukörper. Mit dem Blickpunktmenü (<F5>, <F10>) können Sie das Bild noch etwas drehen (siehe Bild 4-36). Ein solcher Schnitt ist (vor allem für Laien) sehr anschaulich. Speichern Sie den abgeschnittenen Baukörper als QUER.3DF, und lassen Sie die gewünschte Schrägansicht ebenfalls als 2D-Bild speichern (QUER.PIC; Folgennummer nicht vergessen!).

Schließlich erzeugen Sie analog dazu den Längsschnitt, indem Sie das komplette Gebäude erneut über die Geschoßverwaltung einlesen und dieses an einer [Y/Z-EBENE] abschneiden.

Speichern Sie auch den Längsschnitt als LÄNGS.3DF und, in der gewünschten Ansicht, als LÄNGS.PIC!

Explosionszeichnung:

Aktivieren Sie in der Maske [GESCHOSSVERWALTUNG] alle Dateien bis auf DACH_A.ASC. Markieren Sie EG.PIC, und geben Sie in der Maske [GRUNDRIß LESEN] als Höhenoffset -1000 ein. Wechseln Sie erneut ins 3D-Programm und lassen Sie die [BILDER LADEN]. Schalten Sie mit <F5> in das Blickpunktmenü, und drehen Sie das Bild mit den Funktionstasten <F5> bis <F10> in einen günstigen Blickwinkel. Dazu sollten Sie unter [PARAMETER] / [GRUNDEINSTELLUNGEN...] unter [ANSICHT DREHEN] das [WINKELINKREMENT] auf einen kleinen Wert (z.B. 5°) setzen.

Speichern Sie das Bild schließlich als EXPLO.PIC!

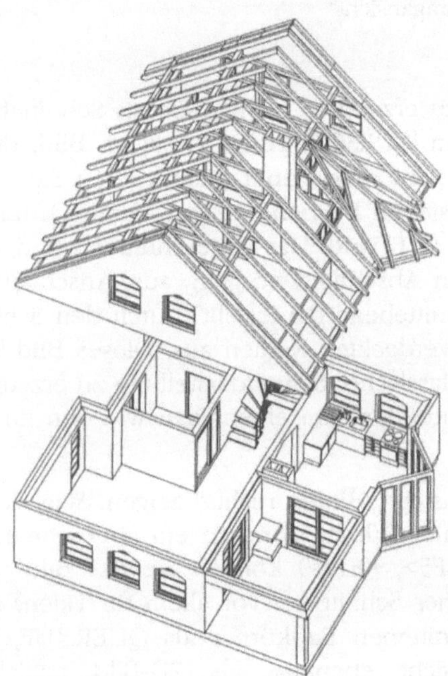

Bild 4-37
Explosionszeichnung

4.6 Aufgaben

1. Was bedeuten die Begriffe „3D-Flächenmodell" und „3D-Volumenmodell"?

2. Worin besteht in CADdy-Architektur der Unterschied zwischen dem Aufruf [3D-FLÄCHE] und [2D-3D-KOPPLUNG], die beide in das 3D-Flächenmodul verzweigen?

3. Welche Vorteile bietet die Geschoßverwaltung gegenüber der herkömmlichen Methode, die Geschosse einzeln ins 3D-Programm zu übernehmen?

4.6.1 Lösungen

1. Im Flächenmodell werden die einzelnen Objekte aus ihren Oberflächen gebildet. Durch die Möglichkeit, nur die sichtbaren Flächen darzustellen („verdeckt rechnen"), entsteht ein realistischer Eindruck des Modells. Bei der Schnitterzeugung entstehen allerdings nur Schnittkanten, keine Schnittflächen. Ein Flächenmodell reicht für Architekturdarstellungen aber im allgemeinen aus.
   Im Volumenmodell sind die Objekte Körper und haben eine Masse. Dadurch ist die Berechnung von Durchdringungen möglich. Bei der Schnitterzeugung entstehen Schnittflächen, die automatisch schraffiert dargestellt werden können. Ein Volumenmodell benötigt aber mehr Speicher- und Rechenkapazität.

2. Mit [3D-FLÄCHE] wird das 2D-Programm verlassen. Aus einem 2D-Grundriß kann ein 3D-Baukörper erzeugt werden; dieser enthält aber keine „Architekturlogik" mehr. 3D-Objekte können unabhängig vom Grundriß bearbeitet oder gelöscht werden.
   Mit [2D-3D-KOPPLUNG] wird grundsätzlich aus dem aktuell geladenen Grundriß ein 3D-Baukörper erzeugt. Dieser bildet zusammen mit dem Grundriß ein gemeinsames Modell. Über ein spezielles Menü durchgeführte Änderungen am 3D-Baukörper werden im Grundriß mitgeführt. Die standardmäßigen Bearbeitungs- und Löschfunktionen des 3D-Programms können nicht auf logische Architekturobjekte angewendet werden.

3. Über die Geschoßverwaltung können beliebig viele Grundrisse mit jeweils unterschiedlichen Parametern ins 3D-Programm übernommen werden. Darüber hinaus können alle übrigen zu dem Gebäude gehörenden Komponenten mit eingelesen werden, so daß der komplette Baukörper entsteht.

5 Plangestaltung und Ausgabe

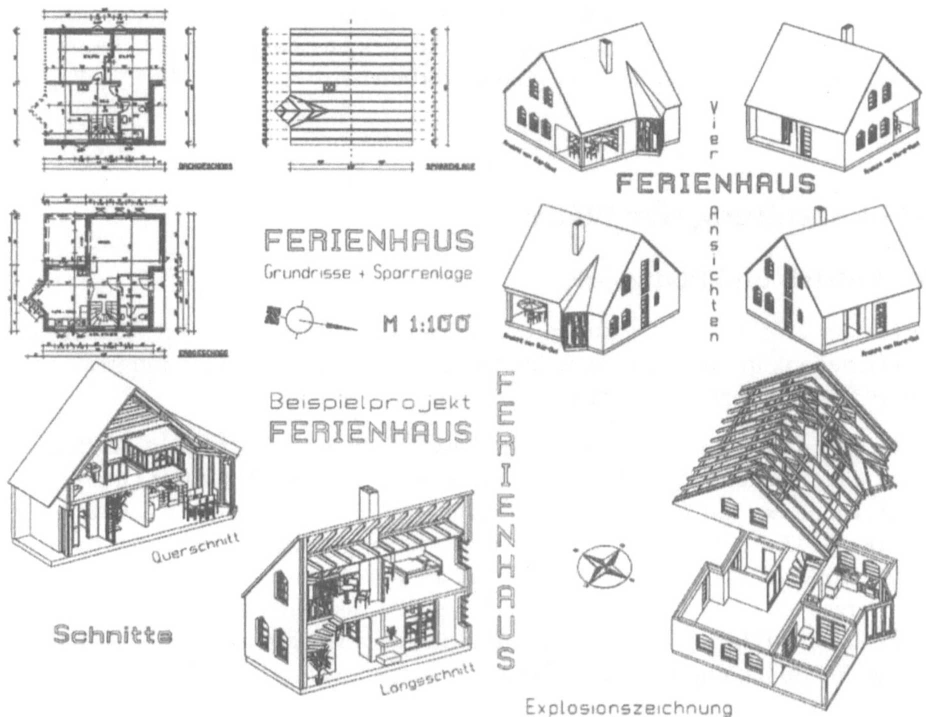

Bild 5-1 Die endgültigen Pläne

Bisher haben Sie erfahren, wie Sie mit den verschiedenen CADdy-Modulen einen Baukörper konstruieren können. Wenn dieser komplett dreidimensional erzeugt wurde, können Sie Ansichten, Schnitte und perspektivische Darstellungen daraus entwickeln, die dann wieder als zweidimensionale Zeichnungen gespeichert werden. Der Vorteil dieser Arbeitsweise liegt darin, daß Sie bei Änderungen am Baukörper alle erforderlichen Ansichten und Schnitte neu „herausziehen" können. Das bedeutet, daß alle Körperkanten, Fenster- und Türöffnungen ohne aufwendige Berechnung an der richtigen Stelle erscheinen.

Wenn Sie bei einem Gebäude keine komplizierten Punkte zu lösen haben und perspektivische 3D-Darstellungen nicht benötigt werden, ist es allerdings unter Umständen sinnvoll, die Schnitte und Ansichten wie gewohnt zweidimensional zu zeichnen. Die Fenster in den Ansichten können Sie mit Grundpaket-Funktionen (z.B. [RECHTECK]) oder mit der Fensterkonstruktion im Architekturmodul (Schalter [ANSICHT]) erzeugen und als Symbol oder als Folge definieren. Für die Vervielfältigung bieten sich Grundpaket-Befehle wie [KOPIEREN] und [MULTIPLIZIEREN] an.

Aber ob Sie nun die Schnitte und Ansichten auf die eine oder andere Art erzeugt haben, um daraus und aus den Grundrissen die erforderlichen Pläne zu erstellen: in jedem Falle bedarf es noch einiger Bearbeitung.

Darum soll es in diesem Kapitel gehen. Sie werden erfahren, wie Sie mehrere Zeichnungen auf einem Blatt plazieren, wie Sie sie „architekturgerecht" bemaßen und beschriften, wie Sie sie für das Plotten vorbereiten und schließlich zu Papier bringen.

5.1 Vorbereitung der Pläne

5.1.1 Maßstab und Blattgröße

Wenn Sie am Zeichenbrett beginnen einen Plan zu erstellen, müssen Sie sich als erstes überlegen, in welchem Maßstab Sie zeichnen wollen (oder müssen) und welche Blattgröße dazu erforderlich ist.

Wenn Sie mit CAD arbeiten, müssen Sie diese Überlegung noch nicht zu Beginn anstellen. Sie arbeiten im Maßstab 1:1; alle Längen werden in wahrer Größe eingegeben. Damit Sie am Bildschirm den kompletten Baukörper sehen, müssen Sie über [PARAMETER] / [BILDMAßE] ein entsprechend großes „Grundstück" definieren. Die Größe ist zunächst völlig beliebig; allerdings wird das Gebäude um so kleiner dargestellt, je größer die Bildmaße sind. Zusätzlich zur darzustellenden Konstruktion benötigen Sie noch Platz für die weitere Ausgestaltung der Zeichnung, z.B. für Bemaßung und Schriftkopf.

Erst wenn Sie einen Plan zu Papier bringen wollen, müssen Sie sich Gedanken über Maßstab und Blattgröße machen. Die maximale Blattgröße hängt natürlich davon ab, welches Format Ihr Ausgabegerät (Drucker oder Plotter) zuläßt. Dies wird im allgemeinen ein DIN-Format sein. Sie müssen allerdings berücksichtigen, daß die Ausgabegeräte nicht bis an den Papierrand drucken bzw. plotten können. Vor allem Geräte, die das Blatt nicht horizontal führen, benötigen für das „Festhalten" des Blattes einen etwas breiteren Rand. Die Angaben darüber entnehmen Sie dem Handbuch Ihres Ausgabegeräts.

Wenn Sie die Papiergröße um die erforderlichen Ränder vermindern, erhalten Sie den Plot-Bereich, auf dem gezeichnet werden kann. Für ein DIN A3-Blatt könnte das z.B. 40 x 27,5 [cm] sein. Wenn Sie eine Zeichnung im Maßstab 1:100 auf dieses Blatt bringen wollen, so müssen Sie den Plot-Bereich mit 100 multiplizieren, um die günstigsten Bildmaße zu erhalten, also 4000 x 2750 [cm]. Bei diesen Abmessungen können Sie sicher sein, daß jede Ecke Ihrer Zeichnung wirklich auf dem Papier erscheint:

(Blattgröße - Rand) x Maßstab = erf. Bildmaße

Bevor Sie plotten, geben Sie die berechneten optimalen Bildmaße ein, und verschieben Sie die Zeichnung gegebenenfalls innerhalb dieses Bereichs!

 **Achtung:** Verschieben Sie einen Architekturgrundriß nur mit den dafür vorgesehenen Funktionen im [ÄNDERN A]-Menü, wenn Sie die Wandinformationen noch benötigen. Denken Sie daran, alle Grundrisse um den gleichen Betrag zu verschieben, wenn Sie sie noch im 3D-Programm „übereinanderstapeln" wollen!

5.1.2 Plazieren mehrerer Zeichnungen auf einem Blatt

Um mehrere Zeichnungen auf ein Blatt zu bringen, müssen Sie sie nur nacheinander einlesen, ohne jeweils das „alte Bild" (nämlich das gerade auf dem Bildschirm sichtbare) zu löschen.

Da mehrere gemeinsam dargestellte Bilder im allgemeinen mehr Platz benötigen, erhöhen Sie die Bildmaße des ersten Bildes, bevor Sie weitere Bilder zuladen. Berechnen Sie die erforderliche Blattgröße nach der Formel im Kapitel 5.1.1!

Wenn CADdy feststellt, daß die zu kombinierenden Bilder unterschiedliche Bildmaße haben, werden Sie beim Einlesen gefragt, ob die „alten" (also die Maße des auf dem Bildschirm angezeigten Bildes) oder die „neuen" Abmessungen (also die des einzulesenden Bildes) gelten sollen. Wählen Sie die größeren Bildmaße, also die „alten".

```
              Einlesen eines Bildes

                   Bitte warten ...
   Das neue Bild hat andere Abmessungen:

       Alte Abmessungen: X=       4000.00
                         Y=       2750.00
       Neue Abmessungen: X=       2200.00
                         Y=       1800.00

   Gelten die alten Abmessungen (J/N) J
```

Bild 5-2
Verschiedene Bildmaße beim
Zuladen eines Bildes

Häufig werden die nacheinander eingelesenen Bilder übereinander angeordnet sein. Wenn Sie sich auf unterschiedlichen Folien befinden oder als getrennte Folgen gespeichert sind, können sie anschließend leicht einzeln verschoben werden. Das ist auch der Grund, weshalb Sie beim Umwandeln eines 3D-Bildes in ein 2D-Bild (2D-Speichern) eine Folgennummer angeben sollten.

Wenn es nicht möglich ist, die Bilder nachträglich ohne großen Aufwand zu verschieben, sollten Sie gleich beim Einlesen dafür sorgen, daß sie richtig plaziert werden. Dazu muß vor dem Einlesevorgang ein Offset, also ein Verschiebe-Vektor in X- und Y-Richtung definiert werden. Ändern Sie im Menü [EIN/AUSGABE] unter [VOREINST.] die Voreinstellung [OFFSET] in [J], oder drücken Sie während des Einlesens eine Taste (dies ist nur möglich, wenn das Einlesen eine Weile dauert, also bei größeren Bildern). Es erscheint dann in der Menüspalte die Abfrage [OFFSET] oder [-NEIN-]. Mit [OFFSET] gelangen Sie in das Menü [FIXPUNKT], das Ihnen diverse Möglichkeiten zur Definition des Offsets bietet. Dabei müssen Sie

den Punkt definieren, auf den der bisherige Ursprung (links unten) des Bildes
gesetzt werden soll. Die einzelnen Funktionen des Fixpunktmenüs können Sie
sich in der Online-Hilfe (<î F1>) erklären lassen.

5.2 Bemaßung

Bei der Bemaßung von Architektenplänen sind einige Besonderheiten zu berücksichtigen:

- Die Bemaßung erfolgt über zusammenhängende Maßketten oder Einzelmaße.

- Die Maße werden meist mittig über die Maßkette geschrieben oder im Aus-
  nahmefall daneben gesetzt. Als Grenzsymbol dient meist ein Schrägstrich.

- Maße unter 1 Meter sollen nur in [cm] angegeben werden, Maße über 1 Meter
  in [m] und [cm] (Dezimalschreibweise). Falls ein Maß Millimeterstellen enthält,
  so werden diese im allgemeinen hochgestellt geschrieben und häufig gerundet.

- Für Grundrisse wird, je nach Stadium der Bearbeitung, eine vereinfachte Bemaßung für den Bauantrag (der im allgemeinen im Maßstab 1:100 ausgegeben
  wird) und eine ausführlichere für den Werkplan (i.a. 1:50) benötigt. Dabei sollen die Textgrößen in Plänen verschiedenen Maßstabs in der Regel gleich sein.

- Für Höhenangaben in Grundrissen und Schnitten werden Höhenkoten benötigt.

Diesen speziellen Anforderungen trägt CADdy Rechnung. Für die Bemaßung der
Architekturpläne stehen Ihnen die Funktionen des Menüs [BEMAßEN] zur Verfügung, das Sie sowohl vom Hauptmenü als auch vom Architekturmenü aus aufrufen können.

5.2.1 Bemaßungsparameter

Das äußere Erscheinungsbild der Bemaßung können Sie über die [BEMAßUNGS-
PARAMETER] (siehe Bild 5-3) beeinflussen. Wenn Sie mit dem Architekturmodul
arbeiten, wird dort automatisch der Bemaßungsmodus [ARCHITEKTUR] eingestellt,
d.h., die Bemaßung erfolgt bei Werten kleiner 100 in [cm], bei Werten größer 100
in [m].

- Die gewünschte Positionierung der Maßtexte können Sie unter [POSITIONIE-
  RUNG MAßTEXT] bestimmen. Mit der Voreinstellung [HOCHGEST.] werden die
  Maße über die Maßkette geschrieben. Passen sie nicht zwischen die Hilfslinien,
  dann wird der Cursor zum Positionieren angeboten. Mit der Voreinstellung
  [CURSOR] wird grundsätzlich der Cursor zum freien Positionieren angeboten.

- Unter [FOLIEN] legen Sie die Folie fest, auf der die Maßlinien gespeichert werden sollen (für die Maßzahlen ist immer die darauffolgende Folie definiert).

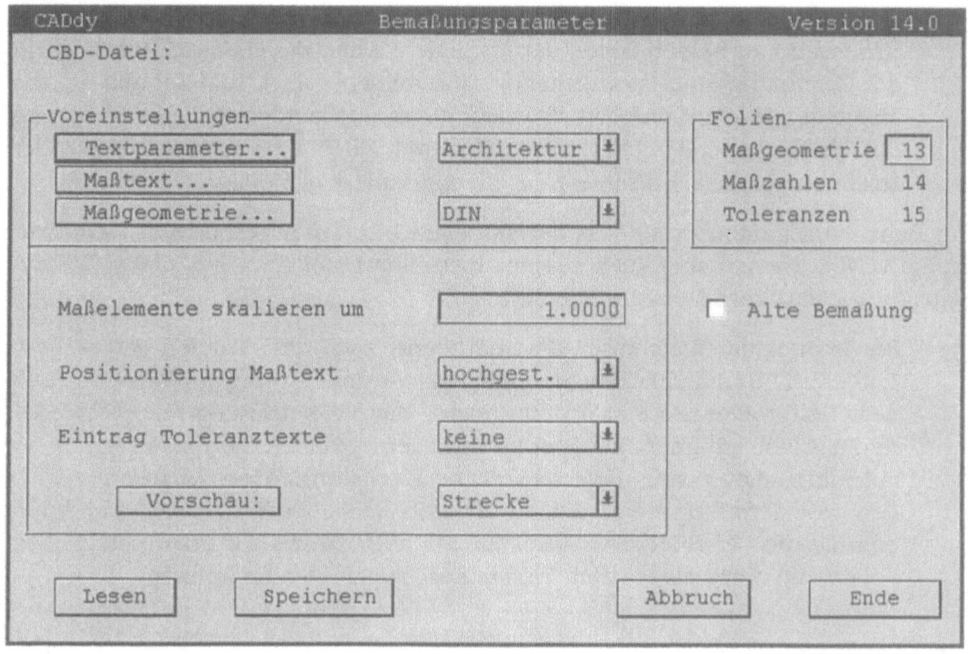

Bild 5-3 *Bemaßungsparameter*

- Der „Dezimalseparator" zwischen dem m-Wert und dem cm-Wert kann unter [MAßTEXT...] in einer weiteren Maske als [PUNKT] oder als [KOMMA] voreingestellt werden. Durch den Schalter [ARCHITEKTUR] in dieser Maske wird eine automatische Rundung der ermittelten Maße auf 0.1, 0.25 oder 0.5 cm eingestellt.

- Mit [TEXTPARAMETER...] wird ebenfalls eine weitere Maske eingeblendet, in der Sie die Textgrößen der Bemaßungstexte einstellen können. Diese werden im Maßstab 1:1 definiert und später beim Plotten durch den gewünschten Maßstab geteilt.

☞ Die Texte für den Maßstab 1:100 müssen doppelt so groß definiert werden wie für 1:50, wenn die Textgrößen im Plot gleich sein sollen!

- Unter [MAßGEOMETRIE...] wird in einer weiteren Maske die Geometrie der Maßlinien definiert, also die Größe und Art des Grenzsymbols (Schrägstrich, Pfeil, Kreis, Punkt...), die Länge der seitlichen Überstände und die halbe Länge der senkrecht zur Maßlinie verlaufenden Hilfslinien.

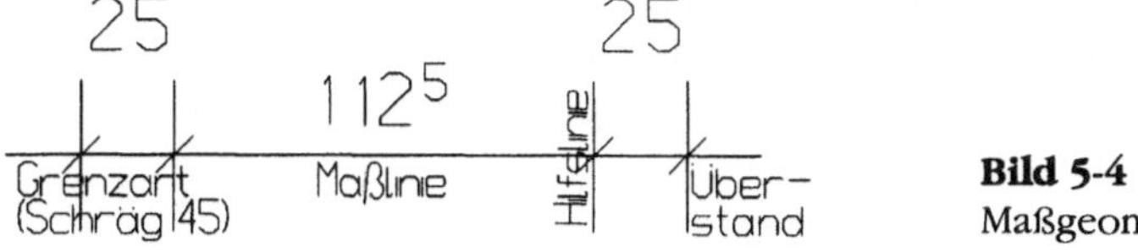

Bild 5-4
Maßgeometrie

 Die Hilfslinien sind standardmäßig mit einer Länge von 25 cm definiert (Überstand zu beiden Seiten der Maßlinie). Wenn die äußeren Hilfslinien in der Zeichnung eine durchgehende Linie bilden sollen, so zeichnen Sie die Maßketten im Abstand von maximal 50 cm zueinander. Zur Positionierung der Maßketten mit dem Cursor definieren Sie ein passendes Raster oder zeichnen parallele Hilfslinien, die Sie dann mit dem Hotkey <F> „fangen".

Die Bemaßungsparameter sind in der aktuellen Info-Datei gespeichert (standard-mäßig A.INF), können aber auch in einer speziellen Datei vom Typ .CBD (CADdy-Bemaßungsdatei) gespeichert werden.

 Im Architekturverzeichnis \A1\ sind bereits zwei CBD-Dateien gespeichert: 1_100.CBD und 1_50.CBD. Sie enthalten für den jeweiligen Maßstab geeig-nete Textgrößen (im Plot 3,5 mm hoch). Um die Bemaßung für verschiede-ne Maßstäbe in einer Bilddatei zu speichern, können Sie diese Dateien so abändern, daß jeweils unterschiedliche Bemaßungsfolien vorgesehen wer-den. Vor dem Bemaßen laden Sie die entsprechende CBD-Datei. Damit ha-ben Sie die verschiedenen Bemaßungen automatisch auf unterschiedlichen Folien, die dann jeweils zum Plotten ausgewählt werden können.

5.2.2 Bemaßungsfunktionen

Das Menü [BEMAßEN] können Sie über das Hauptmenü oder durch Klick  auf das nebenstehend abgebildete Icon aufrufen. Es stellt diverse Funktio-nen für die Bemaßung zur Verfügung.

Die Bemaßung erfolgt grundsätzlich assoziativ, d.h., die Maße sind logisch an die bemaßten Elemente geknüpft. Werden diese Elemente geändert, so kann die Be-maßung automatisch angepaßt werden. Dies geschieht mit dem Befehl [REGENERIER.], der ins gleichnamige Untermenü verzweigt. Hier können einzelne oder alle Maße regeneriert, d.h. entsprechend der veränderten Geometrie neu berechnet werden. Dabei werden die Maße neu gezeichnet. Sie können wählen, ob sie mit den „alten", also ihnen vorher zugeordneten Parametern (Textgrößen usw.) oder mit den zur Zeit aktuellen Parametern gezeichnet werden sollen.

 Achtung: In früheren CADdy-Versionen war die Assoziativ-Bemaßung nur durch Umschalten mit einem besonderen Befehl möglich. Die „alte", also nicht assoziative Bemaßung in „alten" Dateien kann über das Menü [REGENERIER.] in assoziative Bemaßung umgewandelt werden. Sie können auch im „alten" Modus arbeiten, wenn Sie in den [BEMAßUNGSPARA-METERN] den Schalter [ALTE BEMAßUNG] ankreuzen. Dann wird der Be-fehl [REGENERIER.] ausgeblendet!

Die Möglichkeiten der Bemaßung sind so umfangreich, daß hier nicht auf alle Funktionen eingegangen werden kann. Im folgenden sind die für Architektur-zeichnungen wichtigsten Befehle erläutert; die übrigen schlagen Sie bitte in der Online-Hilfe (<⇧ F1>) nach.

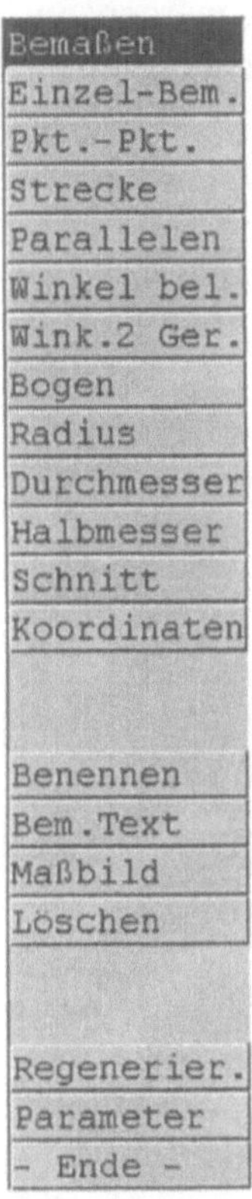

Bild 5-5
Menü [BEMAßEN]

Wenn Sie den Befehl [BEMAßEN] aufrufen, erscheint zunächst die Abfrage [PUNKT-DEF.] oder [CURSOR] (entsprechend der Voreinstellung [FRAGEN] in [PARAMETER] / [GRUNDEINSTELLUNGEN]). Wenn Sie hier [CURSOR] wählen, können Sie die Maßketten (nach Eingabe des ersten Maßes) sehr einfach dynamisch mit dem Cursor plazieren. Bei der Voreinstellung [PUNKT-DEF.] müssen Sie einen Punkt definieren, durch den die Maßkette verlaufen soll.

☞ Schalten Sie in der ersten Zeile des Bemaßen-Menüs auf [KETTEN-BEM.] um. Dies ist kein Befehl, sondern nur eine Voreinstellung! Um diese Voreinstellung grundsätzlich beizubehalten, speichern Sie sie in die Info-Datei A.INF!

• Am häufigsten sind in Architekturzeichnungen gerade Strecken zu bemaßen. Im allgemeinen erzeugt man durch Parallelverschiebung senkrecht zur Maßlinie Hilfslinien, zwischen denen das Maß eingetragen wird. Diese Arbeitsweise wird in CADdy durch den Befehl [PARALLELEN] unterstützt. Bei diesem Befehl werden Sie aufgefordert, die erste und die zweite parallele Strecke anzutippen. Damit ist das erste Maß bestimmt. Danach legen Sie die Lage der Maßlinie fest. Dann wird automatisch das erste Maß gezeichnet. Handelt es sich um ein Einzelmaß, so kann der Befehl jetzt beendet werden.

Bei Ketten-Bemaßung muß die jeweils nächste Parallele angetippt werden, um
die weiteren Maße festzulegen. Ist die Maßkette fertig, so kann nach einmali-
gem Drücken der rechten Maustaste (Abbruch) die nächste Maßkette begonnen
werden.

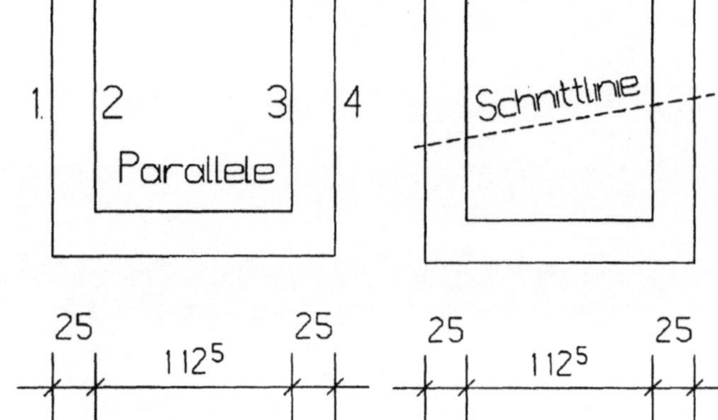

Bild 5-6
Bemaßung über
[PARALLELEN] oder
[SCHNITT]

- Eine ähnliche Form der Bemaßung bietet der Befehl [SCHNITT]. Mit seiner
  Hilfe kann man eine Schnittlinie festlegen. Alle Elemente, die diese schneidet,
  werden bemaßt. Die Maßlinie wird in einem vorher zu bestimmenden Winkel
  (z.B. [WAAGERECHT]) gezeichnet und die Maße darauf projiziert.

- Wenn keine Parallelen zum Bemaßen vorhanden sind, können Sie entweder
  entsprechende Hilfslinien erzeugen oder mit dem Befehl [PKT.-PKT.] bemaßen.
  Dabei bestimmen Sie jeweils den Anfangs- und Endpunkt einer Maßstrecke.

- Der Befehl [BENENNEN] dient zum Beschriften von Bildelementen. Dabei wird
  ein bereits vorhandener oder ein über die Tastatur eingegebener Text mit einem Bildelement durch eine Bezugslinie verbunden. Dieser Befehl eignet sich
  besonders zum Beschriften von Detailzeichnungen (Fußboden-, Dachaufbau).

- Der Befehl [BEM.TEXT] verzweigt in ein gleichnamiges Untermenü. Mit den
  Befehlen dieses Menüs können Maßtexte editiert (also inhaltlich verändert),
  erweitert oder mit geänderten Parametern neu gezeichnet werden.

- [MAßBILD] verzweigt ebenfalls in ein Untermenü, mit dessen Funktionen die
  Position von Maßtexten und/oder Maßlinien nachträglich verändert werden
  kann. Insbesondere kann eine ganze Maßkette [DYNAMISCH] verschoben werden.

- Mit dem Befehl [LÖSCHEN] können Sie einzelne Maße oder ganze Maßketten
  einschließlich der zugehörigen Maßlinien löschen.

5.2.3 Koten-Bemaßung

Für die Angabe von Höhenkoten (Koordinaten), sowohl im Grundriß als auch im Schnitt, gibt es ein CADdy-Plus-Programm, das Sie aus dem Hauptmenü über [MEIN MENÜ] / [KOTEN-BEM.] aufrufen können.

- Unter [SYMBOL] können Sie zwischen vier verschiedenen Symbolen wählen. Es handelt sich dabei um leere oder gefüllte Dreiecke mit oder ohne ein horizontales „Fähnchen".

- Mit [NEU. SYMBOL] können Sie auch ein anderes im Symbolverzeichnis gespeichertes Symbol auswählen und mit [ERSETZEN] eine bereits gezeichnete Kote gegen das gewählte Symbol austauschen.

- Außerdem können Sie die [SYMBOLGRÖßE] (in cm) festlegen und bestimmen, in welchen [PLAN] ([ANSICHT] oder [DRAUFSICHT]) die Kote eingesetzt werden soll.

- Mit [SETZEN] wird das Koten-Symbol zum Plazieren angeboten und die Höhe abgefragt. Bei Ansichten werden nach Eingabe der ersten Höhenkote alle weiteren Höhen automatisch berechnet. Mit [LÖSCHEN] können die Höhenkoten wieder gelöscht werden.

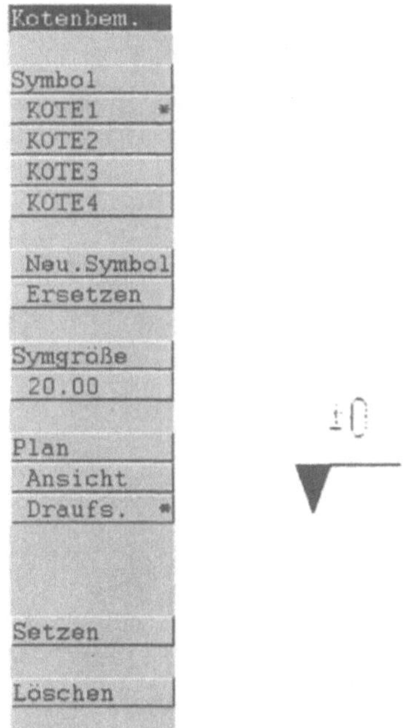

Bild 5-7
Menü [KOTEN-BEMAßUNG]

5.2.4 Flächendefinition

Die Flächendefinition ist eine Funktion des Architekturmoduls, die sich vom Architekturmenü aus mit [FLÄCHENDEF.] aufrufen läßt. Damit können Sie Flächen (i.a. Räume) im Grundriß definieren und benennen. Der Flächeninhalt wird automatisch berechnet und kann, zusammen mit der Raumbezeichnung, im Bild plaziert werden. Die bereits definierten Flächen können durch eine Schraffur im Bild sichtbar gemacht werden. Außerdem besteht die Möglichkeit, eine Liste aller definierten Flächen zu erstellen.

Die Flächendefinition ist grundsätzlich assoziativ, d.h. bei Änderung der Grundrißgeometrie werden die Flächen neu berechnet.

Wenn die CADdy-Module WOHNFLÄCHENBERECHNUNG oder HAUSTECHNIK installiert sind, wird mit dem Befehl [FLÄCHENDEF.] in das Menü [RAUM-DEFINITION] verzweigt, das erweiterte Eingabemöglichkeiten zur Verfügung stellt. Hier können die definierten Räume in eine Struktur eingebettet werden, die bis zu fünf Stufen (z.B. Los, Gebäude, Geschoß, Wohneinheit, Raum) bietet. Diese Daten dienen als Ausgangsbasis für die Bearbeitung in den Modulen WOHNFLÄCHEN-BERECHNUNG und HAUSTECHNIK.

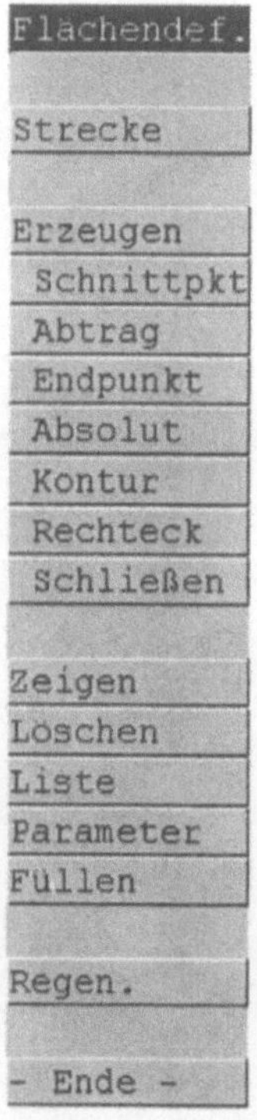

Bild 5-8
Menü [FLÄCHENDEFINITION]

5.3 Beschriftung

Für die Beschriftung gibt es im Architekturmodul keine besonderen Funktionen oder Voreinstellungen. Das Menü [BESCHRIFTEN] kann sowohl vom [HAUPTMENÜ] als auch vom Menü [ERZEUGEN] aus aufgerufen werden.

5.3.1 Beschriftungsparameter

In der Maske [BESCHRIFTUNGSPARAMETER] werden Voreinstellungen für alle Texte, die nicht Maßtexte sind, festgelegt.

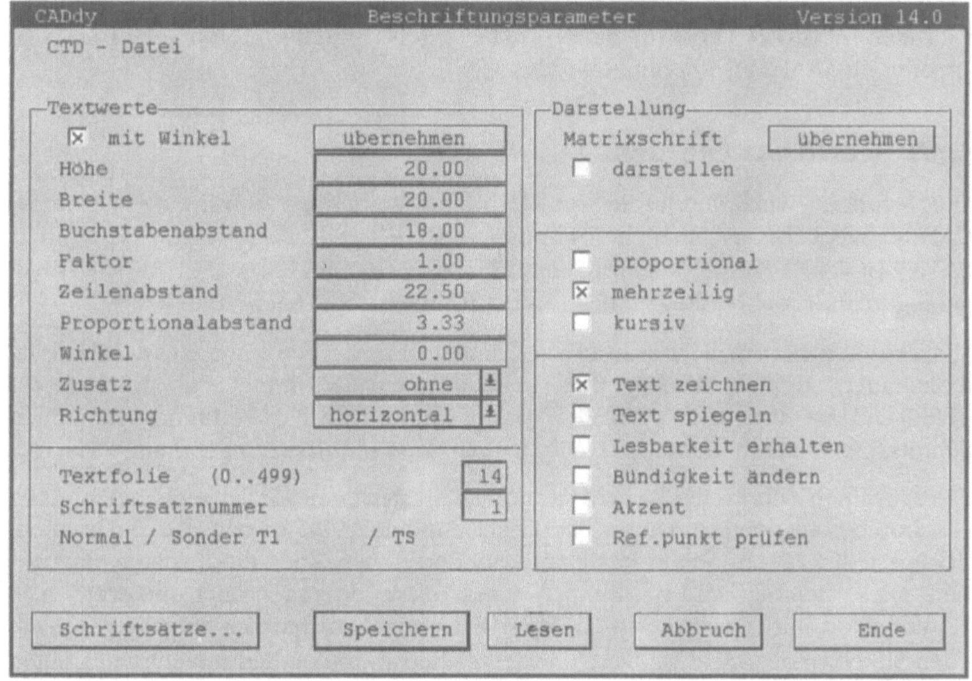

Bild 5-9 Maske [BESCHRIFTUNGSPARAMETER]

- Zahlenwerte (wie Buchstabenhöhe, -breite und -abstand) sind wie gewohnt in [cm] angegeben und werden später beim Plotten durch den Maßstab geteilt. Im Maßstab 1:50 wird aus einer Buchstabenhöhe von 20 cm eine Höhe von ca. 4 mm.

- [PROPORTIONAL] bedeutet ist eine Schrift dann, wenn nicht alle Zeichen gleich breit sind, sondern schmale Buchstaben oder Ziffern, wie ein „i" oder eine „1", eine geringere Breite aufweisen. Der Abstand zwischen den einzelnen

Zeichen (Proportionalabstand) ist konstant. Ist keine Proportionalschrift gewählt, so gilt der [BUCHSTABENABSTAND] von Achse zu Achse.

- Um die Schrift senkrecht (von rechts lesbar) anzuordnen, muß der [WINKEL] auf 90° eingestellt werden. [RICHTUNG] / [VERTIKAL] bedeutet, daß die Buchstaben untereinander geschrieben werden.

- Über die [SCHRIFTSATZNUMMER] wird ein vordefinierter Schriftsatz gewählt.

- [KURSIV]-Schrift kann nur gezeichnet werden, wenn ein Schriftsatz geladen ist, der die Schrift unter einem bestimmten Winkel zeichnen läßt.

- Mit dem Schalter [AKZENT] können unsichtbare Texte (z.B. das Zusatz-Info für Symbole) sichtbar gemacht werden.

- Unter [ZUSATZ] kann für einen Text ein [UNTERSTRICH], ein [ÜBERSTRICH] oder ein [RAHMEN] definiert werden.

5.3.2 Schriftsatz-Zuordnung

Die Schriftart wird durch die zur Verfügung stehenden Schriftsätze bestimmt. CADdy bietet 19 verschiedene Schriftsätze an. Über [PARAMETER] / [SCHRIFT-SATZ-ZUORDNUNG...] oder [BESCHRIFTUNGSPARAMETER] / [SCHRIFTSÄTZE...] gelangt man in die Maske [SCHRIFTSATZ-ZUORDNUNG] (siehe Bild 5-10).

Hier können bis zu acht Schriftsätze eingetragen werden. Um einen Schriftsatz einzutragen, tippen Sie ein Feld in der Spalte [NORMAL] an, drücken die <LEERTASTE> und dann <ENTER>. Dann werden die zur Verfügung stehenden Schriftsätze (Dateien vom Typ .DAT) in einer Auswahlmaske angeboten.

Die einzelnen Schriftsätze sollten grundsätzlich mit dem Sonderzeichen-Schriftsatz [TS] kombiniert werden. Dieser Schriftsatz ermöglicht es, griechische Buchstaben, hochgestellte Ziffern sowie bestimmte Sonderzeichen über die Tastatur einzugeben. Diese Zeichen sind bestimmten Standardzeichen zugeordnet und werden in Kombination mit dem Unterstrich (<⇑ ->) eingegeben. Mit der Eingabe _D erreichen Sie beispielsweise das Durchmesserzeichen f, mit _a den griechischen Buchstaben a, mit _5 die hochgestellte Ziffer [5]. Sollen mehrere Ziffern hochgestellt werden, so muß der Unterstrich für jede einzeln eingegeben werden: _2_5 für [25].

Sie können sich auch eine [SCHRIFTPROBE] anzeigen lassen, indem Sie den Namen des gewünschten Schriftsatzes eingeben.

Der Neigungswinkel [NEIGUNG] gilt nur dann, wenn der Text kursiv gezeichnet werden soll (bei einem Neigungswinkel W = 90.00 ist also keine Kursivschrift möglich).

Die voreingestellten Schriftsätze können mit den Nummern 1 bis 8 in der Maske [BESCHRIFTUNGSPARAMETER] (Voreinstellung) oder [TEXT-WERTE] (zur nachträglichen Änderung von Texten) ausgewählt werden.

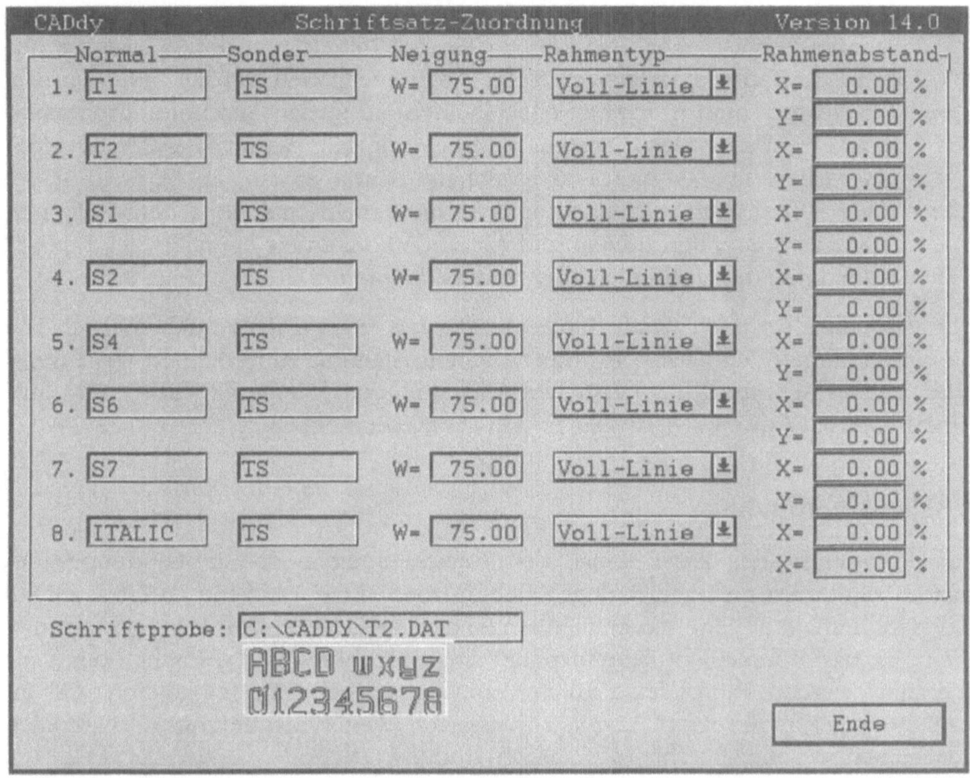

Bild 5-10 Beispiel für eine Schriftsatz-Zuordnung

5.3.3 Schriftsätze

Ein Schriftsatz wird nicht nur durch die Gestaltung der einzelnen Zeichen, sondern auch durch das Verhältnis zwischen Höhe, Breite und Zeichenabstand bestimmt. Dabei werden für die Höhe der Zeichen auch die sogenannten Über- und Unterlängen berücksichtigt; z.B. das untere Häkchen beim kleinen „g". Die tatsächlichen Abmessungen der Schriftzeichen in [mm] sind im CADdy-Handbuch abgedruckt. Tabelle 5-1 zeigt einen Auszug daraus:

Schrift-typ	gewünschte Schrift-größe (in mm)	10	7	5	**3,5**	2,5	1,8
T1	Höhe	14,28	9,97	7,14	**5,00**	3,57	2,57
	Breite	10,20	7,14	5,10	3,57	2,55	1,83
	Abstand	8,50	5,95	4,25	2,97	2,12	1,53

Tabelle 5-1 Zeichenhöhe, -breite, -abstand in den einzelnen Schriftsätzen.

 Soll die gewünschte Schrift später auf dem Papier z.B. einer 3,5 mm-Schablone entsprechen, so können Sie der Tabelle entnehmen, daß sie für den Schriftsatz T1 tatsächlich 5 mm hoch angegeben werden muß. Da das Architekturmodul in [cm] arbeitet, müssen Sie in den Beschriftungsparametern 0,5 cm einstellen. Dies gilt natürlich nur, falls Sie im Maßstab 1:1 plotten wollen! Im Maßstab 1:50 müßte die Schrift 25 cm, im Maßstab 1:100 sogar 50 cm hoch sein, damit im Plot die gewünschte Höhe herauskommt. Die dazu passenden Breiten und Abstände können Sie ebenfalls der Tabelle entnehmen (aber natürlich auch anders definieren).

Zum Abschluß sei noch darauf hingewiesen, daß es in CADdy auch möglich ist, die vorhandenen Schriftsätze in ihrer Zeichengestaltung zu verändern (editieren) oder eigene Schriftsätze zu erstellen. Dies mit dem Menü [SCHRIFTS.ED] aus [HAUPTMENÜ] / [ANWENDUNGEN] / [HILFSPROG.] möglich.

5.3.4 Texteingabe

Ein Beschriftungstext kann gemäß der Voreinstellung in den Beschriftungsparametern ein- oder mehrzeilig eingegeben werden. Eine Textzeile darf bis zu 80 Zeichen enthalten. Eine zusammenhängend eingegebene Textzeile gilt als ein Element, das über einen Referenzpunkt angesprochen (z.B. gelöscht oder verschoben) werden kann. Texte können auch aus einer Datei eingelesen und in CADdy eingebunden werden bzw. zur späteren Weiterverwendung in eine Datei gespeichert werden (Befehle [AUS DATEI] und [IN DATEI]).

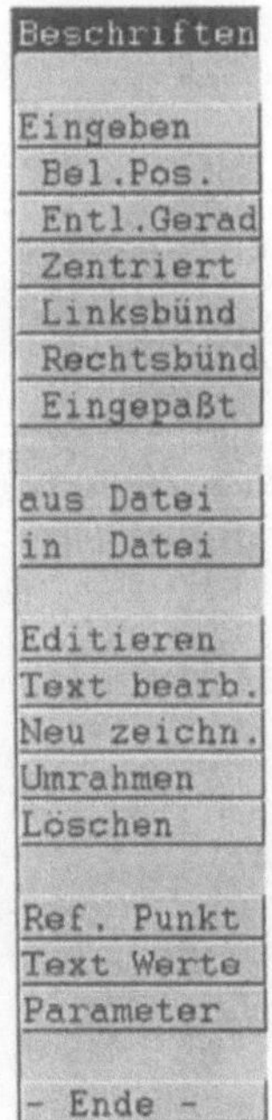

Bild 5-11
Menü [BESCHRIFTEN]

- Die schnellste Methode der Texteingabe erfolgt über [ERZEUGEN] / [BESCHRIFTEN] / [EINGEBEN] / [BEL. POS.] bzw. das entsprechende Icon. Der eingegebene Text wird über den Referenzpunkt (unten links vom Text) in der Zeichenfläche positioniert und sowohl in der Eingabezeile als auch in der Zeichenfläche angezeigt (mit den voreingestellten Textwerten). 

- Mit [EINGEBEN] / [EINGEPASST] wird ein Text zwischen zwei vorher definierte Punkte gesetzt. Dabei werden die Werte für Breite und Buchstabenabstand an die verfügbare Breite angepaßt; die Texthöhe bleibt unverändert.

5.3.5 Textänderung

Ein Text kann nachträglich sowohl inhaltlich als auch in seiner Position und Ausrichtung verändert werden.

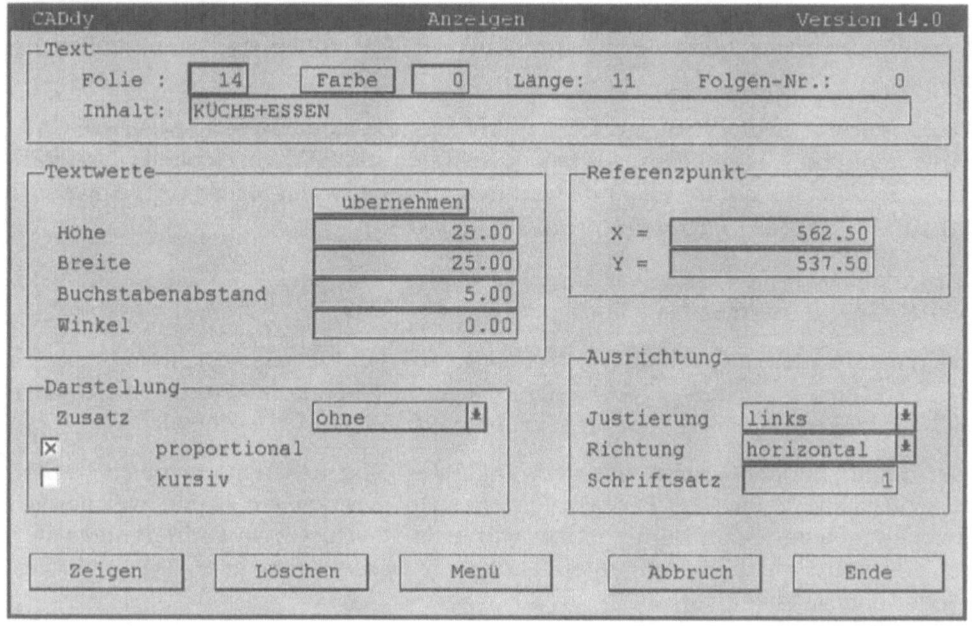

Bild 5-12 Maske [TEXT WERTE] / [ANZEIGEN]

- Mit dem Befehl [EDITIEREN] kann der Text inhaltlich verändert werden.

- [TEXT BEARB.] verzweigt in ein weiteres Menü, das eine Reihe von Funktionen bietet, um Texte in ihrer Lage und Ausrichtung zu verändern, z.B. [VERSCHIEBEN], [KOPIEREN], [SPIEGELN], [EINPASSEN].

 [TEXT BEARB.] / [VERSCHIEBEN] entspricht dem dynamischen Verschieben
mit dem Cursor (im Ändern-Menü, Funktionstaste <F8> oder Icon). Dabei
können die Hotkeys zum Ändern und Positionieren eingesetzt werden.

Mit [TEXT WERTE] (auch <⇑ F9>) wird eine Informationsmaske zu einem bestimmten Text eingeblendet. Alle angezeigten Werte, auch der Textinhalt, können
in dieser Maske verändert werden.

Mit [ÜBERNEHMEN] können die in der Maske eingestellten Werte in die
[PARAMETER] der Beschriftung übernommen und über [NEU ZEICHN.] nachträglich bestimmten Texten zugewiesen werden.

5.4 Zeichnungsausgabe: Plotten, Drucken

Das wichtigste Ergebnis der Arbeit mit einem CAD-Programm ist nach wie vor der
maßstäbliche Papierplan. Er soll aussagekräftig und gleichzeitig grafisch ansprechend sein. Letzteres wird durch den Einsatz von geeigneten Symbolen und
Schraffuren sowie durch die richtige Wahl der Textgrößen und Strichstärken erreicht.

Dazu müssen Kenntnisse der Geräte und des Zusammenspiels zwischen CAD-
Programm und Ausgabegerät vorhanden sein. Ein mit CAD gezeichneter Plan muß
nicht „steriler" wirken als ein von Hand gezeichneter, wenn Sie als CAD-Anwender
Ihre grafischen Fähigkeiten entsprechend umsetzen.

5.4.1 Geräteauswahl

Architekturpläne sind häufig großformatig, so daß für die Zeichnungsausgabe
Plotter in den Formaten DIN A1 oder DIN A0 in Frage kommen. Drucker eignen
sich für kleinere Projekte oder für (evtl. unmaßstäbliche) Übersichtspläne.

Der Begriff „Plotter" kommt aus dem Englischen und bedeutet eigentlich „techni-
scher Zeichner". Im CAD-Bereich versteht man darunter ein Gerät, welches die
Zeichnungen zu Papier bringt. Plotter gibt es in verschiedenen Größen und unterschiedlichen Bauarten. Man unterscheidet im wesentlichen zwei Typen: Rasterplotter und Vektorplotter.

Rasterplotter (z.B. Laserplotter, Tintenstrahlplotter) zeichnen ein Bild zeilenweise
Punkt für Punkt. Es gibt Geräte für monochrome Ausgabe (schwarz und Graustu-
fen) und Geräte für Farbausgabe. Die zu erzielende Bildqualität hängt von der
maximal einstellbaren Auflösung ab. Rasterplotter arbeiten schnell, leise und zu-
verlässig und können außer Vektordaten auch Pixeldaten (z.B. ein eingescanntes
Hintergrundbild) ausgeben. Bei der gemeinsamen Ausgabe beider Datentypen
spricht man auch von Hybridverarbeitung.

Vektorplotter können dagegen nur Vektordaten verarbeiten. Sie geben eine Zeichnung Element für Element, also Linie für Linie, aus (wobei alle anderen Elemente,

wie Symbole, Kreise, Texte letztlich auf das Element „Linie" zurückgeführt werden). Gezeichnet wird mit speziellen Plotterstiften, die in ein Stiftkarussell eingesetzt werden. Die Stifte gibt es in den üblichen Strichstärken und in unterschiedlichen Farben. Ein Stift wird aus dem Karussell entnommen und von Schrittmotoren in Querrichtung über das Papier bewegt. Gleichzeitig wird das Papier ebenfalls schrittweise in Längsrichtung verschoben (pro Millimeter auf dem Papier z.B. 40 Schritte oder Plotterinkremente). Auf diese Weise läßt sich im Rahmen der Schrittgenauigkeit jeder beliebige Punkt auf dem Blatt ansteuern. Um eine Linie zu zeichnen, wird der Stift an ihrem Anfangspunkt aufgesetzt und an ihrem Endpunkt wieder angehoben. Diese Methode ist zeitaufwendiger als beim Rasterplotter, da das Blatt häufig hin- und herbewegt werden muß. Während bei den Rasterplottern „Abtreppungen" von schrägen Linien vorkommen können, ist die Zeichnungsqualität bei den Stiftplottern gleichbleibend gut.

Bevor der Plotter eine Zeichnung erstellen kann, müssen die CAD-Daten für seine Ansprüche aufbereitet werden:

Ein Stiftplotter muß wissen, aus welchem Fach des Karussells er einen Stift entnehmen und mit welcher Geschwindigkeit (in m/s) er diesen über das Papier bewegen soll. Mit dem Stift sind die Breite und Farbe der Linie schon bestimmt. Für die verschiedenen Linienarten muß er bestimmte Regeln kennen (z.B. gepunktet: Abstand der einzelnen Punkte). Dann muß er nur noch wissen, welche Punkte er jeweils ansteuern und wann der Stift aufgesetzt bzw. angehoben werden soll. Letzteres ist natürlich eine Frage des Maßstabs, in dem die Zeichnung geplottet werden soll, denn der Plotter bezieht sich nur noch auf die gewählte Papiergröße.

Für einen Rasterplotter werden ebenfalls imaginäre Stifte definiert, denen bestimmte Strichstärken und Farben zugeordnet werden. Sämtliche Informationen werden in eine Punktmatrix umgerechnet, die zeilenweise zu Papier gebracht wird.

Damit die Bildinformationen eines bestimmten CAD-Programms in Plot-Informationen für einen bestimmten Plottertyp umgesetzt werden können, braucht man einen Plottertreiber, ein kleines Programm, das vom Hersteller des CAD-Programms mitgeliefert werden muß. Man kann also nur die Drucker oder Plotter verwenden, für die das CAD-Programm auch einen Treiber anbietet.

Mit Hilfe des Plottertreibers kann man entweder direkt plotten (wenn der Plotter, auf dem das Bild geladen ist, an den Rechner angeschlossen ist), oder eine Plot-Datei für den entsprechenden Plottertyp erstellen. Eine Plot-Datei ist völlig unabhängig vom zuvor verwendeten CAD-System und wird mittels eines Kopierbefehl des Betriebssystems an den Plotter gesendet.

Viele Druckereien und Kopierläden bieten heutzutage eine Plot-Ausgabe auf hochwertigen Geräten als Dienstleistung an. Dabei werden die Daten entweder auf Diskette oder über Datenfernübertragung (Modem, ISDN) transportiert.

5.4.2 CADdy-Plottertreiber

In CADdy wird nicht zwischen Plotter- und Druckertreibern unterschieden. Die Dateien, in denen sie gespeichert sind, sind vom Typ .PLN. Bei der CADdy-Installation bestimmen Sie bereits, welche Treiber Sie benötigen. Der am häufigsten gebrauchte wird beim CADdy-Start als Standardtreiber installiert. Sie können aber auch nachträglich einen neuen Treiber in Ihr CADdy-Stammverzeichnis kopieren und in der Definitionsdatei A.DEF als Standardtreiber eintragen.

Ein Plottertreiber enthält gewisse Voreinstellungen u.a. zu Stiften und Blattformaten. Sie können den benötigten Treiber an Ihre speziellen Bedürfnisse anpassen. Zumindest aber sollten Sie sich die gegenwärtigen Einstellungen ansehen. Dazu aktivieren Sie im [HAUPTMENÜ] unter [EIN/AUSGABE] den Befehl [PLOT PARAM.] und geben den Dateinamen des Treibers ein. Dann erscheint die Maske [PLOTTER PARAMETER].

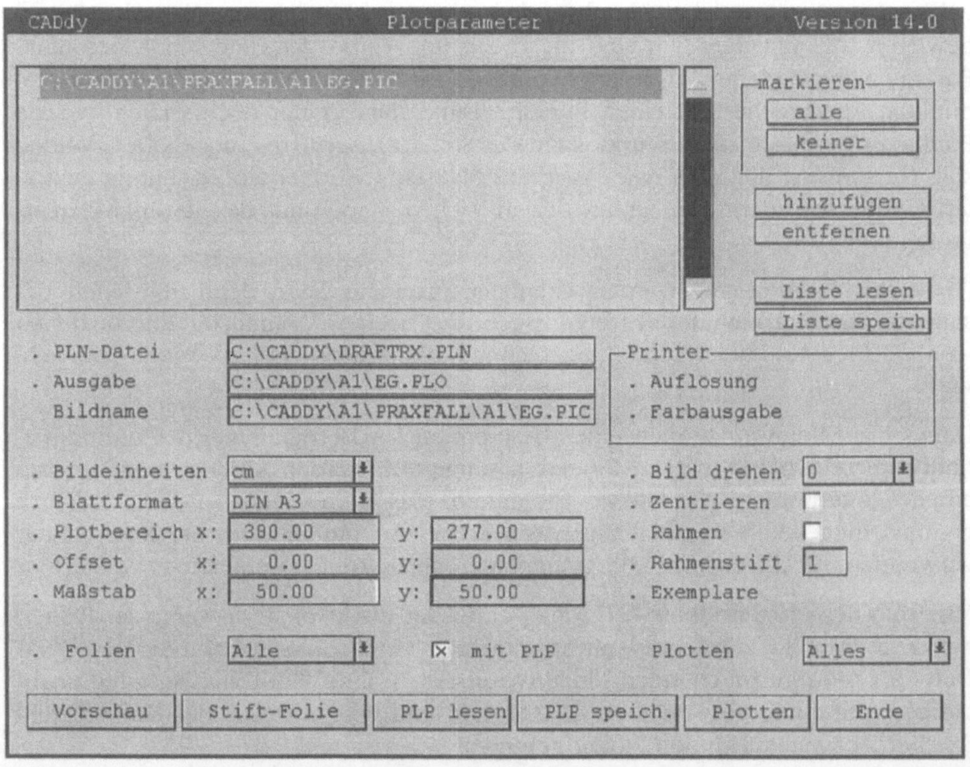

Bild 5-13 Maske [PLOTTER-PARAMETER]

- Im linken Teil der Maske sind den einzelnen Stiftnummern Strichstärken zugeordnet. Für Stiftplotter werden außerdem passende Stiftgeschwindigkeiten benötigt, für Farb-Rasterplotter bzw. -drucker Farbwerte (Farbanteile von 0 bis 255 für Rot, Grün und Blau).

☞ Sie können diese Voreinstellungen verwenden oder ändern. In jedem Falle sollten Sie sich die Angaben notieren, um die Stifte Ihrer Zeichnung richtig zuordnen zu können.

- Im rechten Teil der Maske sind die möglichen Blattformate aufgelistet. Zu jedem Format [FORMATE] kann der [MAX. PLOTBEREICH] (in mm) eingestellt werden; das ist die Fläche, die das vom Treiber angesprochene Ausgabegerät tatsächlich auf dem Papier erreichen kann. Der Abstand des linken unteren Eckpunktes des Plot-Bereichs zum Papierrand kann als [HARDWAREOFFSET] (in mm) eingegeben werden. Damit gewährleisten Sie eine optimale Übereinstimmung der vom Treiber umgerechneten Daten mit den Möglichkeiten Ihres Ausgabegerätes.

- Unter [ALLGEMEINE VOREINSTELLUNGEN...] können Sie unter anderem die [BILDEINHEITEN] bestimmen, auf deren Basis die Daten umgerechnet werden sollen (für die Architektur ist cm anzugeben), und die Schnittstelle, an der Ihr Ausgabegerät angeschlossen ist (z.B. LPT1, COM1, COM2).

- Unter [SPEZIELLE VOREINSTELLUNGEN...] können Sie u.a. festlegen, wie die einzelnen Linienarten gezeichnet werden sollen.

☞ Es kann vorkommen, daß in der CAD-Zeichnung als gestrichelt definierte Linien in einer Wandschraffur nicht gestrichelt gezeichnet werden, weil die einzelnen Linien zu lang definiert sind.

- Mit [ENDE] werden die Einstellungen in die Datei des Plottertreibers übernommen.

☞ Die Farben für die einzelnen Stifte können über den Schalter [FARBE] direkt aus einer angezeigten Farbpalette gewählt werden. Dies ist allerdings nicht bei allen Ausgabegeräten möglich. Bei einigen Treibern für Tintenstrahldrucker wird eine Anpassung der Farben nicht zugelassen, so daß diese nur mit den bereits eingetragenen Grundfarben angesteuert werden können (Rot/Grün/Blau-Anteile jeweils entweder 0 oder 255).

5.4.3 Vorbereitung zum Plotten

Die im Treiber vorbereiteten Stifte müssen vor dem Plotten den im Bild verwendeten Folien zugeordnet werden. Dazu tragen Sie die Stiftnummern in der rechten Spalte der Parametermaske [FOLIEN] ein. Lassen Sie sich dort nur die belegten Folien anzeigen!

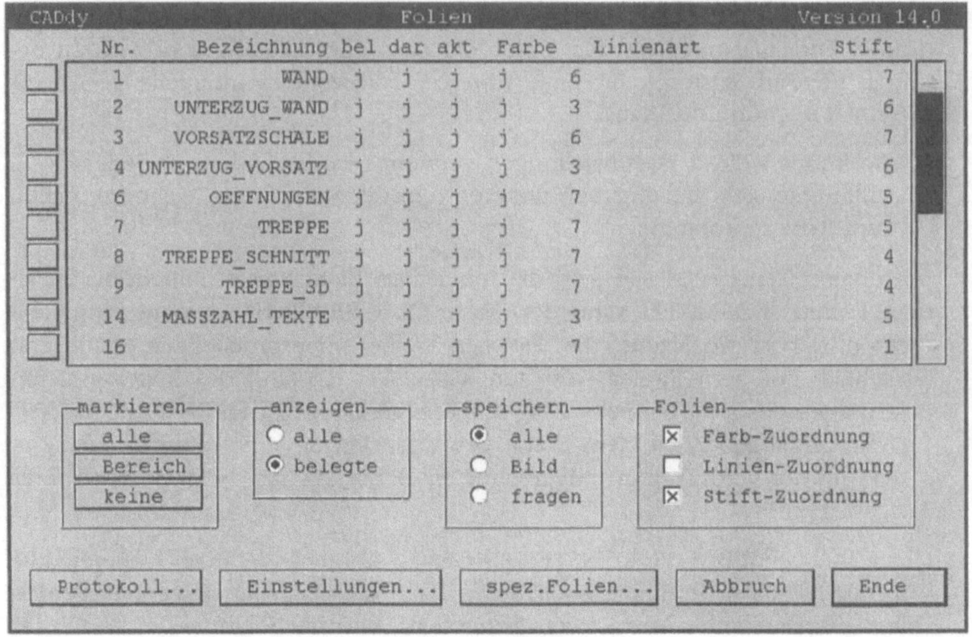

Bild 5-14 Folien-Stift-Zuordnung über die Parametermaske [FOLIEN]

Falls Sie nicht sicher sind, welche Bildinhalte sich auf welcher Folie befinden, blättern Sie die Folien durch, um sich einen Überblick zu verschaffen.
Im Menü [BLÄTTERN] können Sie über [STIFT] ebenfalls die Stiftnummer für
die jeweils angezeigte Folie festlegen. Da alles, was sich auf der gleichen
Folie befindet, mit dem gleichen Stift geplottet wird, müssen Sie eventuell
einige Bildinhalte mit [FOLIEN] / [SCHI.>FO.] auf eine andere Folie schieben, um die gewünschte Differenzierung der Strichstärken zu erreichen.

Um die für ein Bild definierte Folien-Stift-Zuordnung dauerhaft aufzubewahren,
müssen Sie eine Info-Datei speichern, deren Name genauso lautet wie der Bildname (z.B. EG.PIC und EG.INF).

 Sinnvoll ist es, die Folien-Stift-Zuordnung mit den gewünschten Strichstärken und Farben in einer Tabelle (siehe Tabelle) festzuhalten, vor allem,
wenn Sie einen Stiftplotter verwenden. So haben Sie alle nötigen Informationen zur Verfügung, falls Sie das Bild später noch einmal plotten oder als
Plot-Auftrag an ein Dienstleistungsunternehmen vergeben wollen.

Folie	Inhalt der Folie	Strich-stärke	Stiftfarbe	Stift-Nr.
1	Hintermauerung / Innenwände	0,5	schwarz	7
3	Vorsatzschale	0,5	schwarz	7
6	Fenster-/Türöffnungen	0,35	schwarz	6
13	Maßlinien	0,25	rot	5
	...			

Tabelle 5-2 Tabelle für die Folien-Stift-Zuordnung

5.4.4 Erstellen einer Plot-Datei

Um eine Plot-Datei zu erstellen, wählen Sie im [HAUPTMENÜ] unter [EIN/AUSGABE] den Befehl [PLOTTEN]. Dann erscheint die Maske [PLOT-PARAMETER] (siehe Bild 5-15).

- In dem Fenster ganz oben wird der Name des aktuell geladenen Bildes angezeigt. Hier kann man eine Liste der zu plottenden Dateien vorbereiten.

- In der Zeile [PLN-DATEI] werden Pfad und Dateiname des Plottertreibers (vom Typ .PLN) angegeben. Der bei der Installation als Standardtreiber gewählte wird hier angeboten. Dieser sollte natürlich zum vorhandenen Ausgabegerät passen. Haben Sie mehrere Treiber installiert, so können Sie sich den passenden auswählen, indem Sie die gegenwärtige Eintragung mit der <LEERTASTE> löschen und <ENTER> drücken. Auf diese Art können Sie auch eine Plot-Datei für ein Ausgabegerät vorbereiten, das zur Zeit nicht verfügbar ist.

- In der Zeile [AUSGABE] legen Sie fest, wohin die Daten geschrieben werden sollen. Ist das Ausgabegerät direkt angeschlossen, so sollte hier die entsprechende Geräteschnittstelle angeboten werden (die in der Maske [PLOTTER-PARAMETER] unter [ALLGEMEINE VOREINSTELLUNGEN...] eingestellt wird). Dies kann eine serielle (COM1, COM2) oder eine parallele (LPT1, LPT2) Schnittstelle sein.
  Der Plot kann aber auch zunächst in eine Datei gespeichert werden, die erst später auf die entsprechende Schnittstelle kopiert wird. Eine Plot-Datei ist in CADdy üblicherweise vom Typ .PLO. Wenn ein anderer Dateityp gewünscht wird, muß dies ebenfalls in der Maske [PLOTTER-PARAMETER] unter [ALLGEMEINE VOREINSTELLUNGEN...] definiert werden.

- Unter [BLATTFORMAT] können Sie aus einer Liste von DIN-Formaten wählen, die das zum gewählten Treiber passende Ausgabegerät zuläßt.

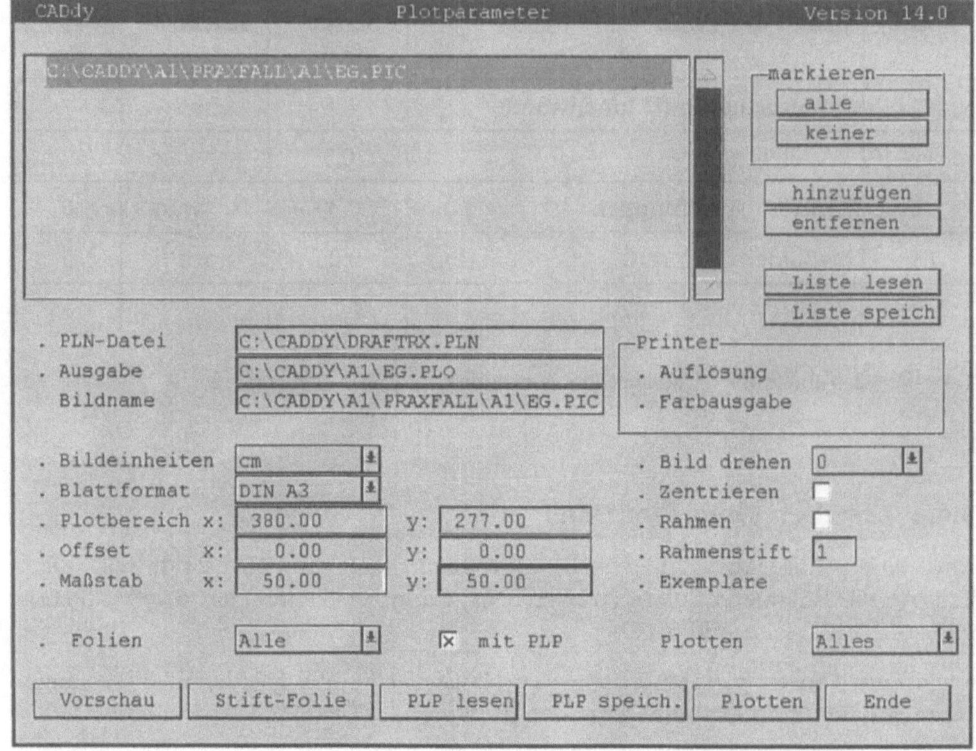

Bild 5-15 Maske [PLOTPARAMETER]

* Unter [PLOTBEREICH] können Sie die zum gewählten DIN-Format passende maximal erreichbare Plot-Fläche eintragen, wenn dies nicht bereits in der Maske [PLOTTER-PARAMETER] vordefiniert wurde. Diese Eintragung ist wichtig, wenn Sie für den Maßstab den Wert 0 eingeben. Dann wird die Bildgröße beim Plotten optimal an den zur Verfügung stehenden Plot-Bereich angepaßt.

* In der Regel wird man jedoch einen festen [MAßSTAB] angeben. Dieser wiederum korrespondiert mit den angegebenen [BILDEINHEITEN]. In der Architektur sind das [cm]. Falls [mm] eingestellt ist, muß die gewünschte Maßstabsangabe um eine Stelle reduziert werden (statt 1:50 also 1:5).

* Mit dem Schalter [VORSCHAU] können Sie überprüfen, ob das Bild im vorgegebenen Maßstab auf das gewählte Blattformat paßt und ob es an der richtigen Stelle „sitzt".

  Es erscheint das Blatt als weißer Hintergrund mit einem roten Rahmen, der den Plot-Bereich anzeigt. Das Bild wird zunächst nur durch einen schwarzen Rahmen in der Größe der Bildmaße repräsentiert. Mit [ZEIGEN] / [KOMPLETT] wird das gesamte Bild dargestellt. Der [MAßSTAB] des Bildes, seine [POSITION] auf dem Blatt (wenn die Bildmaße kleiner sind als der zur Verfügung stehende Plot-Bereich) und der [WINKEL], unter dem es dargestellt werden soll, können hier noch geändert werden.

- Mit der Einstellung [FOLIEN] / [ALLE] und [PLOTTEN] / [ALLES] wird das ganze Bild geplottet. Sie können zum Plotten aber auch eine Auswahl von Folien und/oder einen Bildausschnitt bestimmen.
  Mit [FOLIEN] / [AUSWAHL] wird das Folien-Definitionsmenü angeboten; [FOLIEN] / [BILD] bedeutet, daß nur das sichtbare Bild geplottet wird. Mit [PLOTTEN] / [AUSSCHNITT] erscheint eine Maske, in der ein Ausschnitt entweder über feste Koordinatenangabe, mit dem Cursor oder mit dem Punkt-Definitionsmenü definiert werden kann.

- Über [STIFT-FOLIE] können Sie die Parametermaske [FOLIEN] aufrufen, um die Folien-Stift-Zuordnung vorzunehmen.

☞ Wenn Sie die Folien-Stift-Zuordnung an dieser Stelle vornehmen, vergessen Sie nicht, diese nach dem Plot-Vorgang in eine Info-Datei zu speichern!

- Sind alle Plot-Parameter richtig eingestellt, so wird der Befehl [PLOTTEN] ausgelöst. Die Plot-Vorschau wird angezeigt, und rechts unten im Statusblock erscheint eine Prozentanzeige. Bei P=100 ist die Plot-Datei fertig, und das Ausgabegerät beginnt mit dem Plot. Falls der Plot in eine Datei gespeichert wurde, so kann diese über den Kopierbefehl des Betriebssystems (evtl. über die CADdy-DOS-Befehle) an das Ausgabegerät gesendet werden. Als Ziel wird der Name der Schnittstelle angegeben, an die das Gerät angeschlossen ist (LPT1, COM1, ...).

- Wenn der Schalter [MIT PLP] angekreuzt ist, wird vor dem eigentlichen Plot-Vorgang eine Datei mit den Plotter-Parametern, d.h. mit den in dieser Maske eingetragenen Werten, in das Bildverzeichnis gespeichert. Beim nächsten Aufruf der Maske werden die Einstellungen dann wieder angeboten.

5.4.5 Zusammenstellen mehrerer Plots auf einem Blatt

Mit dem Befehl [EIN/AUSGABE] / [PLOTLAYOUT] im Hauptmenü können Sie mehrere Plots auf einem Blatt zusammenfassen, die in unterschiedlichen Dateien gespeichert sind. Sie können eine Liste von bereits gespeicherten Bildern zusammenstellen, die gemeinsam auf einem Blatt geplottet werden sollen.

In der [VORSCHAU] des Plot-Layouts können zu jeder der Dateien in der Liste diverse Plot-Einstellungen vorgenommen werden wie Maßstab, Position, Winkel, Rahmen, Stift, Bildeinheit, Folien, Ausschnitt. Diese neue Funktion ist damit flexibler in der Handhabung und kann auch für einzelne Plots die vorher beschriebene Funktion [PLOTTEN] ersetzen.

5.4.6 Drucken aus WinCADdy

Wenn Sie mit WinCADdy arbeiten, stehen Ihnen zwei Möglichkeiten zur Ausgabe
Ihrer Pläne zur Verfügung:

* Sie können die mitgelieferten DOS-Treiber über den zuvor beschriebenen
  Befehl [PLOTTEN] verwenden,

* Sie können aber auch mit den Windows-Druckerteibern arbeiten, die Sie, unabhängig von CADdy, auf Ihrem System installiert haben. Dazu aktivieren Sie
  in der Menüzeile des WinCADdy-Fensters das Menü [DRUCKEN] und dort den
  Befehl [DRUCKEN]. Dann wird ein Windows-Fenster zum Einstellen der
  Druckparameter eingeblendet (siehe Bild 5-16).

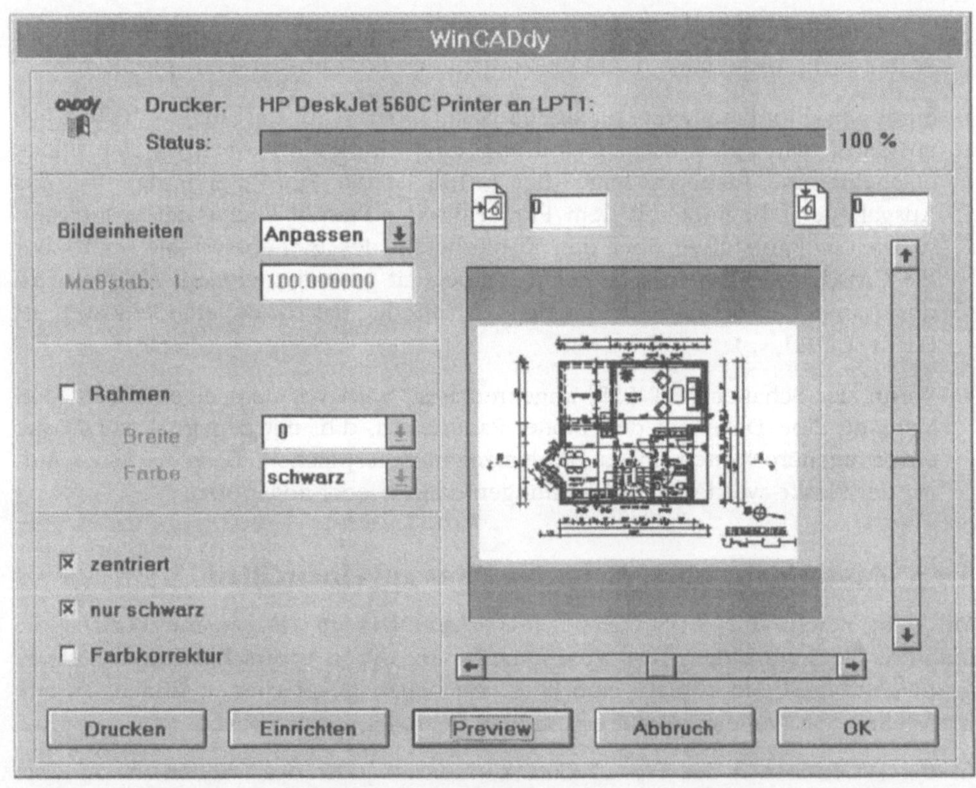

Bild 5-16 Drucken aus WinCADdy

 – Über [EINRICHTEN] nehmen Sie, wie unter Windows üblich, die Druk-
   kereinstellungen (Druckertyp, Papiergröße und -format und weitere Optio-
   nen) vor.

- Unter [BILDEINHEITEN] können Sie die Bildmaße an die Papiergröße [ANPASSEN] lassen oder die Maßeinheit [cm] wählen, um den gewünschten [MAßSTAB] einzugeben.

- Mit [PREVIEW] lassen Sie sich das Bild in der Vorschau anzeigen. Über die Rollbalken unter und neben dem Anzeige-Fenster können Sie es beliebig verschieben. Wenn dabei ein Teil des Bildes außerhalb des Blattes liegt, wird ein „Warndreieck" eingeblendet. Der Druck wird aber trotzdem ausgeführt!

- Mit [DRUCKEN] wird Druckvorgang ausgelöst.

Das Drucken aus WinCADdy hat folgende Vor- und Nachteile:

- Die Windows-Druckertreiber können die Folien-Stift-Zuordnung nicht berücksichtigen. Eine Differenzierung der Strichstärken kann daher nur mit Hilfe von unterschiedlichen Linienbreiten im Bild vorgenommen werden. Sie müssen den Bildelementen also nachträglich Linienbreiten zuweisen (Pulldown-Menü [ÄNDERN] / [LI.BREITE]). Ein Vorteil dabei ist wiederum, daß Sie dabei nicht unbedingt folienweise vorgehen müssen, sondern auch einzelne Elemente oder Folgen ändern können!

- Im Gegensatz zur Plot-Ausgabe mit den CADdy-DOS-Treibern werden alle im Bild verwendeten Farbabstufungen gedruckt (vorausgesetzt, daß der Schalter [NUR SCHWARZ] ausgeschaltet ist).

- Sie können auch direkt aus dem 3D-Programm heraus drucken. Das Bild wird grundsätzlich so gedruckt, wie es gerade am Bildschirm angezeigt wird, mit oder ohne verdeckte Kanten, auch wenn es nur halb aufgebaut ist oder gerade folienweise durchgeblättert wird. Auch farbig schattierte Bilder können direkt gedruckt werden!

5.5 Datenaustausch

Daten, die mit einem Programm erzeugt wurden, werden meist in einem bestimmten Datenformat gespeichert, das nur dieses Programm wieder einlesen kann. Dies ist zunächst notwendig, da jeder Softwareentwickler bemüht ist, sein Programm mit besonderen Fähigkeiten auszustatten, die andere Programme in dieser Form nicht enthalten. Diese kleinen Unterschiede bewirken gerade die Vielfalt auf dem Softwaremarkt und die Bemühungen der einzelnen Firmen, die Softwareentwicklung ständig weiterzutreiben, um die eigenen Kunden zufriedenzustellen.

Dennoch gibt es für die Anwender unterschiedlicher Programme Möglichkeiten, ihre Daten über neutrale, genormte Datenformate untereinander auszutauschen. Dabei wird ein Datenformat durch Konvertierung in ein anderes überführt. Dies kann mit Hilfe eines direkten Speicherbefehls geschehen oder durch ein spezielles Konvertierungsprogramm.

Da die genormten Datenformate nicht jede Besonderheit der verschiedenen Softwareprodukte berücksichtigen können, gehen bei der Konvertierung unter Umständen Informationen verloren. Einige Konvertierungen können nur einseitig vonstatten gehen; so läßt sich beispielsweise ein Vektor-Format problemlos in ein Pixel-Format überführen, während der umgekehrte Vorgang selten befriedigend verläuft.

Im CAD-Bereich gibt es diverse Problemstellungen, die einen Datenaustausch erforderlich machen:

- Die Planausgabe soll an Dienstleistungsunternehmen mit unterschiedlichen Ausgabegeräten vergeben werden. Dazu wird eine geräteneutrale Plot-Datei benötigt.

- Der Datenaustausch mit anderen an einem Projekt beteiligten Architekten oder Fachingenieuren, die mit anderen Programmen arbeiten, ist gefordert. Dazu wird ein plattformunabhängiges Zeichnungsformat benötigt.

- Für Präsentationen soll eine grafische Aufbereitung mit speziell für diesen Zweck geeigneter Software erfolgen, und für Dokumentationen sollen die Zeichnungsdaten in Textverarbeitungssoftware eingebunden werden. Die CAD-Zeichnungen müssen, je nach Erfordernis, in ein genormtes Vektor- oder Pixelformat überführt werden.

Die verschiedenen Möglichkeiten zur Konvertierung von CADdy-Daten sind in diesem Kapitel zusammengefaßt.

5.5.1 Das HPGL-Format

Ein weit verbreitetes Datenformat zur Erstellung von Plot-Dateien ist das HPGL-Format (**H**ewlett **P**ackard **G**raphics **L**anguage). Es wurde von der Firma Hewlett Packard entwickelt, um einen einheitlichen Standard für die von ihr vertriebenen Plot-Ausgabegeräte zu erreichen. Genügt ein Plottertreiber den Anforderungen des HPGL-Standards, so entsteht eine Plot-Datei, die von allen als HPGL-fähig ausgewiesenen Ausgabegeräten umgesetzt werden kann. Das Format wurde später erweitert zum HPGL/2-Standard.

Firmen, die Plot-Dienste anbieten, verlangen meist eine Datei im HPGL- oder HPGL/2-Format. Sie haben dann die Möglichkeit, die Zeichnungen über spezielle Plot-Layout-Programme zu lesen und vor Ort bestimmte, für ihre Ausgabegeräte benötigte Spezifikationen vorzunehmen.

Viele der neueren CADdy-Treiber verwenden das HPGL/2-Format. Es gibt auch zwei geräteunabhängige Plottertreiber mit den Namen HPGL2A.PLN und HPGL2R.PLN. Sie unterscheiden sich dadurch, daß die Koordinaten der Bildelemente einmal absolut und einmal relativ gespeichert sind.

Auch gängige Anwendungsprogramme wie das Textverarbeitungsprogramm Word für Windows oder das Tabellenkalkulationsprogramm Excel können HPGL-Dateien einlesen, wenn der HPGL-Grafik-Importfilter unter Windows installiert wurde. Dazu muß die Datei allerdings im HPGL-Format (nicht im HPGL/2-Format) vorliegen. Ein HPGL-Format können Sie mit CADdy z.B. erzeugen, wenn Sie den Treiber DRAFTRX.PLN (für den Stiftplotter HP-Draftmaster) verwenden.

Eine mit diesem Treiber erstellte Plot-Datei können Sie z.B. in WinWORD über [EINFÜGEN] / [GRAFIK] in einen Text einbinden. Hat die Datei die Typbezeichnung .HGL, so wird der HPGL-Grafikfilter direkt geladen, um die Datei ins entsprechende Windows-Format zu konvertieren; anderenfalls müssen Sie den Grafikfilter aus einer Auswahlliste bestimmen.

☞ Sie können den Dateityp .HGL auch in den Plotter-Parametern voreinstellen oder die Datei nachträglich umbenennen.

Da eine HPGL-Datei Vektor-Daten enthält (also Koordinatenangaben zu den einzelnen Bildelementen), kann sie sogar mit dem WORD-eigenen, vektororientierten Grafikprogramm bearbeitet werden. Bildelemente können skaliert, verschoben, kopiert oder in Strichstärke und Farbe verändert werden.

☞ **Hinweis für WORD-Anwender:** Eine HPGL-Datei enthält grundsätzlich Farbinformationen, auch wenn in den Plotter-Parametern keine Farben eingestellt sind. Die einzelnen Farben sind den Stiftnummern standardmäßig zugeordnet (z.B. Stift 1 = schwarz, Stift 2 = rot, Stift 3 = grün usw.). Die Plot-Datei enthält für Stift 3 z.B. die Angabe SP3;PC3, wobei SP für die Stiftnummer und PC für die Farbe steht. Wenn farbige Daten nicht erwünscht sind (beispielsweise weil einige Farben in einem Graustufen-Ausdruck schlecht erkennbar sind), können Sie dies am schnellsten ändern, wenn Sie die Datei als Textdatei in WinWORD einlesen, mit der Befehlsfolge [BEARBEITEN] / [ERSETZEN] alle SP? in SP1 ändern (*„Mit Mustervergleich"* ankreuzen) und die Datei anschließend neu speichern. Dann erhalten alle Elemente die Farbe schwarz; die vorgesehenen Strichstärken bleiben aber erhalten!

Über den Befehl [HAUPTMENÜ] / [ANWENDUNGEN] / [KONVERTER] / [HPGL-CADDY] können Sie neuerdings auch HPGL-Dateien in ein CADdy-Bild vom Typ .PIC umwandeln. Dabei werden die in der Datei gespeicherten Informationen über Stifte, Farben, Linienarten und Linienstärken gelesen und in allen vorhandenen Kombinationen in einer Listbox angezeigt. Um ein CADdy-Bild zu erzeugen, müssen den einzelnen Zeilen in der Listbox Folien zugewiesen werden.

5.5.2 Das ASCII-Format

CADdy-2D-Dateien vom Typ .PIC und 3D-Dateien vom Typ .3DF sind grundsätzlich binär gespeichert, also in einer nur für den Rechner verständlichen, komprimierten Form. Um den Inhalt der Dateien sichtbar zu machen, können diese aber in das ASCII-Format (**A**merican **S**tandard **C**ode for **I**nformation **I**nterchange, eine für den Anwender lesbare Textdatei) umgewandelt werden.

Im 2D-Programm (CADdy-Grundpaket) geschieht dies mit Hilfe des Befehls [HAUPTMENÜ] / [ANWENDUNGEN] / [KONVERTER] / [BIN - ASC]. Dann wird erst der Name und Pfad des CADdy-Bildes (.PIC) angegeben und anschließend der Name und Pfad der zu erzeugenden ASCII-Datei (.ASC). Diese enthält die CADdy-Datensätze in lesbarer Form und kann mit einem Editor betrachtet und gegebenenfalls verändert werden. Um eine ASCII-Datei, die CADdy-Datensätze enthält, wieder in ein CADdy-Bild zu verwandeln, wird der Befehl [ASC - BIN] verwendet.

☞   Die ASCII-Datei enthält nur die Geometriedaten; die logischen Informationen zu Architekturobjekten werden bei der Konvertierung nicht berücksichtigt!

Im 3D-FLÄCHENMODUL können Sie 3D-Bilder über [3D-FLÄCHEN] / [EIN/AUSGABE] / [SPEICHERN] / [3D-ASCII] direkt als ASCII-Dateien speichern und über [EINLESEN] / [3D-ASCII] einlesen. Das 3D-ASCII-Format dient intern als Übergabeformat zwischen CADdy-Modulen, die mit 3D-Daten arbeiten (wie z.B. das Modul DACHAUSMITTLUNG). Auch das Modul 3D-RENDER zur fotorealistischen Nachbearbeitung kann 3D-ASCII-Dateien einlesen.

5.5.3 Das DXF-Format

Für den Datenaustausch zwischen verschiedenen CAD-Programmen gibt es mehrere genormte Datenformate. Ein von den meisten CAD-Programmen unterstütztes Format ist das von der Firma Autodesk entwickelte DXF-Format (**D**rawing **Ex**change **F**ile).

Das DXF-Format speichert außer der reinen Geometrie auch besondere CAD-Spezifikationen, z.B. Angaben zu Folien (Layern), Farben, Linienarten und Linienbreiten, Symbolen (Blöcken). Bei der Konvertierung können allerdings nur die Datenstrukturen berücksichtigt werden, die allen Programmen gemeinsam sind; spezielle Strukturen, wie die logischen Wandinformationen in CADdy, gehen bei der Übertragung verloren. Da eine DXF-Datei viele „Platzhalter" für möglicherweise auftretende Informationen enthält, ist sie sehr umfangreich.

Einige Programme können das DXF-Format direkt lesen und speichern (z.B. Auto-CAD); CADdy verfügt über ein Konvertierungsprogramm, das die Umwandlung der Daten übernimmt. Einen DXF-Konverter gibt es sowohl im GRUNDPAKET ([HAUPTMENÜ] / [ANWENDUNGEN] / [KONVERTER] / [CADDY-DXF] oder [DXF-CADDY]) als auch im 3D-Flächenmodul ([3D-FLÄCHEN] / [ANWENDUNGEN] / [KONVERTER] / [3DF -> DXF] oder [DXF -> 3DF]). Ein CADdy-3D-Bild kann allerdings nur konvertiert werden, wenn es im ASCII-Format vorliegt, muß also vorher als 3D-ASCII gespeichert werden.

Der CADdy-DXF-Konverter bietet eine ganze Reihe von Konfigurationsmöglichkeiten, die in der Online-Hilfe <⇧ **F1**> beschrieben werden. Im Normalfall genügt es aber, das Programm aufzurufen, die Dateinamen und -pfade richtig einzustellen und mit [START] den Konvertierungsvorgang auszulösen.

Das Konvertierungsprogramm arbeitet unabhängig vom geladenen CADdy-Modul. Ein CADdy-Bild muß als Datei gespeichert sein, damit es ins DXF-Format konvertiert werden kann; eine aus dem DXF-Format konvertierte CADdy-Datei muß erst eingelesen werden, damit sie am Bildschirm sichtbar wird.

 Viele Baustoff-Firmen versenden auf Anfrage CD-ROMs oder Disketten mit Ausschreibungstexten, aber auch Detailzeichnungen zu ihren Produkten im DXF-Format. Um diese Zeichnungen zu begutachten, können Sie den DXF-Konverter einsetzen. Berücksichtigen Sie aber, daß die CAD-Programme unterschiedliche Basiseinheiten (m, cm, mm) verwenden. Eine in ein CADdy-Bild konvertierte DXF-Datei muß möglicherweise erst skaliert werden, damit sie in CADdy richtig dargestellt wird. Falls kein Bild erscheint, überprüfen Sie mit [INFORMATIONEN] / [ZEIGE ALLES], ob sich das Bild außerhalb der eingestellten Bildmaße befindet. Wenn statt vorhandener Symbole nur Platzhalter (Sterne) angezeigt werden, so sind diese nicht in dem Verzeichnis gespeichert, in dem CADdy standardmäßig nach Symbolen sucht. Achten Sie beim Konvertieren auf die richtige Pfadangabe, oder ändern Sie über [PARAMETER] / [VERZEICHNISSE...] den Suchpfad für die A-Symbole.

Eine DXF-Datei läßt sich ebenso wie eine HPGL-Datei in WinWORD einfügen, wenn der DXF-Grafik-Importfilter unter Windows installiert ist!

5.5.4 Pixel-Formate

Die bisher angesprochenen Datenformate HPGL, ASCII und DXF (natürlich auch PIC und 3DF) sind vektororientierte Formate. Das heißt, sie speichern die Eckpunktkoordinaten der darzustellenden grafischen Elemente. Die einzelnen Elemente sind weiterhin als solche identifizierbar und können nachträglich verändert, beispielsweise skaliert werden. Eine solche Grafik wird, unabhängig von ihrer Größe, also dem Skalierfaktor, in gleichbleibender Qualität ausgegeben.

Daneben gibt es eine weitere Gruppe von Grafik-Datenformaten: die pixelorientierten Formate. Eine Pixelgrafik besteht aus einer Anzahl von Punkten (Pixeln), zu denen jeweils eine Farbinformation gespeichert ist. Die Anzahl der Punkte in X- und Y-Richtung hängt von der vorgegebenen Auflösung ab. Ein Pixelbild enthält keine Informationen zu Bildelementen. Eine Vektorgrafik läßt sich ohne weiteres in eine Pixelgrafik überführen; der umgekehrte Weg ist nur mit Einschränkungen möglich. Wird eine Pixelgrafik vergrößert, so werden die einzelnen Pixel lediglich größer dargestellt; das Bild wirkt gröber, Linien erscheinen unter Umständen „abgetreppt".

Pixelgrafiken entstehen z.B. beim Einscannen beliebiger Vorlagen (Texte, Grafiken, Fotos). Zur Bearbeitung der Pixelbilder dienen Bildbearbeitungsprogramme, die einzelne Pixel oder Gruppen gleichfarbiger oder annähernd gleichfarbiger Pixel über sog. „Filter" bearbeiten können. Zur Speicherung von Pixeldaten gibt es diverse Datenformate. Wie im CAD-Bereich haben auch im Bildbearbeitungsbereich verschiedene Softwareentwickler unterschiedliche Datenformate entwickelt, die sich beispielsweise im Speicherbedarf einer Grafik unterscheiden. Viele Programme sind in der Lage, mehrere Pixelformate zu lesen und zu speichern.

Ein weit verbreitetes Pixelformat ist das PCX-Format. Es wurde von der Firma ZSoft für ihr Malprogramm PaintBrush entwickelt, das in einer eingeschränkten Version zum Lieferumfang von MS-Windows gehört. Dieses Datenformat benötigt zwar relativ viel Speicherplatz, kann aber dafür von den meisten grafikverarbeitenden Programmen eingelesen werden.

CADdy bietet die Möglichkeit, beliebige Inhalte der Zeichenfläche (auch farbig schattierte Darstellungen) sowohl im 2D- als auch im 3D-Programm als Pixelbild zu speichern. Dies geschieht im 2D-Programm über [ANWENDUNGEN] / [HILFSPROGRAMME] / [PIXEL-BILD] und im 3D-Programm über [EIN/AUSGABE] / [PIXEL-BILD]. Im Menü [PIXEL-BILD] können Sie über [PARAMETER] einstellen, ob Sie den Inhalt der gesamten Zeichenfläche (Größe je nach Bildschirmauflösung) oder einen selbst definierten Ausschnitt speichern wollen. Mit [SCHREIBEN] / [PCX-DATEI] lösen Sie den Speichervorgang aus (das ebenfalls angebotene GIF-Format ist nicht so vielseitig verwendbar wie PCX).

Das gespeicherte (oder ein eingescanntes) PCX-Bild können Sie mit [LESEN] / [PCX-DATEI] im 2D- oder 3D-Programm einlesen. Es befindet sich „im Hintergrund". Sie können zusätzlich eine Vektorgrafik zeichnen (oder einlesen) und das so entstandene Bild wiederum als Pixelbild speichern. Eine aus CADdy gespeicherte PCX-Datei können Sie in viele Grafikprogramme (z.B. PaintBrush) einlesen und dort weiterbearbeiten oder auch in WinWord einfügen.

   Ein Pixelbild läßt sich mit den CADdy-Änderungsfunktionen nicht bearbeiten. Das Speichern als Pixelbild ersetzt also nicht das Speichern Ihres Bildes als Vektor-Datei (.PIC oder .3DF).

Wenn Sie einen eingescannten Plan in CADdy einlesen wollen, um daraus eine CAD-Zeichnung zu erstellen, so eignet sich besser der Befehl [EIN/AUSGABE] / [PIXEL-DIGIT]. Mit Hilfe dieser Funktion können Sie ein Pixelbild flexibel an die gewünschten Bildmaße anpassen, bearbeiten und auf einer eigenen Folie ablegen. Außer dem PCX-Format können weitere Dateiformate verarbeitet werden (z.B. TIFF = **T**agged **I**mage **F**ile **F**ormat oder EPS = **E**ncapsulated **P**ost**S**kript).

Liegen die Pixel-Informationen als deutlich abgegrenzte Linien vor, so können Sie das Bild nachzeichnen, indem Sie End- oder Schnittpunkte von „Pixellinien" einfangen: Wenn Sie im Punkt-Definitionsmenü die Funktion [ENDPUNKT] oder [SCHNITTPUNKT] wählen, können Sie in der oberen Menüleiste von [VEKTOR] auf [PIXEL] umschalten. Analog dazu können Sie auch die Cursor-Zusatzfunktionen (Hotkeys) <STRG E> und <STRG S> verwenden.

Mit dem Befehl [PIXEL-DIGIT] / [VEKTORIS.] können Sie auch eine automatische Vektorisierung von Teilen des Bildes auslösen. Dabei werden aber Pixellinien, die nicht ganz in einer Flucht verlaufen, in mehrere Teillinien umgewandelt.

Das Umwandeln eines Pixelbildes in eine maßgenaue Vektorgrafik verursacht in jedem Falle einige Mühe.

5.5.5 Die WinCADdy-Zwischenablage

Wenn Sie mit WinCADdy arbeiten, können Sie den Inhalt der CADdy-Zeichen-
fläche ganz einfach über die Zwischenablage an andere Windows-Programme
übergeben. Dazu aktivieren Sie in der Menüleiste des WinCADdy-Fensters das
Menü [DRUCKEN], und dort den Befehl [ZWISCHENABLAGE]. Wie beim bereits
beschriebenen Befehl [DRUCKEN] wird dabei das sichtbare Bild übergeben. Dabei
bleibt das Bild eine Vektorgrafik; schattierte Darstellungen werden aus parallel
angeordneten horizontalen Linien zusammengesetzt.

Darüber hinaus können Sie (wie überall unter Windows) mit der Taste <DRUCK>
den gesamten Bildschirminhalt als Pixelgrafik in die Zwischenablage kopieren.

5.6 Praxisfall: Gestaltung und Ausgabe der Pläne

Das Beispielprojekt „Ferienhaus" ist nach den praktischen Anleitungen im Verlaufe
dieses Buches nicht nur komplett dreidimensional konstruiert worden, sondern es
ist auch bereits eine Reihe von zweidimensionalen Zeichnungen entstanden und
gespeichert:

- der Erdgeschoßgrundriß in der Datei EG.PIC,
- der Dachgeschoßgrundriß in der Datei DG.PIC,
- die Draufsicht auf die Sparrenlage in der Datei SPARREN.PIC,
- die vier Schrägansichten in der Datei 4ANSI.PIC,
- der Querschnitt als Schrägansicht in der Datei QUER.PIC,
- der Längsschnitt als Schrägansicht in der Datei LÄNGS.PIC,
- die Explosionszeichnung in der Datei EXPLO.PIC.

Diese Zeichnungen müssen nun noch zu aussagekräftigen Plänen ausgestaltet und
schließlich zu Papier gebracht werden. Einige Vorschläge dazu finden Sie unter
den im Anhang abgedruckten Plänen, die allerdings nicht maßstäblich dargestellt
sind, sondern an die zur Verfügung stehende Blattgröße angepaßt wurden.

Da es sich um ein sehr kleines Projekt handelt, würde für die einzelnen Grundrisse und Schnitte im Maßstab 1:100 das Format DIN A4, im Maßstab 1:50 das Format
DIN A3 ausreichen.

Für den Bauantrag im Maßstab 1:100 schlage ich vor, die Grundrisse und die Spar-
renlage auf einem Blatt vom Format DIN A3 zusammenzustellen. Die Schnitte und
Ansichten können ebenfalls gemeinsam auf je ein DIN A3-Blatt gebracht werden.
Dazu möchte ich Ihnen im folgenden einige Anregungen und Tips geben.

5.6.1 Grundrisse und Sparrenlage

Sowohl Grundrisse als auch Sparrenlage sind noch um einige Details zu ergänzen.
Sie können diese Erweiterungen bereits in den Einzelbildern vornehmen oder erst

dann, wenn sie auf einem gemeinsamen Blatt zusammengestellt sind. Das hängt davon ab, ob Sie die Pläne auch einzeln plotten wollen. Bei der Zusammenstellung auf einem Blatt sind natürlich Schriftkopf und Nordpfeil nur einmal erforderlich, und die Bemaßung und Beschriftung der einzelnen Zeichnungen kann aufeinander ausgerichtet werden.

Der Erdgeschoßgrundriß

- muß noch um Eingangspfeil und Schnittlinien ergänzt werden.

- Die Bodenplatte ist nur im Bereich des Eingangs, der Terrasse und des Erkers als Ansichtskante sichtbar. Um die Decke als logische Struktur nicht zu zerstören, können Sie sie zusätzlich auf eine andere Folie kopieren und dort entsprechend bearbeiten. Die eigentliche Deckenfolie muß dann vor dem Plotten ausgeblendet werden.

- In der Diele wird über [MEIN MENÜ] / [KOTEN-BEM.] / [PLAN DRAUFS.] eine Höhenkote plaziert.

- Die Beschriftung der Räume können Sie im Zusammenhang mit der Flächendefinition (siehe Kapitel 5.2.4) vornehmen; weitere Beschriftungen über das Beschriften-Menü (siehe Kapitel 5.3.4).

- Für die Bemaßung sollten Sie sich parallele Hilfslinien in konstantem Abstand definieren, die Sie dann über [CURSOR] <F> „einfangen“ können.

- Schließlich sollten Sie mit [WAND] / [BEARBEITEN] / [WANDFÜLLEN] die Schraffur der Wände auslösen.

Der Dachgeschoß-Grundriß

- muß korrekterweise um die in 1 m Höhe geschnittene Dachkonstruktion und die Draufsicht auf die Dachflächen ergänzt werden. Dazu können Sie das komplette Dachgeschoß im 3D-Programm in der entsprechenden Höhe horizontal abschneiden und in der Draufsicht darstellen. Dann fehlen allerdings die logische Strukturen von Wänden, Öffnungen und Treppe, die für die automatische Schraffur, die Texte für Höhe, Brüstungshöhe und Treppensteigung sowie die Schnittdarstellung der Treppe verantwortlich sind.

  Sie können z.B. den DG-Grundriß mit dem geschnittenen Dach kombinieren, indem Sie aus beiden Bildern die nicht benötigten Teile löschen und sie dann gemeinsam in den Arbeitsspeicher laden.

☞ Zu diesem Zweck könnte es nützlich sein, den fertig schraffierten und mit allen notwendigen Texten versehenen DG-Grundriß in ein Bild ohne logische Wandinformationen zu verwandeln. Es gibt ein CADdy-Plus-Programm mit dem Namen KILLOBJ.VAB, das Sie über das Pulldown-Menü [INFORMATION] / [PLUS-AUFRUF] starten können. Anschließend können Sie alle Funktionen des Ändern-Menüs verwenden, ohne befürchten zu müssen, daß nach Aufruf des Befehls [KORREKTUR] die gelöschten Elemente plötzlich wieder auftauchen. Allerdings kann die logische Struktur, wenn sie einmal zerstört ist, nicht zurückgeholt werden. Speichern Sie also das veränderte Dachgeschoß unbedingt unter anderem Namen!

- Die weitere Ausgestaltung erfolgt analog zum Erdgeschoßgrundriß.

Die Sparrenlage

- sollte um den geschnittenen Schornstein und die eingestrichelte äußere Gebäudeumrandung erweitert werden. Diese Komponenten können Sie beispielsweise aus dem Erdgeschoßgrundriß entnehmen, indem Sie nur die Folien 16 (Schornstein) und 20 (Decke) in eine neue Datei speichern und dann zur Decke eine parallele Kontur im Abstand von 3 cm erzeugen, die die äußere Gebäudeumrandung bildet.

- Lesen Sie die bereits als 2D-Bild gespeicherte Sparrenlage (SPARREN.PIC) dazu ein. Die Holzkonstruktion sitzt durch die unterschiedlichen Bildmaße nicht an der richtigen Stelle. Sie kann als Folge an die richtige Position verschoben werden.

- Die Sparrenachsen und die Firstlinie sollten auf einer eigenen Folie erzeugt werden. Am einfachsten ist es, die erste Achse in richtiger Länge zu zeichnen, die Linienart zu ändern und dann Parallelen zu erzeugen.

Zusammenstellung auf einem Blatt:

Um die drei Zeichnungen gemeinsam zu plotten, haben Sie zwei Möglichkeiten. Sie können die einzelnen Pläne über [PLOTLAYOUT] (siehe Kapitel 5.4.5) miteinander kombinieren oder sie bereits vor dem Plotten in einer Datei zusammenstellen. Eine einheitliche Gestaltung des Planes läßt sich aber besser mit der zweiten Methode erreichen.

Um die drei Zeichnungen auf ein Blatt zu bringen, gehen Sie folgendermaßen vor:

Lesen Sie den Erdgeschoßgrundriß ein und ändern Sie die Bildmaße. Um 1:100 auf DIN A3 zu plotten, brauchen Sie Bildmaße von etwa 4000 x 2750 [cm] (je nach maximalem Plot-Bereich des Ausgabegerätes). Ändern Sie unter [EIN/AUSGABE] / [VOREINST.] die Voreinstellung [OFFSET] auf [J]. Lesen Sie anschließend den Dachgeschoß-Grundriß ein (altes Bild nicht löschen, die alten Bildmaße gelten) und tippen Sie auf [OFFSET]. Definieren Sie den [FIXPUNKT] (also den Koordinatenursprung des einzulesenden Bildes) als [MITTE - LINKS] oder über die Punktdefinition mit den Absolutwerten X = 0 und Y = 1375. Damit müßte das Dachgeschoß genau im linken oberen Viertel des Bildes erscheinen. Sichern Sie das Bild! Die Sparrenlage wird dementsprechend mit dem [FIXPUNKT] / [MITTE - MITTE] bzw. den Absolutkoordinaten X = 2000 und Y = 1375 eingelesen. Speichern Sie das Gesamtbild unter einem neuen Namen.

Vervollständigen Sie den Plan, soweit das nicht bereits in den Einzelbildern geschehen ist. Den Nordpfeil können Sie als (evtl. selbst erstelltes) Symbol laden, am besten mit der Voreinstellung [CURSOR]. Mit dem Hotkey <d> können Sie ihn dann dynamisch, mit <.> um einen festen Winkel drehen, mit <z> dynamisch zoomen.

Für den Schriftkopf können Sie den Modus [EINGEPAßT] verwenden. Dazu erzeugen Sie erst einmal vertikale Hilfslinien als linke und rechte Begrenzung und horizontale Hilfslinien für den Zeilenabstand. Dann können Sie Start- und Endpunkt jeder Textzeile über [CURSOR] <S> definieren. Verwenden Sie gegebenenfalls unterschiedliche Schriftsätze!

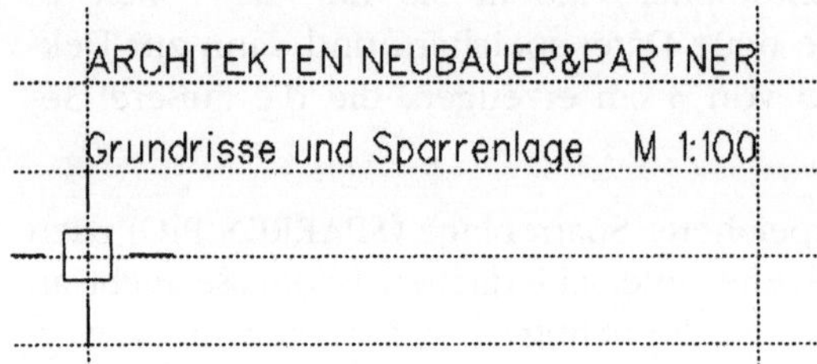

Bild 5-17
Schriftkopf mit eingepaßtem Text

Plotten:

[BLÄTTERN] Sie die Folien des Planes durch. Dabei können Sie Folien, die nicht geplottet werden sollen, ausblenden (nicht darstellen), z.B. die Dekkenfolie 20, die Folie 500 mit den Wandgrenzlinien und die Hilfsfolie 512. Außerdem können Sie den zu plottenden Folien bereits die gewünschten Stifte zuweisen (Stiftnummern entsprechend den Einstellungen unter Plotter-Parameter). 

Wählen Sie [EIN/AUSGABE] / [PLOTTEN], und tragen Sie in der Maske gegebenenfalls den richtigen Treiber und die Ausgabeschnittstelle oder -Datei ein. Außerdem als [BILDEINHEITEN] cm, als [BLATTFORMAT] DIN A3, als [MAßSTAB] 100 und unter [FOLIEN] / [BILD]. Überprüfen Sie noch einmal die Zuordnung Stiftfolie, dann die Plot-Ausgabe über [VORSCHAU], und lassen Sie das Bild Plotten. Vergessen Sie nicht, die Stift-Folien-Zuordnung in einer Info-Datei zu speichern!

5.6.2 Ansichten

Lesen Sie die Datei 4ANSI.PIC in das 2D-Programm ein. Die vier Schrägansichten befinden sich bereits gemeinsam auf einem „Blatt". Allerdings sind die derzeitigen Bildmaße nicht für den Maßstab 1:100 geeignet, da diese beim Übergang von der 3D- in die 2D-Darstellung automatisch vergeben worden sind.

Für die Ausgabe des Bildes haben Sie zwei Möglichkeiten:

- Da der Maßstab bei den Schrägansichten nicht so wichtig ist, können Sie das Bild mit der Maßstabsangabe 0 an die Blattgröße DIN A3 anpassen lassen. Dann errechnet das Programm den notwendigen Maßstab automatisch. Allerdings werden auch die Beschriftungen in diesem Maßstab geplottet; es ist bei dieser Methode schwierig, auf den verschiedenen Plänen gleiche Schriftgrößen zu erreichen.

- Sie können die Bildmaße an die des Grundrißplanes anpassen, gleiche Textgrößen wählen und ebenfalls im Maßstab 1:100 plotten. Diese Methode ist im folgenden beschrieben.

Ändern Sie zunächst die Bildmaße entsprechend dem Grundrißplan (z.B. 4000 x 2750). Damit werden die vier Ansichten entsprechend kleiner dargestellt. Sie können jetzt das ganze Bild um einen bestimmten Faktor skalieren oder aber die einzelnen Ansichten getrennt skalieren und plazieren. Wenn Sie beim 2D-Speichern eine Folgennummer angegeben haben, so ist jede der Ansichten als Folge gespeichert. Mit <F8> (Dynamisch verschieben) können Sie die Folge identifizieren (möglichst an einem äußeren Eckpunkt) und „dynamisch" über das Bild verschieben. Dabei haben Sie die Möglichkeit, sie mit dem Hotkey <z> dynamisch oder mit <*> durch Angabe eines festen Faktors zu zoomen. Über Hilfslinien oder Raster können Sie die einzelnen (mit gleichem Faktor gezoomten) Ansichten auf definierte Punkte setzen.

Wenn die Ansichten gezoomt und plaziert sind, müssen Sie unter Umständen noch nachgearbeitet werden. Hier und da hat das 3D-Programm bei der Umrechnung in ein 2D-Bild möglicherweise fehlerhaft gearbeitet und Kanten „vergessen". Außerdem werden Kanten dargestellt, die im 3D-Programm unsichtbar waren (z.B. die horizontale Trennlinie zwischen den Geschossen oder die vertikale Mittellinie im Giebel).

 Seien Sie vorsichtig mit den Befehlen [TRIMMEN] oder [VERBINDEN]; durch die Umrechnung in ein 2D-Bild sind teilweise mehrere sich leicht überlagernde Kanten entstanden. Dadurch können beim Bearbeiten unerwartete Effekte entstehen. Denken Sie häufiger ans Sichern! Neu eingefügte Kanten gehören nicht zur Folge; ein späteres Verschieben würde diese Kanten also nicht berücksichtigen!

Beschriften Sie das Bild schließlich (z.B. mit einem vertikal angeordnetem Schriftzug wie im Beispielplan), und lassen Sie es analog zum Grundrißplan im Maßstab 1:100 auf DIN A3 plotten.

5.6.3 Schnitte

Lesen Sie die beiden bereits (als Schrägansichten) gespeicherten Schnitte QUER.PIC und LÄNGS.PIC nacheinander ein, ohne zwischendurch das alte Bild zu löschen. Die Bildmaße sind wahrscheinlich unterschiedlich; es ist gleichgültig, welche Sie wählen. Ändern Sie die Bildmaße analog zum Grundriß- und Ansichten-Plan.

Die beiden Schnitte überlagern sich zunächst; da sie aber als Folgen gespeichert wurden, lassen sie sich mit <F8> einzeln verschieben. Plazieren Sie sie wunschgemäß auf dem Blatt (evtl. gleichzeitig zoomen), und arbeiten Sie sie bei Bedarf etwas nach.

Beschriften Sie das Blatt, und lassen Sie es ebenfalls im Maßstab 1:100 auf DIN A3 plotten.

 Um die Bildunterschriften unter den einzelnen Schnitten im richtigen Winkel anzuordnen, können Sie mit [BESCHRIFTEN] / [EINGEBEN ENTL. GERAD] arbeiten.

5.6.4 Explosionszeichnung

Lesen Sie die Datei EXPLO.PIC ein, ändern Sie die Bildmaße wie in den anderen Blättern, und bringen Sie die Zeichnung in die richtige Größe und Position. Eventuell etwas nacharbeiten, beschriften und im Maßstab 1:100 auf DIN A3 plotten.

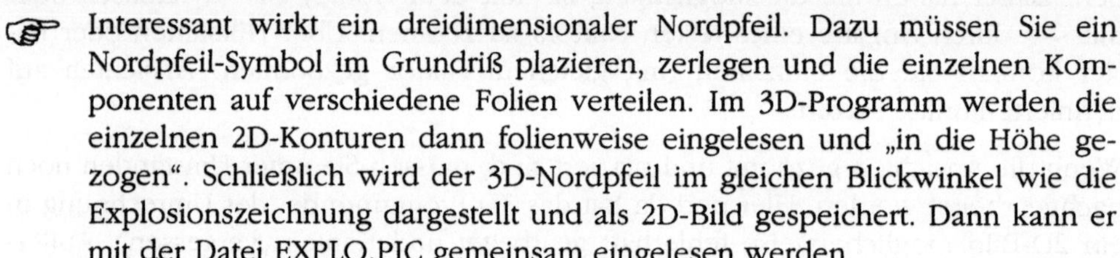 Interessant wirkt ein dreidimensionaler Nordpfeil. Dazu müssen Sie ein Nordpfeil-Symbol im Grundriß plazieren, zerlegen und die einzelnen Komponenten auf verschiedene Folien verteilen. Im 3D-Programm werden die einzelnen 2D-Konturen dann folienweise eingelesen und „in die Höhe gezogen". Schließlich wird der 3D-Nordpfeil im gleichen Blickwinkel wie die Explosionszeichnung dargestellt und als 2D-Bild gespeichert. Dann kann er mit der Datei EXPLO.PIC gemeinsam eingelesen werden.

5.7 Aufgaben

1. Welchen Einfluß hat der beim Plotten verwendete Maßstab auf die Schriftgrößen?

2. Worin besteht der Unterschied zwischen dem Befehl [PLOTTEN] und dem [DRUCKEN] aus WinCADdy?

3. Was ist der Unterschied zwischen einem Vektor- und einem Pixelbild?

5.7.1 Lösungen

1. Auch die Schriftgrößen werden zunächst im Maßstab 1:1 bestimmt. Beim Plotten werden die Werte durch den eingegebenen Maßstab geteilt. Dadurch werden ursprünglich mit gleichen Parametern eingegebene Beschriftungen bei Plänen mit unterschiedlichen Maßstäben verschieden groß. Dies ist vor allem beim „maßstabslosen" Plotten oder Drucken (Maßstab 0 bzw. Anpassen) zu beachten, da der jeweils erforderliche Maßstab vom Programm automatisch berechnet wird.

2. Beim Befehl [PLOTTEN] (aus DOS-CADdy oder WinCADdy) wird ein speziell mitgelieferter Treiber verwendet. Dieser arbeitet grundsätzlich mit Stiften, die den Bildelementen über die Folien zugeordnet werden. Durch Modifikation des Treibers ist eine Änderung der Strichstärken und -farben sowie eine Anpassung der Linienarten möglich.

3. Beim Drucken (aus WinCADdy) wird der unter Windows bereits installierte Druckertreiber verwendet. Dieser arbeitet nicht mit Stiften, sondern druckt das Bild entsprechend seiner Bildschirmfarben und Linienbreiten. Letztere können den Bildelementen einzeln oder über Folgen bzw. Folien zugeordnet werden. Eine Anpassung der Linienarten ist nicht möglich.

4. Ein Vektorbild besteht aus Bildelementen, deren Geometrie mathematisch (über Koordinaten und Winkel) beschrieben ist. Die Elemente können mit mathematischen Funktionen bearbeitet (z.B. skaliert) werden.
    Ein Pixelbild besteht aus einer festen Anzahl von Bildpunkten (Pixeln), die mit einer Farbinformation gespeichert sind. Bei Verkleinerung der Pixel-Anzahl gehen Bildinformationen verloren; bei Vergrößerung werden für jeden Bildpunkt mehrere gleiche Pixel verwendet, das Bild wird also gröber. Schräge Linien oder Rundungen werden „abgetreppt" dargestellt.

6 Anhang

6.1 Funktionstastenbelegung

Unter CADdy-Stammverzeichnis\ARB\ finden Sie die Datei KBD.PIC. Sie können Sie um Ihre eigenen Funktionstastenbelegungen ergänzen und ausplotten:

```
F1  Bild neu          F3  Ausschnitt Original  F5  Lösch.bel.Element  F7  Raster ein/aus   F9  Parameter GP
 + Shift Online-Hilfe   + Shift Ausschnitt versch.  + Shift Löschen-Menü   + Shift Raster-Maske   + Shift Info bel. Element   Strg I  Displaylist-Menü
 + Alt                  + Alt                       + Alt                  + Alt                  + Alt
 + Strg                 + Strg                      + Strg                 + Strg                 + Strg             e, E   Endpunkt
                                                                                                                    m, M   Mitte          <Zahl>  Drehwinkel eing.
                                                                                                                    s, S   Schnittpunkt   d, D    dyn. drehen
 F2  Arbeitsfolie       F4  Ausschnitt zoom   F6  Letztes zurück   F8  Versch. bel. Element  F10  Mein Menü          r, R   Referenzpunkt  z, Z    dyn. zoomen
 + Shift Folien-Menü    + Shift Ausschnitt Faktor  + Shift Fenster zu DOS  + Shift Hilfskonst.-Menü  + Shift Symbolaufr.Name   f, F   Fangpunkt      +       Zoomen mit Faktor
 + Alt                  + Alt                       + Alt                  + Alt                  + Alt             o, O   Objektpunkt    x, X    Spiegeln X-Achse
 + Strg                 + Strg                      + Strg                 + Strg                 + Strg             v, V   Vertikal       y, Y    Spiegeln Y-Achse
                                                                                                                    h, H   Horizontal
                                                                                                                    p, P   Punktcursor
```

Mit <ALT H> wird die Funktionstastenbelegung sowohl im 2D- als auch im 3D-Programm am Bildschirm angezeigt:

F1 Bild neu	⇑ F1 Online-Hilfe
F2 Arbeitsfolie	⇑ F2 Folien Menü
F3 Ausschnitt Original	⇑ F3 Ausschnitt verschieben
F4 Ausschnitt Zoomen	⇑ F4 Zoomen Faktor
F5 Löschen bel. Element	⇑ F5 Löschen Menü
F6 Letztes zurück	⇑ F6 DOS - Fenster
F7 Raster ein/aus	⇑ F7 Raster Maske
F8 Verschieben bel.Element	⇑ F8 Hilfskonstruktionen
F9 Parameter	⇑ F9 Information bel. Element
F10 Mein Menü	⇑ F10 Symbolaufruf (Name)

Tabelle 6-1 Funktionstastenbelegung im 2D-Programm

F1 Frontansicht	⇑ F1 On-line Hilfe
F2 Draufsicht	⇑ F2 Arbeitsfolie
F3 Seitenansicht (rechts)	⇑ F3 Original
F4 Perspektive (links vorne)	⇑ F4 Ausschnitt
F5 Blickpunktmenü	⇑ F5 Löschen
F6 Alles neu rechnen und zeichnen	⇑ F6 Zurück letztes Objekt
F7 Kanten zeichnen	⇑ F7 Rastermenü
F8 Verdeckte Kanten entfernen	⇑ F8 ---
F9 Flächen füllen	⇑ F9 Parameter
F10 Zentralprojektion an/aus	⇑ F10 Mein Menü
ALT B Bild neu, akt. Fenster	ALT F1 Ein-Fenster-Layout
ALT F Statusanzeige wechseln	ALT F2 Vorheriges Fenster aktiv
ALT H Funktionstastenbelegung	ALT F3 Nächstes Fenster aktiv
ALT I Speicherinformationen	ALT F4 Vier-Fenster-Layout
ALT L Lernmodus Makro an/aus	ALT F5 Fenster aktivieren
ALT M Aufruf Makro	ALT F6 Alle Fenster neu rechnen
ALT P Aufruf Plusprogramm	ALT F7 Alle Fenster neu zeichnen
	ALT F8 Verd. Kanten, alle Fenster
	ALT F9 Flächen füllen, alle Fenst.

Tabelle 6-2 Funktionstastenbelegung im 3D-Programm

6.2 Symbol-Bibliothek Architektur

2CV-OBEN.SYB	3D-MANN.SYB	A150.SYB	A180.SYB	A200.SYB	A260.SYB	A320.SYB	ABZWEIG.SYB	AINSULA1.SYB	AINSULA2.SYB
ALFA-ANS.SYB	ALFA-FRO.SYB	ALFA-HEC.SYB	ALFA-OBE.SYB	ANTENNE.SYB	ARCHI.SYB	ARMSTUHL.SYB	AUDI-ANS.SYB	AUDI-FRO.SYB	AUDI-HEC.SYB
AUDI-OBE.SYB	AUS1.SYB	AUS2.SYB	AUS3.SYB	B-30-D.SYB	B-40-D.SYB	B-50-D.SYB	B-60-D.SYB	B-60-DK.SYB	B-60-DKK.SYB
B-HOEK.SYB	BACK.SYB	BANK.SYB	BAR-4ST.SYB	BARHOCK1.SYB	BARHOCK2.SYB	BARSTUHL.SYB	BAUM-1.SYB	BAUM-10.SYB	BAUM-11.SYB
BAUM-12.SYB	BAUM-13.SYB	BAUM-14.SYB	BAUM-15.SYB	BAUM-16.SYB	BAUM-17.SYB	BAUM-18.SYB	BAUM-19.SYB	BAUM-2.SYB	
	BAUM-20.SYB	BAUM-21.SYB	BAUM-3.SYB	BAUM-4.SYB	BAUM-5.SYB	BAUM-6.SYB	BAUM-7.SYB	BAUM-8.SYB	BAUM-9.SYB
BAUM-A.SYB	BAUM-B.SYB	BAUM-C.SYB	BAUM1.SYB	BAUM15.SYB	BAUM16.SYB	BAUM17.SYB	BAUM18.SYB	BAUM19.SYB	BAUM20.SYB
BAUM21.SYB	BAUM22.SYB	BAUM23.SYB	BAUM24.SYB	BAUMG.SYB	BAUMK.SYB	BAUMM.SYB	BE-QUADR.SYB	BE-RUND.SYB	BENZ-ANS.SYB
BENZ-FRO.SYB	BENZ-HEC.SYB	BENZ-OBE.SYB	BETT-DO1.SYB	BETT-DO2.SYB	BETT-E.SYB	BETT-E1.SYB	BETT-FR.SYB	BETT-FR1.SYB	BILD.SYB
BILLARD.SYB	BMW-ANS.SYB	BMW-ANS1.SYB	BMW-FRO.SYB	BMW-HEC.SYB	BMW-HECK.SYB	BMW-OBE.SYB	BMW-OBEN.SYB	BMW-VORN.SYB	
	BULLI AN.SYB	BUSHALT1.SYB	BUSHALT2.SYB	BUSHALT3.SYB	BUSHALT4.SYB	CADDY.SYB	CADDYNS.SYB	CURSOR.SYB	DACHZIEG.SYB
DAEMMUNG.SYB	DBAUM100.SYB	DBAUM50.SYB	DBAUM75.SYB	DBAUMGRAU.SYB	DIM1.SYB	DIM2.SYB	DIM3.SYB	OLERHITZ.SYB	DOSE.SYB
DUBAU.SYB	D CADDY.SYB	ECKBANK1.SYB	ECKBANK2.SYB	EGERAET.SYB	EHERD.SYB	ENTE-ANS.SYB	ENTE-FRO.SYB	ENTE-HEC.SYB	ENTE-OBE.SYB
ENTE.SYB	ETAFEL.SYB	FAHRRAD.SYB	FENSTER.SYB	FIRST.SYB	FUTON.SYB	GARDE.SYB	GD150.SYB	GD180.SYB	GD200.SYB
GD260.SYB	GEGENSPA.SYB	GND.SYB	GOLF NS.SYB	GOLF RO.SYB	GORDIJN.SYB	GULLI.SYB	GW INTE.SYB	GW OBEN.SYB	

GW SEITE.SYB | GW VORNE.SYB | HANSCHL.SYB | HEBEBUEH.SYB | HERD-ECK.SYB | HERD.SYB | INFOTHEK.SYB | INFRAROT.SYB | KAMIN.SYB
KLAVIER.SYB | KLIMA.SYB | KMASCH.SYB | KOMBI.SYB | KOMBI1.SYB | KOTE1.SYB | KOTE2.SYB | KOTE3.SYB | KOTE4.SYB | KREUZ.SYB
KUB-ARML.SYB | KUB-ARMR.SYB | KUB-DREI.SYB | KUB-ECKE.SYB | KUB-EINS.SYB | KUB-ELE.SYB | KUB-ZWEI.SYB | KUECHE.SYB | KUEHL1.SYB | KUEHL2.SYB
KUEHL3.SYB | KUGELBAU.SYB | KUGELGRU.SYB | LAMPE.SYB | LAMPE1.SYB | LATE.SYB | LATERNE1.SYB | LATERNE2.SYB | LATERNE3.SYB | LEUCHTST.SYB
LKW1.SYB | LKW2.SYB | LOK ANS.SYB | LOK FRO.SYB | LTGOB-UN.SYB | LTGOBEN.SYB | LTGUNTEN.SYB | LTSCHUTZ.SYB | LUEFTER.SYB
MAEDCHEN.SYB | MB100 HI.SYB | MB100 OB.SYB | MB100 SE.SYB | MB100 VO.SYB | MICRO.SYB | MOTOR.SYB | MW-BINDE.SYB | MW-BLOCK.SYB
MW-KREUZ.SYB | MW-LAUF.SYB | MW-MARK.SYB | NORDEN.SYB | NORDPF.SYB | NORDPF1.SYB | NORDPF2.SYB | NOTAUS.SYB | NPFEIL.SYB | 0-100-D.SYB
0-100-SB.SYB | 0-100-T.SYB | 0-120-D.SYB | 0-50-D.SYB | 0-50-DS.SYB | 0-50-S4.SYB | 0-50-T.SYB | 0-60-D.SYB | 0-60-DS.SYB | 0-60-KK.SYB
0-60-KP.SYB | 0-60-S4.SYB | 0-60-T.SYB | 0-HOEK.SYB | OFEN-ECK.SYB | PAAR.SYB | PALME.SYB | PANTRY.SYB | PARKBANK.SYB | PERS1.SYB
PERS10.SYB | PERS11.SYB | PERS12.SYB | PERS13.SYB | PERS14.SYB | PERS15.SYB | PERS16.SYB | PERS17.SYB | PERS18.SYB
PERS19.SYB | PERS2.SYB | PERS20.SYB | PERS21.SYB | PERS22.SYB | PERS23.SYB | PERS24.SYB | PERS25.SYB | PERS26.SYB
PERS27.SYB | PERS28.SYB | PERS29.SYB | PERS3.SYB | PERS4.SYB | PERS5.SYB | PERS6.SYB | PERS7.SYB | PERS8.SYB | PERS9.SYB
PFLANZCO.SYB | PKW1-ANS.SYB | PKW1-FRO.SYB | PKW1-HEC.SYB | PKW1-OBE.SYB | PKW1.SYB | PKW2-ANS.SYB | PKW2-FRO.SYB | PKW2-HEC.SYB | PKW2-OBE.SYB
PKW2.SYB | PKW3-ANS.SYB | PKW3-FRO.SYB | PKW3-HEC.SYB | PKW3-OBE.SYB | PKW4-ANS.SYB | PKW4-FRO.SYB | PKW4-HEC.SYB | PKW4-OBE.SYB | PLOTTER.SYB
PORSCHE.SYB | PULT.SYB | PV 00201.SYB | PV 00202.SYB | PV 00203.SYB | PV 00204.SYB | PV 00205.SYB | PV 00206.SYB | PV 00207.SYB

	PV 00208 STB	PV 00209 STB	PV 00210.STB	PV 00211 STB	PV 01101 STB	PV 01102.STB	PV 01103 STB	PV 01104 STB	PV 01105 STB
PV 01106 STB	PV 01107 STB	PV 02102.STB	PV 02104.STB	PV 03201.STB	PV 03202 STB	PV 03203 STB	PV 03205.STB	PV 03206.STB	PV 03207 STB
PV 04201 STB	PV 04202.STB	PV 04203 STB	PV 04204 STB	PV 04205 STB	PV 04206 STB	PV 04207 STB	PV 05201 STB	PV 05202.STB	PV 05203 STB
PV 05204.STB	QUEUEHAL STB	RASEN100 STB	RASEN50 STB	REF STB	REGAL2 STB	RIETVELD STB	ROLLTR.STB	RR01 STB	RR02 STB
RR03.STB	RR04 STB	SCHIRM STB	SCHIRM1 STB	SCHO STB	SCHO2 STB	SCHO2S.STB	SCHO2Z.STB	SCHRA300 STB	
	SCHRA350 STB	SCHRA400 STB	SCHRANK.STB	SCHRANK1 STB	SCHRANK2 STB	SCHRANK3.STB	SCHRANK4 STB	SCHRANK5.STB	SCHREIB.STB
SCHREIB1.STB	SCHREIB2.STB	SCHREIB3.STB	SCHREIB4.STB	SCHREIB5.STB	SCHREIB6.STB	SCHREIB7.STB	SCHUKO1.STB	SCHUKO2 STB	SCH D1.STB
SCH D2 STB	SDBIDET STB	SDDUSCHE STB	SDURINAL STB	SDWB1 STB	SDWB2 STB	SDWC1 STB	SDWC3 STB	SDWC4.STB	SERIE.STB
SESSEL.STB	SICHERNG STB	SITZGR1 STB	SITZGR2.STB	SITZGR3 STB	SITZGR4.STB	SOFA2 STB	SOSCHIRM.STB	SPUEL100 STB	SPUEL120 STB
SPUEL150 STB	SPUELER STB	STAFEL STB	STEHLAMP STB	STEHTIS1 STB	STEHTIS2.STB	STUHL-3.STB	STUHL-4 STB	STUHL-A STB	
	STUHL-B STB	STUHL-C STB	STUHL-D STB	STUHL-E STB	STUHL-F.STB	STUHL STB	T-BIDET STB	T-WB068 STB	T-WB138.STB
T-WC.STB	TANKST.STB	TANK_LKW.STB	TASTER.STB	TASTERX.STB	TBIDET STB	TELEFON STB	TERMINAL.STB	TERRASSE STB	TGORDIJN.STB
TISCH-A2 STB	TISCH-A4 STB	TISCH-B5.STB	TISCH-B6.STB	TISCH-C4.STB	TISCH-D4 STB	TISCH-D6 STB	TISCH-F6 STB	TISCH-R STB	TISCH-R4 STB
TISCH-R6 STB	TISCHGRU STB	TR1 STB	TR2 STB	TR3 STB	TR4 STB	TR5 STB	TR6 STB	TR7 STB	TR8.STB
TR9 STB	TRAPEZ1 STB	TRPAN.STB	TRPAUS.STB	TRPKONT STB	TRPSTUFE STB	TRPZWANG.STB	TRUCK STB	TUER STB	

	TWB060.SYB	TWB125.SYB	TWC1.SYB	TWC2.SYB	TXT.SYB	TXTMIT.SYB	TXTOHNE.SYB	U120.SYB	UHR.SYB
V400.SYB	VERBIND.SYB	VERTEIL.SYB	W140 HIN.SYB	W140 OBE.SYB	W140 SEI.SYB	W140 VOR.SYB	WA-ECK.SYB	WA-LUX.SYB	WA150.SYB
WA170.SYB	WA175.SYB	WA185.SYB	WAGON4.SYB	WAND.SYB	WASCHMA.SYB	WASCHSTR.SYB	WASCHTRO.SYB	WASCH AN.SYB	WB-ECK.SYB
WB045S.SYB	WB060.SYB	WB060S.SYB	WB120.SYB	WB120S.SYB	WB170.SYB	WC.SYB	WECHSEL.SYB	WPLATTE.SYB	YUKKA.SYB
ZAPFANS1.SYB	ZAPFANS2.SYB	ZAPFSAAN.SYB	ZAPFSADR.SYB	ZAPFSAEU.SYB	ZAUN1.SYB	ZAUN2.SYB	ZAUN3.SYB	ZAUN3D1.SYB	
ZAUN3D2.SYB	ZAUN4.SYB	ZAUN5.SYB	ZAUN6.SYB	ZAUN7.SYB	ZAUN8.SYB	ZEIT.SYB			

6.3 3D-Objekt-Bibliothek Architektur

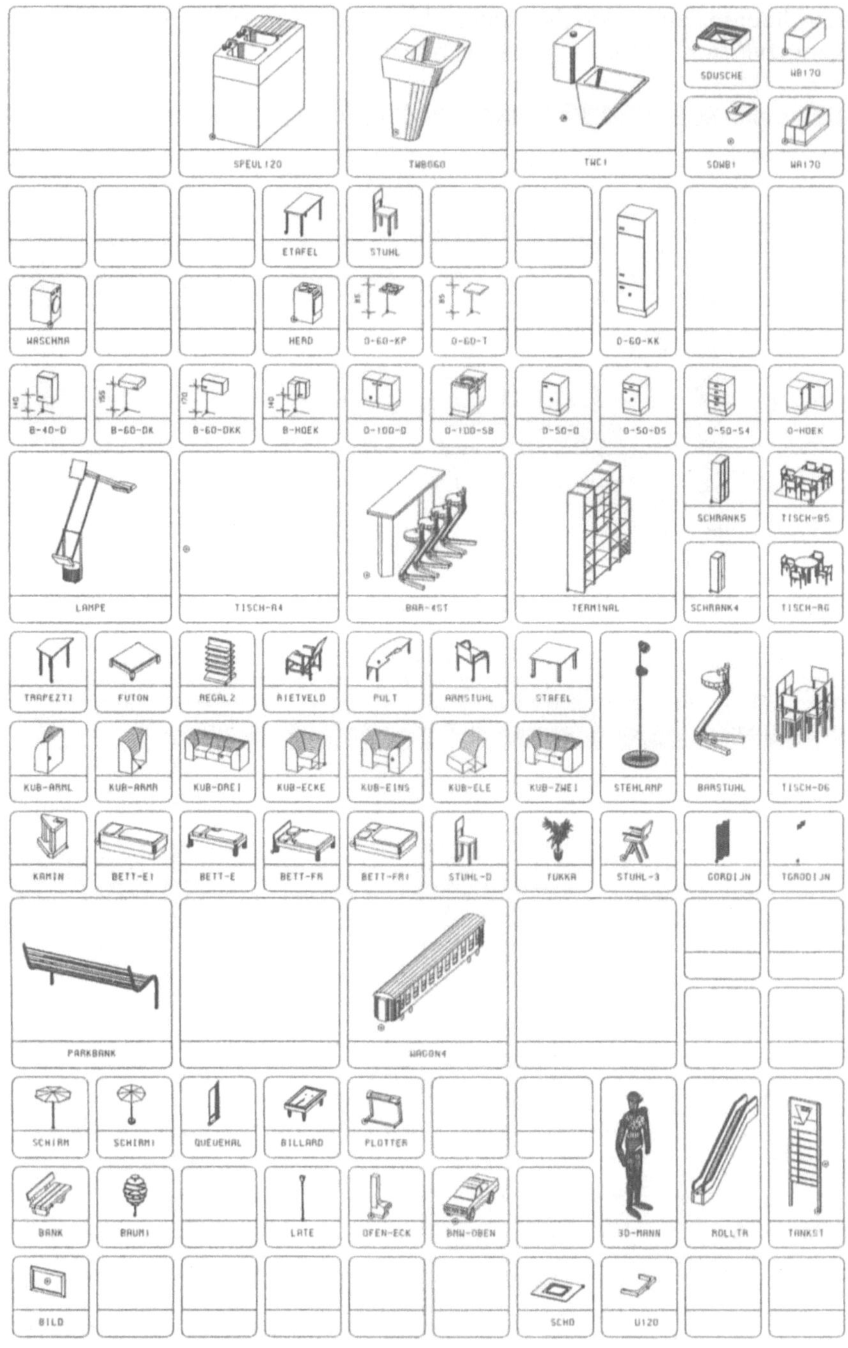

6.4 Konstruktions-Masken für das Beispielprojekt: Wände

☞ **Hinweis:** Die Konstruktionsmasken der aktuellen CADdy-Version 14.0 bieten differenziertere Möglichkeiten der Holzkonstruktion, als das in der Vorgängerversion CADdy 12.0 möglich war.

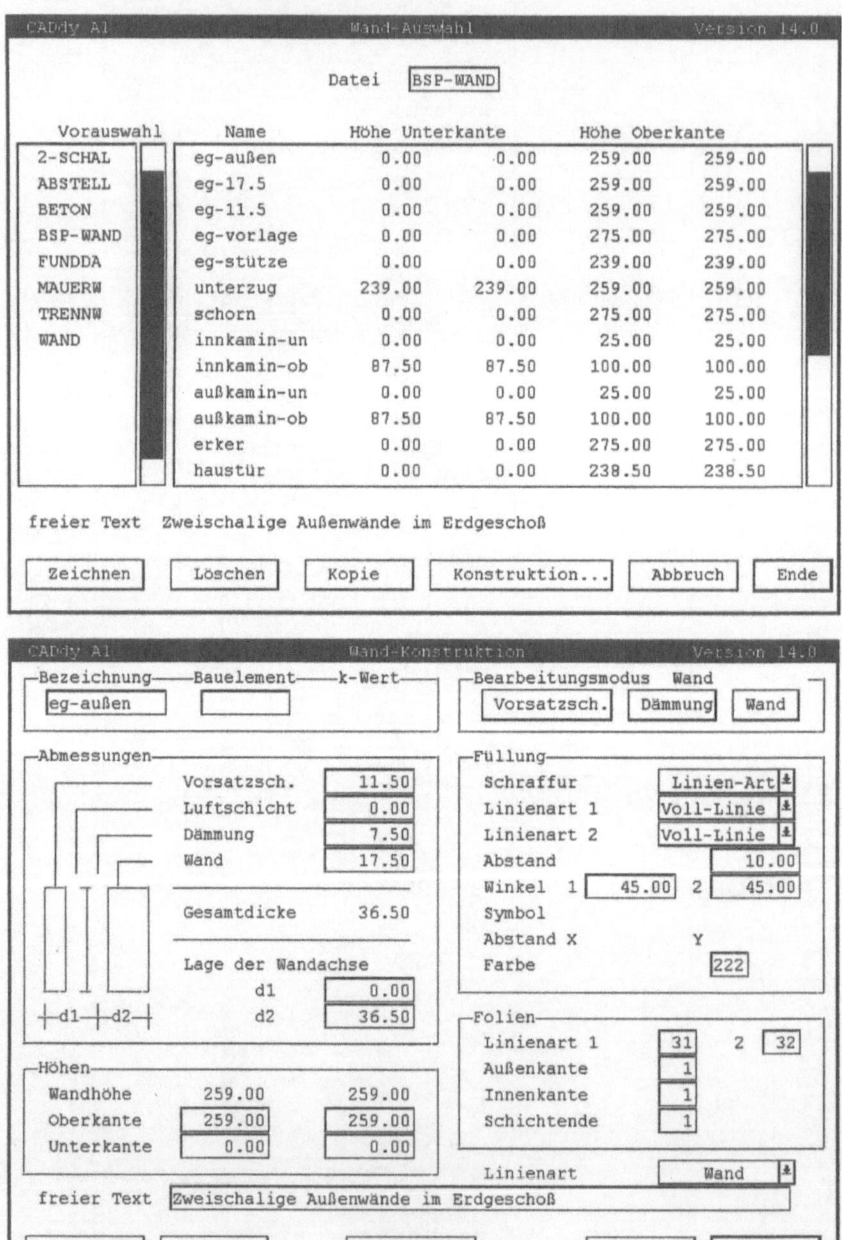

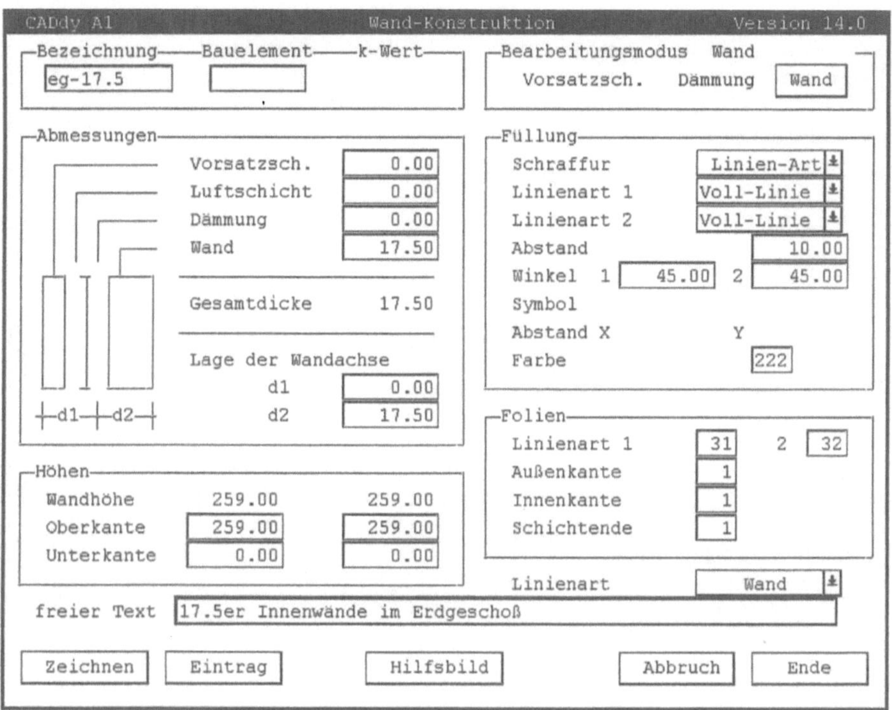

CADdy A1   Wand-Konstruktion   Version 14.0
Bezeichnung   Bauelement   k-Wert   Bearbeitungsmodus Wand
eg-17.5   Vorsatzsch. Dämmung   Wand
Abmessungen   Füllung
              Vorsatzsch.   0.00   Schraffur   Linien-Art
              Luftschicht   0.00   Linienart 1   Voll-Linie
              Dämmung   0.00   Linienart 2   Voll-Linie
              Wand   17.50   Abstand   10.00
                                           Winkel 1   45.00 2   45.00
              Gesamtdicke   17.50   Symbol
                                           Abstand X   Y
              Lage der Wandachse   Farbe   222
                      d1   0.00
 d1   d2   d2   17.50   Folien
                                           Linienart 1   31   2   32
Höhen   Außenkante   1
 Wandhöhe   259.00   259.00   Innenkante   1
 Oberkante   259.00   259.00   Schichtende   1
 Unterkante   0.00   0.00
                                           Linienart   Wand
 freier Text 17.5er Innenwände im Erdgeschoß
 Zeichnen   Eintrag   Hilfsbild   Abbruch   Ende

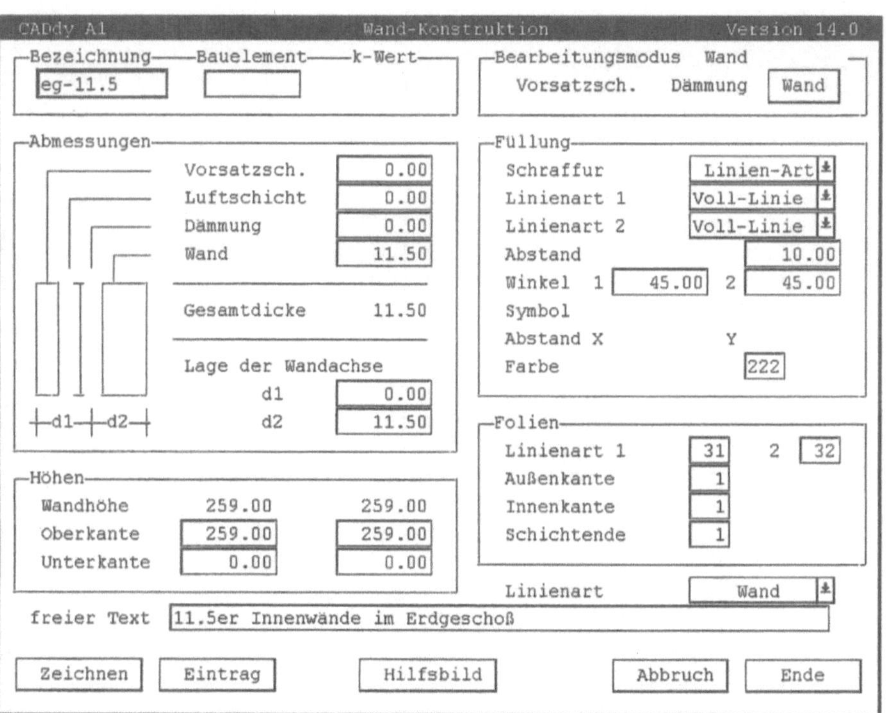

CADdy A1   Wand-Konstruktion   Version 14.0
Bezeichnung   Bauelement   k-Wert   Bearbeitungsmodus Wand
eg-11.5   Vorsatzsch. Dämmung   Wand
Abmessungen   Füllung
              Vorsatzsch.   0.00   Schraffur   Linien-Art
              Luftschicht   0.00   Linienart 1   Voll-Linie
              Dämmung   0.00   Linienart 2   Voll-Linie
              Wand   11.50   Abstand   10.00
                                           Winkel 1   45.00 2   45.00
              Gesamtdicke   11.50   Symbol
                                           Abstand X   Y
              Lage der Wandachse   Farbe   222
                      d1   0.00
 d1   d2   d2   11.50   Folien
                                           Linienart 1   31   2   32
                                           Außenkante   1
Höhen   Innenkante   1
 Wandhöhe   259.00   259.00   Schichtende   1
 Oberkante   259.00   259.00
 Unterkante   0.00   0.00   Linienart   Wand

 freier Text 11.5er Innenwände im Erdgeschoß
 Zeichnen   Eintrag   Hilfsbild   Abbruch   Ende

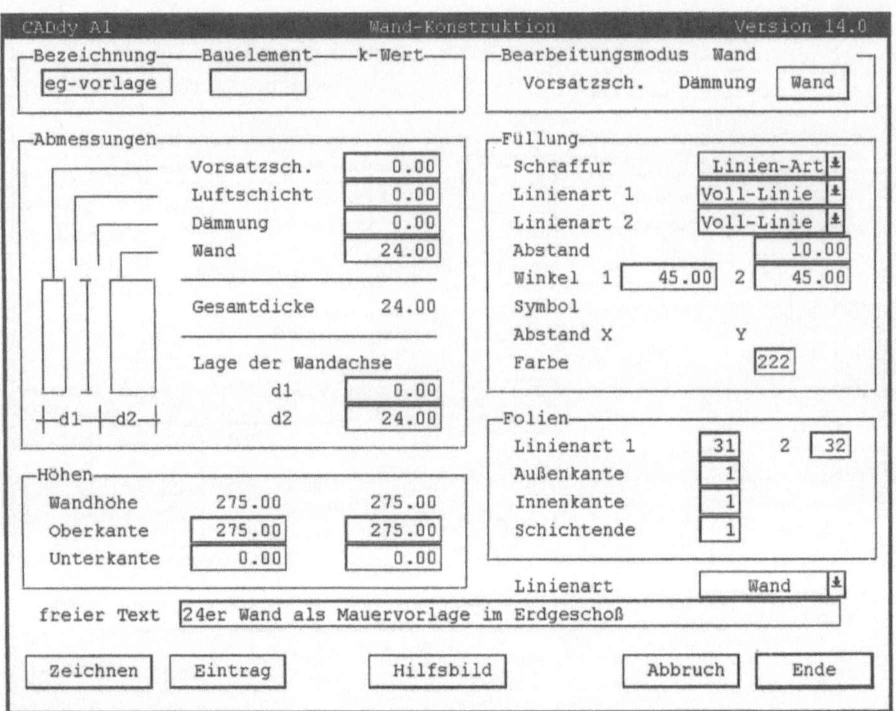
CADdy A1   Wand-Konstruktion   Version 14.0
Bezeichnung   Bauelement   k-Wert
eg-vorlage
Bearbeitungsmodus Wand
Vorsatzsch.   Dämmung   Wand
Abmessungen
Vorsatzsch.   0.00
Luftschicht   0.00
Dämmung   0.00
Wand   24.00
Gesamtdicke   24.00
Lage der Wandachse
d1   0.00
d2   24.00
d1 d2
Füllung
Schraffur   Linien-Art
Linienart 1   Voll-Linie
Linienart 2   Voll-Linie
Abstand   10.00
Winkel 1   45.00   2   45.00
Symbol
Abstand X   Y
Farbe   222
Folien
Linienart 1   31   2   32
Außenkante   1
Innenkante   1
Schichtende   1
Linienart   Wand
Höhen
Wandhöhe   275.00   275.00
Oberkante   275.00   275.00
Unterkante   0.00   0.00
freier Text 24er Wand als Mauervorlage im Erdgeschoß
Zeichnen   Eintrag   Hilfsbild   Abbruch   Ende

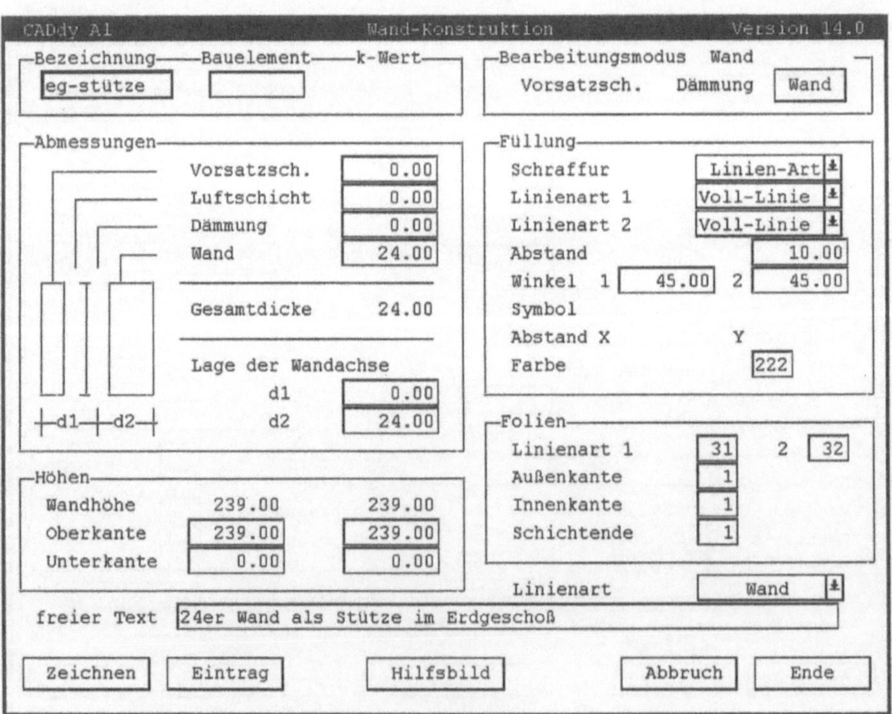
CADdy A1   Wand-Konstruktion   Version 14.0
Bezeichnung   Bauelement   k-Wert
eg-stütze
Bearbeitungsmodus Wand
Vorsatzsch.   Dämmung   Wand
Abmessungen
Vorsatzsch.   0.00
Luftschicht   0.00
Dämmung   0.00
Wand   24.00
Gesamtdicke   24.00
Lage der Wandachse
d1   0.00
d2   24.00
d1 d2
Füllung
Schraffur   Linien-Art
Linienart 1   Voll-Linie
Linienart 2   Voll-Linie
Abstand   10.00
Winkel 1   45.00   2   45.00
Symbol
Abstand X   Y
Farbe   222
Folien
Linienart 1   31   2   32
Außenkante   1
Innenkante   1
Schichtende   1
Linienart   Wand
Höhen
Wandhöhe   239.00   239.00
Oberkante   239.00   239.00
Unterkante   0.00   0.00
freier Text 24er Wand als Stütze im Erdgeschoß
Zeichnen   Eintrag   Hilfsbild   Abbruch   Ende

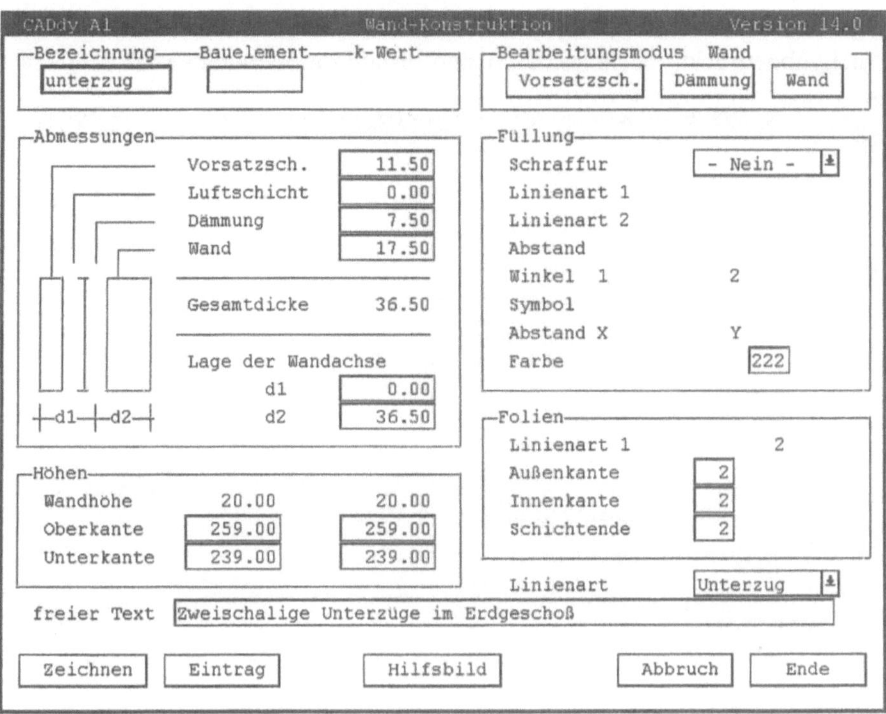
CADdy A1   Wand-Konstruktion   Version 14.0
Bezeichnung   Bauelement   k-Wert   Bearbeitungsmodus   Wand
unterzug   Vorsatzsch.   Dämmung   Wand
Abmessungen   Füllung
             Vorsatzsch.   11.50   Schraffur   - Nein -
             Luftschicht   0.00   Linienart 1
             Dämmung   7.50   Linienart 2
             Wand   17.50   Abstand
                                             Winkel 1   2
             Gesamtdicke   36.50   Symbol
                                             Abstand X   Y
             Lage der Wandachse   Farbe   222
                       d1   0.00
  d1   d2   d2   36.50   Folien
                                             Linienart 1   2
Höhen   Außenkante   2
  Wandhöhe   20.00   20.00   Innenkante   2
  Oberkante   259.00   259.00   Schichtende   2
  Unterkante   239.00   239.00
                                             Linienart   Unterzug
  freier Text   Zweischalige Unterzüge im Erdgeschoß
  Zeichnen   Eintrag   Hilfsbild   Abbruch   Ende

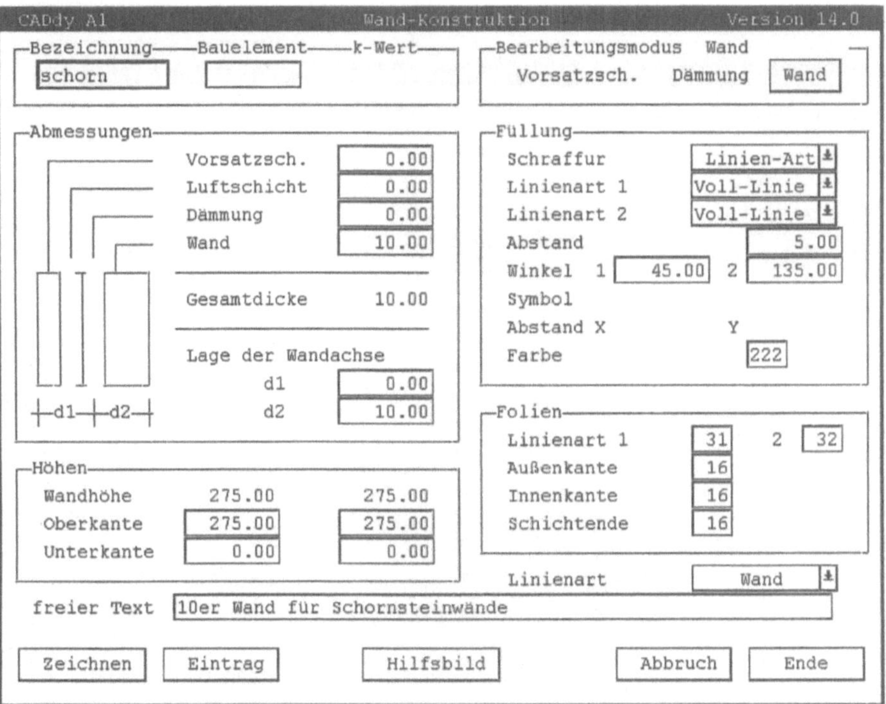
CADdy A1   Wand-Konstruktion   Version 14.0
Bezeichnung   Bauelement   k-Wert   Bearbeitungsmodus   Wand
schorn   Vorsatzsch.   Dämmung   Wand
Abmessungen   Füllung
             Vorsatzsch.   0.00   Schraffur   Linien-Art
             Luftschicht   0.00   Linienart 1   Voll-Linie
             Dämmung   0.00   Linienart 2   Voll-Linie
             Wand   10.00   Abstand   5.00
                                             Winkel 1   45.00   2   135.00
             Gesamtdicke   10.00   Symbol
                                             Abstand X   Y
             Lage der Wandachse   Farbe   222
                       d1   0.00
  d1   d2   d2   10.00   Folien
                                             Linienart 1   31   2   32
Höhen   Außenkante   16
  Wandhöhe   275.00   275.00   Innenkante   16
  Oberkante   275.00   275.00   Schichtende   16
  Unterkante   0.00   0.00
                                             Linienart   Wand
  freier Text   10er Wand für Schornsteinwände
  Zeichnen   Eintrag   Hilfsbild   Abbruch   Ende

Die Masken für die Außenkamin-Platten **außkamin-un** und **außkamin-ob** sind
hier nicht abgedruckt, da sie identisch sind bis auf die Wanddicke: **62.5**!

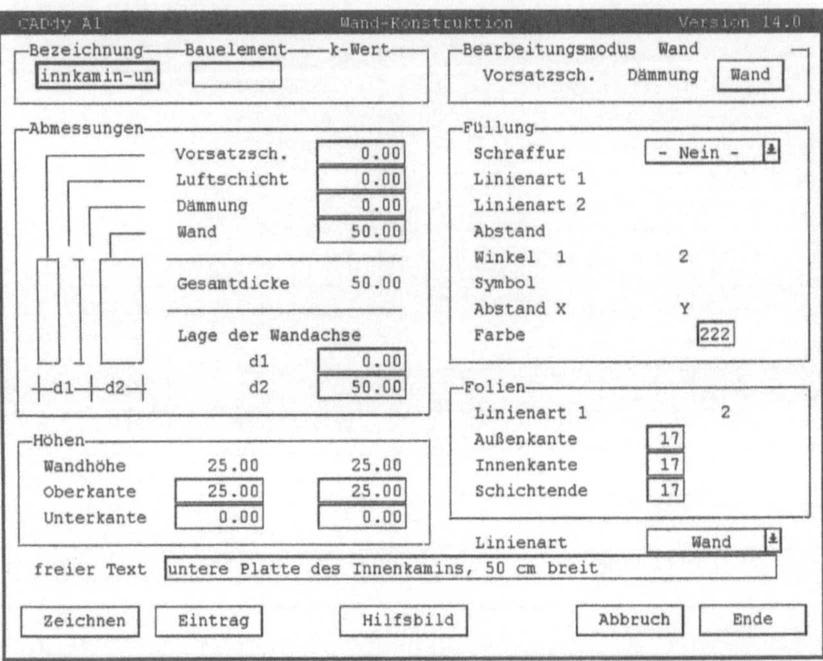

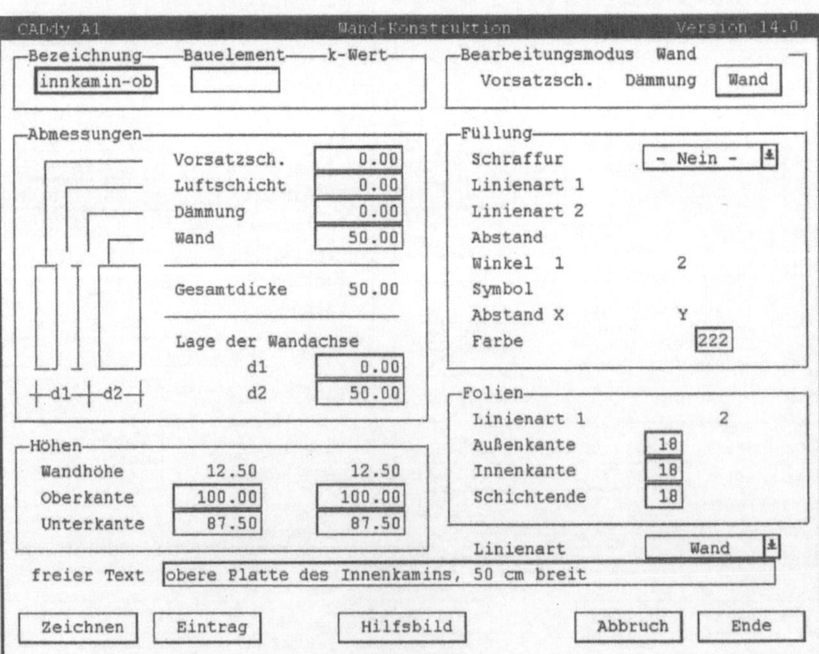

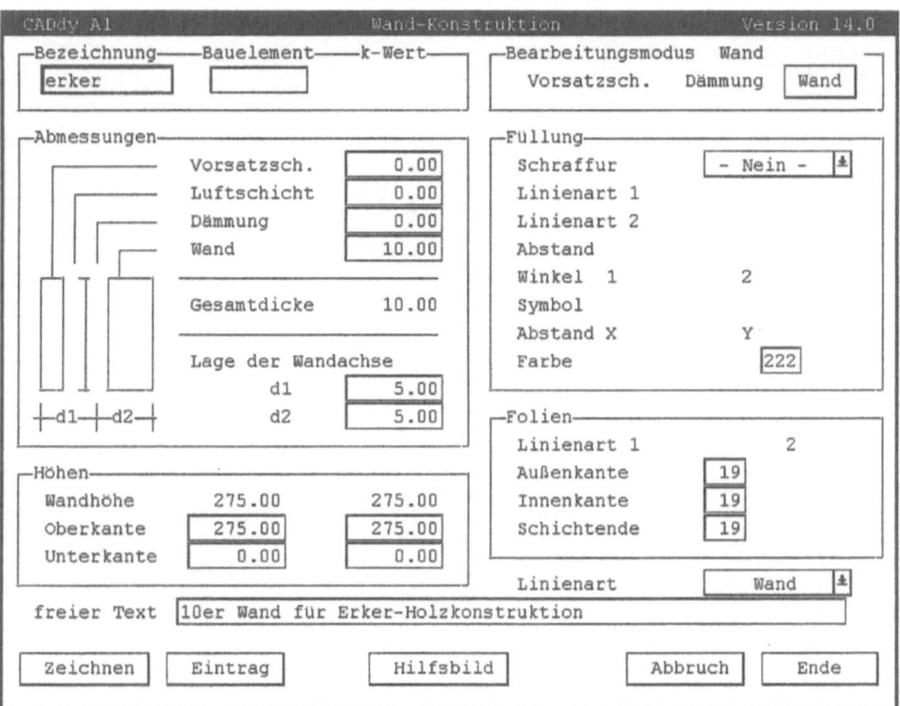

CADdy A1   Wand-Konstruktion   Version 14.0
Bezeichnung——Bauelement——k-Wert—   Bearbeitungsmodus Wand
erker   Vorsatzsch. Dämmung Wand
Abmessungen
              Vorsatzsch.   0.00   Füllung
              Luftschicht   0.00   Schraffur   - Nein -
              Dämmung   0.00   Linienart 1
              Wand   10.00   Linienart 2
                                          Abstand
              Gesamtdicke   10.00   Winkel 1   2
                                          Symbol
              Lage der Wandachse   Abstand X   Y
                       d1   5.00   Farbe   222
    d1   d2   d2   5.00
Höhen   Folien
                                           Linienart 1   2
  Wandhöhe   275.00   275.00   Außenkante   19
  Oberkante   275.00   275.00   Innenkante   19
  Unterkante   0.00   0.00   Schichtende   19
  freier Text 10er Wand für Erker-Holzkonstruktion   Linienart   Wand

    Zeichnen   Eintrag   Hilfsbild   Abbruch   Ende

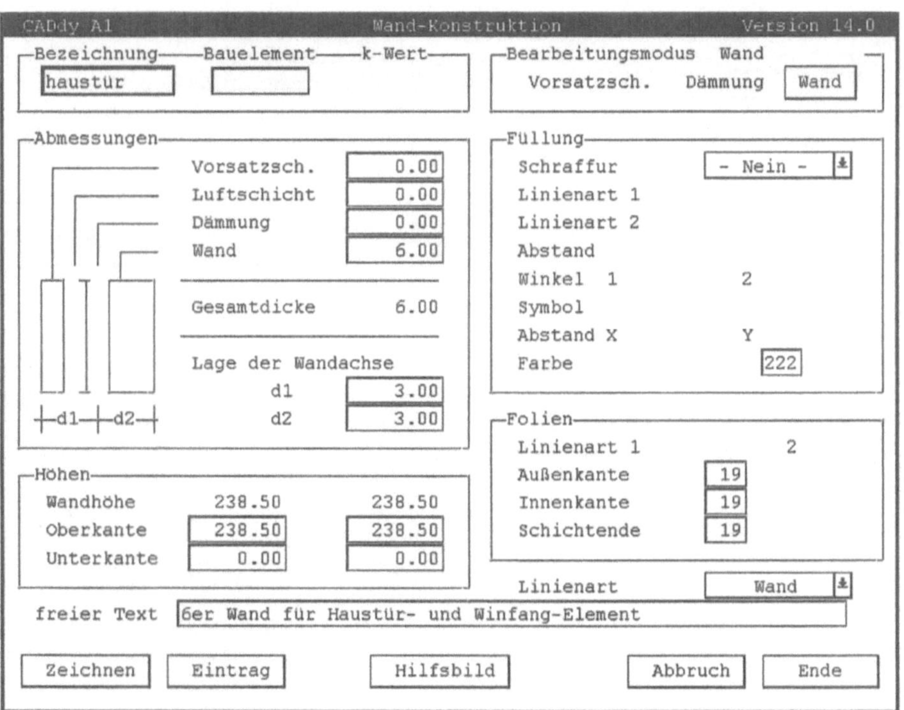

CADdy A1   Wand-Konstruktion   Version 14.0
Bezeichnung——Bauelement——k-Wert—   Bearbeitungsmodus Wand
haustür   Vorsatzsch. Dämmung Wand
Abmessungen
              Vorsatzsch.   0.00   Füllung
              Luftschicht   0.00   Schraffur   - Nein -
              Dämmung   0.00   Linienart 1
              Wand   6.00   Linienart 2
                                          Abstand
              Gesamtdicke   6.00   Winkel 1   2
                                          Symbol
              Lage der Wandachse   Abstand X   Y
                       d1   3.00   Farbe   222
    d1   d2   d2   3.00
Höhen   Folien
                                           Linienart 1   2
  Wandhöhe   238.50   238.50   Außenkante   19
  Oberkante   238.50   238.50   Innenkante   19
  Unterkante   0.00   0.00   Schichtende   19
  freier Text 6er Wand für Haustür- und Winfang-Element   Linienart   Wand

    Zeichnen   Eintrag   Hilfsbild   Abbruch   Ende

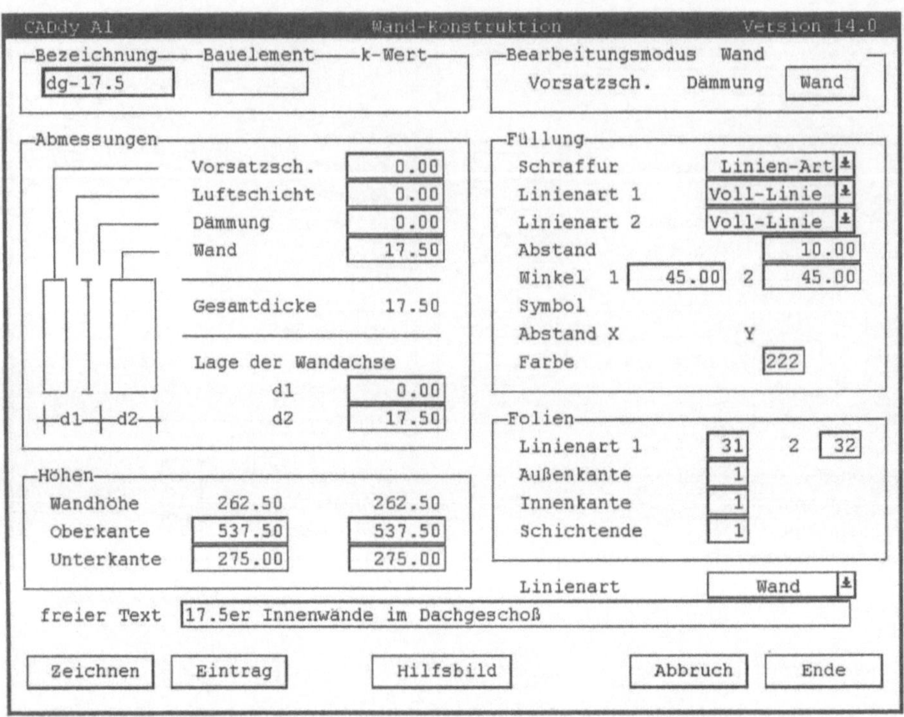

CADdy Al   Wand-Konstruktion   Version 14.0
Bezeichnung   Bauelement   k-Wert   Bearbeitungsmodus   Wand
dg-17.5   Vorsatzsch.   Dämmung   Wand
Abmessungen   Füllung
                Vorsatzsch.   0.00   Schraffur   Linien-Art
                Luftschicht   0.00   Linienart 1   Voll-Linie
                Dämmung   0.00   Linienart 2   Voll-Linie
                Wand   17.50   Abstand   10.00
                                                 Winkel 1   45.00   2   45.00
                Gesamtdicke   17.50   Symbol
                                                 Abstand X   Y
                Lage der Wandachse   Farbe   222
                        d1   0.00
d1   d2   d2   17.50   Folien
                                                 Linienart 1   31   2   32
Höhen   Außenkante   1
Wandhöhe   262.50   262.50   Innenkante   1
Oberkante   537.50   537.50   Schichtende   1
Unterkante   275.00   275.00
                                                 Linienart   Wand
freier Text   17.5er Innenwände im Dachgeschoß

Zeichnen   Eintrag   Hilfsbild   Abbruch   Ende

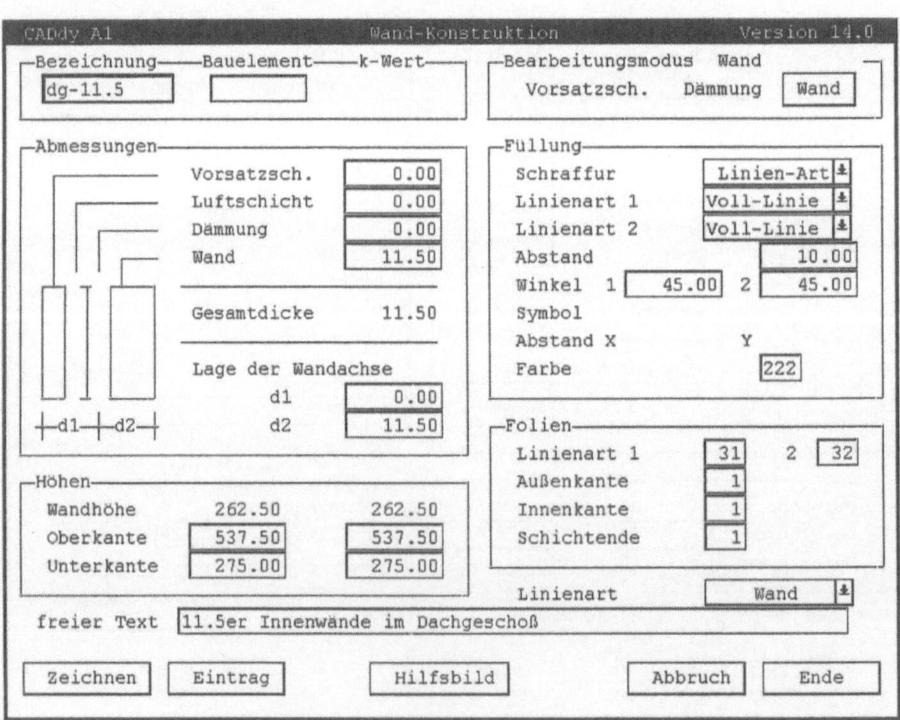

CADdy Al   Wand-Konstruktion   Version 14.0
Bezeichnung   Bauelement   k-Wert   Bearbeitungsmodus   Wand
dg-11.5   Vorsatzsch.   Dämmung   Wand
Abmessungen   Füllung
                Vorsatzsch.   0.00   Schraffur   Linien-Art
                Luftschicht   0.00   Linienart 1   Voll-Linie
                Dämmung   0.00   Linienart 2   Voll-Linie
                Wand   11.50   Abstand   10.00
                                                 Winkel 1   45.00   2   45.00
                Gesamtdicke   11.50   Symbol
                                                 Abstand X   Y
                Lage der Wandachse   Farbe   222
                        d1   0.00
d1   d2   d2   11.50   Folien
                                                 Linienart 1   31   2   32
Höhen   Außenkante   1
Wandhöhe   262.50   262.50   Innenkante   1
Oberkante   537.50   537.50   Schichtende   1
Unterkante   275.00   275.00
                                                 Linienart   Wand
freier Text   11.5er Innenwände im Dachgeschoß

Zeichnen   Eintrag   Hilfsbild   Abbruch   Ende

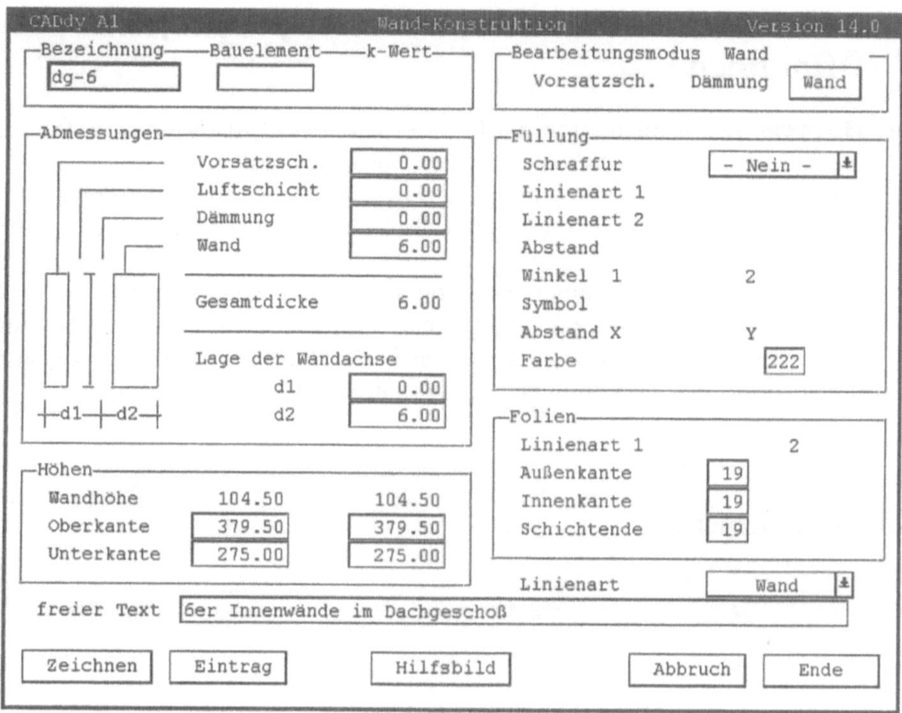
CADdy A1   Wand-Konstruktion   Version 14.0
Bezeichnung——Bauelement——k-Wert—
dg-6
Bearbeitungsmodus Wand
Vorsatzsch.   Dämmung   Wand
Abmessungen
Vorsatzsch.   0.00
Luftschicht   0.00
Dämmung   0.00
Wand   6.00
Gesamtdicke   6.00
Lage der Wandachse
d1   0.00
d2   6.00
d1 d2
Höhen
Wandhöhe   104.50   104.50
Oberkante   379.50   379.50
Unterkante   275.00   275.00
Füllung
Schraffur   - Nein -
Linienart 1
Linienart 2
Abstand
Winkel 1   2
Symbol
Abstand X   Y
Farbe   222
Folien
Linienart 1   2
Außenkante   19
Innenkante   19
Schichtende   19
Linienart   Wand
freier Text 6er Innenwände im Dachgeschoß
Zeichnen   Eintrag   Hilfsbild   Abbruch   Ende

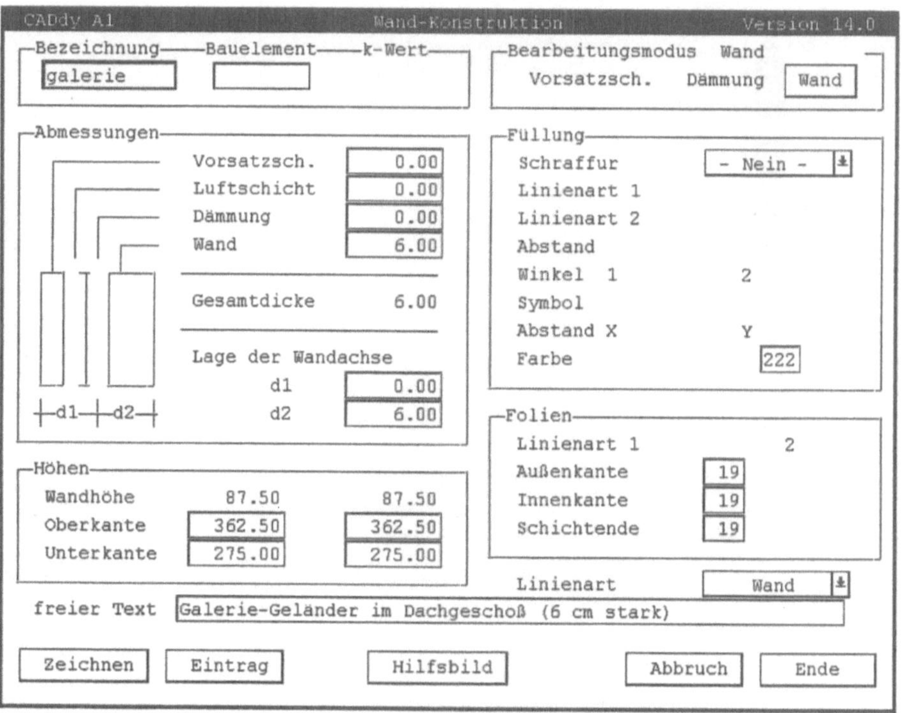
CADdy A1   Wand-Konstruktion   Version 14.0
Bezeichnung——Bauelement——k-Wert—
galerie
Bearbeitungsmodus Wand
Vorsatzsch.   Dämmung   Wand
Abmessungen
Vorsatzsch.   0.00
Luftschicht   0.00
Dämmung   0.00
Wand   6.00
Gesamtdicke   6.00
Lage der Wandachse
d1   0.00
d2   6.00
d1 d2
Höhen
Wandhöhe   87.50   87.50
Oberkante   362.50   362.50
Unterkante   275.00   275.00
Füllung
Schraffur   - Nein -
Linienart 1
Linienart 2
Abstand
Winkel 1   2
Symbol
Abstand X   Y
Farbe   222
Folien
Linienart 1   2
Außenkante   19
Innenkante   19
Schichtende   19
Linienart   Wand
freier Text Galerie-Geländer im Dachgeschoß (6 cm stark)
Zeichnen   Eintrag   Hilfsbild   Abbruch   Ende

6.5 Konstruktions-Masken für das Beispielprojekt: Öffnungen

☞ **Hinweis**: Die Konstruktionsmasken der aktuellen CADdy-Version 14.0 bieten differenziertere Möglichkeiten der Holzkonstruktion, als das in der Vorgängerversion CADdy 12.0 möglich war. Dadurch wurden allerdings einige Untermasken erforderlich, in denen die Holzstärken festgelegt werden können.

Damit Sie in dieser Zusammenstellung alle notwendigen Angaben auf einen Blick sehen, stammen die abgedruckten Konstruktionsmasken für Türen und Fenster aus CADdy 12.0. Lediglich die Auswahl- und die Konstruktionsmasken der Durchbrüche sind der aktuellen Version entnommen!

6.5.1 Durchbrüche

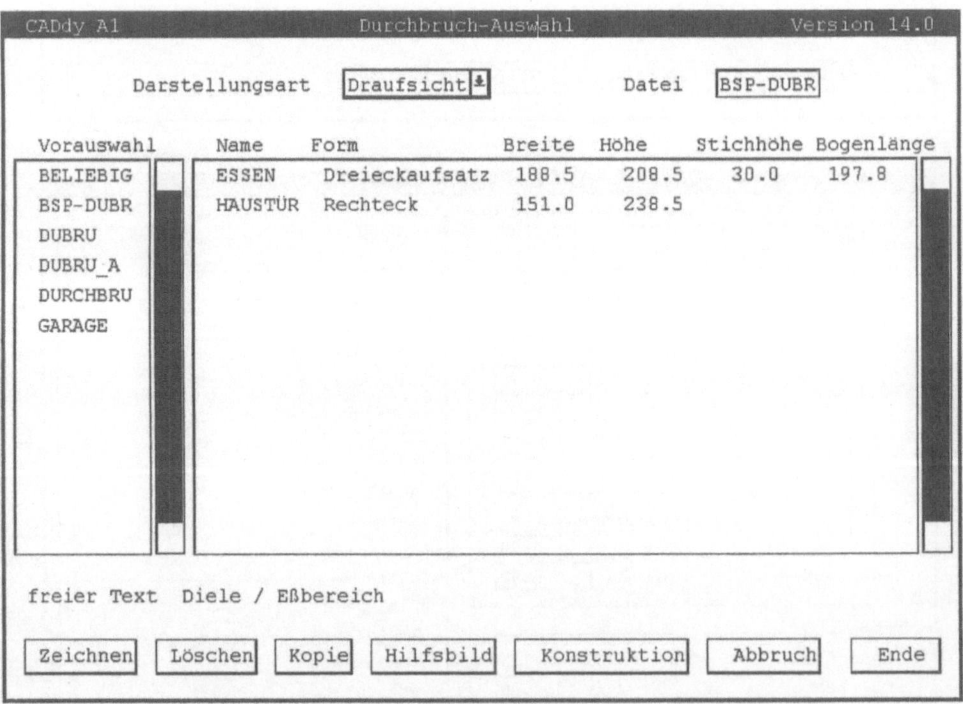

```
CADdy A1                  Durchbruch-Konstruktion              Version 14.0

  ─Name────────────Bauelement──────────Zeichen-Prog.────────Darst. Art──
  │ ESSEN │                          │ ABRL │             │ Draufsicht │±│


  ─Geometrieparameter──────────────────      ─Anschlag──────────────────
                                              Breite          │ 0.00 │
    Öffnungsform      │ Dreieckaufsatz │±│    Tiefe           │ 0.00 │


    Lichte Weite            │ 188.50 │        ┌─────────────────────────
    Lichte Höhe             │ 208.50 │        │  ⌐ Sturz zeichnen
    Brüstungshöhe           │   0.00 │        │  ⌐ Bemaßung
    Höhenoffset             │   0.00 │        │  ⌧ Auto. Texte positionieren
    Unterkante Sturz        │ 238.50 │
     Stichhöhe       :      │  30.00 │        ─Zusatz-Symbol *.BSY─────────
     δ Schenkellänge :        197.82          │        │


  freier Text  │ Diele / Eßbereich                              │    ⌐

  │ Zeichnen │  │ Folien │  │ Hilfsbild │   Form Editor...  │ Abbruch │ │ Ende │
```

```
CADdy A1                  Durchbruch-Konstruktion              Version 14.0

  ─Name────────────Bauelement──────────Zeichen-Prog.────────Darst. Art──
  │ HAUSTÜR │                        │ ABRL │             │ Draufsicht │±│


  ─Geometrieparameter──────────────────      ─Anschlag──────────────────
                                              Breite          │ 0.00 │
    Öffnungsform      │ Rechteck      │±│     Tiefe           │ 0.00 │


    Lichte Weite            │ 151.00 │        ┌─────────────────────────
    Lichte Höhe             │ 238.50 │        │  ⌐ Sturz zeichnen
    Brüstungshöhe           │   0.00 │        │  ⌐ Bemaßung
    Höhenoffset             │   0.00 │        │  ⌧ Auto. Texte positionieren
    Unterkante Sturz        │ 238.50 │
                                              ─Zusatz-Symbol *.BSY─────────
                                              │        │


  freier Text  │ Durchbruch für Haustür- und Windfang-Element     │    ⌐

  │ Zeichnen │  │ Folien │  │ Hilfsbild │   Form Editor...  │ Abbruch │ │ Ende │
```

6.5.2 Türen

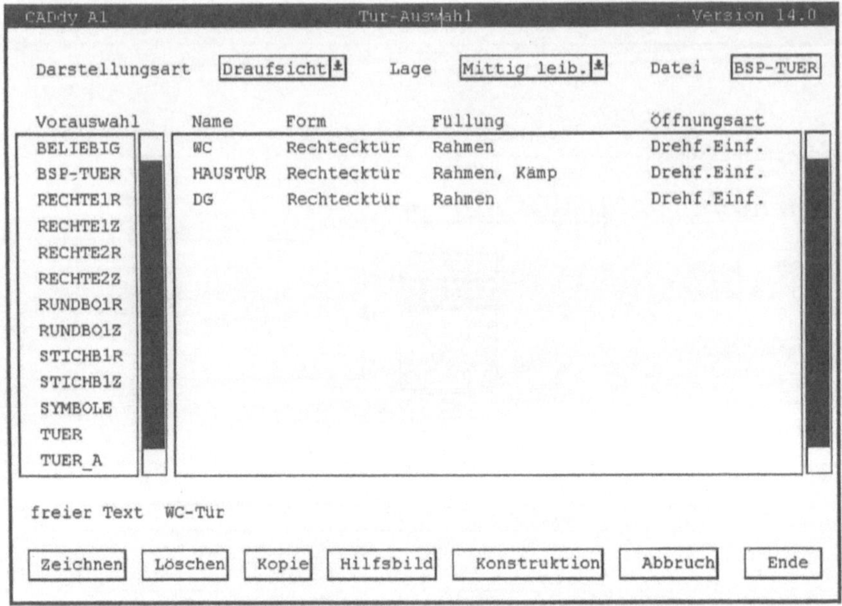

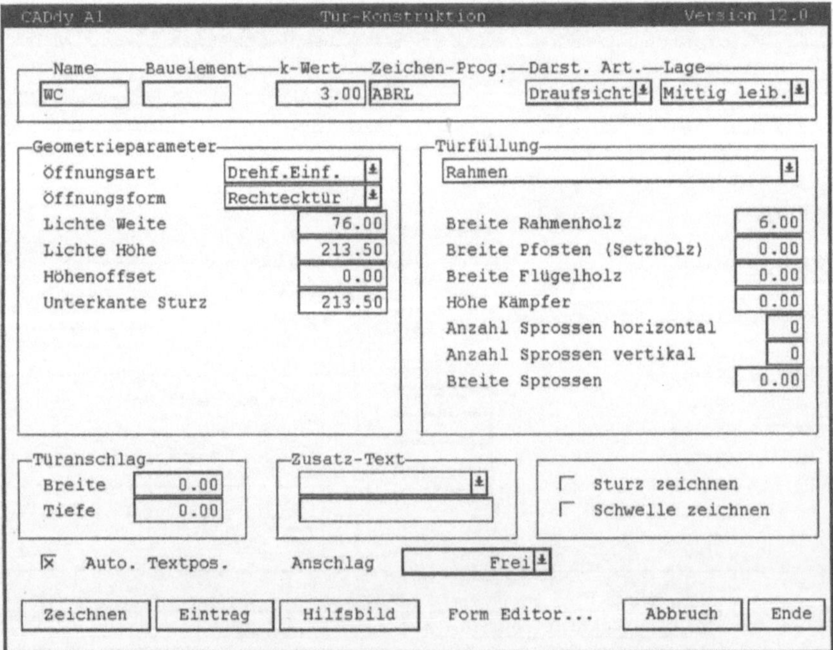

Die Türen im Dachgeschoß sind 88.5 cm breit; ansonsten gelten die Werte der WC-Tür!

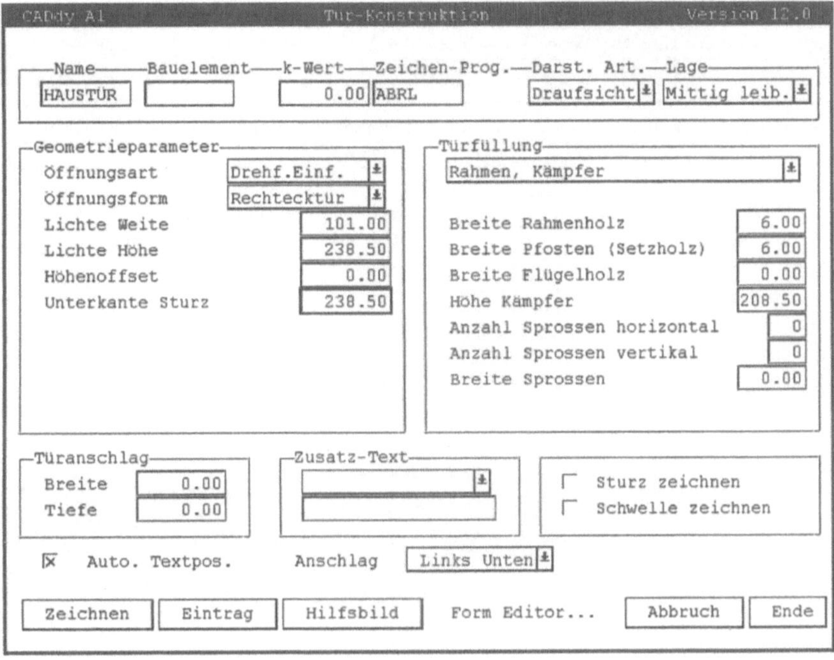

6.5.3 Fenster

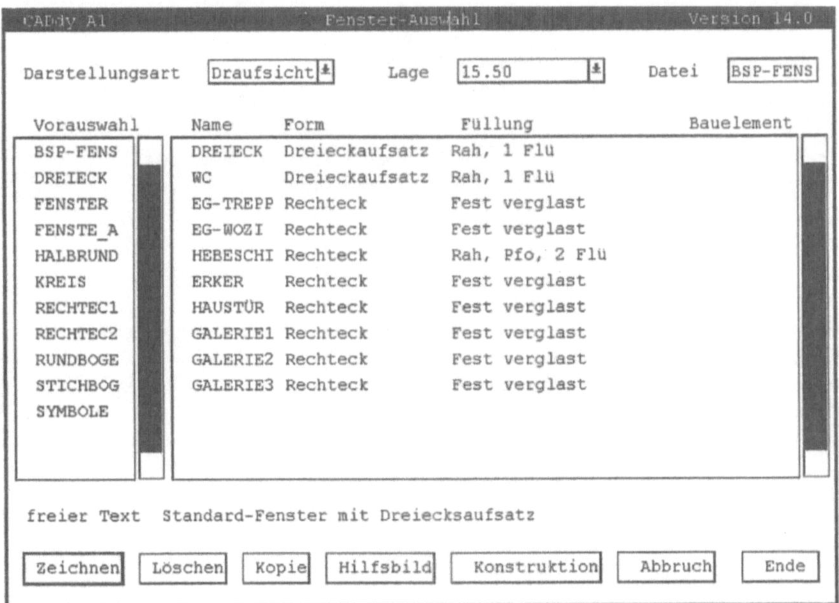

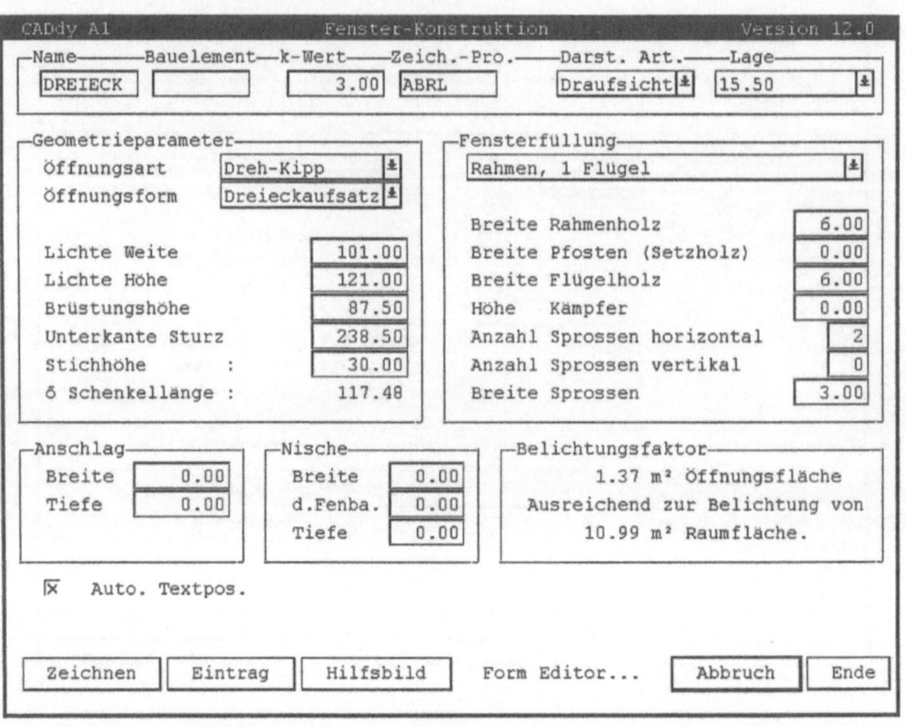

CADdy A1   Fenster-Konstruktion   Version 12.0
Name   Bauelement   k-Wert   Zeich.-Pro.   Darst. Art.   Lage
DREIECK   3.00   ABRL   Draufsicht   15.50
Geometrieparameter
Öffnungsart   Dreh-Kipp
Öffnungsform   Dreieckaufsatz
Lichte Weite   101.00
Lichte Höhe   121.00
Brüstungshöhe   87.50
Unterkante Sturz   238.50
Stichhöhe   :   30.00
ð Schenkellänge :   117.48
Fensterfüllung
Rahmen, 1 Flügel
Breite Rahmenholz   6.00
Breite Pfosten (Setzholz)   0.00
Breite Flügelholz   6.00
Höhe   Kämpfer   0.00
Anzahl Sprossen horizontal   2
Anzahl Sprossen vertikal   0
Breite Sprossen   3.00
Anschlag
Breite   0.00
Tiefe   0.00
Nische
Breite   0.00
d.Fenba.   0.00
Tiefe   0.00
Belichtungsfaktor
1.37 m² Öffnungsfläche
Ausreichend zur Belichtung von
10.99 m² Raumfläche.
X   Auto. Textpos.
Zeichnen   Eintrag   Hilfsbild   Form Editor...   Abbruch   Ende

CADdy A1   Fenster-Konstruktion   Version 12.0
Name   Bauelement   k-Wert   Zeich.-Pro.   Darst. Art.   Lage
WC   0.00   ABRL   Draufsicht   15.50
Geometrieparameter
Öffnungsart   Dreh-Kipp
Öffnungsform   Dreieckaufsatz
Lichte Weite   51.00
Lichte Höhe   81.00
Brüstungshöhe   137.50
Unterkante Sturz   238.50
Stichhöhe   :   20.00
ð Schenkellänge :   64.82
Fensterfüllung
Rahmen, 1 Flügel
Breite Rahmenholz   6.00
Breite Pfosten (Setzholz)   0.00
Breite Flügelholz   6.00
Höhe   Kämpfer   0.00
Anzahl Sprossen horizontal   1
Anzahl Sprossen vertikal   0
Breite Sprossen   3.00
Anschlag
Breite   0.00
Tiefe   0.00
Nische
Breite   0.00
d.Fenba.   0.00
Tiefe   0.00
Belichtungsfaktor
0.46 m² Öffnungsfläche
Ausreichend zur Belichtung von
3.71 m² Raumfläche.
X   Auto. Textpos.
Zeichnen   Eintrag   Hilfsbild   Form Editor...   Abbruch   Ende

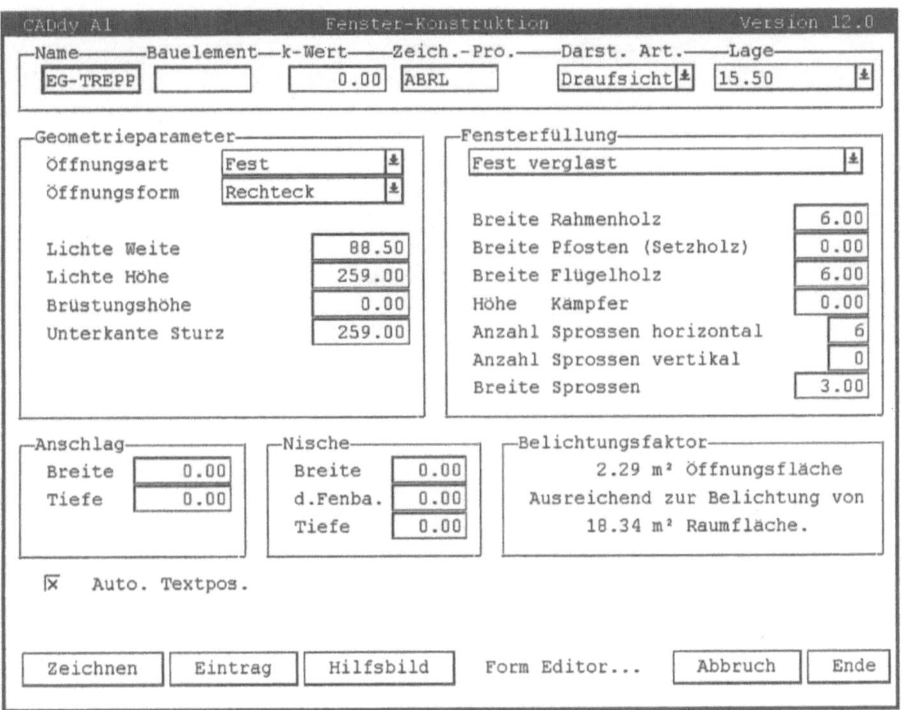

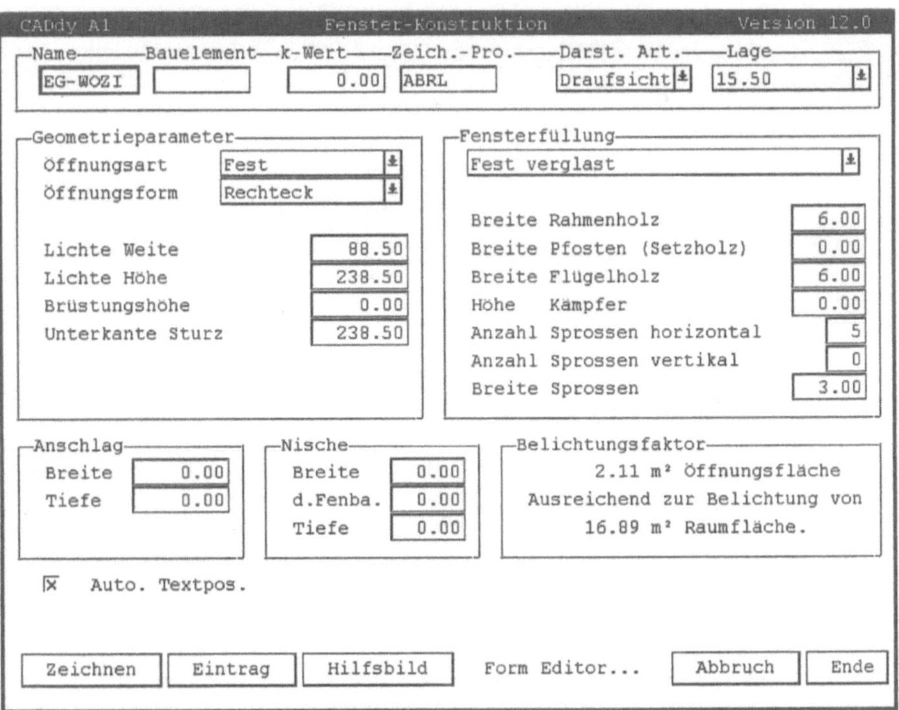

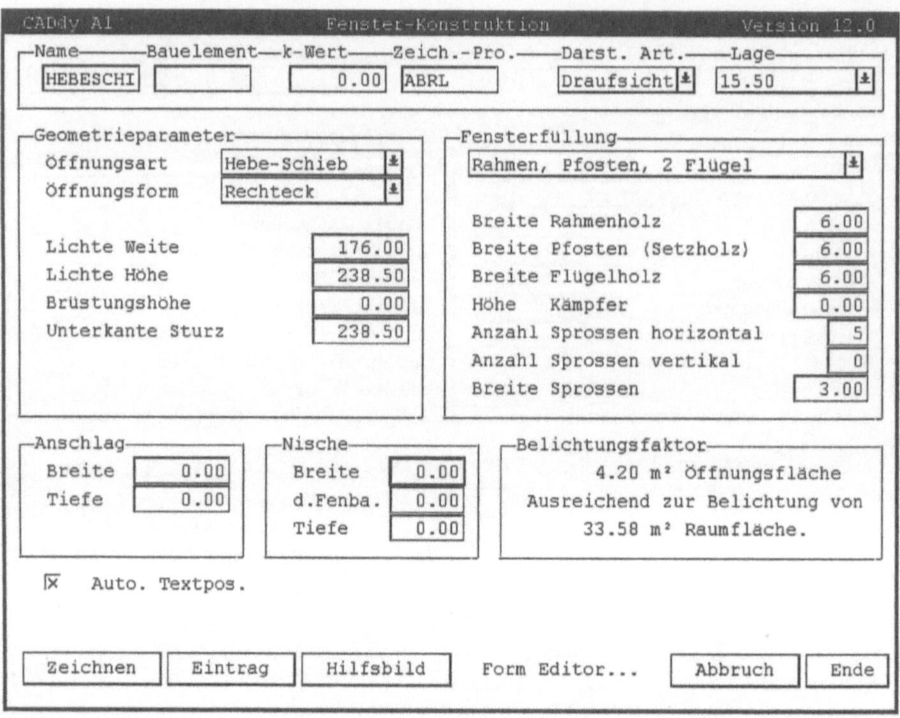

CADdy A1   Fenster-Konstruktion   Version 12.0
Name   Bauelement   k-Wert   Zeich.-Pro.   Darst. Art.   Lage
HEBESCHI   0.00   ABRL   Draufsicht   15.50
Geometrieparameter
Öffnungsart   Hebe-Schieb
Öffnungsform   Rechteck
Lichte Weite   176.00
Lichte Höhe   238.50
Brüstungshöhe   0.00
Unterkante Sturz   238.50
Fensterfüllung
Rahmen, Pfosten, 2 Flügel
Breite Rahmenholz   6.00
Breite Pfosten (Setzholz)   6.00
Breite Flügelholz   6.00
Höhe   Kämpfer   0.00
Anzahl Sprossen horizontal   5
Anzahl Sprossen vertikal   0
Breite Sprossen   3.00
Anschlag
Breite   0.00
Tiefe   0.00
Nische
Breite   0.00
d.Fenba.   0.00
Tiefe   0.00
Belichtungsfaktor
4.20 m² Öffnungsfläche
Ausreichend zur Belichtung von
33.58 m² Raumfläche.
X Auto. Textpos.
Zeichnen   Eintrag   Hilfsbild   Form Editor...   Abbruch   Ende

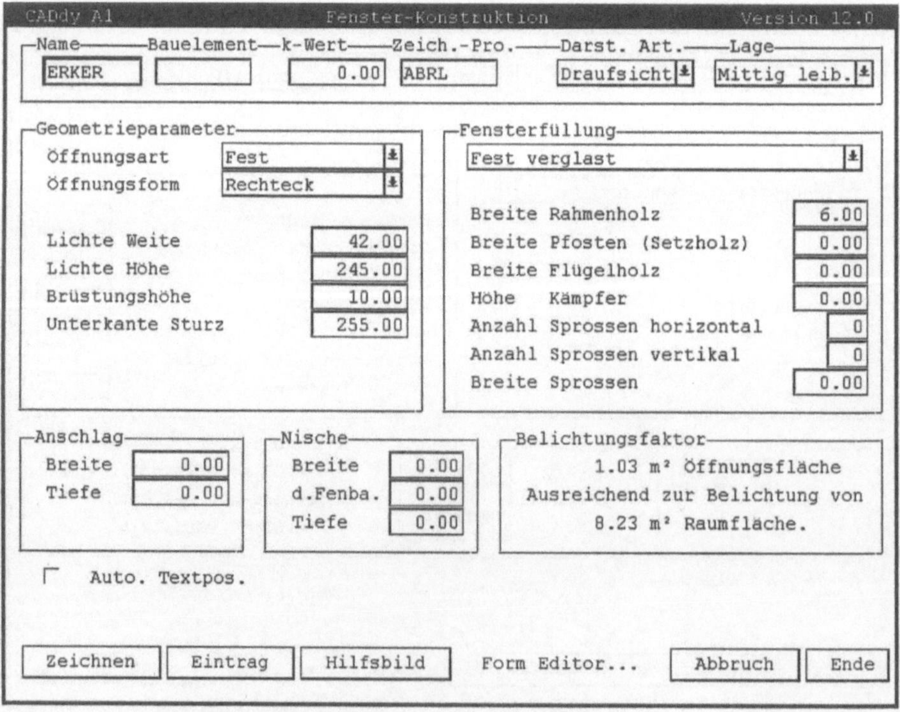

CADdy A1   Fenster-Konstruktion   Version 12.0
Name   Bauelement   k-Wert   Zeich.-Pro.   Darst. Art.   Lage
ERKER   0.00   ABRL   Draufsicht   Mittig leib.
Geometrieparameter
Öffnungsart   Fest
Öffnungsform   Rechteck
Lichte Weite   42.00
Lichte Höhe   245.00
Brüstungshöhe   10.00
Unterkante Sturz   255.00
Fensterfüllung
Fest verglast
Breite Rahmenholz   6.00
Breite Pfosten (Setzholz)   0.00
Breite Flügelholz   0.00
Höhe   Kämpfer   0.00
Anzahl Sprossen horizontal   0
Anzahl Sprossen vertikal   0
Breite Sprossen   0.00
Anschlag
Breite   0.00
Tiefe   0.00
Nische
Breite   0.00
d.Fenba.   0.00
Tiefe   0.00
Belichtungsfaktor
1.03 m² Öffnungsfläche
Ausreichend zur Belichtung von
8.23 m² Raumfläche.
Auto. Textpos.
Zeichnen   Eintrag   Hilfsbild   Form Editor...   Abbruch   Ende

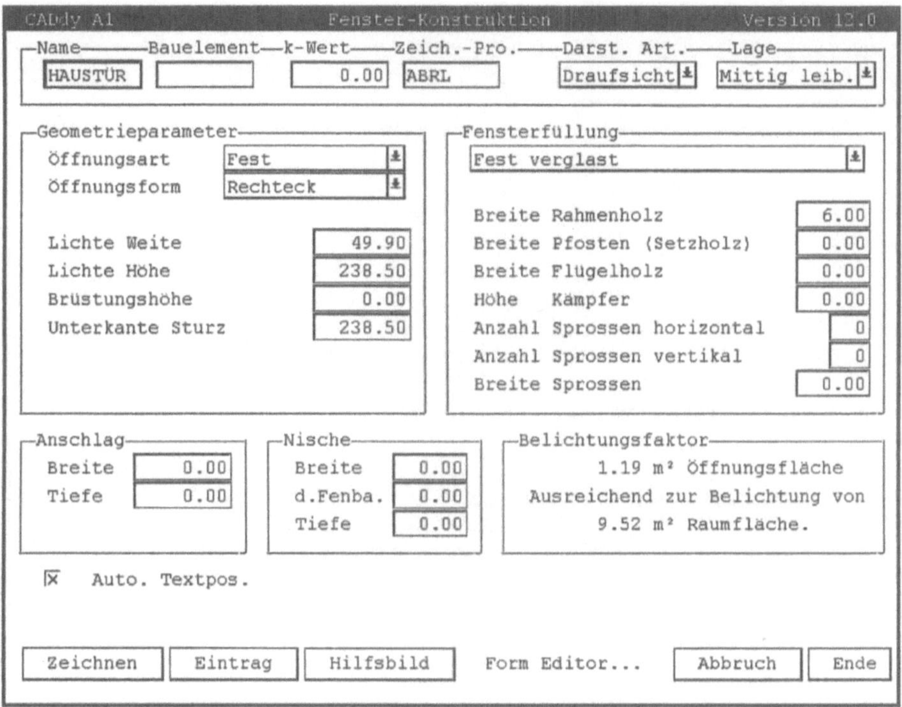

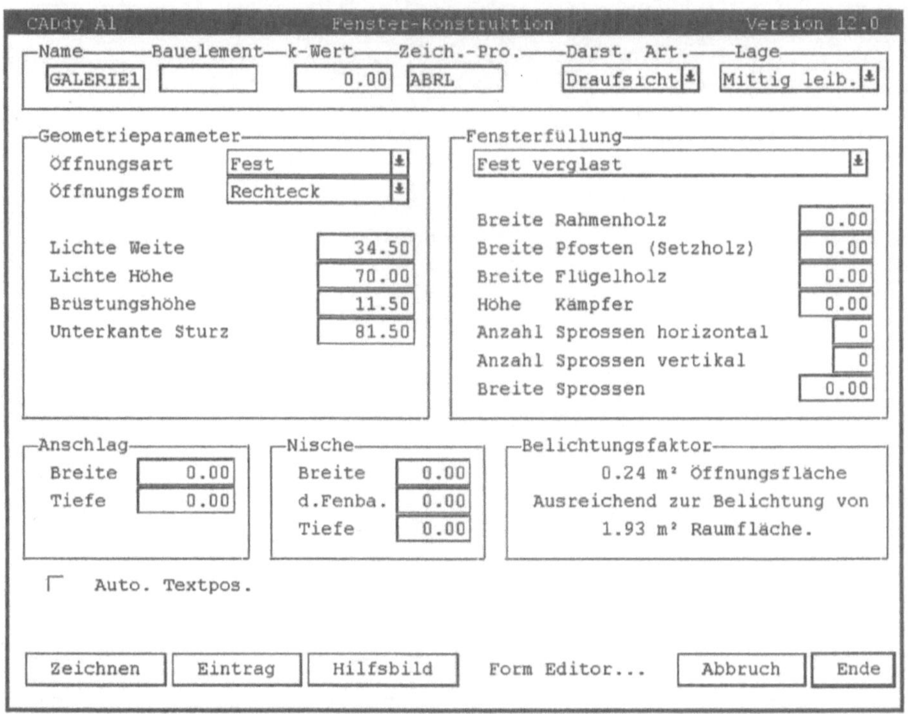

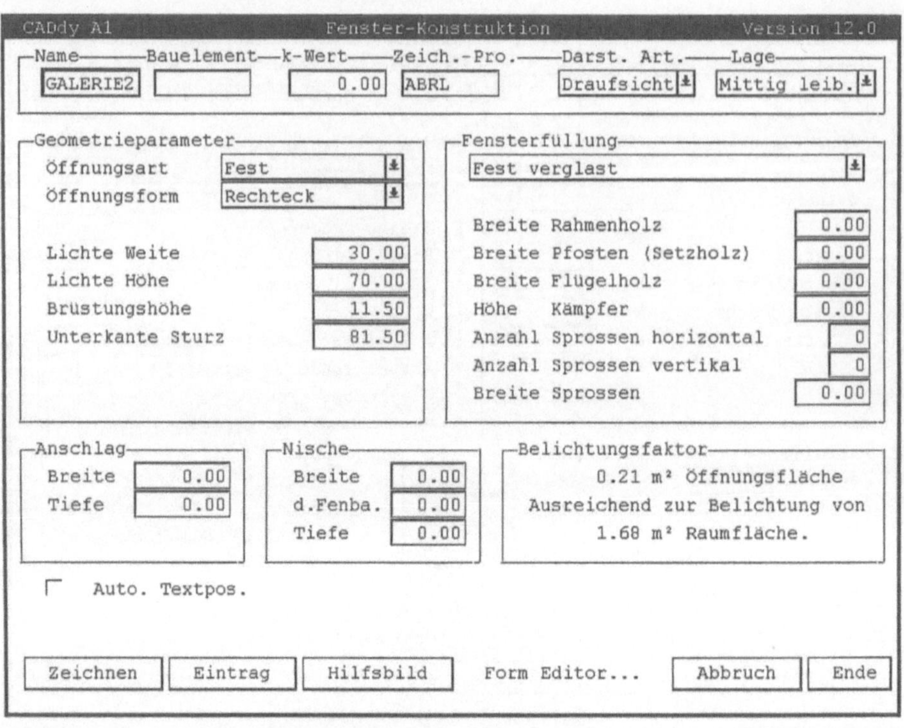

CADdy A1   Fenster-Konstruktion   Version 12.0
Name   Bauelement   k-Wert   Zeich.-Pro.   Darst. Art.   Lage
GALERIE2   0.00   ABRL   Draufsicht   Mittig leib.
Geometrieparameter
Öffnungsart   Fest
Öffnungsform   Rechteck
Lichte Weite   30.00
Lichte Höhe   70.00
Brüstungshöhe   11.50
Unterkante Sturz   81.50
Fensterfüllung
Fest verglast
Breite Rahmenholz   0.00
Breite Pfosten (Setzholz)   0.00
Breite Flügelholz   0.00
Höhe   Kämpfer   0.00
Anzahl Sprossen horizontal   0
Anzahl Sprossen vertikal   0
Breite Sprossen   0.00
Anschlag
Breite   0.00
Tiefe   0.00
Nische
Breite   0.00
d.Fenba.   0.00
Tiefe   0.00
Belichtungsfaktor
0.21 m² Öffnungsfläche
Ausreichend zur Belichtung von
1.68 m² Raumfläche.
Auto. Textpos.
Zeichnen   Eintrag   Hilfsbild   Form Editor...   Abbruch   Ende

CADdy A1   Fenster-Konstruktion   Version 12.0
Name   Bauelement   k-Wert   Zeich.-Pro.   Darst. Art.   Lage
GALERIE3   0.00   ABRL   Draufsicht   Mittig leib.
Geometrieparameter
Öffnungsart   Fest
Öffnungsform   Rechteck
Lichte Weite   32.00
Lichte Höhe   70.00
Brüstungshöhe   11.50
Unterkante Sturz   81.50
Fensterfüllung
Fest verglast
Breite Rahmenholz   0.00
Breite Pfosten (Setzholz)   0.00
Breite Flügelholz   0.00
Höhe   Kämpfer   0.00
Anzahl Sprossen horizontal   0
Anzahl Sprossen vertikal   0
Breite Sprossen   0.00
Anschlag
Breite   0.00
Tiefe   0.00
Nische
Breite   0.00
d.Fenba.   0.00
Tiefe   0.00
Belichtungsfaktor
0.22 m² Öffnungsfläche
Ausreichend zur Belichtung von
1.79 m² Raumfläche.
Auto. Textpos.
Zeichnen   Eintrag   Hilfsbild   Form Editor...   Abbruch   Ende

6.6 Beispielprojekt / Pläne

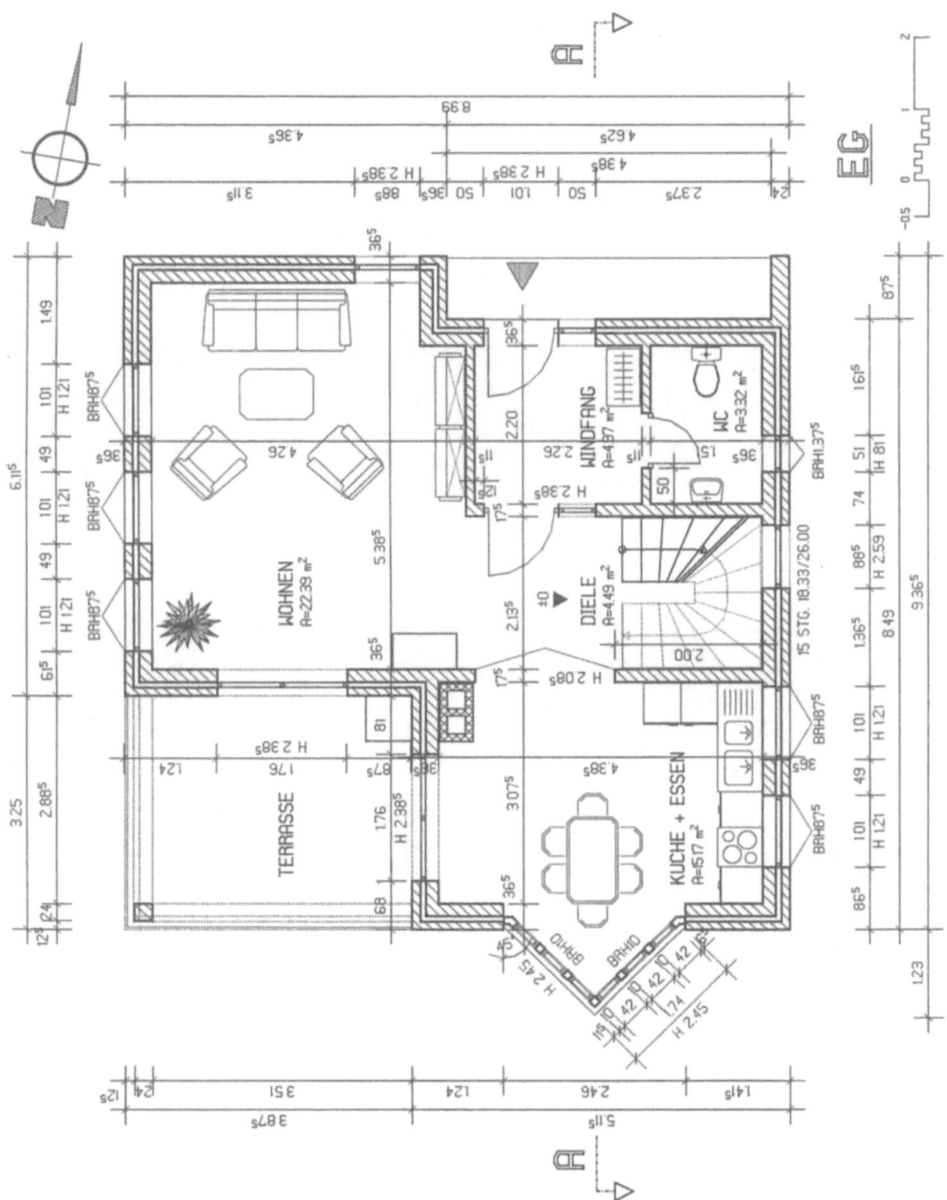

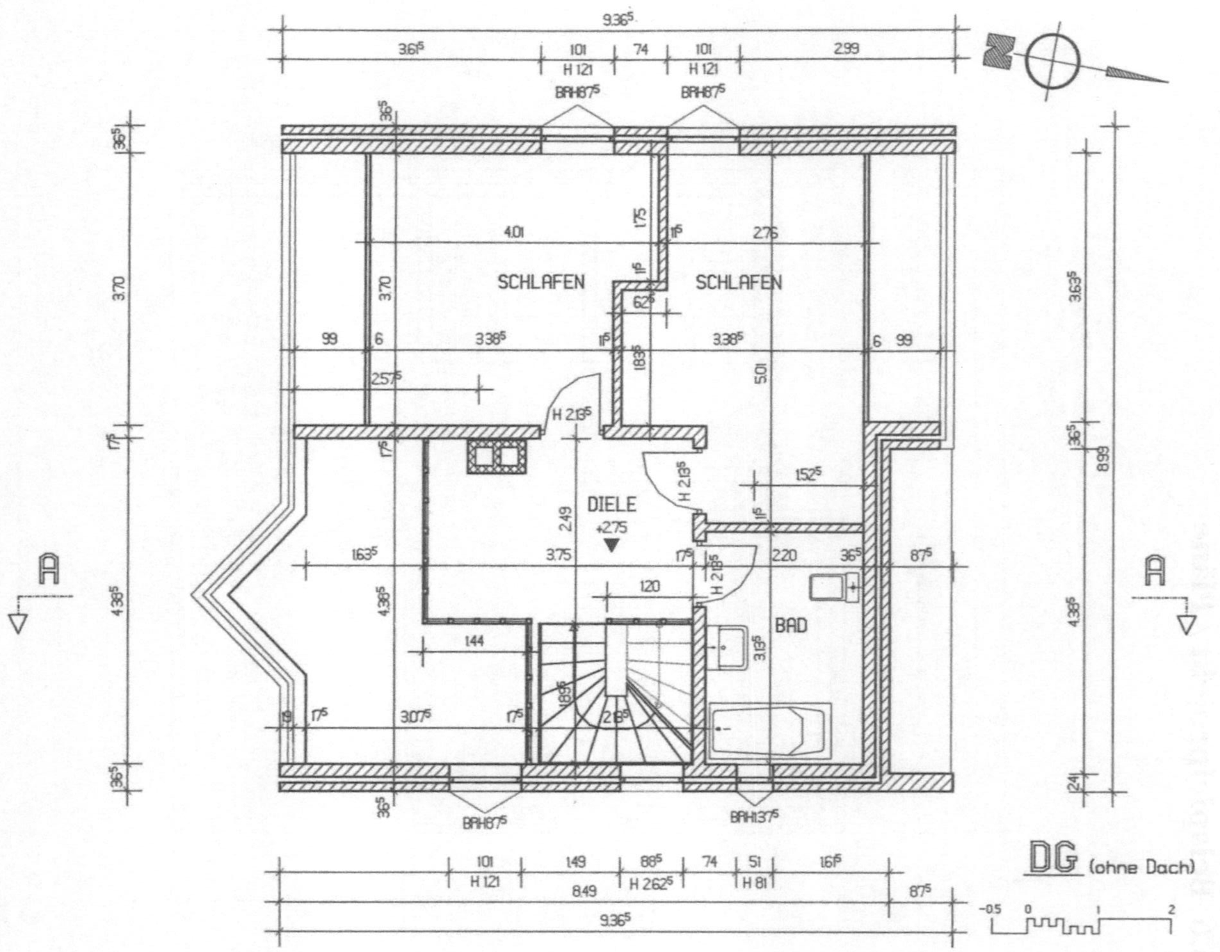

N
SCHLAFEN
SCHLAFEN
DIELE
+2.75
BAD
A
A
DG (ohne Dach)

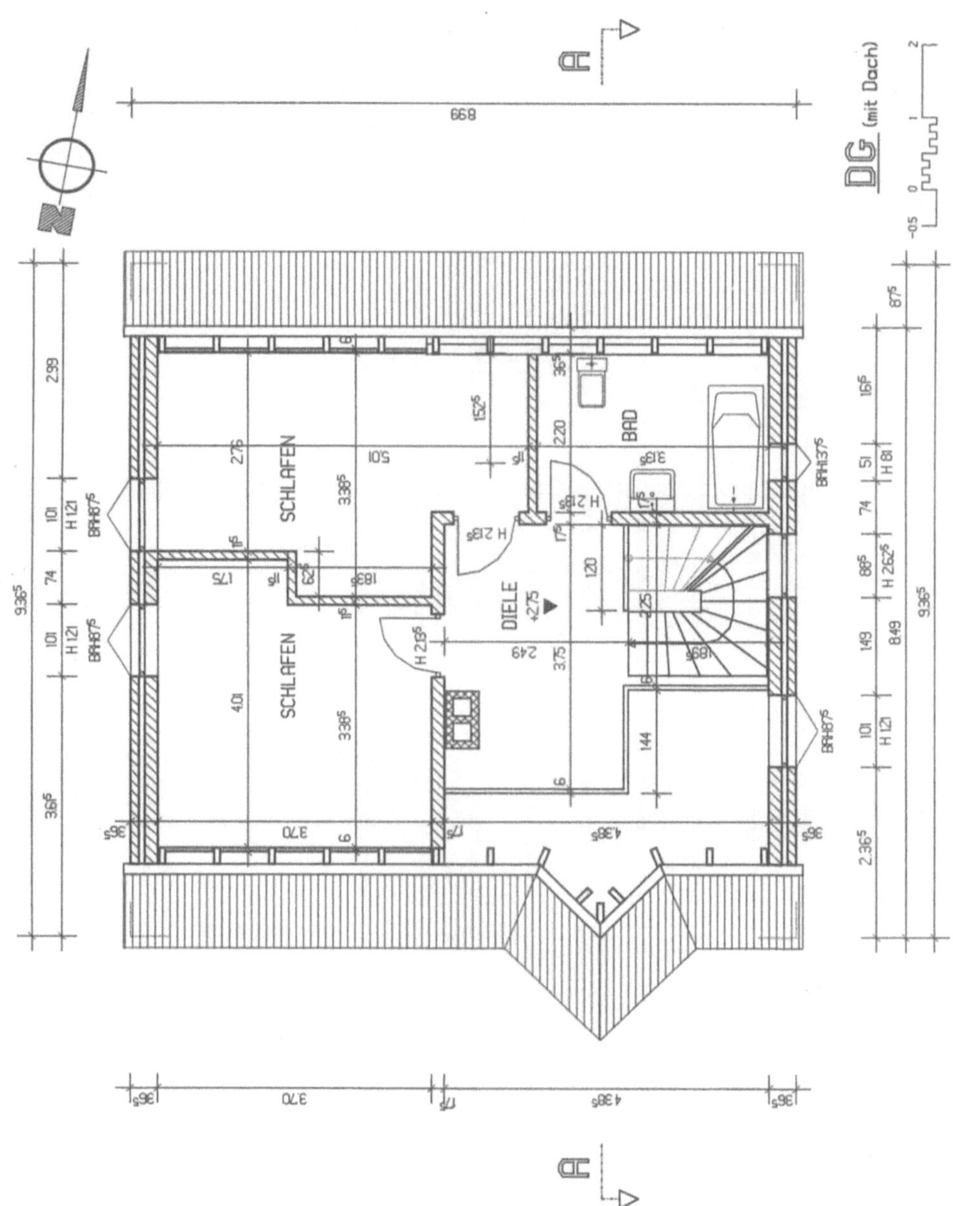

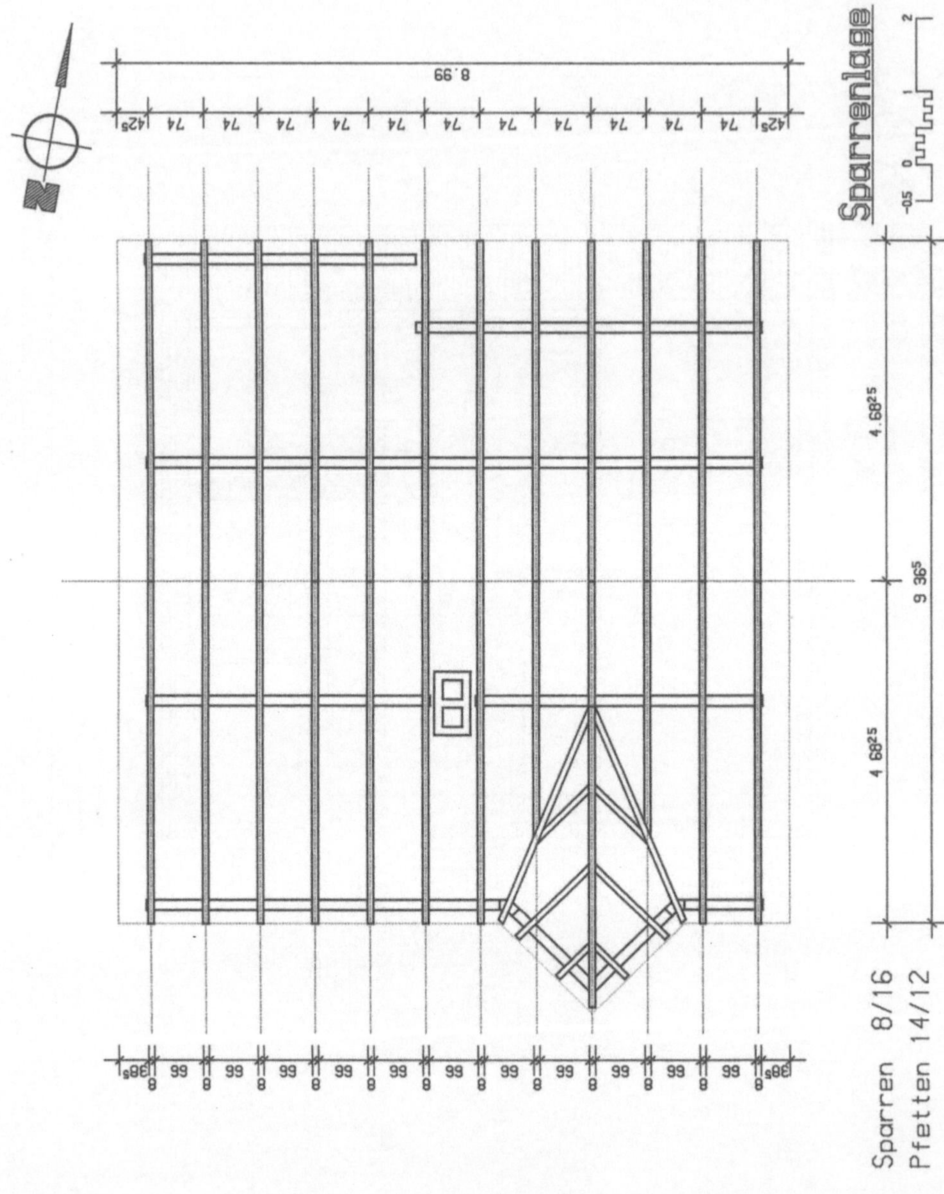
Sparrenlage
8.99
Sparren 8/16
Pfetten 14/12

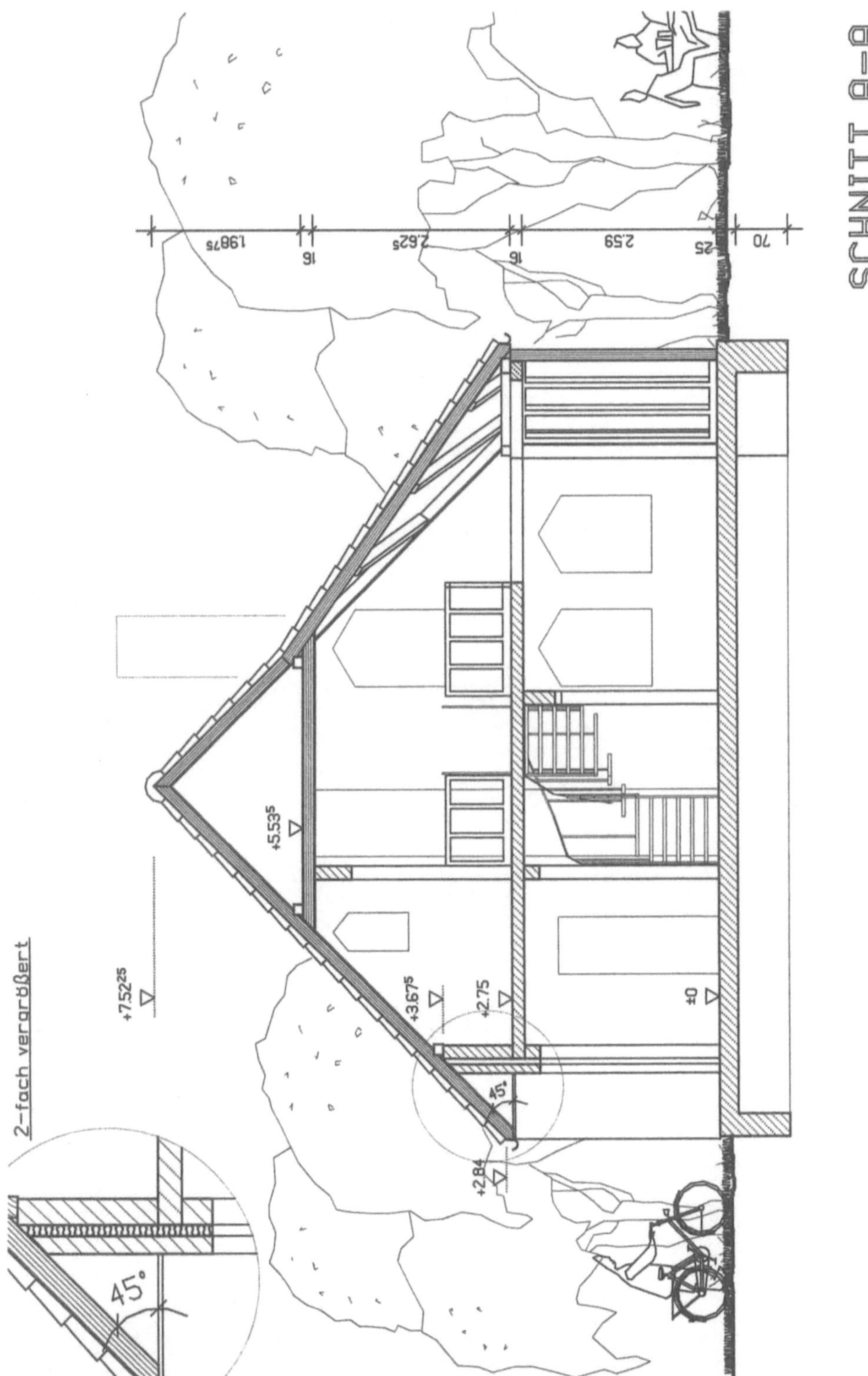
SCHNITT A-A
2-fach vergrößert
45°
45°
1.9875
16
2.625
16
2.59
25
70
+7.52²⁵
+5.53⁵
+3.67⁵
+2.75
+2.84
±0

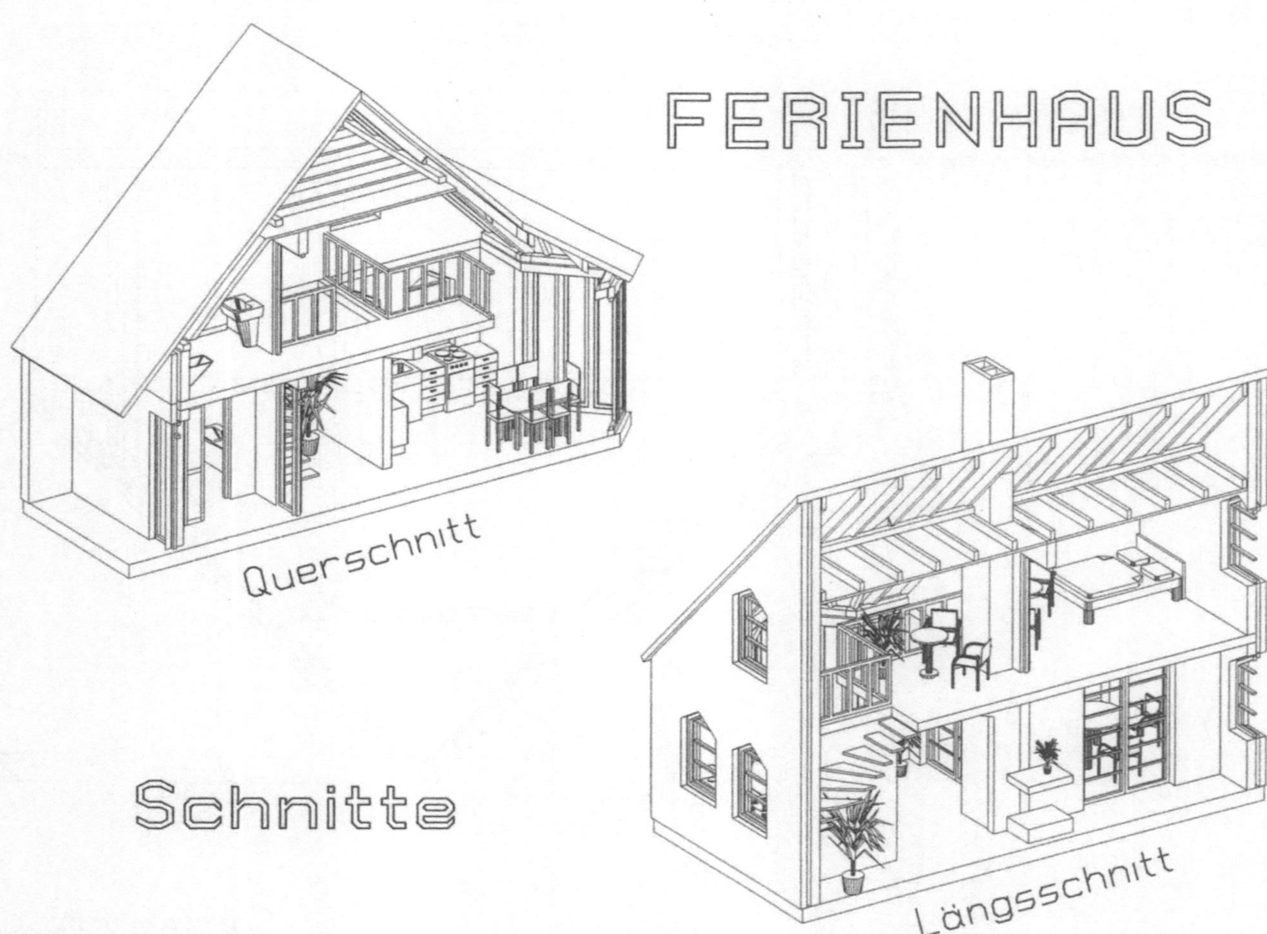
FERIENHAUS
Querschnitt
Schnitte
Längsschnitt

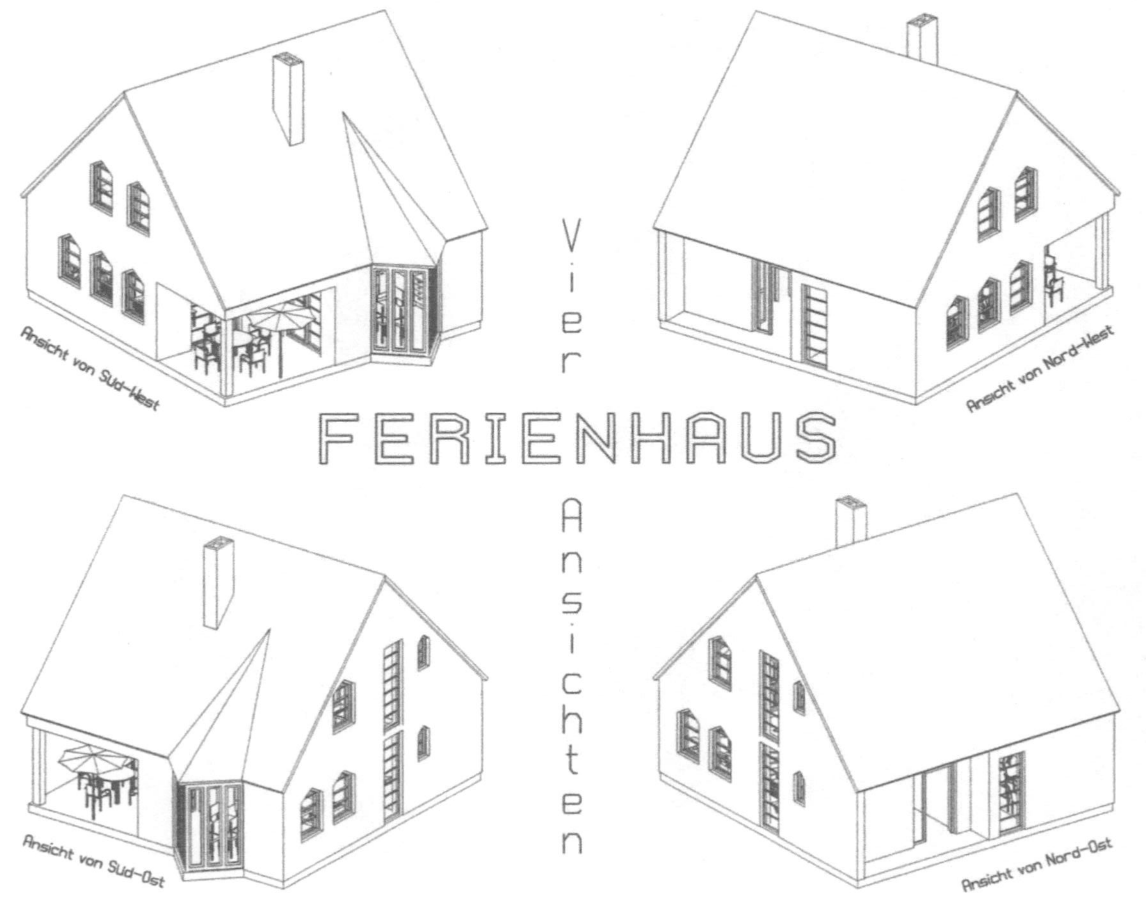

Ansicht von Süd-West
Ansicht von Nord-West
Ansicht von Süd-Ost
Ansicht von Nord-Ost
Vier
FERIENHAUS
Ansichten

Sachwortverzeichnis

2D-3D-Kopplung 52, 53, 138, 144, 222
  – Parameter 222
  – Speichern 225
  – Wände mit der Dachhaut
    verschneiden 224
  – Wände und Öffnungen erzeugen
    und bearbeiten 223
2D-3D-Modell 53
2D-Bild speichern (Maske) 217
2D-Grundriß 53
2D-Kontur lesen (Maske) 201
3D-Ansicht 54
3D-Bearbeitung 62
3D-Datenmodelle 182
3D-Flächenmodul 52, 181
  – Bildelemente 187
  – Folien 186
  – Programmstart und Handhabung
    184
  – Speichern 215
3D-Konstruktion 53, 181
3D-Objekt-Bibliothek
  Architektur 281
3D-Objekte
  – Erzeugen 209
  – Identifizieren 188
3D-Objekte
  – Ändern 211
3D-Parameter 185
3D-Programm 53
  – Bildmaße 191
  – Darstellung 196
  – Darstellungsmöglichkeiten 191
  – Punktdefinition 190
  – Standardansichten 192

A
Anpassung, individuelle 33
Anschlagseite 99
Ansichten 54, 232, 270
Architektur-Definitions-Datei 19
Architekturparameter 22, 32, 36
Architektursymbole 133
ASCII-Format 263
Assoziativ-Bemaßung 242

A-Symbole 133
A-Symbolen 133
Ausgabegerät 255
Außenwände 76
Autopan 30, 79
Auto-Panning 59

B
Beispielprojekt
  – Konstruktions-Masken 282
  – Pläne 299
Bemaßung 240
Bemaßungsfunktionen 242
Bemaßungsparameter 240
Benutzeroberfläche, anpassen 24
Beschriftung 247
Beschriftungsparameter 247
Beton-Schraffur 76
Bibliotheken 160
Bildmaße 238
Bildschirmauflösung 15
Bildschirmhintergrund, ändern 30
Blattformat 257
Blattgröße 238
Blickpunktmenü 193
Box Mode 47
Box-Mode 211
Brüstungshöhe 96
B-Symbole 133

C
CADdy unter Windows 16
CADdy-Arbeitsplatz 12
CADdy-Bildschirm 21
CADDYINS 15
CADDYINS.EXE 14
CADdy-Installation 13
CADdy-Oberfläche 33
CADdy-Treiber 19
Clipebene 194
Cursor, dreidimensional 212
Cursor-Fangfunktionen 45
Cursormode 46
Cursormodus 136
Cursor-Zusatzfunktionen 45, 136

D

Dach-Archiv 160

Dachausmittlung 147, 148, 154, 157, 169, 172, 175

Dachbemessung 148

Dachbibliothek 164

Dach-Bibliothek 160

Dachfläche 153

Dachformen 160

Dachgeometrie 147

Dachhaut 153

Dachhölzer 153

Dachstruktur 164

Dachvorsprung 159

Datenaustausch 261

Datenübergabe an das 2D-Programm 216

Decke 127

Decken, erzeugen 128

Deckenkontur 129

Displaylist-Funktionen 43, 45

Drahtmodell 182

Drucken 252

Drucken aus WinCADdy 260

Druckertreiber 14, 33

Durchbruch 92, 107, 108, 132

Durchbrüche 91

Durchbruchgeometrie 102

DXF-Format 264

E

Editieren 251

Endpunkt 46

Erker 110

Erkerkonstruktion 84

Explosionszeichnung 234, 272

F

Fadenkreuz-Cursor 46

Fangbox 30

Fangraster 39, 45

Farbnummern 40

Fenster 91, 97, 107, 109

Flächendefinition 246

Flächenmodell 183

Flächenneigung 156

Folgennummer 42, 43

Folien 36, 40

Folien, vordefinierte 40

Folien-Einstellungen 41

Folienzuweisungen 40

Form-Editor 105

Füllung 74

Fundamentplatte 127

Funktionsbeschreibungen 24

Funktionsnummer 23

Funktionsnummern-Hilfe 26

Funktionstastenbelegung 29, 275

G

Gaubenbibliothek 161

Gaubenformen 161

Gaubentypen 160

Geländerkonstruktion 123, 124

Geräteauswahl 252

Geschoßdecke 127

Geschoßverwaltung 206

Gittermodell-Editor 147, 164

GM-Editor *Siehe* Gittermodell-Editor

Grafikeinstellungen 15

Grafiktreiber 14

Grafiktreiber, alternative 15

Grundriß lesen (Maske) 204

Grundrisse 267

Grundrißkonstruktion 62

H

Hardwarevoraussetzungen 12

Höhenkontur 72

Höhenkoten 245

Höhenpunkte 72

Holzabstand 150

Hölzer 169

Holzquerschnitt 171

Holztyp 170

HPGL-Format 262

I

Icon-Anordnung 27

Icons 26

Icons definieren 28, 58

Icon-Verzeichnis 27

Info-Datei 33, 35

Installationsprogramm 13

K

Kamera-Funktion 193

Kamin 82

Kämpfer 94

Kantenfarbe 55

Kantenfarben 55
Kantenmodell 182
Kehlbalken 220
Ketten-Bemaßung 243
Konstruktionslisten 49
Konstruktionsparameter 50
Konturen 201
Konturtreppe 120, 124
Konturtreppen 115
Konturverfolgung 158
Konvertieren 225
Kopieren, dynamisches 47
Koten-Bemaßung 245
Krüppelwalmdach 147
k-Wert 95

L
Längsschnitt 233
Lauflänge 118
Layer 40
Linienbreiten 261
Listen 175

M
Maskenauswahl 32
Massenermittlung 62
Maßgeometrie 241
Maßstab 238
Maßtext 241
Mauervorlage 81
Mehrfachverbindung 87
Mein Menü 23, 25, 33
Menüführung 21
Mittelpfetten 220
Modell speichern 225

N
Nische 98

O
Objekte, dreidimensionale 52
Objektpunkt 46
Öffnungen 91
Öffnungen, bearbeiten 101, 111
Öffnungen, definieren 104
Öffnungen, mehrfache 100
Öffnungen, übereinander 104
Öffnungen, zeichnen 99, 108
Öffnungselement 102, 113
Öffnungsgeometrie 91

Online-Hilfe 23
Orientierungsraster 39

P
Parallelprojektion 192
Parameterdateien 49, 57
Parametereinstellungen 35
PCX-Format 266
Perspektiv-Parameter (Maske) 195
Pfade 36
Pfetten 169
Pfosten 94
Pixel-Formate 265
Planausgabe 237
Plangestaltung 237
Plazieren mehrerer Zeichnungen
    auf einem Blatt 239
Plotbereich 258
Plot-Layout 259
Plot-Parameter (Maske) 258
Plotten 252
    – Erstellen einer Plot-Datei 257
    – Vorbereitung 255
    – Zusammenstellen mehrerer Plots
      auf einem Blatt 259
Plotter-Parameter (Maske) 254
Plottertreiber 14, 33, 254
Podest 127
Polygonschnitt 214
Poly-Linien 62
Praxisfall
    – 3D-Darstellung der Küche
      im EG 198

Projekten 21
Projektverwaltung 21, 47, 57, 149
Projektverzeichnis 48, 57
Proportionalschrift 247
Pulldown-Menü 25
Pulldown-Menü-Anordnung 26
Punkt-Cursor 46
PUNKTKONSTRUKTION 45

Q
Querschnitt 233

R
Rahmenkonstruktion 94
Raster 39
Rasterplotter 252

Rechte-Hand-Regel
 - Achsendefinition 193
 - Drehwinkel 193
Record Identifier 42
Referenzpunkt 46
RID 42
Rücksprung 103
Runddach 147

S

Satteldach 147
Schattieren 55, 196
Schnitte 232, 271
Schnitte erzeugen 213
Schnittpunkt 46
Schnittpunkt, von Wänden 70
Schornstein 82
Schraffur 74
Schraffurlinien 74
Schriftart 18
Schriftsätze 25, 249
Schriftsatz-Zuordnung 248
Spaltenmenü 25
Sparren 169
Sparrenlage 232, 269
Sparrenplan 179
Spindeltreppe 118
Sprosseneinteilung 94
Standard-Dachformen 160
Standard-Dachkonstruktionen 147
Standard-Plottertreiber 19
Standardsparren 169
Standardtreppe 124
Standardtreppen 115
Standard-VGA-Treiber 19
Stiftgeschwindigkeit 255
Strichstärken 255
Strukturen, logische 22
Stütze 81
Symbol-Bibliothek
   Architektur 277
Symbole, ändern 136
Symbole, erzeugen 133
Symbole, multiplizieren 136
Symbole, tauschen 137
Symbolnamen 135
Symboltabletts 31
Symbolverzeichnis 134

T

Tablett-Menü 31, 135
Textänderung 251
Texteingabe 250
Tipp-Bestätigung 189
Traufhöhe 157
Trauflinie 155, 157, 159
Treiberverzeichnis 14
Treppe 117
Treppenformen 115
Treppen-Konstruktionsprogramm 115
Treppen-Laufbreite 117
Treppen-Steigung 117
Treppenunterkante 117
Tür 111
Tür, doppelflügelig 96
Türblatt 94
Türen 91, 107
Türflügel 96
Türkonstruktion 94

U

Übernahme aus dem 2D-Programm
 - Architekturobjekte 203
 - Konturen 201
Unterzug 65, 81
Update-Installation 14

V

Vektorplotter 252
Verdeckte Kanten 196
Vergatterung 158
Vier-Fenster-Layout 197
Volumenmodell 183
Voreinstellungsdateien 34

W

Walmdach 147
Wand, durchlaufende 71
Wand, einschalig 74
Wand, mehrschalig 74
Wand, teilen 73
Wand, trennen 74
Wand, verkürzen 71
Wand, verlängern 71
Wandanschlag 99
Wanddurchbruch 107
Wände 62
Wände bearbeiten 68
Wände zeichnen 65

Wände, bearbeiten 85
Wände, definieren 73
Wände, füllen 74
Wände, schraffieren 74
Wände, verschieben 73
Wände, versetzen 73
Wandende 71
Wandfüllung 87
Wandgrenzlinie 73
Wandhöhe 71
Wandkanten 73
Wandkonstruktion 80
Wandpolygon 67
Wand-Polygon 76
Wandzug 80

Wärmebedarfsberechnung 95
Wärmedurchgangszahl 95
Wendeltreppe 118
WinCADdy 18
WinCADdy-Zwischenablage 267
Windows-Druckerteiber 260
Windows-Treiber 17

Z
Zargenkonstruktion 94
Zeichnungsausgabe 252
Zeltdach 147
Zentralprojektion 192
Zwischenablage 18

AutoCAD für die Haustechnik

Rechnergestützte Projektierung Heizung, Lüftung, Sanitär

von Johannes Briesovsky/ Uwe Galow/
Günter Reinemann/ Olaf Schymura

1996. X, 253 S. mit 142 Abb. und 13 Tab.
(Viewegs Fachbücher der Technik)
Br. DM 42,00
ISBN 3-528-03826-8

Aus dem Inhalt: Grundlagen: Heizung, Lüftung, Sanitär, Elektrotechnik, Feuerschutz - Projektierung mit C. A. T. S. - Projektierung mit pit-cups

AutoCAD für Heizung, Lüftung, Sanitär (HLS)
vermittelt eine systematische Einführung in den Umgang
und die Anwendung der rechnergestützten Projektierung
von AutoCAD-HLS/ Applikationen. Die Softwareprodukte C. A. T. S.
und pit-cup sind Marktführer in Deutschland bei den AutoCAD-Branchenlösungen für die rechnergestützte Projektierung Heizung, Lüftung, Sanitär.

In diesem Buch werden neben grundlegenden Darstellungen zur
Einordnung der Systeme insbesondere ihre Funktionalität, Nutzung
und Anwendung behandelt. Das Buch ist als Arbeits- und Lehrbuch
konzipiert und realisiert, so daß der Leser alle Schritte am
Rechner durch "Learning by Doing" nachvollziehen kann.

Abraham-Lincoln-Str. 46
Postfach 1547
65005 Wiesbaden
Fax: (06 11) 78 78-4 00
http://www.vieweg.de

Technisches Zeichnen

Grundkurs

von Susanna Labisch/ Christian Weber/ Paul Otto

1997. X, 268 S. mit 250 Abb. und 50 Tab.
(Viewegs Fachbücher der Technik)
Br. DM 32,00
ISBN 3-528-04961-8

Aus dem Inhalt: Erstellung einer Technischen Zeichnung - Zeichengeräte - Zeichnungsarten - Zeichenpapier - Darstellende Geometrie - Projektionen - Durchdringungen - Linienarten - Schnittdarstellungen - Perspektivische Darstellungen - Maßangaben - Toleranzen und Passungen

In diesem Grundkurs werden die wichtigsten Kenntnisse zum Technischen Zeichnen in Form eines Kurses zusammengestellt. Neben der reinen Vermittlung von Kenntnissen zu Bemaßung und Darstellungen stehen ausführliche Aufgaben zur Selbstprüfung im Vordergrund. Form und Aufbau des Buches machen es besonders für das Selbststudium geeignet.

Über den Autor:
Paul Otto ist langjähriger Konstruktionsgruppenleiter eines Großunternehmens und Lehrbeauftragter an der FH Hamburg.

Abraham-Lincoln-Str. 46
Postfach 1547
65005 Wiesbaden
Fax: (06 11) 78 78-4 00
http://www.vieweg.de